高等学校教材
催化科学与技术系列教材

催化原理

孙松　王立　张成华◎等编

化学工业出版社
·北京·

内容简介

催化技术是现代化学工业的关键技术之一。本书基于化工及相关专业知识背景，介绍催化基本概念、基础理论、基本规律、基本研究方法以及典型的催化反应类型，包括催化作用的化学基础、固体酸碱催化剂及催化作用、金属催化剂及催化作用、金属氧化物催化剂及催化作用、均相催化剂及催化作用、环境友好催化技术等。本书可作为高等院校化学工程与工艺、化学以及相关专业的教材，也可供从事相关行业的科研人员参考。

图书在版编目（CIP）数据

催化原理 / 孙松等编. —北京：化学工业出版社，2024.3

高等学校教材. 催化科学与技术系列教材

ISBN 978-7-122-45128-6

Ⅰ.①催⋯ Ⅱ.①孙⋯ Ⅲ.①催化-化学反应工程-高等学校-教材 Ⅳ.①TQ032

中国国家版本馆 CIP 数据核字（2024）第 042118 号

责任编辑：曾照华　　　　　　　文字编辑：毕梅芳　师明远
责任校对：王鹏飞　　　　　　　装帧设计：王晓宇

出版发行：化学工业出版社
　　　　　（北京市东城区青年湖南街 13 号　邮政编码 100011）
印　　装：北京科印技术咨询服务有限公司数码印刷分部
787mm×1092mm　1/16　印张 16¾　字数 427 千字
2025 年 1 月北京第 1 版第 1 次印刷

购书咨询：010-64518888　　　　售后服务：010-64518899
网　　址：http://www.cip.com.cn
凡购买本书，如有缺损质量问题，本社销售中心负责调换。

定　　价：69.00 元　　　　　　版权所有　违者必究

前言
PREFACE

催化技术的研究和开发是现代化学工业的核心问题之一。我国虽然在三千多年前就有目的地使用了催化技术，但直到19世纪，人类才正式地提出"催化作用"的概念。经过近二百年的发展，催化科学逐渐形成并已经发展成为化学工程与技术学科中极具生命力的分支。催化原理和方法的具体应用使催化科学渗透进物理学、材料科学、化学、生物学、晶体学和工程科学领域的研究中。这些领域的实验和理论研究也带动了催化科学和技术的发展，不断地为其注入新的活力。

为了适应催化技术飞速发展和化工专业人才培养的需要，面向未来、面向我国催化发展现状，组织编写"催化科学与技术系列教材"的重要性日益凸显。经安徽大学、中国科学院山西煤炭化学研究所、中南民族大学等单位及相关同志详细讨论，确定联合编写"催化科学与技术系列教材"，并落实编写的原则和具体安排。"催化科学与技术系列教材"包括《催化原理》《催化剂设计与应用》《工业催化实验》，分别涉及基础理论、工程技术与应用、实验三个方面。其中，《催化原理》衔接化工及相关专业本科生的专业基础课程，从宏观到微观、从体相到表相、从静态到动态、从定性到定量等，将催化基本原理和规律贯穿起来。

本书共七章。参加编写的人员有安徽大学孙松（第一章、第二章）；中南民族大学王立（第三章、第五章第二节）；中国科学院山西煤炭化学研究所张成华（第五章第一、三节，第六章）；安徽大学柏家奇（第四章）；安徽大学陈京帅（第七章）。孙松、郭立升负责统稿。参加本书初稿审稿工作的还有安徽大学吴明元。在此，编者表示衷心的感谢。

限于编者水平，书中不当之处在所难免，敬请读者批评指正。

编者

2024.3.22

目录
CONTENTS

第一章　绪论　001
 1.1　催化科学的形成与特点　001
  1.1.1　催化科学的形成　001
  1.1.2　催化科学的特点　002
 1.2　催化基础概念　003
 1.3　催化科学的发展　005
  1.3.1　萌芽期　005
  1.3.2　黄金期　006
  1.3.3　中国催化剂工业的发展　008
  1.3.4　催化科学的未来发展方向　009

第二章　催化作用的化学基础　011
 2.1　催化反应和催化剂　011
  2.1.1　催化剂的分类　011
  2.1.2　催化作用特点　014
 2.2　吸附作用与多相催化　017
  2.2.1　物理吸附与化学吸附　017
  2.2.2　吸附和脱附速率的基本方程　025
  2.2.3　气固吸附等温线　028
  2.2.4　多相催化机理分析　029
 2.3　催化过程中内外扩散　031
  2.3.1　内外扩散对催化反应的影响　031
  2.3.2　内外扩散影响的识别与消除　035
 2.4　催化剂失活与再生机理　036
  2.4.1　催化剂失活　036
  2.4.2　催化剂再生　040

第三章 固体酸碱催化剂及催化作用 ... 043

3.1 固体酸碱催化剂定义及性质测定 ... 043
3.1.1 固体酸碱催化剂定义和分类 ... 043
3.1.2 固体酸碱性质测定 ... 046

3.2 固体酸碱催化剂作用原理 ... 060
3.2.1 固体酸催化作用 ... 061
3.2.2 固体碱催化作用 ... 070

3.3 典型固体酸碱催化剂及催化过程 ... 082
3.3.1 分子筛催化剂 ... 082
3.3.2 催化裂化 ... 099

习题 ... 104

第四章 金属催化剂及催化作用 ... 105

4.1 金属催化剂的特征 ... 107

4.2 过渡金属的催化作用 ... 108
4.2.1 过渡金属催化作用中的几何因素 ... 109
4.2.2 过渡金属催化作用中的能量因素 ... 110

4.3 合金的催化作用 ... 112
4.3.1 合金的分类 ... 112
4.3.2 合金催化剂的类型及其催化特征 ... 113
4.3.3 合金的表面富集 ... 113
4.3.4 合金的电子效应与催化作用的关系 ... 113
4.3.5 非晶态合金催化剂 ... 120

4.4 负载型金属催化剂 ... 121
4.4.1 晶粒大小及其分布 ... 122
4.4.2 金属和载体之间的相互作用 ... 125
4.4.3 金属辅助的酸催化 ... 129
4.4.4 单原子催化剂 ... 131
4.4.5 金属催化反应的结构敏感行为 ... 134
4.4.6 限域空间中金属离子的催化作用 ... 135

4.5 金属催化剂上的重要反应 ... 140
4.5.1 加氢反应 ... 140
4.5.2 重整反应 ... 147
4.5.3 氧化反应 ... 156

4.6 金属膜催化剂及其催化作用 ... 157

4.7　金属簇状物催化剂	160
习题	161

第五章　金属氧化物催化剂及催化作用　　162

5.1　金属氧化物催化剂	162
5.1.1　非化学计量化合物	163
5.1.2　化学计量化合物	164
5.2　金属氧化物催化剂的催化作用	167
5.2.1　金属氧化物的氧化作用	168
5.2.2　金属氧化物对反应分子的吸附及活化	173
5.2.3　金属氧化物酸碱性与催化性能间关系	182
5.3　金属氧化物催化剂的工业应用	189
5.3.1　丙烯氧化制丙烯醛和丙烯酸	189
5.3.2　正丁烷催化氧化制顺丁烯二酸酐	191
5.3.3　乙苯脱氢制苯乙烯	195
习题	198

第六章　均相催化剂及催化作用　　199

6.1　概述	199
6.2　过渡金属离子的化学键合	199
6.2.1　配位催化中重要的过渡金属离子和配合物	199
6.2.2　配位键合和配位活化	200
6.3　配位催化反应	201
6.3.1　配位催化中的关键反应步骤	201
6.3.2　配位催化循环	205
6.3.3　配位催化中配位场的影响	208
6.4　均相配位催化剂的固载化技术	209
6.4.1　一般的固载方式	210
6.4.2　载体的类型	211
6.4.3　锚定配合物核的多重性	212
6.5　聚合催化实例分析	213
6.5.1　Ziegler-Natta 催化剂	214
6.5.2　Phillips 型催化剂	215
6.5.3　茂金属聚合催化剂	215
6.5.4　后过渡金属非茂催化剂	217

习题 　　　　　　　　　　　　　　　　　　　　　　217

第七章　环境友好催化技术　　　　　　　　　　　　　　218
　7.1　光催化　　　　　　　　　　　　　　　　　　　218
　　　7.1.1　光催化的基本概念和原理　　　　　　　　218
　　　7.1.2　光催化典型案例　　　　　　　　　　　　220
　7.2　电催化　　　　　　　　　　　　　　　　　　　234
　　　7.2.1　电催化的基本概念和原理　　　　　　　　234
　　　7.2.2　电极的催化作用　　　　　　　　　　　　234
　　　7.2.3　电催化典型案例　　　　　　　　　　　　236
　7.3　其他环境友好催化技术　　　　　　　　　　　　251
　　　7.3.1　分子筛催化　　　　　　　　　　　　　　251
　　　7.3.2　水相催化　　　　　　　　　　　　　　　252
　　　7.3.3　环境友好的溶剂催化技术　　　　　　　　252
　　　7.3.4　芬顿催化技术　　　　　　　　　　　　　254
　　习题　　　　　　　　　　　　　　　　　　　　　　256

参考文献　　　　　　　　　　　　　　　　　　　　　　257

第一章
绪论

1.1 催化科学的形成与特点

1.1.1 催化科学的形成

在化工生产中，一个热力学上可以进行的化学反应，加入某种物质后化学反应速率发生改变，而在反应结束时该物质并未消耗，那么这种物质就被称作催化剂，它对化学反应的作用称为催化作用。因此，在化工领域，催化剂解决的是化学反应速率问题，催化作用属于动力学的范畴。

催化科学是研究催化作用原理的一门科学，主要研究催化剂为何能使参加反应的分子活化、怎样活化以及活化后的分子性能与行为。在现代化工生产中，50%以上的化工产品与催化剂有关，可以说，催化剂是现代化学工业的"心脏"。催化科学通过开发新的催化过程革新化学工业，提高经济效益和产品的竞争力，同时又通过学科之间的相互渗透，发展新型材料（如光敏材料、光电转换材料），利用新能源（如太阳能、生物能）等做出贡献。借助催化科学可获得对于反应物活性中心的认识，可以推广到生命分子科学领域，借助催化作用的分子机理以及计算机模拟软件，可为开拓催化科学自身新的应用领域创造条件。

催化科学的出现可以追溯到公元前。据史书记载，我国的酿酒和酿醋技术就是利用了生物催化剂，并且生物酶催化的方法就其反应基本原理而言，至今仍在使用。最早记载有"催化现象"的资料，可以追溯到四百多年前，1597年由德国炼金术士A. Libavius著的 *Alchymia* 一书。将催化剂应用于化学工业产品的生产始于18世纪。1746年英国人罗巴克采用铅室，以氮氧化物作为催化剂，诞生了铅室法制酸的工艺，这是工业上使用催化剂的开始。18世纪末到19世纪初期又出现了许多使用催化剂的化学过程。例如，1782年瑞典化学家Scheele用无机酸作为催化剂应用于乙酸和乙醇的酯化反应。1820年，德国的Dobereiner发现铂粉可促进氢和氧的结合。1831年，英国的Phillips等发现可以使用铂催化剂氧化SO_2，这就是接触法生产硫酸的开始。

"催化现象"作为一个化学概念，于1836年由瑞典化学家J. J. Berzelius在其著名的"二元学说"基础上提出来。还提出了"催化力"（catalysis）一词，此词源于希腊文，"Cata"的意思是下降，而动词"lysis"的意思是分裂或破裂。当时，人们认为化学变化的驱动力来源于化学分子之间的亲和力，尚不知从分子水平去理解反应速率。在"催化力"概念出现后，借助催化手段进行的反应过程不断大量出现。Berzelius的历史贡献在于引入了"催化作用"的概念，而所谓的"催化力"后来经证实是不存在的。

催化被称为一门科学则是近百年的事情,特别是化学热力学和化学动力学理论的发展,为催化科学的形成奠定了基础。作为一门科学,需要其基本原理和理论基础以及有力的研究手段。20世纪陆续出现的化学实验事实以及由此派生的基本概念,如反应中间物种的形成与转化、表面活性中心、吸附现象以及早期出现的许多实验研究方法等,对探索催化作用的本质、改进原有催化剂和研究新的催化过程都起到了一定的推动作用,对催化科学的诞生也十分重要。

催化科学的重要性可以由催化技术的广泛应用来说明。催化技术是现代化学工业的支柱,90%以上的化工过程、60%以上的产品与催化技术有关,表1-1列出了一些工业催化过程。

表1-1 一些工业催化过程

催化过程	反应	催化剂
合成氨	$N_2 + 3H_2 \longrightarrow 2NH_3$	$Fe-Al_2O_3-K_2O$
催化裂解	大分子烃 $\longrightarrow$ 小分子烃	$SiO_2-Al_2O_3$,沸石
催化重整	烷烃 $\longrightarrow$ 芳烃	Pt,Pt-Re
乙烯水合	$CH_2=CH_2 + H_2O \longrightarrow C_2H_5OH$	H_3PO_4/硅藻土
乙烯氧化(Wacker过程)	$CH_2=CH_2 + 1/2 O_2 \longrightarrow CH_3CHO$	$PdCl_2-CuCl_2$
二氧化硫氧化	$SO_2 + 1/2 O_2 \longrightarrow SO_3$	V_2O_5/硅藻土
氨氧化	$4NH_3 + 5O_2 \longrightarrow 4NO + 6H_2O$	Pt
丙烯氨氧化	$CH_3CH=CH_2 + NH_3 + 3/2 O_2 \longrightarrow CH_2=CHCN + 3H_2O$	P-Mo-Bi系
丙烯聚合(低压)	$n CH_3CH=CH_2 \longrightarrow \{CH(CH_3)-CH_2\}_n$	$\alpha-TiCl_3-AlEt_3$
氯乙烯合成(气相)	$CH\equiv CH + HCl \longrightarrow CH_2=CH-Cl$	$HgCl_2$/活性炭
乙炔选择加氢	$CH\equiv CH + H_2 \longrightarrow CH_2=CH_2$	Pt/Al_2O_3
甲烷化	$CO + 3H_2 \longrightarrow CH_4 + H_2O$	Ni/A_2O_3
F-T合成	$CO + H_2 \longrightarrow RH(C_5 \sim C_{50}$烷烃$)$	Fe,Co,Ni

在整个工业催化领域,现已开发成功的催化剂有2000多种,每种有不同的型号,所以催化剂的型号有成千上万种,据科学推算,1美元催化剂可生产200美元左右的产品,即全世界至少有1万亿美元贸易产品是利用催化反应生产的。据2016年欧盟发布的《欧洲催化科学与技术路线图》最新报告,欧盟"地平线2020"计划列出的七大社会挑战中,有4项的应对策略都要用到催化。催化直接或间接贡献了世界GDP的20%~30%,在最大宗的50种化工产品中有30种的生产需要催化,而在所有化工产品中这一比例是85%。

1.1.2 催化科学的特点

纵观催化科学的发展,呈现如下特征。

① 发展迅速 现阶段,催化科学的广度与深度都在迅速提高。人类在探索、开发新型催化剂的过程中,不断归纳、提出新概念与新理论,而在理论的推动下又更加广泛深入地探索和开发新型催化剂与催化过程。为了解决新的问题,随之又发展了新的研究技术和实验方法,这些技术和方法帮助催化研究逐步从宏观走向微观,进入分子、原子水平。理论研究和技术开发相互促进,优势互补。

② 综合性强 催化科学是在许多基础学科的基础上发展起来的。这些学科包括:化学热力学、化学动力学、固体物理、表面化学、结构化学、量子化学、化工单元操作、化工设

备等。催化科学综合、吸收、应用了这些学科的成果并与这些学科相互渗透，互为补充。催化科学在发展过程中借助相关学科的理论与技术的进步，不断丰富和完善本领域的理论和研究方法的同时，催化科学的发展也促进了相关领域的不断发展。

③ 实践性强　催化作为实践性很强的学科，其研究成果直接用于大宗化学品的生产、药物生产、能源转化、环境治理与保护等。同时，其成果也用于社会其他方面，如粮食安全、可持续农业和林业、海洋和内陆研究等。

1.2　催化基础概念

（1）催化化学

从化学反应原理、化学热力学、化学动力学及结构化学的角度出发，研究化学反应体系是否可以通过催化剂的引入改变主反应速率，以及反应速率方程式的表达形式，计算得到相关的动力学参数。同时，研究催化剂的种类、结构及催化反应机理，从而进一步归纳总结出该类反应的催化原理。

（2）催化剂与催化活性

只要有化学反应，就存在如何改变反应速率的问题，绝大多数情况下就会有关于催化剂的研究。在石油化工、煤化工、有机化工、高分子化工、能源化工、药物合成等领域均有催化剂的参与。

催化活性是描述催化剂催化性能优劣的术语，一般主要表现在以下几个方面：①转化率；②选择性；③产率；④时空产率；⑤催化剂寿命等。另外，在工业催化领域，还特别关注催化剂的价格及每吨产品生产成本中催化剂的费用。

催化活性中心是描述催化反应机理的一个专业用语，在催化科学发展史上具有重要意义。一般情况下，多相催化剂只有微观结构中的局部位点才产生活性，称为活性中心，也称为活性部位。活性中心可以是原子、原子团、离子或表面缺陷等，形式多种多样。在反应过程中活性中心的数目和结构往往发生变化。活性中心的概念于1925年由泰勒（Taylor）提出，他假设那些位于晶体顶点、晶棱或结构缺陷处的原子，由于其本身化合价的不饱和性，即存在着表面自由价，因而具有较高的活性，能够化学吸附分子，使其活化，进而发生反应，多相催化体系中，活性中心的确定往往很不容易。在均相催化反应体系中，活性中心一般为分子、离子或配合物，由于体系相对简单，物种结构明确，其活性中心定位比较确定。

（3）均相催化反应

均相催化反应是指催化剂与反应体系（介质）不可区分，与介质中的其他组分形成均匀物相的反应体系，如催化剂和反应物均为气相时，为气相均相催化反应。目前重要的工业化均相催化反应多为液相均相催化反应，如由酸、碱催化的酯化反应、水解反应、水合反应等，由配位化合物催化的聚合反应、氧化反应、羰基化反应、不对称催化反应等，均为液相均相催化反应。配位催化反应是均相催化中最重要的反应，催化剂与反应物分子发生配位作用而使其活化，以达到加速反应的目的，所用的催化剂是有机过渡金属化合物。这类反应有烯烃聚合、烯烃加氢、烯烃加成、烯烃氧化、氢甲酰化、羰基化、烷烃氧化、芳烃氢化及酯交换等。

（4）非均相催化反应

非均相催化反应是催化剂和反应介质不处于同一相的反应，因此又称为多相催化反应，反应物体系可为气固相、气液相或气液固三相的反应，催化剂多为各类固体物质，如固体酸碱（含杂多酸等）、金属或金属复合物、分子筛、活性炭、高分子材料等。工业上重要的催化反应大多为多相催化反应，如氨合成反应、水煤气变换反应、合成甲醇反应、费托（F-T）合成、汽车尾气三元催化反应等。有的多相催化过程包含两种或两种以上不同反应机理的反应。例如，用于催化重整的 Pt/Al_2O_3，其中 Pt 是氢化还原机理类型反应的催化剂，而 Al_2O_3 是酸碱催化机理类型反应的催化剂，称为双功能（或多功能）催化剂。

（5）催化剂结构表征及催化反应机理

研究催化过程及催化剂作用的本质，可通过催化剂结构表征等方式获得信息，并对相关催化反应机理进行解释。

① 反应机理 通过检测反应中生成的中间产物和最终产物的分布，配合结构化学知识及量子化学计算，探讨反应路径。早期使用化学方法对催化反应机理进行研究，通过收集的产物，分离和检测出含官能团的产物，从而推断反应的化学机理。后来发展了利用同位素标记方法，近年来这些方法又与色谱-质谱、原位吸-脱附、原位傅里叶变换红外技术等联用，并采用数据处理技术来测定动力学数据、吸附态转化以及吸附中间态结构等，从而对了解反应物的化学路径提供卓有成效的方法。

② 化学吸附 反应物分子在催化剂表面上吸附是非均相催化过程中的一个关键步骤，其作为催化反应过程中的关键步骤已被广泛接受。吸附研究在非均相催化过程研究中占有重要地位，没有对吸附的深刻理解，催化动力学研究就无法进行。吸附主要包括吸附的实质、吸附的种类、吸附平衡及吸附动力学等。

③ 反应动力学 通过研究反应动力学以及催化剂微观结构表征，明确反应机理，在动力学研究方面，除了通用的动态、静态和流动循环等方法外，现在用色谱法等研究催化反应动力学已相当普遍。

④ 催化剂表征 研究催化剂表面的物理、物理化学和化学性质，确定影响催化剂性能的主要因素，随着物理、化学发展以及分析技术进步，催化剂表征方法日新月异，如研究固体催化剂的物理和物理化学方法，目前已经包括几乎所有研究固体性能的方法，如 X 射线光电子分析谱、X 射线衍射结构分析、差热-热重分析、吸附法、红外光谱、固体核磁、电子显微镜技术、电子探针显微分析等。

⑤ 催化体系的动态分析 在工作条件下追踪催化剂与反应物、产物之间的相互作用。观察催化过程的微观步骤，以及掌握过程中间状态的结构和化学信息。

（6）工业催化

工业催化是将催化化学及催化技术应用于化工生产中，实现高效率、低成本、低污染生产化工产品的一门综合性应用学科。工业催化技术是涉及多学科的共性核心技术，覆盖能源化工、石油化工、煤化工、精细化工、生物化工和合成医药等重要产业，是农业化学品、燃料、材料、医药、食品等生产和环境保护的支柱技术之一。

工业催化从化学工程角度出发，研究化学合成工艺中催化剂对工艺过程的影响。工业催化有时也称为应用催化。工业催化虽然包括对现有催化合成工艺的优化改进，但是也会随着社会进步，化工原料的更新换代，化学合成技术，绿色化要求，及新能源、新材料开发等领域的研究开发而发展，也会对全新催化合成工艺进行创新研究、开发与设计。

（7）催化剂工程

催化剂工程是工业催化的一个重要组成部分。工业催化剂制备涉及大规模生产制备催化剂（一般特指固体催化剂）的各个环节。如化学原料的预处理、配方的确定、制备过程（如沉淀法、浸渍法、离子交换法等）、加工处理（如过滤、干燥及焙烧等）、成型和分级包装过程及设备。催化剂工程大多涉及化学反应工艺、化工反应设备，如反应釜、结晶釜、干燥釜、过滤器等，也会涉及一些物料机械加工设备，如挤条机、压片机、滚球机、喷雾干燥器等。由于催化剂往往是整个化学反应的核心，而催化剂的配方、制备方法及工艺过程、成型加工等会严重影响其最终催化活性。因此，催化剂制备方法及工艺研究开发成果一般予以保密，主要内容仅以专利形式发表并加以保护，一般文献对催化剂配方及制备过程均未作详细说明和讨论。

（8）催化剂失活与再生

工业催化剂在实际使用过程中，由于工业原料中杂质（毒物）的毒化作用，反应气流冲刷，反应温度、压力波动，机械设备振动引起催化剂破损粉化，保护性降低，最终催化剂失去工业利用价值，此现象称为失活。催化剂失活主要分为暂时性失活和永久性失活。对于暂时性失活的催化剂，可以通过某些物理化学方法恢复部分（或大部分）催化活性，从而实现原位连续使用，此过程称为再生。催化剂一旦发生永久性失活，只能将其从反应器中取出，转移至别处回收某些有用成分（如贵金属），再加以利用，此过程称为回收。

（9）催化剂组成及性能

不管是多相还是均相工业催化剂，大多由多种成分组成，由单一成分组成的催化剂为数不多。根据各组分在催化剂中的作用及性能，可分别定义如下。

a. 主催化剂，又称催化活性组分，是起催化作用的根本性物质，没有活性组分，催化反应几乎不发生。如氨合成催化剂中，无论有无助剂 K_2O 或 Al_2O_3，金属铁总具有催化活性，但是催化活性低、产品选择性差、寿命短，因此，铁在合成氨催化剂中是主催化剂。又如，负载型加氢催化剂 Pd/Al_2O_3、Ni/Al_2O_3 中，Pd、Ni 为活性组分，而 Al_2O_3 则是载体。

b. 共催化剂，又称协同催化剂。有些催化剂，其活性组分不止一种，而且能同时起到相互协作催化作用，这种催化剂叫作共催化剂。例如，脱氢催化剂 Cr_2O_3-Al_2O_3，单独的 Cr_2O_3 就有较好的活性，而单独的 Al_2O_3 也有一定活性，因此，Cr_2O_3 是主催化剂。但在 MoO_3-Al_2O_3 脱氢催化剂中，单独的 MoO_3 和 γ-Al_2O_3 都只有很小的活性，但把两者组合起来，却是活性很高的催化剂，所以 MoO_3 和 γ-Al_2O_3 互为共催化剂。

c. 助催化剂，在多元催化剂体系中帮助提高主催化剂的活性、选择性，改善催化剂的耐热性、抗毒性、机械强度和寿命等性能的组分，称为助催化剂。简言之，只要添加少量助催化剂，即可达到明显提高主催化剂催化性能的目的。

d. 载体，是多相催化剂所特有的固体组分，主要起分散活性组分的作用。载体还有其他多种功能，如作为活性组分的承载基底，它可以起增大表面积、提高耐热性和机械强度、降低反应体系阻力的作用，有时还能部分担当共催化剂和助催化剂的角色。

1.3 催化科学的发展

1.3.1 萌芽期

古代，人们就已经利用曲霉酿酒、制酱。中国是世界上最早用曲药酿酒的国家，古人早在殷商时期就掌握了微生物"霉菌"生物繁殖的规律,已能使用谷物制成曲药,发酵酿造黄酒。中世纪时,炼金术士利用硝石作催化剂以硫黄为原料制备硫酸;13世纪,人们发现用硫酸作为催化剂能使乙醇变成乙醛。19世纪,产业革命有力地推动了科学技术的发展,人们陆续发现并开发运用了催化作用。

1746年,英国的罗巴克(Roebuck)建立了铅室反应器,生产过程中由硝石产生的氧化氮实际上是一种气态的催化剂,这是利用催化技术进行工业规模生产的开端。

1831年,菲利普斯(Phillips)开发了Pt催化剂以及后来的V_2O_5。利用催化剂以更经济的接触法生产浓硫酸。

1836年,贝采里乌斯给出了催化的定义。

1838年,库尔曼(Kuhlmann)提出一项以Pt为催化剂的氨氧化制硝酸的专利。

19世纪60年代,开发了用氯化铜为催化剂氧化氯化氢以制取氯气的迪肯(Deacon)过程。

1875年,V_2O_5催化剂的使用促进了硫酸的生产。

1889年,采用金属Ni作为催化剂催化甲烷水蒸气重整反应:

$$CH_4 + H_2O \xrightarrow{Ni} CO + 3H_2$$

1895年,哈伯(Haber)报道,使用Fe作为催化剂催化N_2和H_2合成NH_3;1910年BASF公司在路德维希港(Ludwigshafen)建立工厂,采用哈伯过程大规模合成氨(图1-1)。哈伯由于合成氨技术的发明获1919年诺贝尔化学奖。1926年里迪尔(Rideal)和泰勒(Teller)认为该过程是"现代物理和工程化学中最伟大的成功范例之一",也被誉为催化科学与技术的第一里程碑。

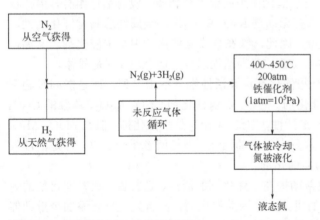

图 1-1 合成氨 Haber 过程流程图

熔铁催化剂的出现使得合成氨工业得以迅速发展,促进了现代农业的发展。至今,Fe仍然作为合成中重要的催化剂被广泛采用。

1923年,巴斯夫公司开发了用$ZnO-Cr_2O_3$作催化剂高压合成甲醇工艺,这标志着大宗有机化学品合成的出现。

1.3.2 黄金期

1915年,朗缪尔(Langmuir)首次将催化作用描述为吸附于固体表面上单分子层分子中发生的现象。

1925年，费希尔（Fischer）和托普希（Tropsch）在常温下合成高分子烃类，并认为Co、Ni可能是最有发展前途的催化剂。1935年，德国采用Co催化剂实现了费-托（F-T）合成的工业化。1955年，萨索尔（Sasol）在南非开始使用循环流化床反应器用于F-T合成的工业化，生产规模达200万t/a。费-托合成是煤和天然气转化制取液体燃料的重要途径，通过该方法可获得优质柴油和航空煤油等，这些产物不含硫化物和氮化物，是非常洁净的发动机燃料。

1926年，雷尼（Raney）因以他的名字命名的独特的加氢催化剂（特别是植物油加氢）而出名。

自1930年开始，美国环球油品公司（UOP）和西北大学的Herman Pines在酸碱催化、芳构化、烷基化、脱氢催化剂和金属加氢催化剂方面的研究非常活跃，所有这些催化剂在很多商业石油化工过程中非常有用。

1938年布鲁诺（Brunauer）、埃麦特（Emmet）和泰勒（Teller）在朗缪尔方程基础上提出的描述多分子层吸附理论的方程——BET方程，发展了利用物理吸附来测量催化剂表面积的方法，使得催化剂的活性比较进入定量时代。

1940年末到1950年早期，美国联合碳化物公司（Union Carbide Corporation）的Robert M. Milton和Donald W. Breck发展出商业化沸石——A、X、Y型分子筛，Eugene Houdry发展了整柱式催化剂用于内燃机的尾气处理，开启了商业化时代。

1949年，UOP公司开始第一个铂重整石脑油的商业化过程，采用Pt-Cl-Al_2O_3为催化剂。1953年，石脑油重整涉及双功能催化剂，并提出这些催化剂重整的机理。

1956年在美国费城召开第一届国际催化大会。国际催化大会是世界上催化学术领域规模最高、影响最大的会议。

20世纪50年代，齐格勒-纳塔（Ziegler-Natta）催化剂的发明使乙烯、丙烯和丁烯可定向聚合为结晶高分子材料，促进了合成材料的大规模发展，奠定了石油化学工业的基础。齐格勒和纳塔因此获得1963年诺贝尔化学奖。

1956年，萨索尔（Sasol）开始费-托循环流化床反应器的商业化运行。

1962年，第一本催化领域专业期刊 *Journal of Catalysis* 公开出版。

1966年，ICI开发了低压合成甲醇工艺过程，该过程使用Cu-ZnO/Al_2O_3催化剂以及气体循环反应器。1971年，德国鲁齐（Lurgi）公司采用管壳式合成塔低压合成甲醇工艺。

1967年，*Catalysis Reviews* 创刊。

20世纪60年代，分子筛催化裂化催化剂取代无定形硅铝催化剂，大幅度提高了汽油收率和辛烷值，为运输业的蓬勃发展提供了能源基础。乔治·安德鲁·欧拉（George Andrew Olah）对碳正离子的研究使他于1994年获诺贝尔化学奖。

20世纪60年代末，美国美孚石油公司合成出一种含有机胺阳离子的新型沸石分子筛。由于它在化学组成、晶体结构及物化性质方面具有许多独特性，在很多有机催化反应中显示出优异的催化效能，成为石油化工中一种颇有前途的新型催化剂。1976年美孚石油公司宣布将ZSM-5分子筛催化剂用于甲醇制备汽油的转化过程。

20世纪70年代，羰基合成在化学工业中占有重要地位。孟山都（Monsanto）公司利用不对称加氢过程生产左旋多巴。左旋多巴是具有儿茶酚羟基的神经递质多巴胺前体，常用作帕金森病的治疗药物。

其他方面，还有粮食安全、可持续农业和林业、海洋和内陆研究等。

1.3.3 中国催化剂工业的发展

中国催化科学技术的发展始于20世纪初。经过前辈们的努力，一开始就进入了稳步发展的初期。20世纪80年代，中国的催化事业进入了一个快速发展期，在此期间，中国科学院、高等学校和工业界等均建立了研究部门并迅速投入研究。在基础研究中，开发新的催化材料、表征方法和新的催化反应是主要的研究方向，同时以反应动力学为主要方法和手段进行了研究。表面科学和纳米科学的引入极大地促进和深化了催化的基础理论探索，催化已从一种技艺转变为一门科学。在不同的历史时期，应用催化的研究均以国家需求作为导向，在煤炭、石油和天然气的优化利用、先进材料、环境保护和人类健康等领域都作出了显著的贡献。

我国第一个催化剂生产车间是永利铔厂触媒部，1959年改名为南京化学工业公司催化剂厂。它于1950年开始生产AI型合成氨催化剂、C-2型一氧化碳高温变换催化剂和用于二氧化硫氧化的Ⅵ型钒催化剂，以后逐步配齐了合成氨工业所需各种催化剂的生产。

为发展燃料化工，20世纪50年代初期，我国就开始生产页岩油加氢用的硫化钼-白土、硫化钨-活性炭、硫化钨-白土及纯硫化钨、硫化钼催化剂，并开始生产费-托合成用的Co系催化剂。

20世纪60年代初期，我国开发了丰富的石油资源，开始发展石油炼制催化剂的工业生产。1964年小球硅铝催化剂在兰州炼油厂投产，20世纪70年代我国开始生产稀土-X型分子筛和稀土-Y型分子筛，20世纪80年代我国开始生产天然气及轻油蒸汽转化的负载型Ni催化剂。至1984年已有40多个单位生产硫酸、硝酸、合成氨工业用的催化剂。

20世纪80年代，通过国际交流与合作，中国催化领域的科学家们接触到了世界催化理论的新思想，并关注到了催化材料、反应、表征方法的发展。张大煜先生提出了表面键合的概念，基于多年的工业催化剂研究经验，他提出"催化剂库"，并阐述了催化剂移植在工业催化剂研发中的作用。陈荣、郭燮贤等揭示了化学吸附覆盖度与动力学的关系。他们认为空的活性中心在激活反应物分子中起着重要作用。蔡启瑞、万惠霖等系统地研究了合成气转化为乙醇的中间体和反应机理，以及低级烷烃氧化反应中的活性氧中心。彭少逸等提出催化剂超细颗粒在CO加氢产物分布和制备惰性气体脱氧剂中起着重要作用。

闵恩泽在催化新材料、催化反应和反应工程，包括非晶态合金和纳米分子筛方面的研究，为炼油和石油化工催化剂制备技术奠定了基础。闵恩泽对中国炼油和石化事业做出了巨大贡献，荣获国家催化奖、2007年国家科学技术最高奖。他被公认为中国催化领域的权威。林励吾因对烃类重整、加氢裂化、长链烷烃合成等过程中催化剂活性相及其改性的研究在工业上的成功应用而获得了中国催化奖。

在表征技术方面，丁莹茹等开发了原位穆斯堡尔谱，并将其应用于催化剂的表征；李灿等开发了紫外拉曼光谱技术用于催化材料的表征，该技术是探测金属氧化物表面相的一种非常灵敏的方法，且成为世界前沿技术；包信和等在应用原位核磁技术研究催化剂和催化反应方面取得巨大进展。

在20世纪90年代末，刘中民等致力于MTO技术的基础和工业研究，解决了分子筛制备过程中的一系列问题，改进了催化剂的性能，并成功地用于流化床。21世纪，他们组织并推动了甲醇制低碳烯烃（DMTO）工艺的工业试验，促成了DMTO工艺在2010年的工业化，处于世界领先地位。应该说，MTO技术的重大突破得益于中国煤炭资源清洁利用的巨大需求，目前MTO技术已成为世界上主要的化工技术。

可以看出，20世纪80年代后，中国催化的基础研究与应用已基本与世界同步。中国工业催化领域取得的主要成就如图1-2所示。

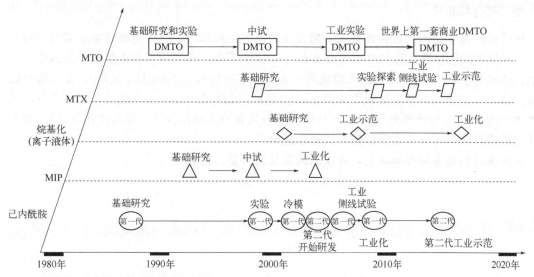

图1-2 中国工业催化主要里程碑成就
MTO—甲醇制烯烃；MTX—甲苯甲醇甲基化制二甲苯；MIP—多产异构烷烃的催化裂化

1.3.4 催化科学的未来发展方向

（1）新型催化剂的先进设计与表征技术

大宗化学品多步反应的催化剂设计，用于具有特定性质（电子、光子、磁性）材料的催化，具有定制反应系统和杂化催化体系的构建，如功能性纳米结构和纳米颗粒催化剂，有机催化固载化或单点分子（或单原子）催化剂，新型有机-无机杂化催化剂的开发，仿生与生物方法催化以及酶合成（例如新酶的遗传发育）等。

① 从分子尺度到材料尺度的催化剂　设计新的反应过程，沟通从分子水平到反应工程水平的联系，包括反应动力学和反应工程新方法开发更可靠的模型系统（包括表面科学方法、表面科学与现实世界催化之间的联系）；在设计新工艺，包括动力学和反应工程中的新方法时，桥接分子到反应器工程方面改进微观动力学的测量和建模，并纳入催化剂设计过程从演绎到预测催化、催化理论与模拟催化剂和反应机理研究的新途径，着重于原位和操作方法，还涉及多尺度表征（分级方法）、结构-活性关系、催化剂动力学等。开发用于催化反应原位或操作研究的光谱工具。

② 表征技术方面　原位和现场表征方法的改进；更精准的空间/时间分辨率；成像和绘图工具的实现与组合；对于特定的催化剂实体（晶体、纳米颗粒、团簇），通过同时测量催化性能和结构来改进特定催化剂实体（晶体、纳米颗粒、团簇）的结构-活性关系；在多重空间尺度和时间尺度上增强多技术分析测量的使用，协同联用表征技术。

很明显，采用新的表征技术能够在不同的工作条件下探测催化剂的表面，模仿工业催化过程中遇到的情况，这在很大程度上有助于深入了解表面活性中心的性质、固体催化剂表面和中间体的性质等。

③ 扩展催化概念　利用非常规能源的催化剂，如利用电子、光子和除热之外的其他能源进行催化剂设计，以在非常规或极端条件下操作，如超高热稳定性和非常规溶剂活性中心

的新概念催化纳米反应器设计，催化中的分子交通控制串联和级联非均相催化复合响应型自适应催化剂等。

（2）能源储存与转化

化学能源储存是未来可持续能源基础设施的重要组成部分。化学能源储存主要有三种方式：①水分解制氢储能，利用太阳光通过水的光电解/裂解，或利用可再生能源产生的电能电解水，从水分子产生 H_2；②使用可逆反应（例如，某些有机分子的脱氢/氢化），正向吸热而逆向放热，一种替代方法是氨或甲酸的合成/分解；③CO_2 与 H_2 反应生成烃及其衍生物，使用光/电催化剂在太阳光辐射下将 CO_2 转化为碳氢化合物或高能分子（燃料或化学品），将光能或电能等以化学能——化学键的形式储存起来。

未来成功的能源储存与转化，开发新的催化材料是关键。

第二章
催化作用的化学基础

一个化学反应要在工业上实现，其基本要求是某反应要以一定的速率进行。也就是说，给定反应在单位时间内能够获得足够数量的产品。大家已经知道研究一个化学反应体系时，有两个必须考虑的问题，第一个是这个反应能否进行，若能进行，它能进行到什么程度？其平衡组成如何？化学热力学能告诉人们关于这一问题的答案。第二个问题是热力学上可行的反应进行得快慢问题，也就是说需要多久能达到平衡位置。从经济上考虑，一个化学过程付诸工业实践，必须具有足够高的平衡产率，又有足够快的反应速率。因此，应用催化剂是提高反应速率和控制反应方向较为有效的方法。催化反应和催化剂的研究应用，成为现代化学工业的重要课题之一。

2.1 催化反应和催化剂

2.1.1 催化剂的分类

1976 年，IUPAC（国际纯粹及应用化学联合会）公布的催化作用定义为："催化作用是一种化学作用，是用量极少而本身不被消耗的一种叫作催化剂的外加物质加速化学反应的现象"，并解释说，催化剂能使反应按新的途径，通过一系列的基元步骤进行，催化剂是其中第一步的反应物、最后一步的产物，亦即催化剂参与了反应，但经过一次化学还原后又恢复到原来的组成。这就表明，催化作用其实是一种化学作用，催化剂参与了反应。

催化剂之所以能够加速化学反应趋于热力学平衡点，是由于它为反应物分子提供了一条较易进行的反应途径。以合成氨反应为例，工业上采用熔铁催化剂合成。若不采用催化剂，在通常条件下 N_2 分子和 H_2 分子直接化合是极困难的；即使有反应发生，其速率也极慢。因为这两种分子十分稳定，破坏它们的化学键需要大量能量，在 500℃、常压的条件下，反应的活化能为 334.6kJ/mol，此种情况下氨的产率极低。但采用催化剂后则情况大不相同，这两种反应分子通过化学吸附使其化学键由减弱到解离，然后化学吸附的氢（$H \cdot \sigma$）与化学吸附的氮（$N \cdot \sigma$）进行表面相互作用，中间再经过一系列表面作用过程，最后生成氨分子，并从催化剂表面脱附生成气态氨。

$$H_2 + 2\sigma \longrightarrow 2H \cdot \sigma \qquad (2\text{-}1a)$$
$$N_2 + 2\sigma \longrightarrow 2N \cdot \sigma \qquad (2\text{-}1b)$$
$$H \cdot \sigma + N \cdot \sigma \longrightarrow (NH) \cdot 2\sigma \qquad (2\text{-}1c)$$
$$(NH) \cdot \sigma + H \cdot \sigma \longrightarrow (NH_2) \cdot 2\sigma \qquad (2\text{-}1d)$$
$$(NH_2) \cdot \sigma + H \cdot \sigma \longrightarrow (NH_3) \cdot 2\sigma \qquad (2\text{-}1e)$$
$$(NH_3) \cdot 2\sigma \longrightarrow NH_3 + 2\sigma \qquad (2\text{-}1f)$$

催化反应的速率控制步骤为式（2-1b），即 N_2 分子的解离吸附，它所需的活化能仅为 70kJ/mol，比无催化剂时低得多，所以反应速率得到很大提高，在 500℃、常压的相同条件下，比相应的均相反应高出 13 个数量级。但是，不论有无催化剂参加，反应初态和终态的焓值不变，故平衡转化率是相同的，催化剂并不影响反应的平衡位置。

目前，各种工业催化剂已达 2000 多种，且品种、牌号还在不断地增加。为了研究、生产和使用方便，常常从不同角度对催化剂及其相关的催化反应过程进行分类。

① 根据催化剂聚集状态分类　催化剂是一种物质，所以最早的催化剂分类便是以其所处的聚集状态来考虑的，即分为气、液、固三种，涵盖了从最简单的单质分子到复杂的高分子聚合物及生物质（酶）所有催化剂。催化剂自身以及被催化的反应物，都可以分别是气体、液体或固体这三种不同的聚集态，理论上可以有多种催化剂与反应物的相组合方式，如表 2-1。

表 2-1　多相催化的相组合方式

反应类别	催化剂	反应物	工业过程实例
均相	气体	气体	NO_2 催化的 SO_2 氧化为 SO_3
	液体	液体	硫酸催化乙酸和乙醇生成乙酸乙酯 $CH_3COOH + C_2H_5OH \xrightarrow{H_2SO_4} CH_3COOC_2H_5$
	液体	气体	磷酸催化的烯烃聚合
多相（非均相）	固体	气体	铁催化的氨合成
	固体	液体+气体	钯催化的硝基苯加氢制苯胺
	固体	固体+气体	二氧化锰催化氯酸钾分解为氯化钾与氧气

催化剂和反应物处于不同的相时，催化剂与反应物间有相界面将其隔开。有的体系，在固体表面形成中间化合物，然后中间化合物脱附到气相中进行反应，这样的中间化合物可以在气相引起一个链反应，即链的引发和终止发生在固体表面，链的传递发生在气相。这样的过程称为多相均相催化。低压下氢气和氧气的反应就有这种情况。

我们可以看出表 2-1 这种分类方式有明显的缺点。在以聚集状态为标准的分类中没有均相和非均相催化剂之分；从聚集状态来对催化剂分类并不能反映催化剂作用于反应的化学本质和内在联系，且过于笼统，不能反映人们对催化实质认识的有用信息。另外，实用催化剂的研发越来越趋向于向复杂聚集体方向发展，这对于采用聚集状态分类的方法来说存在很大困难。

② 按催化剂组成及使用功能分类　在选择或开发一种催化剂时，问题的复杂性有时是难以想象的。按催化剂组成及使用功能分类是根据实验事实归纳整理的结果，其中也许并无内在联系或理论依据。但这种以大量事实为基础的信息，可为设计催化剂时作系统参考，为选择催化剂提供帮助。这种分类法的实例见表 2-2，在各种设计催化剂的专家系统及其配套数据库中可以找到。

表 2-2　催化剂的分类

类别	功能	实例
金属	加氢	Fe、Ni、Pd、Pt、Ag
	脱氢	
	加氢裂解（含氧化）	
	氧化	
半导体氧化物和硫化物	脱氢	NiO、ZnO、MnO_2、Cr_2O_3、Bi_2O_3-MoO_3、WS_2

续表

类别	功能	实例
半导体氧化物和硫化物	脱硫（加氢）	NiO、ZnO、MnO_2、Cr_2O_3、Bi_2O_3-MoO_3、WS_2
	还原	
绝缘性氧化物	脱水	Al_2O_3、SiO_2、MgO
	聚合	
酸、碱	异构体	H_3PO_4、H_2SO_4、$SiO_2 \cdot Al_2O_3$
	裂化	
	烷基化	
过渡金属配合物	加氢、碳化、氧化等	$PdCl_2$-$CuCl_2$、$TiCl_2$-$Al(C_2H_5)_3$

③ 按工艺与工程特点分类 催化剂有统一的命名方法，但就工业催化剂的分类而言目前尚无统一的标准。通常将工业催化剂分为石油炼制、无机化工、有机化工、环境保护和其他催化剂五大类。其中无机化工类催化剂主要包括化肥催化剂，涉及制氢、制氨、制无机酸和合成甲醇所用的各类催化剂，而有机化工类催化剂主要包括石油化工用的各类催化剂。我国工业催化剂的细分情况如图 2-1。

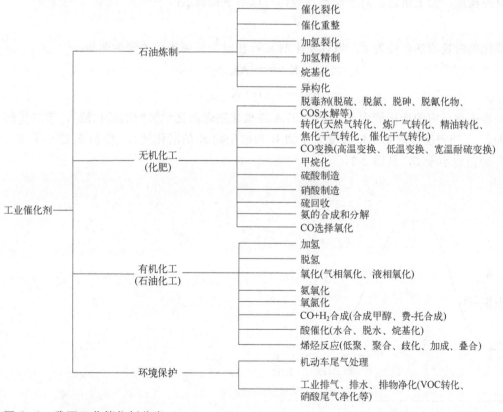

图 2-1 我国工业催化剂分类

2.1.2 催化作用特点

催化作用具有以下五个基本特征。

（1）催化剂能够改变化学反应速率

各类化学反应速率之间差异很大，快反应在 10^{-12}s 内便完成，例如 HCl 和 NaOH 这类酸碱中和反应，就是"一触即发"的快速反应；而慢反应，则要经历上万年或亿年的时间才能察觉到，例如将 H_2 和 O_2 的混合气在 9℃时生成 0.15%的水要长达 1060 亿年的时间，如果在这种混合气体中加入少量的铂黑催化剂，反应即以爆炸的方式进行，瞬间完成。某些酶催化剂比普通的催化剂具有更高的效率，例如乙烯水合反应，富马酸酶的催化效率为一般酸碱催化剂催化效率的 2000 亿倍。加快反应速率的催化剂称为正催化剂，而减慢反应速率的催化剂称为负催化剂。例如，早期使用的汽油抗爆剂四乙基铅、甲基环戊二烯三羰基锰（MMT），均可减慢汽油和空气混合点燃时的反应速率，二者均为负催化剂。显然，催化剂的主要作用是改变化学反应速率，其原因是催化剂的加入能够改变反应历程，使反应沿着所需活化能更低的路径进行。

根据 Arrhenius 方程，活化能降低能够提高反应速率常数（k），加快反应速率。

$$k = A\exp\left(\frac{-E}{RT}\right) \tag{2-2}$$

可见，在催化剂的作用下，反应沿着更容易进行的途径发生。新的反应途径通常由一系列基元反应构成，如上所述。对于简单反应，可以用下式表示：

$$A \rightleftharpoons B$$

无催化剂时反应活化能为 E，当有催化剂 K 存在时，反应历程改变为两步：

$$A + K \rightleftharpoons AK$$
$$AK \rightleftharpoons B + K$$

第一步催化反应的活化能为 E_1（即分子 A 在催化剂表面化学吸附的活化能），第二步的活化能为 E_2（即表面吸附物 AK 转变成产物 B 和催化剂 K 的活化能）。E_1 和 E_2 都小于 E，且 E_1+E_2 通常也小于 E，见图 2-2。

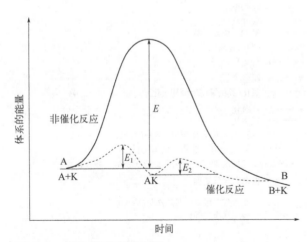

图 2-2 催化作用的活化能

碰撞理论或过渡态理论分析表明，催化反应的活化能都比非催化同一反应的活化能要低。表 2-3 列举了一些催化反应和非催化反应的活化能。根据 Arrhenius 方程，催化剂的作用或是在给定温度下提高速率，或是降低达到给定速率所需的温度。

表 2-3 催化反应和非催化反应的活化能　　　　　　　　单位：kJ/mol

反应	E（非催化）	E（催化）	催化剂
2HI ⟶ $H_2 + I_2$	184	—	—
	—	105	Au
	—	59	Pt
$2N_2O$ ⟶ $2N_2 + O_2$	245	—	—
	—	121	Au
	—	134	Pt
$(C_2H_5)_2O$ 的热解	224	—	—
	—	144	I_2 蒸气

（2）催化剂不改变化学平衡

根据热力学理论，标准摩尔反应吉布斯自由能变化 $\Delta rG_m^\ominus$ 与标准平衡常数 $K^\ominus$ 间存在下列关系：

$$\Delta rG_m^\ominus = -RT \ln K^\ominus \tag{2-3}$$

既然催化剂在反应始态和终态相同，则催化反应与非催化反应的自由能变化值也应相同，所以 $K^\ominus$ 值相同，即催化剂不能改变化学平衡。例如，热力学计算表明，N_2 和 H_2（H_2：$N_2 = 3:1$）在 400℃、30.39MPa 下能够发生反应，生成的 NH_3 的最终平衡浓度为 35.87%（体积分数），这是理论上在该反应条件下 NH_3 浓度所能达到的最高值。为了实现该理论产率，可以采用高性能催化剂加速反应。但实验表明，任何优良的催化剂都只能缩短达到平衡的时间，而不能改变平衡位置。由此可以得出催化剂只能在化学热力学允许的条件下，在动力学上对反应产生影响，提高其达到平衡状态的速率。这个结论的重要性在于，不要为那些在热力学上不可能实现的反应浪费人力、物力去寻找高效催化剂，应根据热力学计算，分析在一定条件下某一工业过程离平衡还有多大的潜力，选择更有利的反应条件去寻找适宜的催化剂。

根据 $K^\ominus = K_正/K_逆$，既然催化剂不能改变平衡常数 $K^\ominus$ 的值，故其必然以相同的比例加速正、逆反应的速率常数。因此，对正方向反应有效的催化剂，对逆方向反应同样有效。例如，当采用 Pt 或 Ni 为催化剂，200~240℃时苯几乎完全加氢生成环己烷，而在 260~300℃时，环己烷则脱氢生成苯。

利用上述原则，有助于减少催化研究的难度和工作量。例如，实验室评价合成氨的催化剂，需用高压设备，但如研究它的逆反应——氨的分解，则可在常压下进行。因此，至今仍不断有关于氨分解的研究报道，其目的在于改进它的逆过程——氨的合成。在研究用 CO 和 H_2 为原料合成 CH_3OH 时，也曾用甲醇常压分解反应来初步筛选甲醇合成催化剂。

（3）催化剂对反应具有选择性

当化学反应在理论（热力学）上可能有几个反应方向时，通常一种催化剂在一定条件下，只对其中的一个反应方向起加速作用，这种专门对某一个化学反应起加速作用的性能，称为催化剂的选择性。例如，以合成气（CO+H$_2$）为原料，使用不同催化剂可得不同产物：

$$CO+H_2 \longrightarrow \begin{cases} \xrightarrow{\text{Ni/硅藻土},250℃,3.040\text{MPa}} CH_4(\text{甲烷}) \\ \xrightarrow{\text{Cu-ZnO-Al}_2\text{O}_3,260℃,5.066\text{MPa}} CH_3OH(\text{甲醇}) \\ \xrightarrow{\text{Fe或Co},约200℃,1.013\sim2.027\text{MPa}} C_nH_{2n+2}(\text{合成汽油}) \\ \xrightarrow{\text{Cu-ZnO-Al}_2\text{O}_3\text{-K}_2\text{O},350℃,5.066\text{MPa}} C_nH_{2n+1}OH(\text{高级醇}) \\ \xrightarrow{\text{Ru催化剂},150℃,15.199\text{MPa}} \text{固体石蜡} \end{cases}$$

利用催化剂的选择性，可以促进有利反应，抑制不利反应，在工业上具有特别重要的意义，使人们能够采用较少的原料合成各种各样所需要的产品。尤其是对反应平衡常数较小、热力学上不很有利的反应，需要选择合适的催化剂，才能获得所需产物。例如，C_2H_4 在 250℃ 下有三个氧化反应：

$$CH_2{=}CH_2 + \frac{1}{2}O_2 \rightleftharpoons \underset{O}{CH_2{-}CH_2} \qquad K_1^\ominus = 1.6\times10^6 \qquad (1)$$

$$CH_2{=}CH_2 + \frac{1}{2}O_2 \rightleftharpoons CH_3CHO \qquad K_2^\ominus = 6.3\times10^{18} \qquad (2)$$

$$CH_2{=}CH_2 + 3O_2 \rightleftharpoons 2CO_2 + 2H_2O \qquad K_3^\ominus = 6.3\times10^{120} \qquad (3)$$

从热力学上看，反应（3）的平衡常数最大，发生的可能性最大，反应（2）次之，反应（1）则最难发生。利用催化剂的选择性，在工业上，使用 Ag 催化剂可选择性地加速反应（1），得到环氧乙烷。若用 Pd 作催化剂，则可选择性地加速反应（2），得到乙醛。可见，使用不同的催化剂可以从同一反应物得到不同产物。例如，乙醇的转化，在不同催化剂的作用下，得到不同产物，如表 2-4 所示。

表 2-4　在不同催化剂作用下乙醇的反应产物

催化剂	温度/℃	反应
Cu	200～250	$C_2H_5OH \longrightarrow CH_3CHO + H_2$
Al_2O_3	350～380	$C_2H_5OH \longrightarrow C_2H_4 + H_2O$
Al_2O_3	250	$2C_2H_5OH \longrightarrow (C_2H_5)_2O + H_2O$
$MgO-SiO_2$	360～370	$2C_2H_5OH \longrightarrow CH_3{-}CH_2{-}CH_2{-}CH_3 + H_2 + O_2$

（4）催化剂在反应中不消耗

催化剂参与反应，经历几个反应组成的一个循环过程后，催化剂又恢复到始态，反应物变成产物，此循环过程称为催化循环。例如，在催化剂参与下的水煤气变换反应历程为：

$$H_2O + {}^* \rightleftharpoons H_2 + O^*$$

$$O^* + CO \rightleftharpoons CO_2 + {}^*$$

式中，* 代表催化剂。两步反应相加可得 $H_2O + CO \xrightleftharpoons{\ *\ } H_2 + CO_2$。可见，催化剂参与了反应，但是在反应结束后又恢复到始态。催化剂在反应过程中并不消耗，很少的量就能使大量物质变化。例如，在 108L 溶液中只要有 1mol 的胶态 Pt，就能催化 H_2O_2 的分解反应。

催化剂参与反应但不影响总的化学计量方程式，它的用量和反应产物量之间也没有化学计量关系。催化剂是参与反应的，有些物质虽然能加速反应，但本身不参与反应，就不能视之为催化剂。例如，离子之间的反应常常因加入盐而加速，因为盐改变了介质的离子强度，但盐本身并未参加反应，故不能视之为催化剂。同样，当溶液中的反应因改变溶剂而加速时（例如，水把两种固体溶解，使它们之间容易反应），这种溶剂效应也不能认为是催化作用。

能够加速反应的物质并不一定都是催化剂。引发剂引发链反应，例如苯乙烯聚合中所用的引发剂——二叔丁基过氧化物，它在聚合过程中完全消耗了，所以不能称作催化剂。

（5）催化剂具有一定寿命

催化剂在完成催化反应后，能够恢复到原来的状态，从而不断循环使用。原则上催化剂不因参与反应而导致改变，但实际上，参与反应后催化剂的组成、结构和纹理组织是会发生变化的。例如，金属催化剂使用后表面会变粗糙，晶格结构也发生了变化，氧化物催化剂使用后氧和金属的原子比常常发生变化。在长期受热和化学作用的使用条件下，催化剂会经受一些不可逆的物理变化和化学变化，如晶相与晶粒分散度变化、易挥发组分流失、易熔物熔融等，这些都会导致催化剂活性下降，因此在实际反应过程中催化剂有一定的寿命，不能无限期使用。通常，催化剂从开始使用至活性下降到在生产中不能再使用的程度称为催化剂的寿命。工业催化剂都有一定的使用寿命，这由催化剂的性质、使用条件、技术经济指标等决定。例如，合成氨 Fe 催化剂的寿命为 5~10 年，合成甲醇 Cu 基催化剂寿命为 2~8 年。

2.2 吸附作用与多相催化

2.2.1 物理吸附与化学吸附

早在 18 世纪，人们就知道多孔固体物质能捕集大量的气体，如热的木炭冷却下来会捕集几倍于自身体积的气体。

不同的木炭对不同气体的捕集能力是不一样的，木炭捕集气体的量取决于其暴露的表面积，因此木炭中孔具有重要作用。吸附现象中两个重要因素即表面积和孔隙率，不仅在木炭中有，在其他多孔固体颗粒中也有。

吸附存在于许多天然、物理、生物和化学等系统中，广泛用于工业过程，如多相催化剂。一些材料，如活性炭、硅胶、氧化铝、分子筛、高分子树脂等被广泛用作吸附剂。

"吸附"（adsorption）一词是由德国物理学家海因里希·凯瑟（Heinrich Kayser，1853—1940）于 1881 年提出的，指气体、液体或固体的原子、分子或离子在另一个物体表面上的附着。吸附也指物质（主要是固体物质）表面吸附周围介质（液体或气体）中分子或离子的现象。在固体与固体界面间发生吸附也是可能的。表 2-5 列出了吸附科学早期代表性的实验。

表 2-5 吸附科学早期代表性的实验

年份	实验探索者	内容
公元前 3750	Egyptians，Sumerians	用木炭还原铜、锌和锡矿石制造青铜
公元前 1550	Egyptians	医药木炭，用于吸附腐烂伤口和肠道中有臭味的气体
公元前 460	Hippocrates，Pliny	介绍了用木炭治疗癫痫、黄疸和炭疽等多种疾病的方法
公元前 460	Phoenicians	首次记录了用木炭过滤净化饮用水
157	Claudius Galenus	介绍了利用植物源炭和动物源炭治疗各种疾病
1773	Scheele	报道了几种不同来源的木炭和黏土吸收气体的实验
1777	Fontana	水银表面冷却的新燃烧的木炭能吸附几倍于其体积的气体
1786~1788	Lowitz	使用木炭吸附有机杂质用于酒石酸溶液的脱色

年份	实验探索者	内容
1793	Kehl	讨论了木炭去除坏疽溃疡气味的作用,并应用动物源炭去除糖中的有色物质
1794		在英国的制糖工业中,木炭被用作糖浆的脱色剂
1814		开始系统研究多孔性物质如海泡石、软木、木炭和石棉等对各种气体的吸附作用,发现了吸附过程的放热特性
1818	de Saussure	引入了"吸附""等温线""等温曲线"等术语,还发展了一些理论概念,成为单分子吸附理论的基础
1879~1883	Kayser Chapuis	对液体润湿各种炭时产生的热量进行了首次量热测量
1888	Bemmelen, Freundlich	Bemmelen 提出吸附经验方程,文献中称为 Freundlich 方程,Freundlich 进行了推广应用
1901	von Ostreyko	在碳化前将金属氯化物与含碳材料结合,以及通过增加温度用二氧化碳或蒸汽对碳化材料进行温和氧化的工艺,为活性炭的商业开发奠定了基础
1903	Tswett	在利用 SiO_2 材料分离叶绿素和其他植物色素的过程中,发现了选择性吸附现象,引入了"柱-固-液吸附色谱法",这一发现不仅是一种新的分析技术的开始,也是一个新的表面科学领域的起源
1904	Dewar	在木炭吸收空气的过程中,发现氧与氮的混合物有选择性地吸附
1909	McBain	提出了术语"吸收"(absorption),为确定比吸附慢得多的碳对氢的吸收提出了"吸着"(sorption)一词,用于描述吸附和吸收
1911	Zsigmondy	发现毛细冷凝现象。这种现象由圆柱形孔的开尔文方程描述,孔径在 2~50mm 之间 位于荷兰 Amsterdam 的 NORIT 工厂成立,现在它是国际上最先进的活性炭生产商之一
1914	Eucken,Polanyi	提出吸附势理论,包括特征吸附曲线,它们与温度无关
1915	Zelinsky	莫斯科大学教授,率先提出并应用活性炭作为防毒面具的吸附剂
1918	Langmuir	首次提出了单分子层吸附的概念,在能量均匀的固体表面上形成单分子层动力学研究,1932 年获诺贝尔化学奖
1938	Brunauer, Emmet, Teller	他们首次成功通过六种不同气体的吸附等温线测定了合成氨催化剂铁的表面积,提出多层物理吸附等温线方程,是吸附科学发展的里程碑式成果
1940	Brunauer, Deming, Teller	提出了一个考虑毛细冷凝力的四参数可调方程,修正 BET 方程
1941	Martin, Synge	将柱状和平面状固液分离 Synge 色谱引进实验室
1946	Dubinin-Radushkevich	基于 Eucken 和 Polanyi 提出的吸附势理论,提出了微孔体积填充理论
1956	Barrer, Breck	发明了沸石的合成方法。同年,美国林德公司开始生产商业规模的合成沸石

吸附与催化密切相关。Berzelius 在 1836 年提出了"催化"这个词并用它来描述观察到的现象,他认识到在催化反应中反应组分被保持或吸附的表面称作催化剂的表面。在 Berzelius 开创了这一新的科学领域之后的几年里,许多研究都以"催化"被报道出来。

根据 IUPAC 定义,吸附是由于表面力的作用,在冷凝层和液体或气体层的界面处物质浓度的增加。

吸附过程是由液相或固相表面不平衡的残余力存在而产生的。这些不平衡的残余力倾向于吸引和保留与表面接触的分子物种。吸附本质上是一种界面现象。

与界面张力相似，吸附是界面能的结果。在块状材料中，材料组成原子的所有键合要求（无论是离子的、共价的或金属的）均被材料中的其他原子填充。然而，吸附剂表面上的原子并不完全被其他吸附剂原子包围，它有剩余空位或剩余键合力，因此可以吸引外来物质——吸附物。键合的确切性质取决于所涉及吸附过程的细节——吸附过程一般分为物理吸附（弱范德华力的特征）和化学吸附（共价键的特征）。它也可能由静电吸引而引发。

吸附属于一种传质过程，物质内部的分子和周围分子有互相吸引的引力，但物质表面的分子相对物质外部的作用力没有充分发挥，所以液体或固体物质的表面可以吸附其他液体或气体以降低其表面能。

吸附是一个完全不同于吸收的术语。吸收意味着物质在整个本体内的均匀分布，但吸附基本上发生在物质的表面。但有时吸收与吸附同时发生或二者不能区分，此时我们可以称之为吸着。

吸附过程包括吸附剂（adsorbent）和吸附质（adsorbate）两个组分。吸附剂是提供吸附发生的表面场所的物质，吸附质是在吸附剂表面吸附的物质，吸附质被吸附。即吸附剂+吸附质=吸附。

吸附特征如下。①吸附是一个自发过程：为了使反应或过程是自发的，系统的自由能必须减小，即系统的 Gibbs 自由能变化 ΔG 是负值；②吸附是一个熵减小的过程：在吸附过程中，吸附质分子富集在吸附剂表面上，从而引起体系的熵减小；③吸附是一个放热过程：由于固体表面存在着不均衡力场，它将自动地吸附外来物种以减小这种不均衡力，因而它吸引吸附质在其表面上，由于吸附质与吸附剂二者之间的引力作用而释放出能量，因此吸附过程是放热过程。

液体表面也存在着不平衡力场，也具有吸附作用，与固体表面吸附作用相比，既具有共性，也存在着很多差异，但不在这里讨论。在本教材中，我们主要讨论固体表面对气体或蒸汽的吸附作用。

根据分子在固体表面吸附时的结合力不同，吸附可分为物理吸附与化学吸附。物理吸附是靠分子间作用力即范德华力实现的。由于这种作用力比较弱，对分子结构影响不大，可把物理吸附看成凝聚现象。化学吸附是气固分子相互作用，改变了吸附分子的键合状态，吸附中心与吸附质之间发生了电子的重新调整和再分配。化学吸附力属于化学键力，由于该作用力强，对吸附分子的结构有较大影响，可把化学吸附看成化学反应。化学吸附一般包含实质的电子共享和电子转移，而不是简单的微扰或弱极化作用。物理吸附与化学吸附的差异如表 2-6 所示。

表 2-6 物理吸附与化学吸附之间的比较

项目	物理吸附	化学吸附
吸附力	范德华力	化学键力
吸附热	较小，约几千焦每摩尔，近于凝聚热（液化热）	较大，约几十~几百千焦每摩尔，近于反应热
热选择性	无选择性（不定位）	有选择性（定位）
吸附稳定性	不稳定，易解吸	较稳定，不易解吸
分子层数	单分子层或多分子层	单分子层
吸附速率	不需活化能，较快，不受温度影响	需活化能，较慢，一般升高温度可加快
可逆性	可逆	可逆或不可逆

(1) 物理吸附

物理吸附是吸附质和吸附剂之间由分子间作用力即范德华力引起的吸附。由于范德华力存在于任何两分子间，所以物理吸附可以发生在任何固体表面上。

物理吸附是一种普遍现象，吸附质与吸附剂之间的范德华力是一种弱的分子间力，其吸附势能由伦纳德-琼斯（Lennard-Jones）理论解释。如惰性气体 He 在不同金属表面上的物理吸附势能如图 2-3 所示。

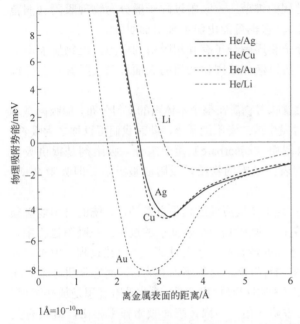

1Å=10^{-10}m

图 2-3　He 在不同金属表面的物理吸附势能（计算）曲线

图 2-3 显示，虽然范德华力是吸引力，但当吸附原子靠近表面移动时，电子的波函数开始与表面原子的波函数重叠，结果导致系统的能量增加。

对于价电子层闭合的原子，这种泡利不相容（Pauli exclusion）和排斥特别强，在表面相互作用占主导地位。因此，物理吸附的最小能量必须由长程范德华吸引力和短程泡利排斥力之间的平衡求得。图 2-4 H_2 在金属 Ni 上的吸附显示了这种作用。

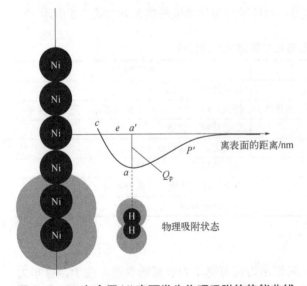

图 2-4　H_2 在金属 Ni 表面发生物理吸附的势能曲线

物理吸附具有如下特点：

① 吸附力是由固体表面和气体分子之间的范德华吸引力产生的，一般比较弱，典型的结合能约为 10~100meV。

② 吸附可以是单分子层的，也可以是多分子层的，如图 2-5 所示。注意，在单层完成之前多层开始形成。

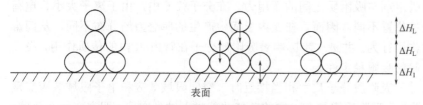

图 2-5　物理吸附第一层和后续层形成的示意图

③ 吸附热较小，第一层吸附热为吸附质与吸附剂之间的作用放出的热效应，在第一层以上的分子间的吸附热接近于气体的液化热，一般在 5~50kJ/mol。

④ 吸附无选择性，任何固体可以吸附任何气体，因范德华力大小随吸附分子变化，吸附量会有所不同。

⑤ 吸附稳定性不高，吸附与解吸速率都很快。物理吸附是可逆的，通过交替升高和降低压力或温度很容易构建吸附和脱附循环。

⑥ 吸附不需要活化能，吸附速率并不因温度的升高而变快，相反，升高温度总是减小吸附质在表面的覆盖度，即吸附量减小。

覆盖度 θ：用来描述吸附过程和吸附状态的一个重要参数，是表面上被吸附分子的数量。文献中有两种覆盖度定义，不要混淆。第一个定义以饱和覆盖度为参考值，即饱和覆盖度 $\theta=1$。所有其他覆盖都是相对于这个饱和覆盖度给出的，所以将这个定义称为相对覆盖度，例如，$\theta=0.5$ 单层。第二个定义以基底表面层中的原子数为参考，即 1ML（Monolayer）是每一个基底原子都有一个吸附质物种（原子或分子），称为绝对覆盖度。只有当每个表面原子吸附都有一个吸附质物种时，才有覆盖度 $\theta=1$ML。虽然 θ 值可以达到 1ML，例如原子氢，但大多数吸附分子大于金属基底原子，因此即使在饱和覆盖范围内，使用此定义时也会发现远远低于 1ML。因此，在描述物理吸附现象时，常使用相对覆盖度，而在描述化学吸附时，常用绝对覆盖度。

图 2-6 显示了物理吸附中吸附量与温度的关系。总之，吸附质与吸附剂之间仅仅是一种物理作用，吸附剂和吸附质的电子态扰动最小，没有电子转移，没有化学键的生成与破坏，也没有原子重排等。

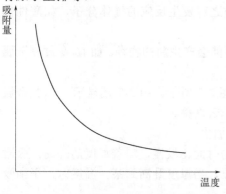

图 2-6　物理吸附的吸附量与温度的关系曲线

物理吸附提供了测定催化剂表面积、平均孔径及孔径分布的方法。同时，物理吸附将反应物富集在催化剂的表面，不仅提高了反应物的浓度，也是下一步化学吸附得以进行的前提。

吸附剂与吸附质之间的物理作用除了范德华力外，因库仑力而引起的吸附通常也被纳入物理吸附。有时吸附质分子与吸附剂表面以氢键的形式发生吸附，也称之为物理吸附。

在分子筛内，可交换阳离子的存在，导致其对吸附质的作用发生变化，可能诱导、极化吸附质分子，从而加强吸附剂与吸附质之间的作用力。在分子筛笼中，由于离子大小、电荷等的变化，阳离子所处的位置不同，因而，在笼内空间中产生的库仑力场分布不同，从而影响了分子筛对吸附质的作用行为，并进一步影响着吸附质分子在管内/孔内的传质作用，在一定程度上也影响着分子筛的吸附稳定性。

当微孔吸附空间尺寸与吸附质分子尺寸相当接近时，空间限域效应和电子限域效应显现出来，排斥作用占主导地位，吸附质需具有一定的动能才能进入纳米空间，即存在一活化能。在活性扩散（activated diffusion）范围内，扩散速率为控制因素，吸附质分子尺寸的微小变化会导致活化能的剧烈变化。当微孔吸附剂的孔径与吸附质分子尺寸相当时，不同吸附质分子的微小尺寸差别可以导致吸附速率较大的差异，因而体现出宏观上广义的筛分效应。空间限域或孔限域引起的吸附选择性属于动力学的选择性，而非热力学的选择性。如氮和甲烷分子的动力学直径分别为 0.37nm 和 0.38nm，氮分子向 4A 分子筛孔道内的扩散比甲烷快，因而可以富集氮；而氧分子直径为 0.34nm，4A 分子筛吸附氧、氮混合气时又可以分离出氮。以碳分子筛和 4A 分子筛为吸附剂通过变压吸附（pressure swing adsorption，PSA）而实现的氧气与氮气的分离即利用了该原理。

在纳米限域空间内，不仅吸附剂固体与吸附质之间的相互作用增强，而且吸附质与吸附质之间的相互作用也有变化，这就使得吸附在纳米空间的物质表现出一些特异的现象，如形成特定的簇结构以及限域效应。

（2）化学吸附

吸附质与吸附剂表面的作用力为化学键力的吸附为化学吸附。化学吸附在吸附剂表面形成了新的化学键，包括吸附质分子与吸附剂表面原子间发生电子的交换、转移或共享等。

与物理吸附相比，化学吸附具有如下特征：

① 吸附作用是吸附剂与吸附质分子之间产生的化学键，包括轨道重叠和电荷转移，它是一种强的短程键合力。

② 化学吸附是单层吸附，吸附很稳定，一旦吸附，就不易解吸。

③ 吸附热较高，接近于化学反应热，一般在 50~500kJ/mol，甚至更大。

④ 吸附具有选择性，固体表面的活性位只吸附与之可发生反应的气体分子，如酸性位吸附碱性分子，反之亦然。

由于吸附质分子与吸附剂表面发生了化学反应，可能会产生新的物种。如 H_2 在过渡金属镍表面上的吸附。

化学吸附的吸附势能遵循 Morse 吸附势规律，如图 2-7 所示。图 2-7 还显示，H_2 在金属 Ni 表面上发生化学吸附时 H 原子与 Ni 原子轨道的电子云重叠。

⑤ 吸附需要活化能，温度升高，吸附和解吸速率加快。

因此，化学吸附常需要经历活化阶段，达到平衡的时间比较慢，随着温度的升高，吸附速率加快，如图 2-8 所示。由于吸附是放热过程，因此，当温度升高到某一温度时，平衡吸附量下降。

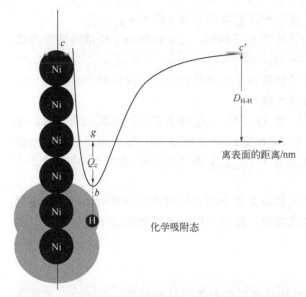

图 2-7 H$_2$ 在金属 Ni 表面发生化学吸附的势能曲线

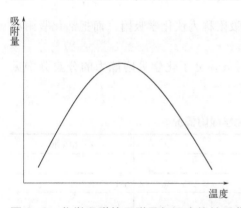

图 2-8 化学吸附的吸附量与温度的关系曲线

总之，化学吸附相当于吸附剂表面分子与吸附质分子发生了化学反应，在红外、紫外-可见光谱中会出现新的特征吸收带。化学吸附的研究方法远比物理吸附复杂，常用的有低能电子衍射法、红外光谱法、电子自旋共振法、场发射显微镜法、俄歇电子能谱法等。

化学吸附的机理可分三种情况。

① 吸附质失去电子，吸附剂得到电子，成为正离子的吸附质吸附到带负电的吸附剂表面。

② 吸附剂失去电子，吸附质得到电子，成为负离子的吸附质吸附到带正电的吸附剂表面。

③ 吸附剂与吸附质共享电子形成共价键或配位键，气体在金属表面上的吸附往往就是由于气体分子的电子与金属原子的 d 电子形成共价键，或气体分子提供一对电子与金属原子形成配位键而吸附的。

对于金属催化剂表面上的吸附，反应物粒子与催化剂之间有电子转移或共享，二者之间形成化学键，即形成化学吸附。所形成的化学键的性质取决于金属和反应物的本性。化学吸附态与金属催化剂的逸出功（φ）及反应物气体的电离势（I）有关。根据 φ 和 I 的大小，反应物分子在金属催化剂上形成化学吸附时，电子转移有三种情况，形成 3 种吸附态。

① $\varphi > I$ 时，电子从反应物向催化剂表面转移，反应物变成吸附在金属催化剂表面的正

离子，这时反应物与催化剂形成离子键，其强弱程度取决于 φ 和 I 的大小；

② $\varphi < I$ 时，电子从金属催化剂表面向反应物分子转移，使反应物分子变成吸附在金属催化剂上的负离子，二者之间形成离子键；

③ $\varphi \approx I$ 时，无论由催化剂向反应物分子转移电子还是反应物分子向催化剂转移电子均困难，此时，二者各自提供一个电子而形成共价键。

化学吸附后金属的电子逸出功发生变化，如 O_2、H_2、N_2 和饱和烃在金属上吸附时，金属将电子给予被吸附分子而形成负电荷层，如 Ni^+N^-、Pt^+H^-、W^+O^- 等，造成电子吸附进一步困难，逸出功增大，而当 C_2H_2、C_2H_4、CO 及含 O、C、N 的有机物吸附时，将电子给予金属，金属表面形成正电层，使逸出功降低。

在金属氧化物表面，若气体分子的电子亲和势大于金属氧化物的电子脱出功时，则金属氧化物给予气体分子电子，后者以负离子形式吸附；反之，则会有气体正离子吸附。在硅酸铝等吸附剂上酸性中心对吸附起决定性作用。

（3）化学吸附类型

① 活化吸附和非活化吸附　活化吸附是指化学吸附时需要外加能量加以活化；若化学吸附时不需要施加能量，则称为非活化吸附。

非活化吸附的特点是吸附速率快，有时把非活化吸附称为快化学吸附，而把活化吸附称为慢化学吸附。

气体在金属膜上的化学吸附情况，及金属按其对气体分子化学吸附能力的分类分别见表 2-7 和表 2-8。

表 2-7　气体在金属膜上的化学吸附情况

气体	非活化吸附	活化吸附
H_2	W, Ta, Mo, Ti, Zr, Fe, Ni, Pd, Rh, Pt, Ba	—
CO	W, Ta, Mo, Ti, Zr, Fe, Ni, Pd, Rh, Pt, Ba	Al
O_2	除 Cu 外所有金属	—
N_2	W, Ta, Mo, Ti, Zr	Fe
CH_4	—	Fe, Co, Ni, Pd
C_2H_4	W, Ta, Mo, Ti, Zr, Fe, Ni, Pd, Rh, Pt, Ba, Cu, Au	Al

表 2-8　金属按其对气体分子化学吸附能力的分类

类别	金属	O_2	C_2H_2	C_2H_4	CO	H_2	CO_2	N_2
A	Ti, Zr, Hf, V, Nb, Ta, Cr, Mo, Fe, Ru, Os	+	+	+	+	+	+	+
A_1	Ni, Co	+	+	+	+	+	+	—
B_2	Rh, Pd, Pt, Ir	+	+	+	+	+	—	—
B_3	Mn, Cu	+	+	+	+	±	—	—
C	Al, Au	+	+	+	+	—	—	—
D	Li, Na, K	+	+	—	—	—	—	—
E	Mg, Ag, Zn, Cd, In, Si, Ge, Sn, Pb, As, Sb, Bi	+	—	—	—	—	—	—

注：+表示发生强吸附；±表示发生弱吸附；—表示未观察到。

② 均匀吸附与非均匀吸附　按吸附剂表面活性中心能量分布的均一性，化学吸附又可

分为均匀吸附和非均匀吸附。

均匀吸附时所有吸附质分子与吸附剂表面上的活性中心形成具有相同吸附键能的吸附键。当吸附剂表面上活性中心能量分布不同时，就会形成具有不同吸附键能的吸附键，这类吸附称为非均匀吸附。

③ 解离吸附与缔合吸附　分子在催化剂表面上化学吸附时产生化学键的断裂称为解离吸附。解离吸附时化学键的断裂既可发生均裂，也可发生异裂。

具有π电子或孤对电子的分子可以不解离就发生化学吸附，分子以这种方式进行的化学吸附称为缔合吸附。

化学吸附是多相催化反应不可缺少的关键步骤，反应物分子在催化剂表面上发生化学吸附成为活化吸附态，大大降低了反应活化能，加快了反应速率，并能控制反应方向。研究化学吸附不仅有助于了解催化反应的机理，而且对实现催化反应的工业化有重要的实际意义。

如烯烃在固体催化剂上加氢需要氢和烯烃分子的化学吸附，它们与表面原子形成化学键。如乙烯催化加氢的过程示意见图 2-9。

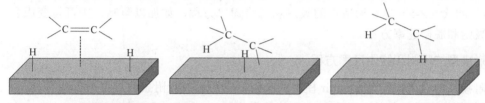

图 2-9　乙烯催化加氢过程示意图

化学吸附态决定产物。反应物在催化剂表面上的不同吸附态，对形成不同的最终产物起着非常重要的作用。如在乙烯氧化制环氧乙烷反应中认为 O_2^- 导致生成目标产物环氧乙烷，而 O^- 则引起深度氧化生成 CO_2 和 H_2O。

在催化剂表面上桥式吸附的 CO 通过加氢可以得到甲醇、乙醇等醇类，而线式吸附的 CO 通过加氢，则得到烃类。

化学吸附过程往往是催化反应的控制步骤。

① 若反应控制步骤是生成负离子吸附态，则要求金属的电子逸出功小，如某些氧化反应是以 O^-、O_2^-、O^{2-} 等吸附态为控制步骤，催化剂的逸出功越小，氧化反应活化能越小。

② 若反应控制步骤是生成正离子吸附态，则要求金属催化剂表面容易得到电子，金属电子的逸出功越大，反应活化能越低。

③ 若反应控制步骤为形成共价吸附时，则要求 $\varphi \approx I$ 较好。

催化剂的逸出功可在制备时调节：一般采用加助剂的方法来调节 φ 值，使之形成合适的化学吸附态，从而达到提高催化剂的活性和选择性的目的。

2.2.2　吸附和脱附速率的基本方程

由于多相催化反应包括吸附、脱附步骤，因此吸附、脱附的速率对整个催化反应将产生影响，特别是在它们为最慢的反应步骤时，将决定总反应速率。若想深入了解吸附机理，也必须知道吸附速率方程，知道影响它的因素及规律。鉴于化学吸附在催化反应中的作用，以及吸附、脱附速率在实际处理上的相似性，下面主要讨论化学吸附速率的情况。

吸附速率正比于气体分子对表面的碰撞数。根据气体分子动力学理论，每秒单位面积上

分子的碰撞数为 $p/\sqrt{2\pi mkT}$。其中，p 为气体压力；m 为气体分子质量；k 为 Boltzmann 常数。在碰撞的分子中只有具有活化能 E_a 以上的分子才有可能被吸附，这种分子占总碰撞分子中的分子分数为 $\exp\left(-\dfrac{E_a}{RT}\right)$。吸附速率还正比于分子碰撞在表面空中心上的概率，它可以表示为表面覆盖度的函数 $f(\theta)$。σ 为比例系数，称为凝聚系数，其物理意义为具有 E_a 以上能量且碰撞在表面空中心能被吸附的分子分数。这样，吸附速率方程可以写为

$$r_a = \dfrac{\sigma p}{\sqrt{2\pi mkT}} f(\theta) \exp\left(-\dfrac{E_a}{RT}\right) \tag{2-4}$$

对于脱附，它的速率与表面覆盖度有关，一般与覆盖度成正比，并且与脱附活化能在 E_d 以上的分子分数 $\exp\left(-\dfrac{E_d}{RT}\right)$ 成正比，乘以比例系数 k'，则脱附速率方程可以写成

$$r_d = k' \exp\left(-\dfrac{E_d}{RT}\right) f'(\theta) \tag{2-5}$$

式（2-4）和式（2-5）是普遍适用的吸附和脱附速率方程，如加以限制，则可转变成各种条件下的吸附和脱附速率方程。

(1) 理想吸附模型的吸附和脱附速率方程

理想吸附模型的吸附，即 Langmuir 模型的吸附。它假设的吸附条件是：
① 吸附剂的表面是均匀的，各吸附中心的能量相同。
② 吸附粒子间的相互作用可以忽略。
③ 吸附粒子与空的吸附中心碰撞才有可能被吸附，吸附是单层的。

按照该吸附模型要求，吸附能量与覆盖度无关，所以式（2-4）中的 σ、$\exp\left(-\dfrac{E_a}{RT}\right)$ 和 $\sqrt{2\pi mkT}$ 等均可合并成常数 k_a，则吸附速率方程可写成

$$r_a = k_a p f(\theta) \tag{2-6}$$

同样，脱附速率方程可写成

$$r_d = k_d f'(\theta) \tag{2-7}$$

这就是 Langmuir 吸附和脱附速率方程的一般表示式，也称为理想吸附层的吸附和脱附速率方程。这些方程的形式会因表面覆盖度函数 $f(\theta)$ 和 $f'(\theta)$ 具体形式的不同而不同，举例如下。

① 一个粒子只占据一个中心

$$A + * \rightleftharpoons A*$$

式中，* 表示活性中心。表面覆盖分数（覆盖度）为 θ，空表面分数 $f(\theta)$ 为 $(1-\theta)$，则吸附速率方程为

$$r_a = k_a p(1-\theta) \tag{2-8}$$

对于脱附，表面覆盖分数为 θ，$f'(\theta)$ 为 θ，则脱附速率方程为

$$r_d = k_d \theta \tag{2-9}$$

② 粒子在表面解离为两个粒子，并各占据一个中心

$$A_2 + 2* \Longrightarrow 2A*$$

解离吸附在催化反应中经常发生，如氢分子在金属表面上的吸附就是这种情况，这时 $f(\theta)$ 为 $(1-\theta)^2$，则吸附速率方程为

$$r_a = k_a p (1-\theta)^2 \qquad (2\text{-}10)$$

对于脱附，$f'(\theta)$ 为 θ^2，则脱附速率方程为

$$r_d = k_d \theta^2 \qquad (2\text{-}11)$$

③ 混合吸附 如 A、B 两种粒子同时吸附在同一种中心上，这时表面空中心分数为 $(1-\theta_A-\theta_B)$，对 A、B 两种物质的吸附速率方程可分别表示为

$$r_{Aa} = k_{Aa} p_A (1-\theta_A - \theta_B) \qquad (2\text{-}12)$$

$$r_{Ba} = k_{Ba} p_B (1-\theta_A - \theta_B) \qquad (2\text{-}13)$$

同样，可以分别得到 A、B 两种物质的脱附速率方程

$$r_{Ad} = k_{Ad} \theta_A$$

$$r_{Bd} = k_{Bd} \theta_B$$

尽管 Langmuir 模型是以理想情况作为依据，但它可近似地描述许多实际过程。实验也表明，有不少体系确实遵循 Langmuir 吸附规律。因此，Langmuir 模型已成为讨论气固多相催化反应动力学的重要模型。

（2）真实吸附模型的吸附和脱附速率方程

从吸附热的讨论我们知道固体表面是不均匀的，表面的不均匀性已被大量实验所证明，表面存在不同的吸附位，它们有不同的能量，这里，与 Langmuir 假设不同，随覆盖度增加吸附热降低，而吸附活化能增加，这都与表面覆盖度有关，这种吸附为真实吸附模型吸附。这里扼要地介绍两种。

① Elovich 方程 该方程用于描述慢化学吸附。一开始它是作为经验方程而提出的。若假定吸附能量随覆盖度呈线性变化，吸附活化能增加，脱附活化能下降，即 $E_a = E_a^0 + \alpha\theta$ 和 $E_d = E_d^0 - \beta\theta$，可从理论上推导出 Elovich 吸附速率方程，其吸附和脱附速率方程的形式分别为

$$r_a = k_a p \exp\left(\frac{-\alpha\theta}{RT}\right) \qquad (2\text{-}14)$$

$$r_d = k_d \exp\left(\frac{\beta\theta}{RT}\right) \qquad (2\text{-}15)$$

式（2-14）经积分后得

$$\theta = \frac{RT}{\alpha} \ln\left(\frac{t+t_0}{t_0}\right) \qquad (2\text{-}16)$$

式中，$t_0 = \frac{RT}{\alpha k_a p}$，显然在一定压力下 θ 与 $\ln\left(\frac{t+t_0}{t_0}\right)$ 成线性关系。对脱附速率方程积分也可得类似的方程。在实验中，通过作图是否得直线来检验一个吸附体系是否服从 Elovich 规律。实验表明，有些化学吸附在最开始时存在着一个很快的吸附过程，接着是一个慢的化学吸附，Elovich 方程能很好地描述此慢化学吸附过程。

② Kwan 方程 描述真实吸附模型的吸附、脱附速率的另一组经验方程是 Kwan 方程，吸

附能量随覆盖度成对数变化，$E_a = E_a^0 + \alpha \ln\theta$ 和 $E_d = E_d^0 - \beta \ln\theta$，吸附和脱附速率方程分别为

$$r_a = k_a p \theta^{\frac{-\alpha}{RT}} \tag{2-17}$$

$$r_d = k_d \theta^\beta \tag{2-18}$$

式中，α、β 为常数。该方程同样可以进行直线化处理。

2.2.3 气固吸附等温线

当气体与固体接触时，气相中的分子和与固体表面结合的相应吸附物种（分子或原子）之间将建立平衡。

正如所有的化学平衡一样，平衡的位置即吸附量 Γ 将取决于诸多因素：①吸附物种和气相物种的相对稳定性；②系统的温度；③表面上方气体的压力。

一般来说，提高因素②和③对吸附物种浓度所产生的影响相反，即增加气体压力可以增加表面覆盖度，但表面温度升高，则会降低吸附物种的浓度。

对于给定的吸附质与吸附剂，其吸附量（Γ）与吸附温度（T）和气体压力（p）有关。

$$\Gamma = f(T, p) \tag{2-19}$$

当 T = 常数，$\Gamma = f(p)$ 称吸附等温线。

当 p = 常数，$\Gamma = f(T)$ 称吸附等压线。

当 Γ = 常数，$p = f(T)$ 称吸附等量线。

实验中最容易得到的是吸附等温线。吸附等压线和吸附等量线可由一系列吸附等温线求得。吸附现象的描述主要采用吸附等温线，各种吸附理论的成功与否也往往以其能否定量描述吸附等温线来评价。

根据 IUPAC 分类，气固吸附等温线分为六类，如表 2-9 所示。

表 2-9 气固吸附等温线的分类

等温线类型	描述	实例	曲线图
第 I 类	在较低的相对压力下吸附量迅速上升，达到一定相对压力后吸附出现饱和值，以水平平台为特征。该类吸附等温线描述了单层吸附包括单层物理吸附与单层化学吸附行为。可以用 Langmuir 方程来描述	大多数情况下，I 型等温线往往反映的是微孔吸附剂(分子筛、微孔活性炭)上的微孔填充现象，饱和吸附值等于微孔的填充值。如在接近 -180℃下 N_2 或 H_2 在活性炭上的吸附行为	
第 II 类	反映非孔性或者大孔吸附剂上典型的物理吸附过程，这是 BET 公式最常说明的对象。等温线拐点通常出现于单层吸附附近，中间平坦区域对应于单层形成。拐点表明单层吸附到多层吸附的转变，亦即单层吸附的完成和多层吸附的开始。随相对压力增加，多层吸附逐步形成，达到饱和蒸气压时，吸附层无穷多，导致试验难以测定准确的极限平衡吸附值。在 BET 方程中，当 $C>10$ 时，可以用来描述该类吸附等温线	-195℃下硅胶或铁催化剂对氮的吸附，聚合物基吸附剂对水蒸气的吸附	

等温线类型	描述	实例	曲线图
第Ⅲ类	吸附气体量随组分分压增加而上升，随吸附过程的进行，吸附出现自加速现象，吸附层数不受限制。这种类型发生在吸附质-吸附质相互作用比吸附质-吸附剂相互作用大的情况。此情形下，协同效应导致在均匀的单一吸附层尚未完成之前形成了多层吸附。在BET方程中，$C>2$时，可以描述Ⅲ型等温线	水在疏水沸石和活性炭上的吸附，溴和碘在硅胶上的吸附，介孔凝胶对四氯化碳的吸附	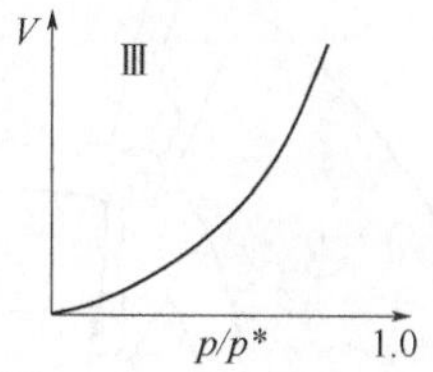 Ⅲ 型曲线，纵轴 V，横轴 p/p^*，终点1.0
第Ⅳ类	这种类型描述了特定的介孔材料的吸附行为，低压区与Ⅱ型非常相似。这解释了单层的形成，接着是多层吸附的形成。曲线后一段再次凸起，且中间段可能出现吸附回滞环，其对应的是多孔吸附剂出现毛细凝聚的体系	湿空气、水蒸气在特定类型活性炭上的吸附，苯在氧化铁和硅胶上的吸附	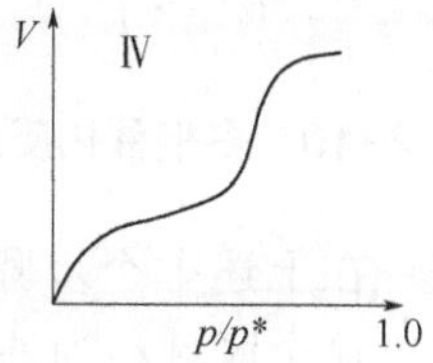 Ⅳ 型曲线，纵轴 V，横轴 p/p^*，终点1.0
第Ⅴ类	与Ⅲ型等温线类似，但达到饱和蒸气压时吸附层数有限，吸附量趋于一极限值。由于介孔的存在可能发生类似于孔凝聚的相变，在中等相对压力下等温线上升较快，并伴有回滞环	水在碳分子筛和活性碳纤维上的吸附	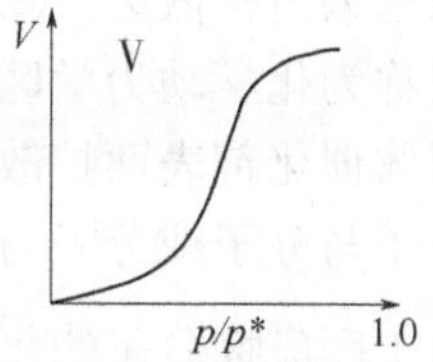 Ⅴ 型曲线，纵轴 V，横轴 p/p^*，终点1.0
第Ⅵ类	一种特殊类型的等温线。该类等温线以其台阶状的可逆吸附过程为特点。在低温下，层将变得更加明显，等温线呈现出逐步多层吸附。这些台阶来自在高度均匀的无孔表面的依次多层吸附，即材料的一层吸附结束后再吸附下一层。台阶高度表示各吸附层的容量，而台阶的锐度取决于系统和温度。在液氮温度下的氮气吸附，无法获得这种等温线的完整形式	石墨化炭黑在低温下的氩吸附或惰性气体在平面石墨表面的吸附，正丁醇在硅酸铝表面的吸附，氧化镁表面上甲烷的吸附	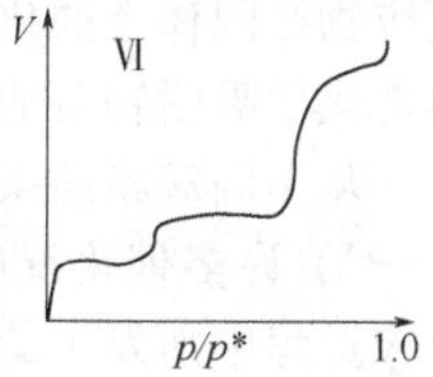 Ⅵ 型曲线，纵轴 V，横轴 p/p^*，终点1.0

2.2.4 多相催化机理分析

催化反应分为多相催化和均相催化，大多数工业催化过程属于多相催化。多相催化中以固体为催化剂的气（液）-固催化反应在工业上使用最为广泛。

多相催化反应过程通常可以分为以下七个步骤，如图2-10所示。

① 反应物从气流（液相）主体扩散到催化剂外表面；
② 反应物向催化剂的微孔内扩散；
③ 反应物在催化剂内表面上吸附；
④ 反应物在催化剂内表面上进行反应；
⑤ 反应生成物在催化剂内表面上脱附；
⑥ 生成物从微孔内向催化剂外表面扩散；
⑦ 生成物从催化剂外表面向气流（液相）主体扩散。

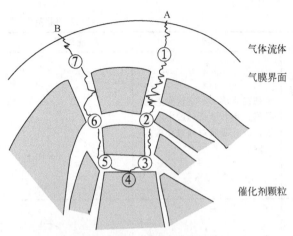

图 2-10 多相催化反应过程示意图

在上述七个步骤中，①和⑦两个步骤是反应物和生成物在催化剂颗粒外进行的扩散过程，这个区域称为外扩散区；②和⑥两个步骤是在催化剂颗粒内部进行的扩散过程，这个区域称为内扩散区；③、④和⑤三个步骤是在催化剂内表面上进行的化学动力学过程，这个区域称为化学动力学区。由此可见，在多相催化反应中，反应物分子必须从气相（或液相）向固体催化剂表面扩散，表面吸附后才能进行催化反应；而在均相催化中，催化剂与反应物是分子与分子或分子与离子间的接触，传质过程对动力学影响较小。

（1）反应物分子的化学吸附

研究催化首先关心的是化学吸附，因为几乎所有被固体催化的反应都包含着一种或几种反应物在固体上的化学吸附，是整个过程的必经步骤，要了解真实的催化机理，就要了解和鉴定化学吸附物质的性质。

从不同观察结果都可证明，几乎所有固体催化的反应都包含着化学吸附。

① 许多催化反应是在远远高于物理吸附能够发生的温度下进行的，由此可推论在催化反应过程中所发生的吸附必定是化学吸附。

② 催化剂的活性与它对一种或几种反应物的化学吸附能力相关。

③ 物理吸附涉及的力远远小于化学键合涉及的力，很难设想物理吸附能造成分子周围的力场有显著的变形，对分子的反应性有相当大的影响。

根据反应机理，与其他反应物分子作用，转化遵循一条能量最有利的途径。催化中的吸附总是化学吸附。化学吸附本身是一个复杂的过程，分两步进行，即物理吸附和化学吸附。物理吸附借助分子间力，吸附力弱，吸附热小（8~20kJ/mol），且是可逆的，无选择性，分子量越大越容易发生。化学吸附与一般的化学反应相似，是借助于化学键力，遵从化学热力学和化学动力学的传统定律，具有选择性特征，吸附热大（40~800kJ/mol），一般是不可逆的，尤其是饱和烃分子的解离吸附。吸附的发生需要活化能。化学吸附是反应分子活化的关键一步。化学吸附为单分子层吸附，具有饱和性。

发生化学吸附的原因是，位于固体表面的原子具有自由价，这些原子的配位数小于固体内原子的配位数，使得每个表面原子受到一种内向的净作用力，将扩散到其附近的气体分子吸附形成化学键。化学吸附键合的现代模型，包括几何（基团）效应和电子（配位）效应两方面，气体分子基于这两种效应寻求与表面适合的几何对称性和电子轨道，以进行化学吸附。

对这些特性的了解对于催化剂的调制和改善是十分重要的。

（2）表面反应

化学吸附的表面物种在二维的吸附层中并非静止不动，只要温度足够高，它们就成为化学活性物种，在固体表面迁移，随之进行化学反应。例如，在式（2-20）表达的机理中，化学吸附的氢（H_a）和化学吸附的氮（N_a）在表面接触时，若表面的几何构型和能量是适宜的，就会发生式（2-20）的表面反应。

$$\begin{matrix} N_a & H_a \\ | & | \\ S & + & S \end{matrix} \longrightarrow \begin{bmatrix} H \\ | \\ N \end{bmatrix}_a \begin{matrix} \\ | \\ S \end{matrix} + \begin{matrix} \\ | \\ S \end{matrix} \tag{2-20}$$

这种表面反应的成功进行，要求 N_a 和 H_a 的化学吸附不宜过强，也不宜过弱。过强则不利于它们的表面迁移、接触；过弱则会在进行反应之前脱附流失。一般关联催化反应速率与吸附强度的曲线呈"火山形"。

若式（2-20）为催化反应速率的控制步骤，则列出该催化反应速率方程时需要吸附等温式。

（3）产物的脱附

脱附是吸附的逆过程，因此，遵循与吸附相同的规律。吸附的反应物和产物都有可能脱附。就产物来说，不希望在表面上吸附过强，否则会阻碍反应物分子接近表面，使活性中心得不到再生，成为催化剂的毒物。若目的产物是一种中间产物，则又希望它生成后迅速脱附，以避免分解或进一步反应。

2.3 催化过程中内外扩散

2.3.1 内外扩散对催化反应的影响

研究气-固多相催化反应动力学，从实用角度说，可以为工业催化过程确定最佳生产条件，为反应器的设计奠定基础；从理论上说，可以为认识催化反应机理及催化剂的特性提供依据。

气-固多相催化反应包括多个步骤，扩散对反应动力学会产生较大影响。在这一节，将讨论扩散对气-固多相催化反应动力学的影响情况。

扩散是多相催化反应中不可缺少的过程，此过程服从 Fick 定律：

$$\frac{dn}{dt} = -De\frac{dc}{dx} \tag{2-21}$$

式中，扩散速率 dn/dt 为单位时间内扩散通过截面 S 的分子数；De 是扩散系数；dc/dx 为浓度梯度。通常将扩散分为三种类型：分子扩散（又称体相或普通扩散）、克努森扩散、构型扩散（又称约束扩散）。外扩散属于分子扩散，内扩散情况复杂，与操作条件和催化剂性质有关。这三种扩散类型往往并存，并以某种类型为主。扩散系数与孔径关系见图2-11。

① 分子扩散 由分子之间的碰撞引起，De 主要取决于温度和总压，与孔径无关。在大孔（孔径>100nm）中或气体压力高时的扩散多为分子扩散。

② 克努森（Knudsen）扩散 由分子与孔壁间的碰撞引起，在过渡孔（孔径1~100nm）中或气体压力低时扩散多属此种类型，其 De 主要取决于温度和孔半径。

③ 构型扩散 当分子的动力学直径和孔径相当时，De 受孔径的影响很大。孔径<1.5nm的微孔中的扩散多属此种类型。可以利用构型扩散的特点控制反应的选择性。

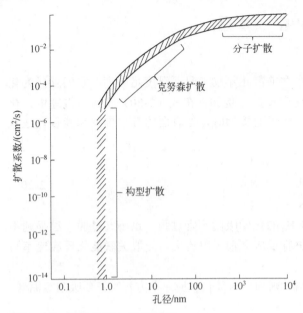

图 2-11 扩散系数与孔径关系

此外,被吸附在催化剂表面上的分子能在表面移动,又称为表面扩散。

在多相催化反应中,反应物分子从气流主体扩散到催化剂的外表面即外扩散属于外部物理传递过程,它包括反应物分子从气流主体到催化剂颗粒滞流边界层的湍流扩散过程,以及反应物通过滞流层薄膜到颗粒外表面的分子扩散过程。湍流扩散是一种效率很高的传质方式,速度很快,而分子扩散的阻力很大,速度很慢。一般地,外扩散速度与反应物和产物流过反应器的线速度有关,线速度越大,外扩散速度越大。

对于多孔性催化剂,作为反应场所的表面积几乎全在孔内,反应物必须进入孔内才能与催化剂表面接触,进行反应。物质进入微孔的主要形式是扩散,其扩散阻力源于分子间及分子与孔壁间的碰撞。因此,内扩散比外扩散对催化反应的影响要复杂和重要得多。

(1) 外扩散的影响

在气-固多相催化反应中,当外扩散的阻力很大时,它就成为速控步骤,这时总过程的速率将取决于外扩散的阻力。这种情况下,反应在外扩散区进行。此时,由于在催化剂的外表面发生反应,不断消耗反应物,因此在气流主体与催化剂外表面间形成一层扩散层或气膜,层间有较大的浓度差,无均相反应,其间只有扩散,所以浓度梯度沿膜的厚度是均匀变化的。这样,反应物自气流主体向催化剂外表面扩散的速率可以用 Fick 定律表示如下:

$$r = D\left(\frac{c_0 - c_s}{L}\right) \tag{2-22}$$

式中,D 为扩散系数;L 为扩散层的厚度;c_0 和 c_s 分别为反应物在气流主体内和催化剂外表面上的浓度。

由于外扩散为速率控制步骤,扩散速率代表总反应速率,从上式可以看出,在外扩散区进行的反应,其反应的级数与传质过程的级数一致,均为一级过程,与表面化学反应的级数无关。所测得的表观活化能很低,与反应物的扩散活化能相近,为 $4\sim12kJ/mol$。

（2）内扩散的影响

固体催化剂多为多孔材料，具有很大的内表面，反应物分子主要以扩散方式进入孔中，这种内扩散不仅影响反应速率，还影响反应级数、反应速率常数和表观活化能等动力学参数和反应的选择性。内扩散可以分为体相扩散、Knudsen 扩散和构型扩散三种形式，反应物进入孔的机理不同，它们在孔中的浓度分布也不同，对反应动力学也将产生不同的影响。

① 对反应级数的影响　当内扩散影响严重，成为速率控制步骤时，根据动力学分析，可以得到反应速率的表达式如下：

$$r \propto \pi r_c \sqrt{2r_c D k_n} c_0^{\frac{n+1}{2}} \tag{2-23}$$

式中，D 为扩散系数；r_c 为催化剂孔半径；c_0 为催化剂孔口反应物浓度；k_n 为 n 级反应速率常数；n 为真实反应级数。

对于 Knudsen 扩散，由于 D 与浓度无关，表观反应级数为 $(n+1)/2$，所以零级反应表现为表观 0.5 级反应，一级反应表现为表观 1 级反应，二级反应表现为表观 1.5 级反应。

对于分子扩散，由于 $D \propto \dfrac{1}{c}$，所以表观反应级数为 $n/2$，零级反应的表观反应级数为零级，一级反应和二级反应的表观反应级数分别为 0.5 级和 1 级。

② 对反应速率常数的影响　从上面的公式可以看出，扩散阻力大时，表观速率常数与真实速率常数的 1/2 次方成正比。

③ 对反应表观活化能的影响　根据 Arrhenius 方程，结合上面的速率公式，可以发现，当扩散阻力大时，反应的表观活化能 $E_{app} = \dfrac{1}{2}E$。

④ 对反应选择性的影响　催化反应中一般都存在副反应，反应选择性对催化过程的经济性影响很大。因此，了解内扩散对反应选择性的影响，对进一步改进催化剂，使之具有更优异的性能极为重要。同时，对反应器的设计也很重要。下面就催化反应中三种类型的选择性作一些分析。

第一种类型：两个独立并存的反应。

$$A + B \xrightarrow{k_1} C \text{（主反应）}$$
$$X \xrightarrow{k_2} Y + Z$$

在同一催化剂上，两种反应物进行两个不同的反应，如烯烃和芳烃混合物的加氢反应，希望烯烃加氢，芳烃不改变。如果两个反应级数相同，都是一级，则催化剂的选择性可以用因子 S 表示：$S = k_1/k_2 = \sqrt{k_A}/\sqrt{k_X}$。式中，$k_1$ 和 k_A 为主反应的表观速率常数和真实反应速率常数，k_2 和 k_X 为副反应的表观速率常数和真实反应速率常数。显然，反应速率快的反应，选择性高。但由于内扩散的影响，两个反应表面利用率都降低。快反应降低的程度相对更大些，从而使其选择性降低。所以对这类反应，小孔径催化剂使快反应的选择性降低，但有利于慢反应选择性的提高。

对反应级数较高或某些较为复杂的反应，上述结论也适用。若主反应的速率常数小于副反应的速率常数（$k_1 < k_2$），采用较小孔结构的催化剂有利于提高主反应选择性；若 $k_1 > k_2$，则采用大孔结构催化剂有利于主反应。

第二种类型：平行反应。

$$A\begin{matrix}\nearrow^{k_1} B(\text{主反应})\\ \searrow_{k_2} C\end{matrix}$$

这种情况是一种反应物平行地进行两种反应，如乙醇脱氢可得醛，也可以脱水得乙烯，如两反应均为一级，内扩散不影响其选择性，$S=k_1/k_2$。值得注意的是，对相同级数的这类反应，在有孔催化剂中选择性不受影响。这是因为在孔内任意位置，两个反应都按相同的速率 k_1/k_2 进行。但如果两个反应的级数不同，则内扩散将使级数高的反应选择性下降。因为反应级数高，反应速率对浓度的依赖性大，孔内反应物由于扩散阻力的存在而引起的浓度下降也更为强烈。所以孔径越小，对反应级数高的反应影响越大，会使其选择性下降；反之，则有利于选择性的提高。

第三种类型：串联反应。

$$A \xrightarrow{k_1} B（目的产物）\xrightarrow{k_2} C$$

这种类型比较常见。反应的产物可进一步生成其他产物。如丁烯脱氢生成丁二烯，丁二烯不稳定，易聚合或裂解为其他产物；一些有机化合物的氧化、卤代、加氢等反应都属于这种类型。对于有内扩散影响的小孔催化剂，反应的选择性为：

$$S=\frac{(k_1/k_2)^{1/2}}{1+(k_1/k_2)^{1/2}} \tag{2-24}$$

所以选择性降低，k_1/k_2 愈小，S 降低得愈多。这是因为在小孔催化剂中，反应物扩散到孔中去，生成不稳定中间物 B，B 在扩散出孔口以前和孔壁碰撞，使在孔中生成副产物 C 的反应概率大大增加，从而使 B 不易扩散出来。

针对这种内扩散阻力使 B 选择性降低的情况，改进的方法是制造孔径较大的催化剂（或将细孔载体进行扩孔处理）或使用细粒催化剂。注意采用细粒时，固定床的压降会大大增加，因此只有流化床反应器才使用很细的粒子。

此外，还应考虑内扩散对催化剂中毒过程的影响。例如，具有瓶颈形孔隙构造的催化剂，孔腔虽然大，但孔口却较小，这将会使很少量的毒物在孔口聚集，使孔腔闭合，从而使反应物不能进入孔隙内，全部的内表面积失去效率。所以，对于多孔型催化剂，不仅要考虑反应物和产物在孔隙中的分布，亦应考虑毒物的分布。

（3）温度对速率控制步骤的影响

反应速率常数和扩散系数都是温度的函数，所以温度变化也会改变反应发生的区间。这种情况通常发生在孔径不大不小的过渡孔的催化剂中。随温度的变化可观察到三个反应区间的过渡：动力学区、内扩散区与外扩散区。

① 当温度低时，表面反应的阻力大，表观反应速率由真实反应速率决定，表观活化能等于真实反应活化能，这就是在动力学区反应的特征。参见图 2-12 中的线段 A。

② 随温度的升高，扩散系数缓慢增加，而表面反应速率常数呈指数增加，内扩散阻力变大，此时表观活化能也逐渐降低，最后达到真实反应活化能的一半。这是内扩散区反应的特征。参见图 2-12 中的线段 B。在内扩散区，由于通过孔的扩散与反应不是连续过程，而是平行的过程，即反应物一边扩散一边反应，因而总过程不是被一个单一的过程所控制。

③ 当温度再升高，气流主体内的反应物穿过颗粒外气膜的阻力变大，反应的阻力相对变小，表观动力学与体相扩散动力学相近，表观活化能落在扩散活化能的数值范围（4~12kJ/mol）内。参见图 2-12 中线段 C。反应表现为一级，而与真实反应动力学级数无关。

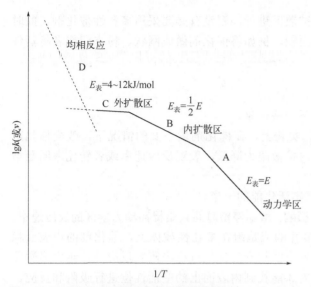

图 2-12 温度对速率控制步骤的影响

④ 温度再升高，非催化的均相反应占主导地位，即图 2-12 中的线段 D。

2.3.2 内外扩散影响的识别与消除

用动力学方法研究反应机理要确保反应在动力学区进行。此外，为了实用目的而筛选催化剂时，也要在动力学区测定活性与选择性。因此，判明反应发生的区间，估计内、外扩散的影响是十分必要的。

（1）外扩散影响的识别与消除

当外扩散成为速控步骤时，通常会产生以下一些现象。

① 随气流线速的增加，表观反应速率增加，或者，在保持空速或停留时间不变时，随气流线速的增加，反应物的转化率加大。实验中，通过改变催化剂的装入量，根据该量调整加入的反应物量，以保持物料的空速一致。由于反应物流量加大，气流的线速增加，同时测定各对应的转化率，以转化率对线速作图，如果提高气流线速引起转化率明显增加，说明外扩散的阻滞作用很大，反应可能发生在外扩散区；进一步提高线速，若转化率不变，则说明外扩散阻滞作用不大，已排除外扩散影响。这是催化研究中排除外扩散的重要判据。

② 随温度升高，反应物的转化率并不显著提高。

③ 总反应过程表现为一级过程。

④ 当催化剂量不变，但颗粒变小时，反应物的转化率略有增加。颗粒变小使外表面积增加，提高了外扩散速率。由于颗粒变小引起的面积增加并不显著，所以只有当粒度的变化幅度较大时才能观察到上述效应。

⑤ 测定的表观活化能较低，在 4~12kJ/mol。

外扩散的影响会导致催化剂丰富的内表面和孔道得不到有效利用，还会使实验测得的动力学参数如活化能不能真实反映催化剂的实际性能。因此，在生产上或做催化反应动力学实验时，应消除外扩散的影响，可采取提高流体流速的方法。

由于工业上反应物料流速较高，外扩散控制反应较少见。但也有一些例外，如 Pt 网上的氨氧化，高温下的碳燃烧，以及用氨、天然气和空气混合物合成氢氰酸等极快速的反应都属于外扩散控制。如果一个催化过程是在外扩散区进行，则没有必要采用多孔性催化剂，此时为了提高催化活性，可增加催化剂的外表面积，例如将催化剂做成网状、粉末状或者将活性组分载于非多孔性的载体上等。

（2）内扩散影响的识别与消除

反应在内扩散区进行时，可观察到以下一些现象。

① 表观反应速率与颗粒大小成反比。实验上，在催化剂量不变的情况下，改变催化剂的粒度，随粒度变小，内扩散距离减小，内扩散阻力降低，表观反应速率或者转化率明显增加，向动力学区过渡。

② 表观活化能接近于在低温测定的真实活化能的一半。

③ 增加停留时间，表观反应速率不受影响，增加停留时间只是提高动力学区的反应速率。

④ 实际使用的固体催化剂大多数是多孔的或是附在多孔性载体上，催化剂的内表面积远远大于外表面积，反应物分子除扩散到外表面找到活性位进行吸附和反应外，绝大多数要通过微小而形状不规则的孔道扩散入孔隙内才能找到内表面上的空活性位进行吸附和反应。如果反应物很快扩散到外表面，但催化剂的微孔直径很小，或微孔很长，则反应物不易扩散到催化剂内部，此时内表面得不到充分利用。

消除内扩散的影响，可以采取以下方法：

① 当其他条件不变时，减小催化剂粒径，使催化剂内部的微孔长度变小，从而增加内表面的利用率。

② 速率常数 k 和扩散系数 D 与反应温度的关系不同，适当降低反应温度，k 值下降要比 D 值下降显著得多，结果是表面反应速率大幅度降低而相对地提高了扩散速率，从而有可能消除内扩散效应。

2.4 催化剂失活与再生机理

2.4.1 催化剂失活

催化剂在整个使用过程中，尤其在使用后期，活性是逐渐下降的。造成催化剂活性衰退的原因是多种多样的，有的是因活性组分的熔融或烧结（不可逆），有的是因化学组成发生了变化（不可逆），生成新的化合物（不可逆），或者暂时生成化合物（可逆），也有的是因吸附（可逆）或者附着了反应物及其他物质（不可逆），还有的是因催化剂颗粒发生破碎或活性组分剥落、流失（不可逆）等。用物理方法容易恢复活性的为可逆的，不能恢复的则为不可逆的。在实际使用中很少只发生一种过程，多数场合下是几种过程同时发生，导致催化剂的活性下降。因此，催化剂在使用前后，虽然其化学组成和数量等宏观性质不变，但是由于长期在高温、高压、高线速条件下使用，经亿万次的化学反应作用，催化剂会发生晶相变化、晶粒长大、易挥发组分流失、易熔物熔融等，这些将导致催化剂活性下降，以致最后失去活性，所以催化剂并不能无限期使用，它有一定的使用寿命。

催化剂失活是指催化剂在使用过程中活性衰退或丧失。引起失活的原因很多，主要有以下几种。

① 中毒　催化剂的活性和选择性由于受到少数杂质的作用而显著下降的现象称为中毒。

② 积碳　即催化剂在使用过程中表面上逐渐沉积一层含碳物质，减少了活性表面积，引起活性下降。故积碳亦可看作副产物的毒化作用。

③ 烧结　高温下催化剂活性组分的微晶粒长大，这种现象叫作烧结。它使比表面积减少或晶格缺陷减少。

④ 化合形态及化学组成发生变化　杂质或反应生成物与催化剂的活性组分发生了反应；或催化剂的活性组分受温度影响而挥发流失或负载金属与载体发生了反应等。

⑤ 形态结构发生变化　在使用过程中由于各种因素而使催化剂的外形、粒度分布、活性组分负载状态、机械强度等发生变化。催化剂在实际使用过程中，由于机械强度和抗磨损强度不够，导致催化剂发生破碎、磨损，造成催化剂床层压力降增大、传质差等，影响了最终的使用效果。典型的工业催化剂失活情况如表 2-10 所示。

表 2-10　典型的工业催化剂失活

反应	操作条件	催化剂	典型寿命/a	影响催化剂寿命的因素	催化剂受影响的性质
合成氨	450～550℃ 20～50MPa	$Fe-K_2O-Al_2O_3$	5～10	缓慢烧结	活性
乙烯选择性氯化	200～270℃ 1～2MPa	$Ag/\alpha-Al_2O_3$	1～4	缓慢烧结，床层温度升高	活性和选择性
二氧化硫氧化制硫酸	420～600℃ 0.1MPa	$V_2O_5-K_2O-Al_2O_3$	5～10	缓慢破碎成粉	压力降增大，传质性能变差
油品加氢脱硫	300～400℃ 3MPa	硫化钼和 Ca/Al_2O_3	2～8	缓慢烧结，金属成粉	活性，传质
天然气水蒸气转化	500～800℃ 3MPa	$Ni/Ca-Al_2O_3$ $\alpha-Al_2O_3$	2～4	烧结，积碳等	活性，压力降
氨氧化	800～900℃ 0.1～1MPa	Pt	0.1～0.5	表面粗糙，Pt 损失及中毒	选择性

（1）中毒

催化剂的毒物通常是反应原料中带来的杂质或者催化剂本身的某些杂质在反应条件下和有效成分作用的结果。反应产物（或副产物）有时也可能毒化催化剂。许多事实表明，极少量的毒物就可以导致大量催化剂的活性完全丧失。

毒化的机理大致有两种：一种是毒物强烈地化学吸附在催化剂活性中心上，造成覆盖，减少了活性中心的浓度；另一种是毒物与构成活性中心的物质发生化学作用转变为无活性的物质。

催化剂中毒后有两种情况：一种情况下催化剂可通过简单的方法使催化活性恢复，这种情况称为可逆中毒或暂时中毒；另一种情况是中毒的催化剂无法用一般方法恢复活性，称为不可逆中毒或永久中毒。

毒物不仅是针对催化剂，而且也是对这个催化剂所催化的反应来说的，即毒物因催化剂而异，还因催化剂所催化的反应而异，同一催化剂催化不同的反应，其毒物也不同。

例如，天然气水蒸气转化 Ni 催化剂的毒物有 S、As、卤素等。S 是转化过程中最重要、最常见的毒物，原料气中硫含量即使低至 10^{-6} 也能引起催化剂中毒。通常要求原料气中总 S 含量为 $0.1×10^{-6}$～$0.3×10^{-6}$，最高不超过 $0.5×10^{-6}$。S 中毒是暂时中毒，只要原料气中硫含量降到规定标准以下，活性可恢复。轻微中毒时，换用净化合格的原料气，并提高水碳比，继续运行一段时间可望恢复中毒前活性。中度中毒时，在低压下维持 700～750℃，以水蒸气再生催化剂，然后重新用含水湿氢气还原活化，活化后可按规定程序投入正常运转。重度中毒时，一般伴随积碳，应先行烧碳后，按中度 S 中毒再生程序处理。As 中毒是永久中毒，且 As 还会渗入转化管内壁，故对砷含量要求十分严格。As 中毒后，应更换转化催化剂并清刷转化管。氯和其他卤素也是可逆中毒。一般要求其含量在 $0.5×10^{-6}$ 以下。氯中毒虽是可逆的，但再生脱除时间相当长。铜、铅、银、钒等金属也会使转化催化剂活性下降，它们沉积在催化剂上难以除去。铁锈带入系统会因物理覆盖催化剂表面而导致活性下降。一些催化剂的毒物见表 2-11。

表 2-11　一些催化剂的毒物

催化剂	反应	毒物
Ni, Pt, Pd, Cu	加 H_2、脱 H_2	S, Te, Se, P, As, Sb, Bi, Zn, 卤化物, Hg, Pb, NH_3, 嘧啶, O_2, CO（＜180℃）
	氧化	铁的氧化物, 银化物, 砷化物, 乙炔, H_2S, PH_3
Co	加 H_2 裂化	NH_3, S, Se, Te, 磷的化合物
Ag	氧化	NH_4, C_2H_6
V_2O_5, V_2O_3	氧化	砷化物
Fe	合成 NH_3	硫化物, PH_3, O_2, H_2O, CO, 乙炔
	加 H_2	Bi, Te, Se, 磷的化合物, H_2O
	氧化	Bi
	F-T 合成	硫化物
SiO_2-Al_2O_3	裂化	嘧啶, 喹啉, 碱性化合物, H_2O, 重金属化合物

（2）积碳

除毒化作用外，在催化剂上碳沉积是有机催化反应系统中导致催化剂活性衰退的重要原因，裂化、重整、选择性氧化、脱氢、脱氢环化、加氢裂化、聚合、乙炔气相水合等反应容易发生积碳失活。含有异构烷烃和环戊烷的正庚烷馏分，在固定床铝铬钾催化剂中芳构化时，操作 12h 后的结焦量为 8.4%，使催化剂的活性大大降低，510℃时芳烃收率从 25%下降到 16%。

催化剂上的积碳实质上是催化系统中的分子经脱氢-聚合而形成的难挥发性高聚物，它们还可以进一步脱氢而形成含氢量很低的类焦物质，所以积碳又常称为结焦。

与催化剂中毒相比，引起催化剂结焦和堵塞的物质要比催化剂毒物多得多。发生积碳的原因很多，通常在催化剂导热性（导致热裂解析碳）不好或孔隙过细（增加了反应产物在活性表面上的停留时间，使产物进一步聚合脱氢）时容易发生。催化剂上不适宜的酸中心也常常是导致结焦的原因，这些酸中心可能来自活性组分，亦可能来自载体表面。

在工业生产中，总是力求避免或推迟结焦而造成催化剂活性衰退，可以根据上述结焦机理来改善催化剂系统。例如，可用碱来毒化催化剂上那些引起结焦的酸中心；用热处理来消除那些过细的孔隙；在临氢条件下进行作业，抑制造成结焦的脱氢作用；在催化剂中添加某些有加氢功能的组分；在氢气存在下使初生成的类焦物质随即加氢而气化；在含水蒸气的条件下作业，可在催化剂中添加某种助催化剂促使水煤气反应，使生成的焦气化。有些催化剂，如用于催化裂化的分子筛，几秒后就会在其表面产生严重结焦，工业上只能采用双反应器操作连续烧焦的方法来清除。

如轻油蒸汽转化催化剂上发生积碳的概率较许多其他催化剂更大。石脑油含有烷烃、环烷烃、芳烃和少量烯烃，碳氢比比甲烷高，从热力学可知：①高温下各种烃都是不稳定的，温度越高越易析碳；②积碳倾向与烃的种类有关，在相同转化条件下碳数越多越易析碳；碳原子数相同时，芳烃比烷烃易析碳，而烯烃又比芳烃易析碳。因此，原料性质和操作条件决定了容易积碳。在实际操作中，积碳是轻油蒸汽转化过程常见且危害最大的事故。表现为床层压力增大、炉管出现花斑红管、出口尾气中甲烷和芳烃增多等。一般情况下，造成积碳的原因是水碳比失调、负荷增加、原料油重质化、催化剂中毒或钝化、温度和压力大幅度波动等。水碳比失调导致热力学积碳；生产负荷过高，容易发生裂解积碳；催化剂还原不良或被钝化，其活性下降，重质烃进入高温段导致积碳；系统压力波动会引起反应瞬时空速增大而导致积碳；原料烃预热温度过高，炉管外供热过大，使转化管上部径向与轴向温度梯度过大，也容易产生热裂解积碳。

防止炭黑生成的条件：①选择抗积碳性能优良的催化剂并保持良好活性。②水碳比大于理论最小水碳比。③石脑油含硫多，须严格脱硫。当催化剂的活性下降时，适当增大水碳比或减少原料烃的流量等。④选择适宜的操作条件，如原料烃不预热太高，防止催化剂床层长期在超过设计的温度分布下运行，以免使之失活。保持转化管上部催化剂始终处于还原状态，有足够转化活性，以免高级烃穿透到下部引起积碳。

去除积碳的方法包括：①析碳较轻时，采取还原气氛下蒸汽烧碳，即降压、减量30%左右，提高水碳比至10，配入还原性气体至水氢比10左右，控制正常操作温度；②析碳较重时，采用蒸汽除碳，停送原料烃，控制床层温度750~800℃，除碳12~24h，除碳后，催化剂须重新还原；③采用空气或蒸汽与空气混合物（2%~4%）"烧碳"，温度须降低到出口为200℃，停烃，加空气，控制转化管壁温为700℃，出口温度700℃以下，烧8h即可。烧碳结束后要单独通蒸汽30min，将空气置换干净。

严格控制工艺条件，从根本上预防积碳的发生，才是最根本的措施。

经烧碳处理仍不能恢复正常操作时，则应卸出并更换催化剂。当因事故发生严重积碳，转化管完全堵塞时，则无法进行烧碳，只能更换催化剂。

（3）烧结

烧结是引起催化剂活性下降的另一个重要原因。由于催化剂长期处于高温下操作，金属熔结而导致晶粒长大，减少了活性金属的比表面积，使活性下降。

温度是影响烧结过程的一个最重要参数。例如，负载于 SiO_2 表面上的金属Pt，在高温下发生晶粒合并。当温度升高到500℃时，发现Pt晶粒长大，表面积和苯加氢反应的转化率降低；当温度升高到600~800℃时，催化剂完全丧失活性，见表2-12。

表2-12　温度对 Pt/SiO_2 催化剂的金属表面积和催化活性的影响

温度/℃	100	250	300	400	500	600	800
表面积/（m^2/g）	2.06	0.74	0.47	0.30	0.03	0.02	0.02
转化率/%	52.0	16.6	11.3	4.7	1.9	0	0

此外，催化剂所处的气氛，如氧化性的（空气、O_2、Cl_2）、还原性的（CO、H_2）或惰性的（He、Ar、N_2）气氛，以及各种其他变量，如金属类型、载体性质、杂质含量等，都会对烧结有影响。负载在 Al_2O_3、SiO_2 和 Al_2O_3-SiO_2 上的铂金属，在氧气或空气中，当温度≥600℃时发生严重烧结。但负载于 γ-Al_2O_3 上的铂金属，当温度<600℃时，在氧气氛中处理，则会增加分散度。综上所述，生产上使用催化剂要注意使用的工艺条件，重要的是要了解其烧结温

度，不允许催化剂在会发生烧结的温度中操作。

2.4.2 催化剂再生

再生是在催化剂活性衰退、选择性下降、达不到工艺要求后，通过适当的物理处理或化学处理使其活性和选择性等性能得以恢复的操作。再生对于延长催化剂的寿命、降低生产成本是一种重要手段。催化剂再生周期长、可再生次数多，将有利于生产成本的降低。

催化剂能否再生及再生的方法要根据催化剂失活的原因来决定。在工业上对于可逆中毒的情况可以再生，对于有机催化工业中的积碳现象，由于只是一种简单的物理覆盖，并不破坏催化剂的活性表面结构，只要把碳烧掉就可再生。总之，催化剂的再生是针对暂时性中毒或物理中毒如微孔结构阻塞等而言的；如果催化剂受到毒物永久性毒化或结构毒化，就难以进行再生了。工业上常用的再生方法有以下几种。

（1）空气处理

当催化剂表面吸附炭或碳氢化合物，阻塞微孔结构时，可通入空气进行燃烧或氧化，使催化剂表面的炭及类焦化合物与氧反应，将炭转化成 CO_2 放出。例如，原油加氢脱硫用的 Co-Mo 催化剂，当吸附上述物质时活性显著下降，常用通入空气的方法，把这些物质烧尽，使催化剂可继续使用。

（2）水蒸气处理

由于氧气烧碳再生容易出现"飞温"现象，难以控制再生过程，导致不连续多次操作，延长再生周期，不利于生产。若在载气中加入水蒸气，一方面使产物浓度增大，另一方面由于水分子体积小，极性强，容易进入催化剂孔道并被吸附，使烧碳所用的氧气处于大量水蒸气包围之中，有利于抑制正反应速率，明显降低反应放热程度，温升变得缓和。另外，水蒸气比热容大，能在烧碳过程中带走大量热，可有效控制"飞温"现象的发生。

如轻油蒸汽转化制合成气的 Ni 基催化剂，处理积碳时，采用加大水蒸气比例或停止加油的方法，以及单独使用水载气吹扫催化剂床层，直至积碳全部消除为止。其反应式如下：

$$C + 2H_2O \rightleftharpoons CO_2 + 2H_2$$

对于中温 CO 变换催化剂，当气体中含有 H_2S 时，活性相的 Fe_3O_4 与 H_2S 反应生成 FeS，使催化剂受到一定的毒害作用，反应式如下：

$$Fe_3O_4 + H_2 + 3H_2S \rightleftharpoons 3FeS + 4H_2O$$

由上式可见，加大水蒸气量有利于反应向着生成 Fe_3O_4 的方向移动。因此，工业上常通过加大原料气中水蒸气的比例，使受硫毒害的变换催化剂得到再生。

（3）通入 H_2 或不含毒物的还原性气体

氢气再生是在物理和化学作用下促使焦质脱附而达到催化剂再生的目的。

常用通 H_2 的方法除去催化剂中含焦油状物质。失活催化剂在高温、H_2 和苯流下再生，H_2 首先扩散到催化剂的表面发生表面作用，减弱了表面活性对碳物质原有的吸附力，促使可溶性碳进行物理脱附，部分适宜大小的轻质焦质分子从催化剂表面脱附而溶于苯液中，随再生苯流流出，而较大的分子则留于孔内。H_2 再生后，大部分催化剂表面得到恢复，总酸量和 B 酸量恢复较好，强 B 酸恢复不理想。这是由于强 B 酸结碳严重（聚集成不可溶性碳），碳物质被吸附得牢固，H_2 再生对强 B 酸的物理或化学作用不能较好地发挥。总体来看，再生时间越长，再生效果越好。

如合成氨使用的熔 Fe 催化剂，当原料气中含氧或氧化物浓度过高而受到毒害时，可停止通入该气体，而改用 H_2、N_2 混合气，催化剂可获得再生。

（4）用酸或碱溶液处理

如骨架镍催化剂的再生，通常采用酸或碱除去毒物。

催化剂再生后一般可以恢复到原来活性，但也受到再生次数制约。如烧焦再生，催化剂在高温的反复作用下，活性结构也会发生变化。因结构毒化而失活的催化剂，一般不容易恢复到毒化前的结构和活性。如合成氨熔 Fe 催化剂，如被含氧化合物多次毒化和再生，则 α-Fe 的微晶由于多次氧化还原，晶粒长大，结构受到破坏，即使用纯净的 H_2、N_2 混合气，也不能使催化剂恢复到原来的活性。因此，催化剂再生次数也受到一定的限制。

催化剂再生操作，可在固定床、移动床或流化床中进行。再生操作方式取决于许多因素，但首要的是取决于催化剂活性下降的速率。一般来说，当催化剂活性下降比较缓慢，可允许数月或一年再生时，可采用设备投资少、操作也容易的固定床进行再生。但对于需要频繁再生的催化剂最好采用移动床或流化床进行连续再生。有些催化剂再生作业可在原来的反应器中进行；有些催化剂再生作业条件（如温度）与生产作业条件相差悬殊，必须在专门设计的再生器中再生。

例如，催化裂化过程中所用的硅铝酸盐催化剂几秒就会产生严重积碳，在这种情况下只能采用连续烧焦的方法来清除，以形成连续化的工业过程。可在一个流化床反应器中进行催化裂化，失活的催化剂连续地输入另一流化床反应器（再生器）中再生，再生催化剂连续地输送回裂化反应器。在再生器中通入空气，在裂化催化剂中可加入少量的助燃催化剂（如负载有微量铂的氧化铝）以促进再生过程，使碳沉积物的清除更为彻底。此时排放气中的 CO 几乎可全部转化为 CO_2，回收更多热量。显然，这种再生方法设备投资大、操作也复杂，但连续再生的方法使催化剂始终保持新鲜表面，提供了催化剂充分发挥效能的条件。

有些催化剂的再生过程较为复杂，非贵金属催化剂上积碳时，烧去碳沉积物后，多数尚需还原。铂重整催化剂再生时，在烧去碳沉积物后尚需氯化更新，以提高活性金属组分的分散度。

近年来，为防止环境污染，减少反应器和再生设施投资和更好地恢复活性，特别是对用于加氢、加氢裂化的硫化物催化剂，建立了一批催化剂再生工厂，专门对催化剂进行器外再生。可再生的催化剂经再生处理后，实际上其组成和结构并未完全恢复原状，故再生催化剂的效能一般均低于新催化剂，经多次再生后，使用性能劣化到不能维持正常作业或催化过程的经济效益低于规定的指标，即表明催化剂寿命终止。有些催化过程中所用的催化剂失效后难以再生，例如载体的孔隙结构发生改变，活性成分由于烧结而分散度严重下降，难以恢复的变化等。此时只能废弃，或从中回收某些原料，以重新制造催化剂。如加氢用的铂-氧化铝催化剂，失活后从废催化剂中回收铂。

通常，催化剂可再生三次或更多次，而在某些场合，则根本不能再生。当催化剂再生活性低于可接受的程度，就需对废催化剂加以处理。

Mo、Co、Ni、V 这些金属是催化剂的常用活性组分，但它们也大量用于制造合金、颜料及其他化学品，因此需要量每年都在增长。由于经济原因，回收诸如 Pt、Pd、Re、Ru 等贵金属的废催化剂，已有几十年的历史。特别是近年来，回收贵金属废催化剂的要求日益增加，其主要原因是业已获得改进的回收工艺、废催化剂中金属组分或其纯盐的价格日益增长，以及出于对环境污染问题的考虑。由于回收产品有很高的价值，所以装置的回收费用也会提高。

为了有利于废催化剂的处理和回收，无论是催化剂研究单位、生产厂家还是用户，都应认识到废催化剂回收的重要性和社会经济效益，并从下述几方面认真考虑。

① 催化剂在实验室开发阶段，除选择性能好的催化剂以外，还必须全面考虑资源和排污控制，以及使用后怎样回收。

② 使用催化剂的工厂，在排放的催化剂中如夹杂其他不同类型的金属和某些杂质，会给回收工作带来困难。所以，在排放废催化剂时应注意清理环境，仔细预防外界物质混入。废催化剂应存放在专门地点，并进行覆盖。

③ 目前，一些废催化剂的最佳回收技术已可回收催化剂中存在的所有金属。为了使废催化剂回收具有明显的经济效益，应该建立废催化剂的集中回收处理装置，改进废催化剂的分配结构，增加储量，以便于集中回收。

④ 有时由于经济和技术的原因，废催化剂必须储放在地下。有些催化剂回收方法还有待于技术开发或对现有技术的改进，因此也需要在某些地方建立废催化剂地下储放区域。

⑤ 过去回收处理废催化剂都由一些小企业进行，回收数量较小，类型又较多，回收技术也不多，主要着重于贵金属废催化剂的回收。随着石油化工的发展，脱硫、脱砷及烃类氧化等所用催化剂数量已大大增加，随之产生的废催化剂量也大幅上升，因此有必要建立有一定规模的正规回收工厂，既能提高回收经济效益，又能随时处理或回收废催化剂。表 2-13 列举了部分废贵金属催化剂的回收利用方法。

表 2-13 部分废贵金属催化剂的回收利用方法

废催化剂种类	处理方法	产品
Ag 催化剂	硝酸溶解法、混酸溶解法、酸碱法、硫化物法、置换法、还原法、离子交换法、电解法	Ag
Pt 催化剂	金属置换法、氯化铵沉淀法、全溶金属置换法、空气氧化浸 Pt 法、溶剂萃取法、全溶离子交换法、分步浸出-离子交换法	Pt
汽车排气催化剂	湿式溶解或抽提法、氰化物滤沥法、还原法、等离子熔融法、电解分解法、氯化法、湿式置换法、氧化浸出法、高温熔融法、盐化焙烧-水浸法	Pt, Pd, Rh
Pd/C	王水浸出法、配合净化法、甲酸浸出法、湿式还原法、焚烧法	Pd
Pd/Al_2O_3	焙烧浸出法、溶炭法、盐酸浸出法、离子交换法	
Rh 催化剂	离子交换法	Rh

第三章
固体酸碱催化剂及催化作用

在现代化工业中，多数过程都是催化过程，其中像催化裂解、催化重整、选择氧化等过程，由于它们巨大的规模及其产品的重要性而具有十分重要的意义。这些过程中发生的反应都是典型的催化反应。近几十年来，围绕着这些过程开展了系统而全面的理论研究，逐步形成了较为系统的研究。随着现代测试技术的快速发展及对这一类催化材料的深入研究，人们对固体酸、碱催化剂的认识不断加深。

通过酸、碱催化剂进行的催化反应很多，已在石油化工、石油炼制生产过程中得到大量应用。这使得固体酸催化剂的研究获得飞速发展，特别是沸石分子筛作为酸催化剂和酸性载体，大大促进了石油炼制、石油化工催化技术的进步。虽然目前碱催化研究也很活跃，但用于工业中较少。

本章将介绍固体酸、碱催化剂及其催化作用。

3.1 固体酸碱催化剂定义及性质测定

3.1.1 固体酸碱催化剂定义和分类

3.1.1.1 酸碱的定义

（1）酸碱电离理论

酸碱电离理论（acid-base ionization theory）是 Arrhenius 在 19 世纪末提出的水-离子理论。该理论认为，能在水溶液中电离出 H^+ 的物质叫酸；电离出 OH^- 的物质叫碱。

（2）酸碱质子理论

酸碱质子理论（acid-base proton theory）是由 Brönsted 在 20 世纪 20 年代提出的。该理论认为凡是能提供质子（H^+）的物质称为酸，即 B 酸；凡是能接受质子的物质称为碱，即 B 碱。例如

$$H_2SO_4 + H_2O \longrightarrow HSO_4^- + H_3O^+ \tag{3-1}$$
$$\text{B酸} \quad \text{B碱} \qquad \text{B碱} \quad \text{B酸}$$

B 酸给出质子后剩下的部分称为 B 碱；B 碱接受质子变成 B 酸，B 酸和 B 碱之间的变化实质上是质子的转移。

（3）酸碱电子理论

酸碱电子理论（acid-base electron theory）是 Lewis 于 20 世纪 20 年代提出的。该理论认

为凡是能接受电子对的物质称为酸（L 酸），凡是能提供电子对的物质称为碱（L 碱）。例如

$$BF_3 + NH_3 \longrightarrow BF_3NH_3 \quad (3\text{-}2)$$

L 酸　　L 碱　　　配合物

L 酸可以是分子、原子团、碳正离子或具有电子层结构的未被饱和的原子。L 酸与 L 碱的作用实质上是形成配位键配合物。

在催化反应中最常使用的是 B 酸、B 碱和 L 酸、L 碱的概念。

（4）软硬酸碱理论

软硬酸碱理论（soft and hard acid-base theory）是 Person 于 1963 年提出的。Person 在 Lewis 酸碱理论的基础上提出了酸碱有软硬之分，认为对外层电子抓得紧的酸为硬酸（HA），而对外层电子抓得松的酸为软酸（SA），属于两者之间的酸为交界酸。对于碱来说，电负性大，极化率小，对外层电子抓得紧，难于失去电子对的物质称为硬碱（HB）；极化率大，电负性小，对外层电子抓得松，容易失去电子对的物质称为软碱（SB），二者之间的碱为交界碱。

软硬酸碱原则（SHAB）：软酸与软碱易形成稳定的配合物，硬酸与硬碱易形成稳定的配合物。交界酸碱不论结合对象是软或硬酸碱，都能相互配位，但形成的配合物稳定性差。

3.1.1.2　固体酸碱催化剂的定义

（1）固体酸催化剂

固体酸催化剂（solid acid catalyst）：是酸碱催化剂中一类重要的催化剂，催化功能来源于固体表面上存在的具有催化活性的酸性部位，称为酸中心。它们多数为非过渡元素的氧化物或混合氧化物，其催化性能不同于含过渡元素的氧化物催化剂。这类催化剂广泛应用于离子型机理的催化反应，种类很多。此外，还有负载型固体酸催化剂，是将液体酸负载于固体载体上而形成的，如固体磷酸催化剂。

（2）固体碱催化剂

固体碱催化剂（solid basic catalyst）：改变化学反应速率但不改变反应总吉布斯自由能的固体碱性物质。

3.1.1.3　固体酸碱催化剂的分类

（1）固体酸催化剂的类型

酸催化反应是由酸-碱相互作用引起的反应，反应时催化剂和反应物分别以酸和碱的形式出现。反应完成后酸得到再生，然后再进行反应。酸催化反应可以是均相的，也可以是多相的。在多相酸催化反应中，固体表面对反应分子表现为酸，因而这类固体被称为固体酸催化剂。

在 20 世纪 40 年代多相酸催化反应被认可之前，许多均相酸催化反应已经被研究了很长时间。人们已知糖转化、酯水解及其逆反应（酯化反应）等，均能在酸的水溶液中被催化。在多相酸催化反应开始被研究以前，已经建立了一些通则，例如 Brönsted 关系（线性自由能关系），酸催化反应速率与 Hammett 酸函数 H_0 的关系。

20 世纪 40 年代和 50 年代对 $SiO_2\text{-}Al_2O_3$ 裂解催化剂的大量研究工作表明，催化剂的活性位是位于 $SiO_2\text{-}Al_2O_3$ 表面的酸性位。酸性位与反应物之间的酸-碱相互作用导致表面上发生反应。

在 $SiO_2\text{-}Al_2O_3$ 固体酸催化剂被认可以后，又发现了一系列不同的具有酸性质的材料，可应用于多种酸催化反应。其中包括不同晶体结构的沸石、混合金属氧化物、负载型酸、单金属氧化物、

金属盐、杂多化合物、阳离子交换树脂和介孔材料。表 3-1 为一些固体酸催化剂的例子。

表 3-1 固体酸催化剂

类型	例子
沸石	X-沸石，Y-沸石（八面沸石），菱沸石，镁碱沸石，β-沸石，丝光沸石，毛沸石，ZSM-5，MCM-22
类沸石	金属磷铝酸盐（如：硅磷铝酸盐 SAPO），镓硅酸盐，铍硅酸盐，钛硅酸盐（TS-1），锡硅酸盐
黏土	蒙脱土，滑石粉
金属氧化物	Al_2O_3，TiO_2，SiO_2，Nb_2O_5，WO_3
混合金属氧化物	SiO_2-Al_2O_3，SiO_2-ZrO_2，SiO_2-MgO，TiO_2-SiO_2，WO_3-ZrO_2，WO_3-Al_2O_3，WO_3-SnO_2，Nb_2O_5-Al_2O_3，B_2O_3-Al_2O_3
负载型酸	H_3PO_4/SiO_2（SPA），杂多酸/SiO_2，$HClO_4/SiO_2$，SO_3H/SiO_2，SO_3H/C，$AlCl_3/SiO_2$，BF_3/SiO_2，SbF_5/SiO_2-Al_2O_3，SbF_5/TiO_2，CF_3SO_3H/SiO_2
硫酸化氧化物	SO_4^{2-}/ZrO_2，SO_4^{2-}/TiO_2，SO_4^{2-}/SnO_2
层状过渡金属氧化物	$HNbMoO_6$，$HTaWO_6$，$HNbWO_6$
金属盐	$AlPO_4$，$Nb_3(PO_4)_5$，$FePO_4$，$NiSO_4$
杂多化合物	$H_3PW_{12}O_{40}$，$H_4SiW_{12}O_{40}$，$H_3PMo_{12}O_{40}$，$H_4SiMo_{12}O_{40}$ 及它们的盐（如 $H_{0.5}Cs_{2.5}PW_{12}O_{40}$）
阳离子交换树脂	Amberlyst-15，Nafion，Nafion-氧化硅复合物

（2）固体碱催化剂的类型

固体碱催化剂作为新一代环境友好的催化材料，具有活性高、选择性高、反应条件温和、易于产物分离和再生等诸多优点。另外，固体碱催化剂对反应设备的腐蚀性较小，因而延长了设备的使用寿命，增强了设备的生产能力。在精细化工中，固体碱催化剂可以提高反应的选择性，提高产品的转化率，降低能耗和废物的排放量。

固体碱催化剂的研究发展较慢，缺乏系统性，这主要是由于固体碱催化剂制备复杂、成本较高、强度较差、易被水和二氧化碳等污染而中毒、催化剂比表面积较小。

许多材料具有固体碱性能，现将重要的固体碱归类并列于表 3-2。

表 3-2 固体碱催化剂

类型	例子
金属氧化物	MgO，CaO，Al_2O_3，ZrO_2，La_2O_3，Rb_2O
混合氧化物	SiO_2-MgO，SiO_2-CaO，MgO-La_2O_3，MgO-Al_2O_3（焙烧的水滑石）
负载型碱金属和碱土金属氧化物	Na_2O/SiO_2，MgO/SiO_2，负载氧化铯的沸石
金属氮化物和氮化物	AlPON，部分氮化的沸石和介孔氧化硅
负载型金属化合物	KF/Al_2O_3，K_2CO_3/Al_2O_3，KNO_3/Al_2O_3，$NaOH/Al_2O_3$，KOH/Al_2O_3
负载型氨和亚胺化合物	KNH_2/Al_2O_3，氨溶液中将 K、Y、Eu 负载到沸石上
负载型碱金属	Na/Al_2O_3，K/Al_2O_3，K/MgO，Na/沸石
阴离子交换剂	阴离子交换树脂、水滑石和改性水滑石
沸石	K，Rb，Cs 交换 X/Y-沸石，ETS-10
黏土	海泡石，滑石
磷酸盐	羟基磷灰石，金属磷酸盐，天然磷酸盐
嫁接在载体上的胺或铵离子	氨丙基/氧化硅，MCM-41，SBA-15，烷基氨基/MCM-41

3.1.2 固体酸碱性质测定

3.1.2.1 固体酸性质测定

固体表面的酸性质包括酸位的类型（Brönsted 或 Lewis）、数量、强度、来源和位置。酸位数量通常用单位表面积或单位质量催化剂的酸位数目表示。酸位类型分为 Brönsted 酸和 Lewis 酸，前者是质子给体，后者是电子对受体。在多数情况下，Brönsted 酸位是表面羟基，Lewis 酸位是配位不饱和的表面金属阳离子。强度用质子化能力或酸位与碱性分子的相互作用能力来表示。碱性分子的吸附能可作为强度的一种度量。Brönsted 酸位和 Lewis 酸位的强度分别随羟基 O 原子的配位数和金属阳离子的配位数而变化，因此 Brönsted 酸位和 Lewis 酸位的强度与酸位的位置有关。

必须指出，不同 Brönsted 酸位的作用强度次序几乎不随探针分子的类型而变化，但不同 Lewis 酸位的强度次序则有可能随探针分子类型而变化。假定有两种 Brönsted 酸位 B_1 和 B_2，它们与一种碱性分子的相互作用能量是 $B_1 > B_2$，则与其他碱性分子的相互作用能量也将是 $B_1 > B_2$，因而我们可以说 B_1 是比 B_2 强的 Brönsted 酸位。Lewis 酸位的情况更为复杂。根据 SHAB 规则，软 Lewis 酸位与软碱性分子的作用强于硬碱性分子，而硬 Lewis 酸位与硬碱性分子的作用强于软碱性分子。用软探针分子和硬探针分子测定的 Lewis 酸位的作用强度有可能不同。假定有两种 Lewis 酸位，一种是软 Lewis 酸 L_1，另一种是硬 Lewis 酸 L_2。软探针分子与软 Lewis 酸 L_1 的作用要比与硬 Lewis 酸 L_2 的作用强，而硬探针分子与软 Lewis 酸 L_1 的作用要比与硬 Lewis 酸 L_2 的作用弱。因此，在不确定探针分子的情况下我们不能说哪一种 Lewis 酸位更强。

测定酸性质的方法分为下面几类：a. 指示剂法；b. 采用探针分子测定吸附量、量热、程序升温脱附和吸附分子光谱；c. 直接光谱观察固体表面；d. 探针反应。由于没有一种方法可以同时描述所有的酸性质，因此最好采用多种方法来了解样品的酸性质。在酸性位表征方面，应当注意固体的预处理条件，因为酸性质会随预处理条件而变化。典型的固体酸催化剂为无定形或结晶形氧化物，在它们的表面上同时存在羟基、配位不饱和的金属阳离子和氧阴离子。这些位点的相对量随脱水程度而变化，而脱水程度则取决于预处理条件。另外，表面上残留物质的去除也取决于预处理条件。

（1）指示剂法

Walling 采用不同 pK_a 值的指示剂创建了酸位强度的测定方法。他将固体分散在含一种指示剂的异辛烷中，观察颜色变化，以 Hammett 酸函数 H_0 表示酸位强度。

测定不同强度的酸位分布时，将固体分散在非极性溶剂中，然后在加不同 pK_a 值指示剂的情况下用丁胺滴定。这种方法是由 Johnson 提出的，后来由 Benesi 加以改进。

下面主要阐述 Hammett 指示剂的胺滴定法。利用某些指示剂吸附在固体酸表面上，根据颜色的变化来测定固体酸表面的酸强度。酸强度的指示剂本身为碱性分子，且不同指示剂具有不同接受质子或给出电子对的能力，即具有不同 pK_a 值，见表 3-3。碱性指示剂 B 与固体表面酸中心 H^+ 作用，形成的共轭酸的解离平衡为

$$BH^+ \rightleftharpoons B + H^+$$

$$K_a = \frac{a_B a_{H^+}}{a_{BH^+}} = \frac{c_B r_B a_{H^+}}{c_{BH^+} r_{BH^+}} \tag{3-3}$$

式中，a 表示活度；r 表示活度系数。对上式取对数得

$$\log K_a = \log \frac{a_{H^+} r_B}{r_{BH^+}} + \log \frac{c_B}{c_{BH^+}}$$

或者

$$-\log \frac{a_{H^+} r_B}{r_{BH^+}} = -\log K_a + \log \frac{c_B}{c_{BH^+}} \tag{3-4}$$

定义

$$H_0 = -\log \frac{a_{H^+} r_B}{r_{BH^+}} \tag{3-5}$$

令

$$-\log K_a = pK_a$$

于是式（3-5）变为

$$H_0 = pK_a + \log \frac{c_B}{c_{BH^+}} \tag{3-6}$$

从式（3-5）和式（3-6）两式可以看出，H_0 愈小，则 $\dfrac{a_{H^+} r_B}{r_{BH^+}}$ 愈大，$\dfrac{c_B}{c_{BH^+}}$ 也愈大，这表明固体表面给出质子使 B 转化为 BH^+ 的能力愈大，即酸强度愈强。由此可见，H_0 的大小代表了酸催化剂给出质子能力的强弱，因此称它为酸强度函数。

表 3-3 测定酸强度指示剂

指示剂	碱型色	酸型色	pK_a[①]	H_2SO_4（质量分数）/%
中性红	黄	红	+6.8	8×10^{-8}
甲基红	黄	红	+4.6	—
苯偶氮萘胺	黄	红	+4.0	5×10^{-5}
二甲基黄	黄	红	+3.3	3×10^{-4}
2-氨基-5-偶氮甲苯	黄	红	+2.0	5×10^{-3}
苯偶氮二苯胺	黄	紫	+1.5	2×10^{-2}
4,4′-二甲基偶氮-1-萘	黄	红	+1.2	3×10^{-2}
结晶紫	蓝	黄	+0.8	0.1
对硝基苯偶氮-对硝基二苯胺	橙	紫	+0.43	—
二肉桂丙酮	黄	红	−3.0	48
苯亚甲基苯乙酮	无色	黄	−5.6	71
蒽醌	无色	黄	−8.2	90

① 对于某 pK_a，指示剂滴定达到等当点时，$c_{BH^+} = c_B$，从式（3-6）看出，此时 $H_0 = pK_a$，因此，可以从指示剂的 pK_a 得到固体酸的酸强度 H_0。

在稀溶液中，$r_{BH^+} \approx r_B$，$c_{H^+} \approx a_{H^+}$，则式（3-5）变为

$$H_0 = -\log c_{H^+} = pH$$

即在稀溶液中 H_0 等于 pH。

测定固体酸强度可选用多种不同 pK_a 值的指示剂，分别滴入装有催化剂的试管中，振荡使吸附达到平衡，若指示剂由碱型色变为酸型色，说明酸强度 $H_0 \leqslant pK_a$，若指示剂仍为碱型色，说明酸强度 $H_0 > pK_a$。为了测定某一酸强度下的酸中心浓度，可用正丁胺滴定，使由碱

型色变为酸型色的催化剂再变为碱型色。所消耗的正丁胺量即为该酸强度下的酸中心浓度。

采用 Hammett 指示剂正丁胺非水溶液滴定法测定固体酸性质，即可测定出酸中心的不同酸强度，同时还可测定某一酸强度下的酸浓度，从而测定出固体酸表面的酸分布。这种方法的优点是简单、直观；缺点是不能辨别出催化剂酸中心是 L 酸还是 B 酸，不能用来测量颜色较深的催化剂。

（2）气相碱性物质吸附法

碱性气体分子在酸中心上吸附时，酸中心酸强度愈强，分子吸附愈牢，吸附热愈大，分子愈不容易脱附。根据吸附热的变化，或根据脱附时所需温度的高低可以测定出酸中心的强度。固体酸表面吸附的碱性气体量相当于固体酸表面的酸中心数。根据上述原理，常用测定方法有如下几种。

① 碱吸附量热法　对碱性分子如胺的吸附进行量热能给出酸位强度和数量的信息。强度以碱性分子的吸附热表示。

氨是最常用的探针分子。将微量量热计连接在一个具有能测量吸附热的灵敏压力计的容器上，可直接测量探针分子吸附过程中释放的热量。为了测量微分吸附热，将少量的探针分子（每克催化剂 1~10μmol）连续地提供给吸附质。已开发的量热计可分为三类：绝热的、等温的和热-流动的。测量酸性通常用热-流动型量热计。

氨吸附在不同 Si/Al 比的丝光沸石上的量热结果如图 3-1 所示。刚开始吸附氨时，H 型丝光沸石的吸附热很高，约达到 170kJ/mol。随着氨吸附量的增加，吸附热逐渐下降并达到一个常数，最后突然下降形成明显的台阶。台阶出现的位置对应于与丝光沸石中 Al 原子数相同的酸位数目。吸附热也下降到约 80kJ/mol，与 Na 型丝光沸石（M-10）上观察到的相同。

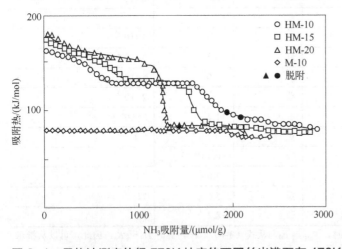

图 3-1　量热法测定的经 773K 抽空的不同丝光沸石在 473K 时的微分吸附热

吸附温度会影响量热结果。氨分子会先选择性地吸附在较强酸位上。应当在短时间内达到吸附平衡，然而在低温下吸附平衡有可能达不到，吸附在较弱酸位上或孔腔外的氨分子有可能未移动到较强酸位上或孔腔内酸位上。在这种情况下，就不能出现图 3-1 中明显的吸附热台阶。对于氨分子在 H 型丝光沸石上的量热测量，应当在高于 423K 的温度下进行。吸附的最低温度随固体酸的类型而变化。对于 HZSM-5 和八面沸石，最低吸附温度是 373K。

除氨以外，其他碱性分子如丁胺、三甲胺、吡啶和哌啶也能用于量热法。氨比其他分子碱性弱,用氨以外的碱性分子可测量较弱的酸位。这些酸位与氨的相互作用较弱,因而释放的吸附热也比较低。碱性分子的吸附热次序为哌啶>三甲胺>吡啶>丁胺>氨。此次序与气相中的质子亲和能(PA)次序相同,后者的定义为下列反应热焓变化的负值:

$$\text{碱}_{(气)} + H^+_{(气)} \rightleftharpoons \text{碱-}H^+_{(气)}$$

表 3-4 中的 pK_a(K_a 是水溶液中共轭酸的解离常数)次序与酸位上吸附热次序不同。对于液相酸,反应方程式为:

$$\text{碱}_{(溶液)} + H^+_{(溶液)} \rightleftharpoons \text{碱-}H^+_{(溶液)}$$

表 3-4 碱性分子的质子亲和能(PA)和 pK_a

探针分子	PA/(kJ/mol)	pK_a
哌啶	943.1	11.1
三甲胺	938.5	9.8
吡啶	922.2	5.2
丁胺	916.3	10.6
氨	857.7	9.3

如果溶剂是水,$H^+_{(溶液)}$ 是水合氢离子,$-\lg K$ 定义为 pK_a,其中 K 是共轭酸(碱-H^+)的解离平衡常数。碱和碱-H^+ 能量差别应当与质子化能量相似,说明溶剂化效应可能是很大的。pK_a 值包括了溶剂化效应,而碱在固体酸上的吸附与此无关,因而质子亲和能而不是 pK_a 值被推荐为探针分子碱强度的度量标准。

② 碱脱附——TPD 法 吸附的碱性物质与不同酸强度中心作用时有不同的结合力,当催化剂吸附碱性物质达到饱和后,进行程序升温脱附(TPD)。吸附在弱酸中心的碱性物质分子可在较低温度下脱附,而吸附在强酸中心的碱性物质分子则需要在较高的温度下才能脱附,还可得到不同温度下脱附出的碱性物质量,它们代表不同酸强度下的酸浓度。因此,该法可同时测定出固体酸催化剂的表面酸强度和酸浓度。常用的碱性分子为 NH_3(NH_3-TPD 谱图见图 3-2),也可用正丁胺,后者碱性强于前者。虽然目前 NH_3-TPD 法已成为一种简单快速表征固体酸性质的方法,但也有局限性:a. 不能区分 B 酸或 L 酸中心上解吸的 NH_3,以及从非酸位(如硅沸石)解吸的 NH_3;b. 对于具有微孔结构的沸石,在沸石孔道及空腔中的吸附中心上进行 NH_3 脱附时,由于扩散限制,要在较高温度下才能解吸。

③ 红外光谱法(IR) 红外光谱可直接测定酸性固体物质中的 O—H 振动频率;O—H 键愈弱、振动频率愈低,酸强度愈高。

首先是吡啶吸附红外光谱,固体酸吸附吡啶的红外光谱可测定 B 酸和 L 酸。吡啶与 B 酸形成吡啶鎓离子,而与 L 酸形成配位键。红外光谱上 1540cm^{-1} 峰是吸附在 B 酸中心上的吡啶特征吸收峰,1450cm^{-1} 峰是吸附在 L 酸中心上的特征峰,1490cm^{-1} 代表两种酸中心的总和峰。

其次是氨吸附红外光谱。在固体酸上氨的吸附形式有质子化的(NH_4^+)、配位的和 H 键合的 NH_3。在有些氧化物上氨以解离态(NH_2 和 NH)被吸附。这些物种均能被 IR 谱检测。质子化的 NH_4^+ 谱带在 1450cm^{-1} 和 3130cm^{-1} 附近,配位的 NH_3 的谱带出现在 1250cm^{-1},1630cm^{-1} 和 3330cm^{-1} 附近。鉴别这些谱带比较复杂,因为随着吸附剂类型变化它们会发生位移,从而与表面上共存 OH 基谱带重叠。1250cm^{-1} 附近的谱带是配位的 NH_3 的特征,但是对含 SiO_2 样品很难观察到,因为样品本身在低于 1330cm^{-1} 有强烈的骨架振动吸收。

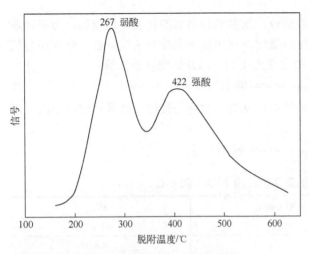

图 3-2　HZSM-5 沸石的 NH_3-TPD 谱图

NH_3 吸附在 B 酸中心的 IR 特征峰为 $3120cm^{-1}$ 或 $1450cm^{-1}$，而吸附在 L 酸中心的 IR 特征峰为 $3330cm^{-1}$ 或 $1640cm^{-1}$，见图 3-3。

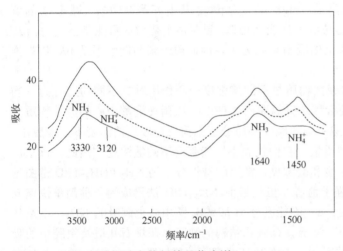

图 3-3　NH_3 在硅铝胶上的红外吸收光谱

吡啶（或 NH_3）-IR 光谱法不但能区分 B 酸和 L 酸，而且可由特征谱带的强度（面积）得到有关酸中心数目的信息。还可由吸附吡啶脱附时温度的高低，定性检测出酸中心强弱。

单用吡啶和氨吸附红外光谱测定质子化物种不能确定是否存在 Brönsted 酸位。酸-碱相互作用取决于所用碱的强度。一种不能使吡啶质子化的固体酸有可能使其他更强的碱如哌啶和丁胺质子化。这种现象的确在 Al_2O_3 上被观察到，通常根据吡啶吸附红外光谱认为 Al_2O_3 只有 Lewis 酸位，但丁胺和哌啶在 Al_2O_3 表面上可形成质子化物种。Al_2O_3 上的 Brönsted 酸位对质子化吡啶显得太弱，但是却能质子化丁胺和哌啶。

最后是 CO 和 N_2 吸附红外光谱。CO 和 N_2 与酸性 OH 基（Brönsted 酸）和金属阳离子（Lewis 酸）存在弱相互作用，并能形成表面配合物。与羟基 H 键连接的配合物示于图 3-4。CO 吸附时可能出现 A 和 B 型。根据量子化学计算 B 型不如 A 型稳定。N_2 与羟基 H 键连接成 C 型（端连型）。自由的 N_2 分子对红外是非活性的，而对 Raman 是有活性的（$\nu_{N\text{-}N} = 2330cm^{-1}$）。吸附

以后 N_2 变得对红外有活性。CO 和 N_2 吸附以后的伸缩振动频率均向高频方向移动（蓝移）。

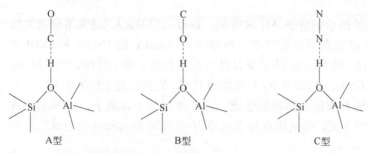

图 3-4　OH 基与 CO 和 N_2 的相互作用

OH 基（Brönsted 酸位）和金属阳离子（Lewis 酸位）的酸强度反映在吸附的 CO 的 C-O 伸缩频率位移上和表面 OH 基的 O-H 伸缩频率位移上。CO 吸附在 OH 上后，C-O 伸缩频率向高处移动，但移动值比 O-H 频率位移小。除了 CO 以外，其他分子如 N_2、O_2、Xe 和 Ar 通入后也会引起 O-H 伸缩频率位移。不同探针分子的 O-H 伸缩频率差别是由探针分子与质子的亲和力引起的。与质子的亲和力越强，O-H 伸缩频率位移越大。质子亲和力次序为 N_2(494kJ/mol)≈Xe(496kJ/mol)＞O_2(422kJ/mol)＞Ar(371kJ/mol)。由于分子体积小和质子亲和力强，N_2 是适合测量 O-H 酸强度的探针分子。

吸附 CO 和 N_2 后 OH 基团的 IR 谱对酸位强度能给出有价值的信息，尤其是 Brönsted 酸位，然而，涉及相互作用很弱的分子的表面吸附必须在 77～100K 的低温下进行，需要用到比较特殊的低温 IR 样品池。这是上述方法的一个缺点。

除上述方法外，也可采用 H-MAS-NMR 测定羟基酸性，采用脉冲色谱法、分光光度法等测定固体酸性质。

3.1.2.2　固体碱性质测定

想要预测一个固体能否作为碱催化剂，就必须了解固体表面的碱性质。所谓碱性质包含以下几个方面：①碱性位的数目；②碱性位的来源或位置；③碱性位的强度。这些并不容易测定。对于固体碱，经常会有不同类型的碱性位。例如，在氧化镁表面存在配位数不同的氧负离子。由于氧负离子的碱性质取决于其配位数，因而必须测定每一种氧负离子的数目和碱强度。某些情况下，表面同时存在 Brönsted 碱和 Lewis 碱。表面碱性位的非均一性是固体表面碱性测量十分复杂的原因之一。正如下面要谈的那样，没有一种表征方法可以准确测定碱性的上述三个方面。每种方法有各自的优缺点。因此，需要同时使用几种表征方法。测量固体表面碱性的方法有以下几种：①指示剂法、滴定法；②使用探针分子，测定吸附量、热量、程序升温脱附以及吸附分子的光谱；③表征反应；④光谱法直接观察固体表面。

（1）指示剂法

① 均相中酸度函数 H_- 的定义　很多情况下，对固体碱的讨论建立在溶液酸碱化学的基础上，因而有必要简要介绍酸性函数 H_- 的定义，这对应于溶液碱性中最重要的概念之一。它对应于表示溶液酸性的酸度函数 H_0。

酸度函数 H_- 被定义为一个碱性溶液从酸性溶质 AH 中抽取一个质子的能力。

$$H_-=pK_a-\lg([AH]/[A^-]) \tag{3-7}$$

要确定一个溶液的 H_- 值，必须准确测定 AH 和 A^- 的浓度。当溶液中一半的溶质 AH 被去质子化，也就是[AH] = [A⁻]，溶液的 H_- 值等于 AH 的 pK_a 值。如果被抽取质子的分子的 pK_a 值越大，说明溶液的碱性越强。

溶液的碱强度用已知 pK_a 值的指示剂分子 AH 来检测。浓度比[AH]/[A⁻]通常用分光光度法确定。因此，各种碱性溶液的 H_- 值都可以被确定。298K 时 5.0mol/L 的 NaOH 和 KOH 水溶液的 H_- 值分别为 15.20 和 15.44。酸度函数 H_- 原来是针对水溶液的。对于甲醇溶液，用 H_M 代替 H_-。293K 时 3.0mol/L 的 $KOCH_3$ 和 $NaOCH_3$ 甲醇溶液的 H_M 值分别是 19.99 和 18.30。

最重要的是酸度函数 H_0 和 H_- 代表的是溶液的性质，而非单个分子或离子，如 NaOH 或 OH⁻ 的性质。很显然，H_- 值与溶剂有关。必须注意酸度函数 H_- 是针对 Brönsted 型的碱性溶液而言的，见式（3-7）。

② 固体表面碱性位的 H_- 尺度　Tanabe 提出用 H_- 尺度来描述固体碱的碱强度。假定一个指示剂分子 AH 与表面的碱性位 B⁻ 作用：

$$AH + B^- \longrightarrow A^- + BH \tag{3-8}$$

表面碱性位 B⁻ 的 H_- 值就定义为：

$$H_- = pK_a - \lg([AH]_s/[A^-]_s) \tag{3-9}$$

式中，$[AH]_s$ 和 $[A^-]_s$ 分别指固体表面 AH 和 A⁻ 的浓度。固体表面从溶液中吸附 AH 后如果$[AH]_s/[A^-]_s \geqslant 1$，固体显示 AH 的颜色，而当$[AH]_s/[A^-]_s \leqslant 1$ 时则显示 A⁻ 的颜色。

当$[AH]_s/[A^-]_s = 1$ 时，表面碱性位的 H_- 值就等于指示剂 AH 的 pK_a。

$$H_- = pK_a \tag{3-10}$$

表 3-5 列出了用于碱强度测量的指示剂，也可以使用另外一套指示剂。非极性的溶剂，如苯和 2-甲基庚烷，可用作测量时的溶剂。

表 3-5　用于测量碱强度的指示剂

指示剂	颜色		pK_a
	酸色	碱色	
溴麝香草酚蓝	黄	绿	7.2
酚酞	无色	红	9.3
2,4,6-三硝基苯胺	黄	微红-橙色	12.2
2,4-二硝基苯胺	黄	紫色	15.0
4-氯-2-硝基苯胺	黄	橙色	17.2
4-硝基苯胺	无色	橙色	18.4
4-氯苯胺	无色	粉红	26.5
二苯基甲烷	无色	微黄-橙色	35

实际操作时，$[AH]_s$ 和 $[A^-]_s$ 的浓度是很难测定的。因此，H_- 值往往以指示剂中最高 pK_a 值来确定，此时固体表面显示指示剂共轭碱 A⁻ 的颜色。例如，当一个固体吸附 2,4-二硝基苯胺显示紫色，吸附 4-氯-2-硝基苯胺显示黄色时，则这个固体表面碱性位的 H_- 值应该介于 15.0 和 17.2 之间。

H_- 值的测定方法如下：将预先干燥好的固体（0.1g）浸在小瓶装的干燥的苯中（2mL），加入一滴质量分数为 0.1% 的指示剂苯溶液，12h 后观察其颜色的变化。Take 等对此有更详细的描述。测量中体系必须与空气（H_2O、CO_2）隔绝。

Tanabe 把表面碱性位 H_- 值大于 +26 的固体命名为超强碱。这个命名的根据是超强酸的定义。超强酸的 Hammett 酸度函数 H_0 小于-12，与酸碱尺度中性值 $H_0=7$ 相差 19 单位。$H_-=+26$ 与中性值 $H_-=+7$ 也相差 19 单位。根据此定义，Al_2O_3 负载碱土金属氧化物（MgO 和 CaO）和 Al_2O_3 负载 Cs 氧化物属于超强碱。超强碱对于烯烃的异构化和甲苯的侧链烷基化具有很强的催化活性。

③ 指示剂法的缺点　这里描述的指示剂法建立在溶液酸碱化学的基础上，在把溶液酸碱化学的概念应用于固体表面碱性位时存在以下一些重要的问题。

a．原有酸度函数的概念是指水溶液给出/接受质子的能力，而非单个分子或离子的性质。当这个概念转移到固体酸碱化学里，碱强度被表述为单个碱性位的性质。固体碱的碱性因此被表述为两个内容：碱性位的数目和碱强度（H_-）。碱性位的非均一性又是一个复杂因素。

b．如上所述，H_-函数建立在 Brönsted 酸碱化学的理论基础上。例如氧负离子除了表现为 Brönsted 碱外也会表现为 Lewis 碱。因此，不能保证由 Brönsted 酸类型指示剂滴定得到的碱性位的碱强度结果与其表现为 Lewis 碱时的碱强度相一致。

c．实验方法本身也有缺点。酸/碱性的测定取决于表面颜色的变化。颜色的变化并不十分清楚，判断临界点时会因人而异。同时，该方法还不适用于有颜色的样品。

（2）滴定法测量固体碱的碱性位数目

碱性位数目可以借助一种指示剂和一种酸性分子，采用滴定的方法来测定。具体的方法如下：将固体分成几份，每一份都分散在苯中，加入指示剂使其吸附在固体表面。然后，每份溶液中分别加入不同量的某种酸性物质，如苯酚或苯甲酸，保持一段时间直至吸附平衡。以苯酚为例，苯酚分子会取代碱性位上吸附的指示剂分子。如果苯酚的量少于碱性位的数量，固体表面就会显示指示剂共轭碱 A^- 的颜色。如果苯酚的量超过碱性位的数量，固体表面就会显示指示剂 AH 的颜色。恰好使指示剂处于变色点的苯酚加入量等于固体表面上碱性强度等于或强于指示剂 pK_a 的碱性位数目。

很多情况下，固体表面的碱性位不是均一的，因此测定的碱性位数目取决于指示剂的 pK_a 值。换句话说，也就是可以测定碱强度不同的碱性位的分布。

图 3-5 为三种不同碱金属氧化物上碱强度高于 H_- 的碱性位数目。Rb_2O 上有大约 0.04mmol/g 的碱强度高于 $H_-=18.4$ 的碱性位，而没有碱强度等于或高于 $H_-=26.0$ 的碱性位。很多固体碱催化剂的碱强度分布都进行过测量。

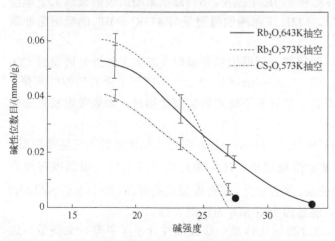

图 3-5　碱性位数目随指示剂 pK_a 变化的情况

（3）吸附/脱附法

① 探针分子的吸附　当酸性分子吸附在一个固体的表面时，就可以认为此固体的表面具有碱性位，化学吸附的分子数目就等于表面碱性位的数目。苯甲酸、苯酚和二氧化碳常常被用作探针吸附质。吸附在液相和气相中进行。

a．在液相中吸附酸性分子。悬浮的固体进行苯酚或苯甲酸吸附是在室温下进行的。吸附量往往通过测定溶液中吸附质浓度的减少来确定。吸附量被直接认定为碱性位的数量。有时候会利用 Langmuir 吸附等温式计算饱和吸附量，作为碱性位的数量。

Parida 等使用两种不同 pK_a 的酸，即苯酚（pK_a=9.9）和丙烯酸（pK_a=4.2），来测定氧化锆和 $MgO-Al_2O_3$ 混合氧化物（焙烧水滑石）的碱性位数目。他们假定丙烯酸吸附测定的是总碱量，而苯酚吸附测定的是强碱的碱量。对于氧化锆，苯酚和丙烯酸测定的碱性位数目分别是 39×10^{-3} mmol/g 和 78×10^{-3} mmol/g。对于 $MgO-Al_2O_3$ 混合氧化物，相应的结果分别为 0.16～0.41mmol/g 和 7.54～8.87mmol/g，具体量与氧化物中 Mg/Al 比例有关。

Campello 等使用三种吸附质，即丙烯酸（pK_a=4.2）、苯酚（pK_a=9.9）和 2,6-二叔丁基-4-甲基苯酚（pK_a=11.1），来测定 Al_2O_3、$AlPO_4$、$AlPO_4-Al_2O_3$、$AlPO_4-SiO_2$ 表面的碱性。对这些样品而言，表面碱性位数目的多少取决于测量时使用的酸，丙烯酸＞苯酚＞2,6-二叔丁基-4-甲基苯酚。2,6-二叔丁基-4-甲基苯酚的吸附还可能受到叔丁基立体位阻的影响。

液相吸附存在的问题是物理吸附的干扰。事实上，用苯甲酸液相吸附方法也能测得氧化硅表面有一定量的"碱性位"。

b．在气相中吸附酸性分子。碱性位数目也可以通过吸附气相的酸性分子来测定。经常使用的分子有苯酚、三氟化硼和二氧化碳。由于吸附温度能很容易地改变，因而可以避免物理吸附的存在。另外，由于表面碱性位的非均一性以及吸附质吸附形态的多样性，吸附量的大小往往与吸附温度有关。这类信息可以很容易地通过程序升温脱附的方法来获取。使用苯酚有一定的问题，这是因为苯酚很容易在酸性位和碱性位同时存在时发生解离吸附，因而酸性会影响到苯酚的吸附。

573K 时 BF_3 的吸附被用于测定不同组成的 $MgO-SiO_2$ 混合氧化物的碱性。

有文献对 MgO 以及碱金属修饰的 MgO 上苯酚和三氟化硼的吸附进行了比较。吸附实验在室温下进行，然后分别在 373K、473K 和 573K 下抽空。373K 下苯酚的吸附量远大于单层的覆盖量，表明此温度下存在物理吸附。573K 下苯酚的吸附量与 473K 下 BF_3 的吸附量非常吻合。

二氧化碳是一个常用的吸附质，可同时测定弱碱位和强碱位。事实上红外光谱发现 CO_2 会有不同的吸附形态。正如后面要讨论的，Barthomeuf 认为 CO_2 不适用于沸石的碱性测量，因为物理吸附和化学吸附同时发生，并且产生许多不确定的碳酸盐物种。如果吸附发生在强碱位上，还会形成体相的碳酸盐物种。

科学家研究了 373K 下 Al_2O_3 及 Na^+ 和 SO_4^{2-} 修饰的 Al_2O_3 表面二氧化硫的不可逆吸附量。Na^+ 修饰使吸附量增加，而 SO_4^{2-} 修饰使吸附量减少。H_2S+SO_2 的反应活性与表面碱密度在 0.3×10^{14}～2×10^{14} 个/cm^2 范围内呈线性关系。尽管如此，碱密度最高的样品（3.9% $Na^+/\gamma-Al_2O_3$）的活性却远低于线性关系得出的值，可能是因为对 SO_2 的吸附太强。

② 中毒法　碱性位的数目也可以通过在催化体系中添加酸性分子（中毒）来测量。这种方法的优点在于可以在反应条件下测量碱性位的数目。图 3-6 为羟基磷灰石（0.5g）上预

先吸附三氯乙酸，对在甲基苯基酮（1mmol）和三甲基氰硅烷（1.6mmol）的氰硅化反应中催化活性的影响。

$$C_6H_5COCH_3+Me_3SiCN \longrightarrow C_6H_5C(CN)(CH_3)OSiMe_3 \qquad (3-11)$$

甲基苯基酮的转化率随吸附的三氯乙酸量增加几乎呈线性下降。从图 3-6 可以估计，每 0.5g 羟基磷灰石含 0.074mmol 碱性位（即 0.015mmol/g）。用同样的方法可得 CaO 表面的碱性位数目是 0.27mmol/g。

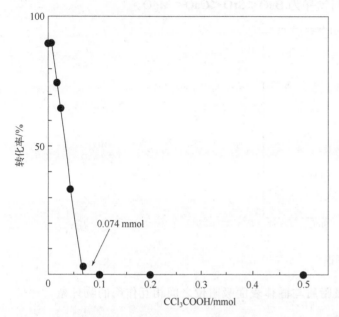

图 3-6　羟基磷灰石表面三氯乙酸中毒对其在甲基苯基酮氰硅化反应中催化活性的影响

在氧化铝上 1-丁烯异构化反应是通过 π-丙烯基负离子中间体进行的。反应会被 H_2S 中毒。用 H_2S 中毒方法可以测得异构化反应的活性位数目是 $5.3×10^{13}$ 个/cm^2。

中毒方法常常被用于确定参与反应的酸性位/碱性位。在碱金属离子交换的沸石催化的甲苯甲醇侧链烷基化反应中，氯化氢的加入可以完全抑制 RbY 和 CsY 上乙苯和苯乙烯的形成，却促进了二甲苯的生成。另外，加入苯胺能促进乙苯、苯乙烯和二甲苯的形成。由此可以得出结论：二甲苯在酸性位上形成，而乙苯和苯乙烯在碱性位上形成。γ-丁内酯变成 γ-硫代丁内酯的反应中也观察到类似的结果。氯化氢可以彻底抑制此反应，而吡啶则可以促进此反应。此促进作用是由于吸附在碱性位附近的吡啶产生的诱导作用。

③ 程序升温脱附　CO_2 的程序升温脱附（TPD）是固体表面碱性测量最常用的方法之一。典型的实验操作分为两种：a. 样品放在流动体系中。在 723K 氦气气氛下处理后，室温下通入含 CO_2 的氦气，直至吸附饱和。室温下用氦气吹扫 0.3~0.5h 去除弱吸附的 CO_2，以 10~30K/min 的速度从 298K 升温至 723~823K，用质谱记录 CO_2 逸出的速度。b. 样品放在一个连接真空系统的容器中。样品在真空下高温处理后，室温下通入 CO_2，然后室温下真空处理 30min 去除弱吸附的 CO_2，以线性速度对样品进行升温，用高灵敏度压力传感器或质谱记录脱附速度。

脱附的温度代表吸附质-吸附剂相互作用的强度。吸附在碱性越强的碱性位上，CO_2 的脱附温度越高。碱性位的数目可以从脱附峰的面积得到。因此，提供了一个可以同时测量碱性强度与碱性位数目的简单方法。

TPD 方法不能像 H_- 函数那样给出明确的碱强度尺度，不能获得有关碱性位本质的相关信息，需要结合其他表征技术来阐明吸附质的化学吸附形态以及活性位的本质。从实验上看，由于 TPD 图谱除了与碱性位的本质有关，还与实验条件如样品量、载气流速、升温速度有关，因而实验结果不容易重复。

图 3-7 是碱土金属氧化物的 CO_2-TPD 图谱，碱强度的次序为 BaO＞SrO＞CaO＞MgO。另外，单位质量氧化物所含碱性位数目次序为 BaO＜SrO＜CaO＜MgO。

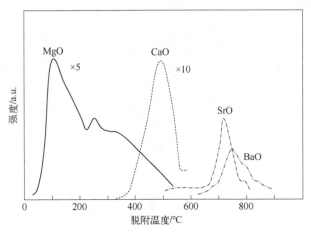

图 3-7　碱土金属氧化物的 CO_2-TPD 图谱

④ 吸附热　吸附热是直接描述吸附质与固体表面吸附位之间相互作用的物理量。评价碱性位的强度，常常使用 CO_2 吸附热。

测定了一系列金属氧化物室温下 CO_2 的微分吸附热和 423K 下 NH_3 的微分吸附热。这些氧化物可以分为三类：酸性氧化物（Cr_2O_3、V_2O_5、WO_3、Ta_2O_5 和 MoO_3），吸附 NH_3 但不化学吸附 CO_2；两性氧化物（TiO_2、ZrO_2、BeO、Al_2O_3、Ga_2O_3 和 SiO_2），同时化学吸附 NH_3 和 CO_2；碱性氧化物（Pr_6O_{11}、ThO_2、Nd_2O_3、La_2O_3、ZnO、CaO、MgO），只化学吸附 CO_2。CO_2 初始吸附热最高的是 Al_2O_3，高于 200kJ/mol，La_2O_3 和 CaO 的初始吸附热在 150kJ/mol 左右，MgO、ZrO_2 和 TiO_2 的初始吸附热约为 120kJ/mol。CO_2 的平均吸附热与金属离子的电荷/半径比值相关。尽管如此，必须指出的是吸附热还与氧化物的制备方法有关。

用微量量热法测定了 MgO、Al_2O_3 和 MgO-Al_2O_3 混合氧化物对 CO_2 的吸附热（图 3-8）。MgO 的初始吸附热大约为 170kJ/mol，而 γ-Al_2O_3 大约为 155kJ/mol。混合氧化物的微分吸附热介于两者之间，受 Mg/Al 比的影响不大。吸附热随 CO_2 覆盖度的增加而迅速下降。图 3-8 还提供了 Al_2O_3 负载 MgO（10%）的结果，该样品表现出与 MgO-Al_2O_3 混合氧化物相似的碱性。在高覆盖度时，10% MgO/Al_2O_3 样品的微分吸附热高于混合氧化物，这可能与该样品中 MgO 在 γ-Al_2O_3 上的高分散有关。

（4）通过与探针分子作用以光谱法研究固体碱

利用光谱技术研究被吸附的探针分子，可以直接了解有关吸附位的本质以及碱性位与反应物分子间相互作用的相关信息。通过选择合适的探针分子和合适的吸附条件，我们可以获得关于表面碱性位的位置、碱性强度、与吸附分子反应能力等方面的详细信息。最常用的方法是红外光谱，MAS-NMR 和电子能谱也常常用到。

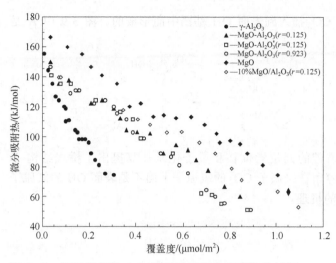

图 3-8 不同样品的 CO_2 吸附量与微分吸附热的关系

① 吸附态二氧化碳的红外光谱 CO_2 与碱性位的相互作用有不同的方式,据此研究者可以区分碱性位的不同类型。CO_2 与表面的羟基或氧离子作用可形成碳酸盐物种。被吸附的碳酸盐物种的结构可分为:碳酸氢盐;单齿配位碳酸盐;双齿配位碳酸盐;桥式碳酸盐;游离碳酸盐,如图 3-9 所示。表 3-6 列出了表面可能存在的 CO_2 物种的红外(或拉曼)谱带。值得注意的是,CO_2 也会吸附在表面金属离子上。

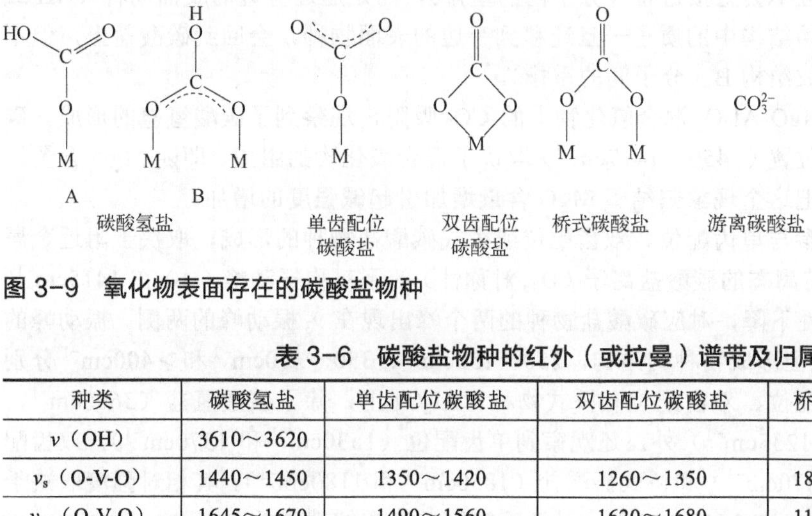

图 3-9 氧化物表面存在的碳酸盐物种

表 3-6 碳酸盐物种的红外(或拉曼)谱带及归属   单位:cm^{-1}

种类	碳酸氢盐	单齿配位碳酸盐	双齿配位碳酸盐	桥式碳酸盐	游离碳酸盐
ν(OH)	3610~3620				
ν_s(O-V-O)	1440~1450	1350~1420	1260~1350	1800~1870	
ν_{as}(O-V-O)	1645~1670	1490~1560	1620~1680	1130~1280	1440~1450
δ(C-O-H)	1220~1280				

CO_2 与表面碱性的 OH 基团作用形成碳酸氢盐。以 $\gamma\text{-}Al_2O_3$ 为例,Haneda 等观察到了碳酸氢盐物种在 $1645cm^{-1}$、$1480cm^{-1}$ 和 $1255cm^{-1}$ 的谱带,而 Parkyns 除了观察到相应的 $1640cm^{-1}$、$1480cm^{-1}$ 和 $1233cm^{-1}$ 的谱带外,还发现了 $3605cm^{-1}$ 对应于 OH 伸缩振动的谱带。在 Al_2O_3 上不同的 OH 基团中,能形成碳酸氢盐物种的主要是和不饱和单配位离子结合的 OH 基团($3800cm^{-1}$)。

利用 $^{13}CO_2$ 和/或氘代 Al_2O_3 的同位素谱带位移研究了碳酸氢盐物种的结构。一般认为碳酸氢盐物种是通过把 Al^{3+} 上弱吸附的 CO_2 插入到表面 OH 基团中而形成的。图 3-9 中 A 是 Parkyns 提出的结构。

$$\text{(3-12)}$$

随后，Baltrusaitis 等根据红外谱带的同位素位移和量子化学计算提出了桥式结构 B（图 3-9 中 B）。在这个结构中，质子停留在来源于 CO_2 的氧原子上而不是表面 OH 的氧原子上。以下是作者提出的碳酸氢盐形成的机理。

$$\text{(3-13)}$$

第一步是 CO_2 以线式或桥式吸附在 OH 旁边的位置上。接着是 OH 对活化的 CO_2 分子的亲核进攻，形成初始态的碳酸氢盐（X），然后初始结构 X 重排形成更稳定的结构 B。由于反应的能垒高，该重排反应不会直接进行（分子内的重排），而是通过旁边的表面物种（OH 或碳酸盐基团）进行。初始结构中的质子一旦迁移到旁边的表面物种，会回到碳酸盐上，但不是原来的位置，而是形成结构 B（分子间的重排）。

Lercher 等研究了 MgO-Al_2O_3 混合氧化物上的 CO_2 吸附，观察到了碳酸氢盐的形成。碳酸氢盐的对称振动峰的位置（1450～1417cm^{-1}）取决于混合氧化物的组成，即随 MgO 含量增加振动波数减小。他们把这个现象归结于 MgO 含量增加引起碱强度的增加。

表面的氧化物离子参与单齿配位、双齿配位或桥式碳酸盐物种的形成，取决于附近金属离子的介入（图 3-9）。游离态的碳酸盐离子（D_{3h} 对称性）的不对称振动峰（ν_3）在 1415cm^{-1}。变成吸附态后，该对称性下降，对应碳酸盐物种的两个峰出现在 ν_3 振动峰的两侧。振动峰的分裂（$\Delta\nu_3$）可以用来表征形成物种的结构。250～150cm^{-1}、350～250cm^{-1} 和 >400cm^{-1} 分别对应表 3-6 所列的单齿配位、双齿配位和桥式物种。Al_2O_3 上，除了碳酸氢盐（3605cm^{-1}，1640cm^{-1}，1480cm^{-1} 和 1235cm^{-1}）外，还观察到单齿配位（1530cm^{-1} 和 1370cm^{-1}）、双齿配位（1660cm^{-1} 和 1230/1270cm^{-1}）和桥式碳酸盐（1850cm^{-1} 和 1180cm^{-1}）。其相对强度取决于 Al_2O_3 样品的预处理条件。在 1440～1445cm^{-1} 还观察到游离态的碳酸盐。

Fukuda 和 Tanabe 研究了在室温下吸附了 CO_2 的 MgO 表面，观察到了两种双齿配位的碳酸盐（1670cm^{-1}，1315cm^{-1}，1000cm^{-1} 和 850cm^{-1}；1630cm^{-1}，1280cm^{-1}，950cm^{-1} 和 830cm^{-1}）和一种单齿配位的碳酸盐（1550cm^{-1}，1410cm^{-1}，1050cm^{-1} 和 860cm^{-1}）。在 CaO 上室温下只形成单齿配位物种。单齿配位碳酸盐的反对称伸缩振动（1580～1540cm^{-1}）与对称伸缩振动（约 1420cm^{-1}）的波数差随碱土金属氧化物中晶格氧电荷增加而减少。Davydov 等在室温下吸附 CO_2 的 MgO 上观察到了至少四种碳酸盐：碳酸氢盐、单齿配位碳酸盐、双齿配位碳酸盐和游离态碳酸盐（1450cm^{-1}）。与 Fukuda 和 Tanabe 的工作相一致，在 CaO 上只观察到单齿配位碳酸盐。Phillips 等报道，在 373K 吸附 CO_2 的 MgO 和 CaO 上，单齿配位碳酸盐物种占绝对多数。

La(OH)$_3$ 在 1073K 真空脱水得到的 La_2O_3 室温下吸附 CO_2，只有单齿配位物种（$1300cm^{-1}$ 和 $1500cm^{-1}$ 双峰，还有 $1000cm^{-1}$ 和 $860cm^{-1}$ 峰）。CO_2 的吸附量大约为 1 个 CO_2 分子/1 个表面 O^{2-}。由于焙烧后样品表面缺少羟基，因而没有碳酸氢盐形成。522K 抽空处理后，在 $1310cm^{-1}$ 和 $1563cm^{-1}$ 处出现对应于双齿配位碳酸盐物种的弱吸收峰，这是由于表面覆盖度下降引起单齿配位物种结构重排。单齿配位碳酸盐在 573K 时消失，在 ≥673K 时双齿配位碳酸盐消失。

在 $MgO-Al_2O_3$ 混合氧化物上，吸附 CO_2 产生碳酸氢盐、单齿配位碳酸盐、双齿配位碳酸盐和两种线型配位在金属离子上的 CO_2 物种。预吸附吡啶可以抑制线型 CO_2 物种的形成。单齿配位碳酸盐的振动波数变化规律与 Fukuda 和 Tanabe 所述一致。

② 吸附态吡咯的光谱研究　酸性分子吡咯在碱性位上的吸附曾用 IR、XPS、MAS-NMR 等方法来研究。在红外光谱中，$\nu(NH)$ 的频率位移常常用来表征与 H 原子相互作用的碱性位的碱强度。$\nu(NH)$ 峰的红移与碱强度增加有关。Scokart 和 Rouxhet 研究了 Al_2O_3、MgO 和 ThO_2 上的吡咯吸附。Al_2O_3、MgO 和 ThO_2 样品的 $\nu(NH)$ 峰分别位于 $3230cm^{-1}$、$3360cm^{-1}$ 和 $3340cm^{-1}$。表明 Al_2O_3 的碱性要强于 MgO 和 ThO_2。氟化可以去除 Al_2O_3 的碱性位。碱处理则可以提高碱强度，NH 峰的显著位移可以证明这一点，Na 和 K 处理的 Al_2O_3 的 NH 峰位置为 $3200cm^{-1}$ 和 $3160cm^{-1}$。Mg 处理的 Al_2O_3 的碱性在 MgO 和 Al_2O_3 之间。因此，碱强度增加的次序为 $MgO<MgO-Al_2O_3<Al_2O_3$，$ThO_2<Na-Al_2O_3$ 和 $K-Al_2O_3$。SiO_2 和 $SiO_2-Al_2O_3$ 上没有吸附，表明其表面没有碱性位。

沸石上吡咯的吸附已被各种技术广泛研究过。Barthomeuf 研究了 X 型、Y 型、L 型、丝光沸石和 ZSM-5 上吡咯吸附的红外光谱。阳离子丝光沸石的碱强度次序为 Li<Na<K<Rb<Cs。X 型、Y 型、L 型沸石也有类似的变化趋势。如果阳离子相同，沸石的碱强度随铝含量的增加而增强（L<Y<X），丝光沸石例外。沸石的碱性位来源于骨架中的氧负离子。Barthomeuf 根据 Sarthomeuf 电负性均衡原理估算了骨架氧离子的负电荷。图 3-10 给出了沸石中氧原子的电荷与吡咯 $\nu(NH)$ 波数之间的关系。对每一种沸石红外峰的位移都随电荷数增加而增大，说明 $\nu(NH)$ 振动峰可以用作比较沸石碱强度的依据，但只能应用于同样结构的沸石。

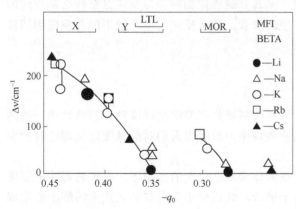

图 3-10　吡咯 NH 红外振动的减少与沸石经不同离子交换后氧的电荷数降低的关系

吡咯作为探针分子的主要缺点是吡咯在加热下很容易聚合或分解，Barthomeuf 建议使用新蒸馏得到的吡咯且吸附后迅速记录图谱。在这样的条件下沸石上一般观察不到聚合发生，而在碱性氧化物上则有可能。

Binet 等指出，在更碱性的氧化物上吡咯容易发生解离吸附。当吡咯吸附在氧化铈（CeO_2）和氢气还原的氧化铈（Ce_2O_3）上时，分别在 $3670cm^{-1}$ 和 $3628cm^{-1}$ 出现 OH 伸缩振动峰，说明 H^+ 被表面的氧离子抽取，而且出现了对应于吡咯负离子的 ν（环）和 ν（C—H）的振动峰。吡咯离子通过静电作用被 Ce^{4+} 或 Ce^{3+} 所稳定。在高度脱羟基的氧化铝和由水滑石制备的 MgO-Al_2O_3-NiO 混合氧化物上吸附吡咯后也观察到了吡咯负离子。同时，还出现了一个新的与氢键作用的 OH 峰，表明吡咯负离子与 OH 间形成了氢键（$OH\cdots Py^-$）。

在这些氧化物表面形成吡咯离子说明，其碱性要远强于那些对于吡咯的吸附只是氢键作用的材料，如碱金属离子交换沸石。

（5）探针反应

探针反应常常用来表征催化剂的性质。利用探针反应的一大优点是可以选择反应条件如温度与目标反应相近的探针反应。当然，在利用探针反应进行表征之前必须先注意几个要点。

如果反应涉及从反应物抽取质子，那么反应物的 pK_a 值就是估算碱强度的关键因素之一，因为碱性位的 H_- 值必须大于反应物的 pK_a 值。如下所述，363～443K 时 Knoevenagel 缩合反应的速率估算碱金属离子交换沸石的 H_- 值在 10^{-13}。但是，这些沸石可以在 533K 时催化苯乙腈与碳酸二甲酯反应，其中 Rb 和 Cs 交换的 X 沸石还可以在 700K 时催化甲醇与甲苯的侧链烷基化反应。上述结果清楚地说明，这些催化剂可以分别在 533K 和 700K 时活化苯乙腈（pK_a = 21.9）和甲苯（pK_a = 37）。固体碱的碱强度随温度升高而增强。弱碱在较高的温度下可以催化一系列反应。

一般情况下，仅靠反应的速率无法确定碱性位的强度或数目。因为反应速率与碱性位数目和转换频率都有关，所以必须在单独确定碱性位数目后才能讨论碱性位的性质。采用合适的探针反应，人们可以区分酸催化剂和碱催化剂，因为在酸性位上和碱性位上产物是不同的。例如，700K 时在 Rb-X 或 Cs-X 沸石上甲苯与甲醇反应的产物是苯乙烯和乙苯，而在酸性沸石上则生成二甲苯。

不同活性位上生成的产物的比例不能当作碱性位和酸性位数目的比值，因为侧链烷基化和环烷基化的活化能不同，因此产物的比例与反应温度有关。

最为重要的是探针反应的机理必须清楚，尤其是碱性位如何参与反应以及什么是反应的速率控制步骤。例如，如果产物脱附是速率控制步骤，那么反应的速率就不能与反应物活性或碱性位强度直接关联。

3.2 固体酸碱催化剂作用原理

酸碱催化分均相催化和多相催化两种。均相酸碱催化研究得比较成熟，已总结出一些规律，多相酸碱催化近年来发展较快，也得到某些规律，反映出人们对酸碱催化机理已有较明确的认识。

多相酸碱催化常使用固体酸碱催化剂。在固体酸碱催化剂的作用下，有机物可生成正离子、负离子。比如：催化裂解主要以碳正离子进行，烃类分子首先与催化剂上的酸中心生成碳正离子，再进行各种反应。

酸碱催化作用是广泛存在于生物转化和化工生产中被大量应用的一类重要催化过程。所谓固体酸碱就是具有酸中心或碱中心的固体物质，它们与均相酸催化中心和碱催化中心在本质上是一致的，不过在固体酸催化中，还可能有碱中心参与协同催化作用。许多经典的工业均相酸碱催化剂将逐渐为固体酸碱催化剂所取代，这是因为固体催化剂具有易分离回收、易活化再生、高温稳定性好、便于化工连续操作、腐蚀性小、污染性小等特点。例如，在石油炼制的早期，由于热裂解法产生的汽油，其辛烷值很低，曾用液相 $AlCl_3$ 作催化剂，在523K可以得到收率30%的辛烷值较高的汽油，并曾小规模生产。但是液相裂解的汽油蒸出后，尚有15%的焦状物，且芳烃又易与 $AlCl_3$ 生成配合物，催化剂很难分离，因此始终未工业化，直到找到酸性白土这样的耐高温的固体催化剂，才带来了现代石油炼制中催化裂化过程的不断进步。高效的固体酸碱催化剂的研制，将会促进现代化工生产中产品精细化率的提高以及洁净生产技术与生态化工过程的开发。

固体酸碱催化剂种类繁多，大致可分三类。第一类是附在载体上的硫酸、磷酸、盐酸催化剂，载体可用石英砂、硅藻土、硅胶及氧化铝等，其作用基本上与均相反应相同，只是反应在载体表面液膜上进行，这样的催化剂和溶液一样，其酸性来源于质子。如乙烯水合用的磷硅酸铝；第二类是一些难还原的氧化物及它们的混合物，如常用的有 Al_2O_3、ZnO、TiO_2、MoO_3、CaO、Al_2O_3-SiO_2、SiO_2-MgO、SiO_2-ZrO_2、Cr_2O_3-Al_2O_3 等，以及硅胶（SiO_2）、人工合成硅酸铝（Al_2O_3-SiO_2）、分子筛等；第三类是无机盐，如硫酸盐、硝酸盐、碳酸盐等。

3.2.1 固体酸催化作用

固体酸就是在表面上存在Brönsted酸（即质子酸，简称B酸）中心或Lewis酸（简称L酸）中心的固体材料。例如：部分金属盐类、简单的金属氧化物、复合氧化物、负载固体酸、阳离子交换剂等。在固体酸催化的反应过程中，固体酸表面的酸中心向反应物分子反应基团提供质子，或从反应物分子的反应基团获得电子对，或提取负离子，使反应物分子成为吸附的正离子或电正性的物种而活化，继而转化成产物，从而构成固体酸催化剂存在下的催化循环。

目前固体酸催化剂不但应用于石油化工中的烃类转化，而且在基本有机化工原料的生产和精细化学品的合成中也有应用。表3-7列出了典型的代表。

表3-7 典型固体酸催化的反应过程示例

反应类型	反应物	产物	固体酸举例
催化裂化	473～773K的石油馏分	汽油，柴油，C_2、C_4气体等	负载在合成或天然硅铝胶上的分子筛（REY、HY、USY、ZSM-5等）
烷基化	苯+乙烯 苯+丙烯	乙基苯 异丙基苯	分子筛 HY, REX，固体磷酸
异构化	正构烷烃	异构烷烃	分子筛 HY, REX，超强酸
甲苯歧化	甲苯	苯及二甲苯	丝光沸石
低聚	C_2～C_6烯烃	二聚物	分子筛 HY, REX
醇类脱水	乙醇	乙烯	分子筛 ZSM-5，γ-Al_2O_3
醇类氢化	甲醇+氨	甲胺，二甲胺，三甲胺	丝光沸石
烯烃水合	乙烯+水	乙醇	固体磷酸
烯烃酯化	莰烯+乙酸	乙酸异龙脑酯	分子筛 USY，丝光沸石，阳离子交换树脂
醇酸酯化	羧酸+醇	酯	分子筛 ZSM-5, USY，丝光沸石
酚酮缩合	苯酚+丙酮	双酚A	阳离子交换树脂
醇醛缩合	乙醛	丁烯醛	分子筛 HY, HM

从表 3-7 中可以看出，固体酸催化中也存在催化剂作用的多样性。一是对于同一个反应可以使用不同的固体酸催化剂，例如：在醇酸酯化反应中，既可以使用 ZSM-5、USY、丝光沸石等分子筛作催化剂，也可以使用硫酸铁、硫酸铜、硫酸铝、硫酸铋、硫酸锡等硫酸盐催化，还可以使用阳离子交换树脂等有机高分子固体酸催化剂。二是同一种固体酸催化剂可以催化不同的反应，例如分子筛 HY 既可催化石油裂解，又可催化烷基化、异构化、低聚、酯化和缩合等反应；又如硫酸镍既可以催化乙醛的聚合与解聚，也可以催化重排、低聚、水合、酯化和烷基化等反应。因此，尽管固体酸催化剂的组成千差万别，但固体酸催化作用的本质是贯通的，设计和优化固体酸催化剂酸中心的结构与性能是研制固体酸催化剂的关键所在。

对烃类的酸催化多以碳正离子为特征，本节首先讨论碳正离子的形成及其反应规律。

(1) 碳正离子的形成

① 烷烃、环烷烃、烯烃、烷基芳烃与催化剂 L 酸中心生成碳正离子。例如：

$$RH + L \longrightarrow R^+LH^-$$

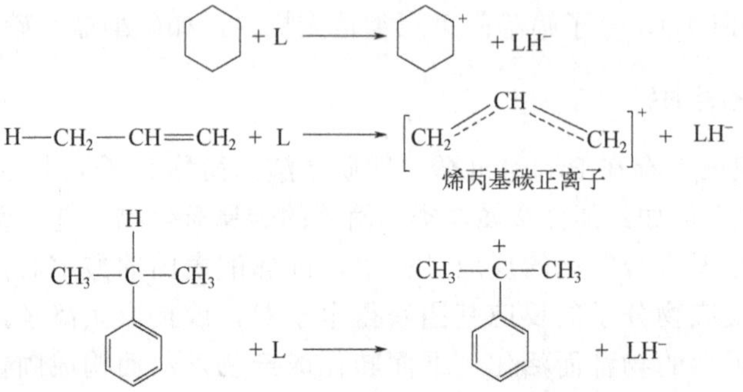

上述碳正离子的形成特点是以 L 酸中心夺取烃上的负氢离子（H^-）而形成碳正离子。用 L 酸中心活化烃类生成碳正离子需要的能量较高，因此，多采用 B 酸中心活化反应分子，这就是上述 $AlCl_3$ 催化剂常常与 HCl、H_2O 等共同作用使 L 酸中心转化为 B 酸中心的原因。

② 烯烃、芳烃等不饱和烃与催化剂的 B 酸中心作用生成碳正离子。例如：

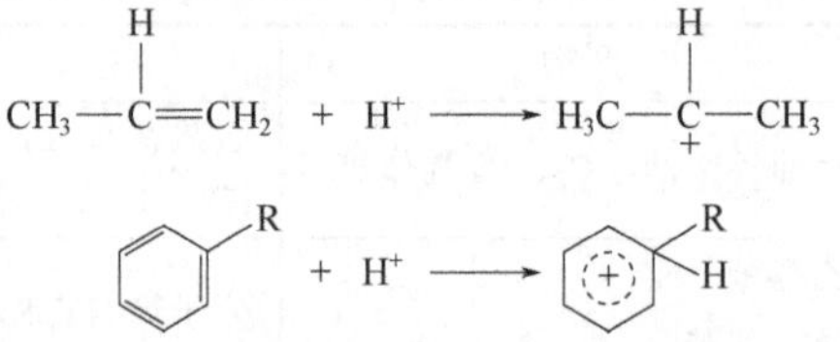

上述碳正离子的形成特点是以 H^+ 与双键（或三键）加成形成碳正离子，H^+ 与烯烃加成生成碳正离子所需的活化能远远小于 L 酸从反应物中夺取 H^- 所需的活化能。因此，烯烃酸催化反应比烷烃快得多。例如，正十六烷裂解转化率为 42%，相同的情况下，正十六碳烯转化率为 90%。

③ 烷烃、环烷烃、烷基芳烃与 R^+ 的氢转移，可生成新的碳正离子。例如：

$$R'H + R^+ \longrightarrow R' + RH$$

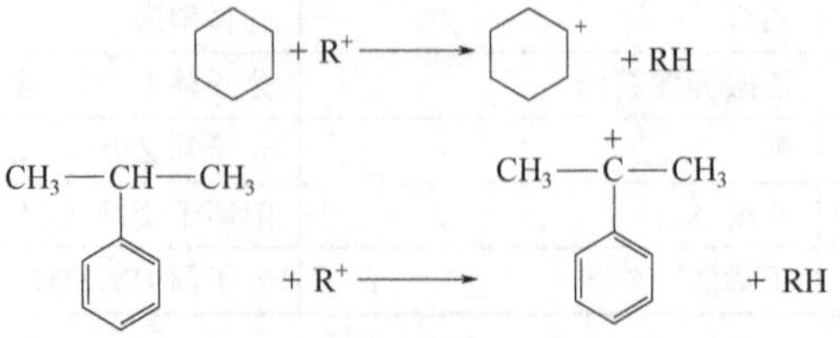

通过氢转移可生成新的碳正离子，并使原来的碳正离子转为烃类。

（2）碳正离子反应规律

① 碳正离子可通过 1-2 位碳上的氢转移而改变碳正离子的位置。或者通过反复脱 H^+ 与加 H^+ 的办法，使碳正离子由一个碳原子转移到另一个碳原子上，最后脱 H^+ 生成双键，从而转移了双键，即产生双键异构化。例如：

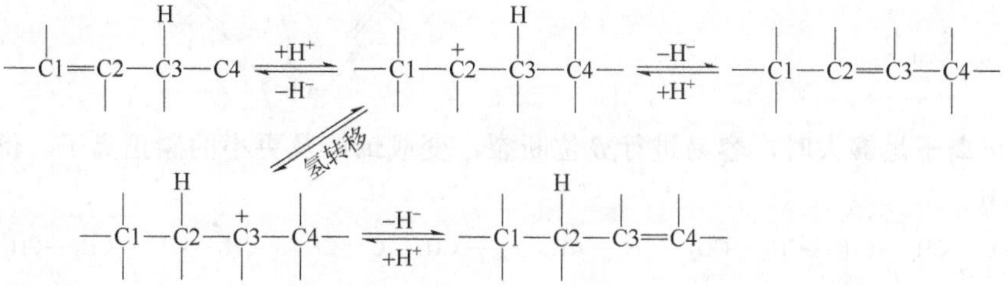

② 碳正离子中的 $C—C^+$ 键为单键，因此可自由旋转，当旋转到两边的 CH_3 基处于相反位置时，再脱去 H^+，就会产生烯烃的顺反异构化。例如：

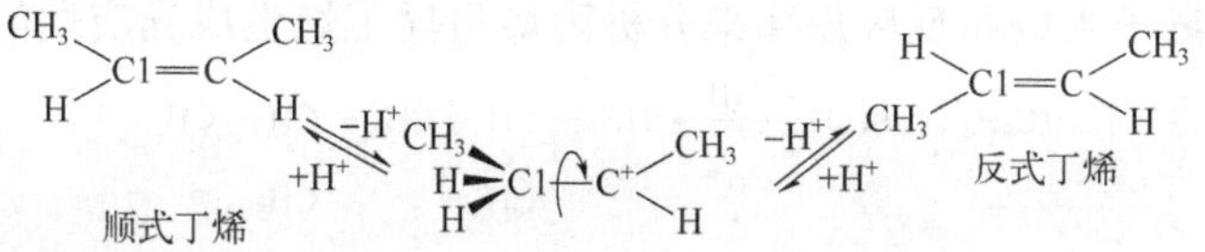

顺反异构化速率很快，它与双键异构化速率为同一数量级。

③ 碳正离子中的烷基可进行转移，导致烯烃骨架异构化。例如：

这种烷基在不同位置碳侧链上的位移相对较容易，而烷基由侧链转移到主链上，相对较难。例如：

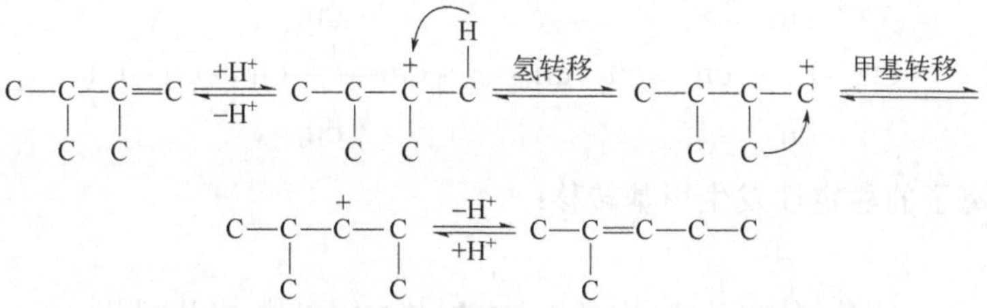

其根本原因可能是由叔碳正离子转变为伯碳正离子不易，因为叔碳正离子稳定性较高。骨架异构化反应比较困难，一般要在较强酸中心作用下才能进行，因而在烯烃骨架异构化的同时，也会产生顺反异构和双键异构。

④ 碳正离子可与烯烃加成，生成新的碳正离子，后者再脱 H^+，从而产生二聚体，例如

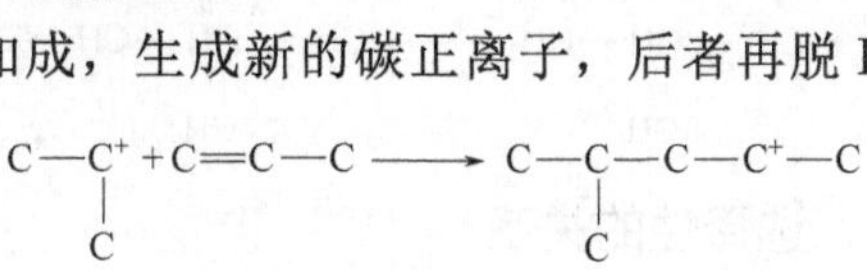

新的碳正离子还可继续与烯烃加成，导致烯烃聚合反应。

⑤ 碳正离子通过氢转移加 H^+ 或脱 H^+，可异构化，可发生环的扩大或缩小。例如环烃可进行下列一系列反应：

⑥ 碳正离子足够大时，容易进行 β 位断裂，变成烯烃及更小的碳正离子。例如：

$$CH_3-\overset{H}{\underset{+\alpha}{C}}-\underset{\beta}{CH_2}-CH_2-CH_2-CH_2-CH_2-CH_3 \longrightarrow CH_3-\overset{H}{C}=CH_2 + \overset{+}{C}H_2-CH_2-CH_2-CH_2-CH_3$$

⑦ 碳正离子很不稳定，易发生内部氢转移、异构化或与其他分子反应，其速率一般大于碳正离子本身形成的速率，故碳正离子的形成常为反应控制步骤。

下面根据碳正离子生成和反应规律来分析丙烯与异丁烷生成异庚烷的反应过程。

$$C_3H_6 + i\text{-}C_4H_{10} \xrightarrow{HF} H_3C-CH-CH_2-CH-CH_3 \\ \quad\quad\quad\quad\quad\quad\quad\quad\quad\; | \quad\quad\quad\quad | \\ \quad\quad\quad\quad\quad\quad\quad\quad\quad CH_3 \quad\quad\; CH_3$$

a. 碳正离子的形成：

$$CH_3-CH=CH_2 + H^+ \longrightarrow CH_3-\overset{+}{C}H-CH_3$$

b. 碳正离子与带支链烷烃反应，生成新的碳正离子和新的烷烃：

$$CH_3-\overset{+}{C}H-CH_3 + CH_3-\overset{H}{\underset{CH_3}{C}}-CH_3 \longrightarrow H_3C-CH_2-CH_3 + CH_3-\overset{+}{\underset{CH_3}{C}}-CH_3$$

c. 碳正离子与烯烃加成，生成新的碳正离子：

$$CH_3-\overset{CH_3}{\underset{CH_3}{\overset{|}{\underset{|}{C}}}}{}^+ + CH_2=CH-CH_3 \longrightarrow CH_3-\overset{CH_3}{\underset{CH_3}{\overset{|}{\underset{|}{C}}}}-CH_2-\overset{+}{C}H-CH_3$$

d. 按碳正离子的稳定性发生甲基转移：

$$H_3C-\overset{CH_3}{\underset{CH_3}{\overset{|}{\underset{|}{C}}}}-CH_2-\overset{+}{C}H-CH_3 \longrightarrow CH_3-\overset{CH_3}{\underset{|}{\overset{|}{C}}}{}^+-CH_2-\overset{CH_3}{\underset{|}{\overset{|}{C}}}H-CH_3$$

e. 重复步骤 b：

$$CH_3-\overset{CH_3}{\underset{CH_3}{\overset{|}{\underset{|}{C}}}}{}^+-CH_2-\overset{CH_3}{\underset{|}{\overset{|}{C}}}H-CH_3 + CH_3-\overset{H}{\underset{CH_3}{\overset{|}{\underset{|}{C}}}}-CH_3 \longrightarrow CH_3-\overset{CH_3}{\underset{|}{\overset{|}{C}}}H-CH_2-\overset{CH_3}{\underset{|}{\overset{|}{C}}}H-CH_3 + CH_3-\overset{+}{\underset{CH_3}{\overset{|}{C}}}-CH_3$$

（3）酸中心类型与催化活性、选择性的关系

对于不同的酸催化反应常常要求不同类型的酸中心（L 酸中心或 B 酸中心）。例如乙醇脱水制乙烯反应，用 γ-Al_2O_3 为催化剂时，其中的 L 酸起主要作用。红外吸收光谱及质谱分析表明，乙醇首先与催化剂表面上的 L 酸中心形成乙氧基，乙氧基在高温下与相邻 OH 基脱水生成

乙烯；而在温度较低或乙醇分压较大的情况下，两个乙氧基相互作用生成乙醚。反应机理如下：

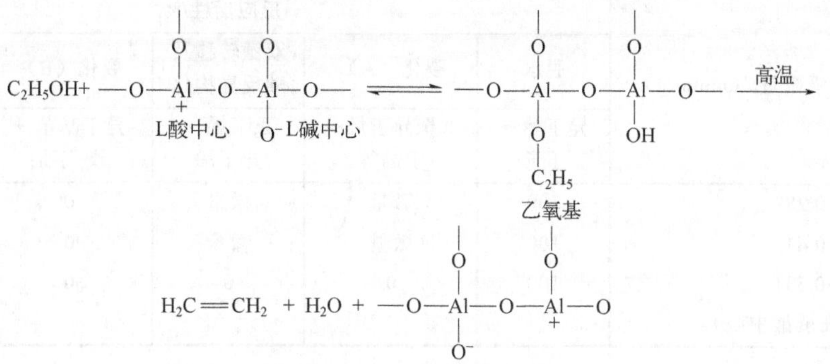

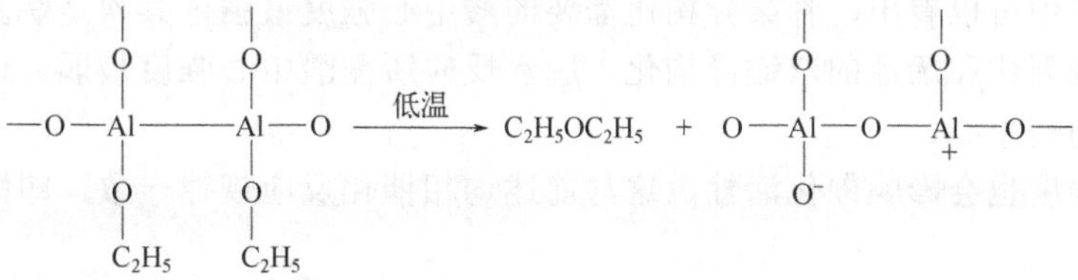

$$C_2H_5OH + \begin{array}{c} O \\ | \\ -O-Al-O-Al-O- \\ | \quad\quad | \\ L酸中心\ O^--L碱中心 \end{array} \rightleftharpoons \begin{array}{c} O \quad\quad O \\ | \quad\quad | \\ -O-Al-O-Al-O- \\ | \quad\quad | \\ OC_2H_5 \quad OH \end{array} \xrightarrow{高温}$$

$$H_2C=CH_2 + H_2O + \begin{array}{c} 乙氧基\\ C_2H_5\\ | O \\ -O-Al-O-Al-O- \\ | \\ O^- \end{array}$$

$$\begin{array}{c} O \quad\quad O \\ | \quad\quad | \\ -O-Al-O-Al-O- \\ | \quad\quad | \\ OC_2H_5 \ OC_2H_5 \end{array} \xrightarrow{低温} C_2H_5OC_2H_5 + \begin{array}{c} O \quad\quad O \\ | \quad\quad | \\ -O-Al-O-Al-O- \\ | \\ O^- \end{array}$$

相反，异丙苯裂解反应则要有 B 酸中心存在，反应机理如下：

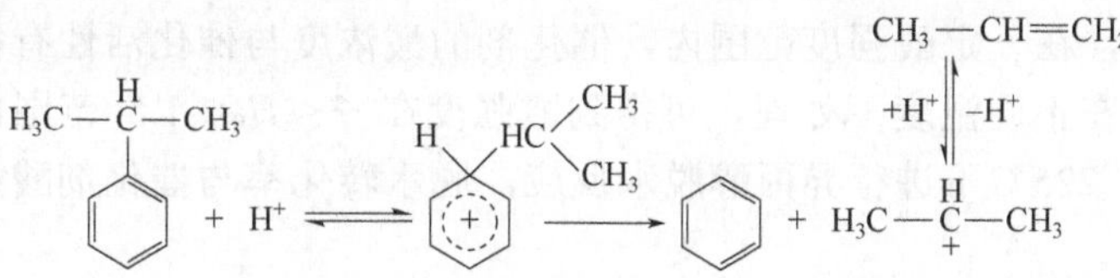

[反应机理示意图：异丙苯 + H⁺ ⇌ 质子化中间体 → 苯 + 碳正离子 (CH₃—CH=CH₂ 与 H₃C—C⁺H—CH₃ 互变)]

对另外一些反应，如烷烃裂化反应，则要 L 酸、B 酸兼备。有人认为，烷烃裂化是通过 L 酸中心夺取烷烃分子中的 H⁻ 形成碳正离子。但对硅酸铝催化剂的实验结果表明，随催化剂脱水程度增加，L 酸中心数目增加，B 酸中心数目减少，同时催化活性也增加；但脱水到一定程度活性开始下降，这表明 B 酸中心数目也不宜太少。在实际生产中催化剂再生时应有少量水蒸气存在，以保证 L 酸和 B 酸兼备。

（4）酸中心强度与催化活性、选择性的关系

不同类型的酸催化反应对酸中心强度的要求不一样。通过吡啶中毒方法使硅酸铝催化剂的酸中心强度逐渐减弱，并用这种局部中毒的催化剂进行各类反应，其活性明显不同，结果见表 3-8。

表 3-8　各类反应在碱局部中毒的硅酸铝催化剂上的反应活性

局部中毒吡啶吸附量/(mmol/g)	反应活性/%				
	脱水	裂化（A）	双键转移及顺反异构化	裂化（B）	骨架异构化
	异丁醇→丁烯	二聚异丁烯→丁烯等	正丁烯→异丁烯	异丁基苯→苯+丁烯	异丁烯→正丁烯
0（存在很强的酸中心）	均作为 100				
0.053	100	100	100	1	微量
0.106	100	100	100	微量	0
0.149（存在中等强度酸中心及弱酸中心）	100	22	1~10	微量	0

续表

局部中毒吡啶吸附量/(mmol/g)	反应活性/%				
	脱水	裂化（A）	双键转移及顺反异构化	裂化（B）	骨架异构化
	异丁醇→丁烯	二聚异丁烯→丁烯等	正丁烯→异丁烯	异丁基苯→苯+丁烯	异丁烯→正丁烯
0.289	100	微量	微量	0	0
0.415	100	微量	微量	0	0
0.531（仅存在弱酸中心）	100	0	0	0	0

从表 3-8 中可以看出，骨架异构化需要的酸中心强度最强，其次是烷基芳烃脱烷基，再次是异构烷烃裂化和烯烃的双键异构化，脱水反应所需酸中心强度最弱。这说明不同反应需要不同强度的酸中心。

酸中心强度也会影响催化活性，这与前述均相催化反应规律一致，即酸强度增加，反应活性提高。

（5）酸中心数目（酸浓度）与催化活性的关系

许多实验表明，在一定酸强度范围内，催化剂的酸浓度与催化活性有很好的对应关系。如各种金属磷酸盐在不同温度下处理，可得到酸强度在 $-3 < H_0 \leqslant 1.5$ 范围内的不同酸浓度的催化剂，用它们在 225℃ 下进行异丙醇脱水反应，脱水转化率与催化剂酸浓度之间的关系如图 3-11 所示。

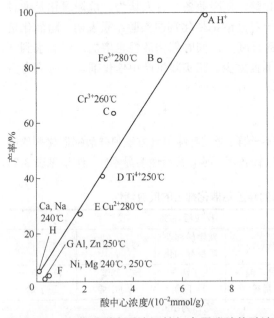

图 3-11 异丙醇脱水反应活性与金属磷酸盐酸浓度的关系

由图 3-11 可见，异丙醇脱水转化率与催化剂酸浓度呈线性关系。但也有少数酸催化反应活性与酸浓度不呈线性关系。

综上所述，通过调整固体酸的酸强度或酸浓度可以调节酸催化反应的活性和选择性。

固体碱催化剂与固体酸催化剂相似，对异构化、芳烃侧链烷基化、烯烃聚合、醇醛缩合等反应也有催化作用，但这方面的研究比酸催化剂少得多。

(6) 具有代表性的固体酸催化剂的作用机理

自 20 世纪 30 年代法国胡德利首次研制与开发出第一个固体酸催化剂——硅酸铝以来，固体酸催化剂的研究已经历了大约一个世纪。固体酸催化剂在化学工业中的应用成了一个十分重要的领域，已广泛用于石油化工行业的催化裂化、加氢裂化、催化重整、低聚和聚合、脱氢、异构化、烷基化、酰基化、烯烃水合、脱水反应、消除反应、酯化反应、缩合反应、水解反应、氧化还原反应等。因此，我们选用具有代表性的固体酸催化剂来进行详细介绍。

① Al_2O_3 氧化铝是催化应用中十分广泛而又典型的一种氧化物，广泛地用作于载体、催化剂和吸附剂。根据制备条件不同，它至少有八种以上的形态（χ, η, γ, δ, μ, θ, ρ, α）。在催化应用中有活性的只有 γ 和 η。例如，选择加氢反应和合成氨催化剂的载体均为 γ-Al_2O_3。

Al_2O_3 的酸碱形成过程中大致发生如下反应：

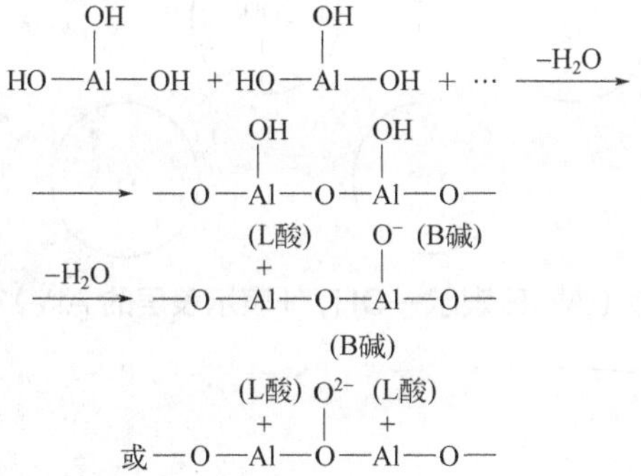

$$\text{HO—Al—OH} + \text{HO—Al—OH} + \cdots \xrightarrow{-H_2O}$$

（L酸中心、B碱中心、B酸中心等结构式）

上式形成的 L 酸中心很容易吸水变为 B 酸中心。

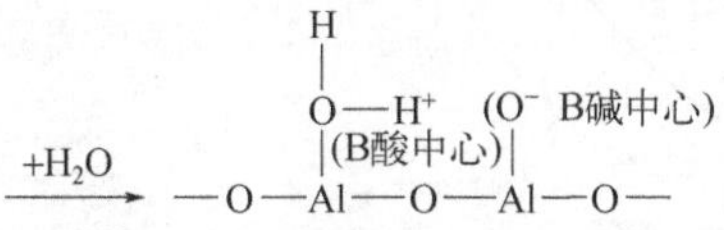

（加水形成 B 酸中心与 B 碱中心的结构式）

从上述机理可知，在氧化铝表面上有 L 酸中心，也有 B 酸中心，同时还有碱中心。活性中心的酸碱性质，除和制备条件有关外，还和焙烧过程中氧化铝脱水程度和晶型有关。以 800℃ 温度下焙烧过的 Al_2O_3 为例，其红外光谱中有 3800cm^{-1}、3780cm^{-1}、3744cm^{-1}、3733cm^{-1} 和 3730cm^{-1} 等 5 个吸收峰。它们对应于图 3-12 中的 5 个不同环境的 OH 基（以 A、B、C、D 和 E 表示）。图中+代表 L 酸中心，O^{2-} 代表碱中心。由于—OH 周围配位的酸或碱中心数不同，—OH 受到的影响也就各有所异。

许多实验证实，氧化铝表面上由吸附 OH 而生成的质子酸的酸性很弱，而本身的 L 酸却很强。因此对 Al_2O_3 而言，其表面酸主要是 L 酸。

② 硅铝酸盐（或称硅酸铝） 硅酸铝从结构上看可以视为氧化铝和氧化硅的混合物。在催化领域中也是一种用量极大的催化剂。

实验发现，单独的 Al_2O_3 酸性较弱，作为裂化催化剂的活性也不高；单独的 SiO_2 酸性更弱；而 SiO_2-Al_2O_3 混合物的酸性却很强，是催化裂化的优良催化剂。图 3-13 和图 3-14 表明，混合物中随 Al_2O_3 含量增加酸度逐步提高，同时反应活性也增高（以转化率 x 表示）。

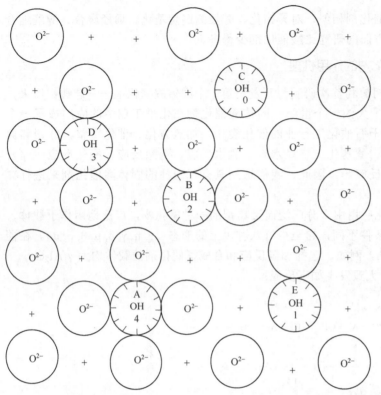

图 3-12　γ-Al₂O₃ 的酸碱中心（A~E 表示—OH，+表示表层的 Al^{3+}）

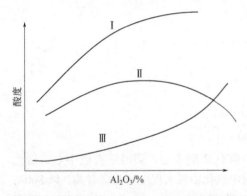

图 3-13　硅酸铝中 Al₂O₃ 含量对酸度的影响

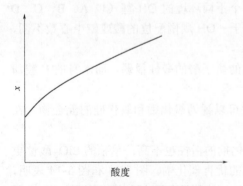

图 3-14　催化裂化活性与酸度关系

由红外光谱发现，吸附了碱性物质如 NH_3 或吡啶的硅酸铝，有两类吸收峰，分别对应于 B 酸和 L 酸。从结构上来分析，硅酸铝中 SiO_2 和 Al_2O_3 均按四面体排列，其中硅和铝是通过氧桥相连接，因此铝氧四面体必定是负一价的。为了保持电荷平衡，在铝氧四面体结构中必须缔合一个带正电荷的 H^+，这就是 B 酸的来源。当 Al 取代 Si 的位置而处于结构表面时，Al 的配位数仍是 4，由于 Al—O 键的形成是由 Al 将外层电子给予氧，使价电子偏向于氧，这样铝原子本身就具有接受自由电子对的能力，这就是 L 酸的来源。两种不同类型的酸中心可以随外界条件不同而互相转化，但总酸量由铝原子决定。

③ 二元氧化物酸中心形成规则　两种不同氧化物混合在一起（指化学混合）可以产生具有酸性的表面，如上述硅铝氧化物。然而，并不是任意两种氧化物的混合都可以产生酸性中心。为此曾有 Thomas 规则来判断能否产生酸性中心。该规则认为，金属氧化物中加入另一种金属或非金属氧化物时，由于价态不同，或者虽价态相同但配位数不同，会发生同晶取代而产生酸中心。应用这个判据就可以解释为什么 Al_2O_3-SiO_2 和 SiO_2-MgO 有酸性（价态不一致，配位数一致），Al_2O_3-B_2O_3 和 SiO_2-ZrO_2 也有酸性（价态一致，配位数不一致）。虽然 Thomas 规则解释了一部分实验事实，但仍出现了不少例外，为此日本学者田部浩三发展了另一个判断规则，能更好地概括实际情况并可推测产生酸性的混合物的氧化物酸性类型。

该规则有两条基本规定：每个金属氧化物正元素的配位数在相混合后仍保持不变；主要成分（量多的）的氧原子配位电荷数决定了所有氧元素的配位电荷数。举例如下。

a. TiO_2-SiO_2 混合物（混合物中前者为主要成分，下同）

其配位情况如下：钛原子在前后、左右、上下六个方向上都与氧原子成键，而硅原子只是在上下、左右四个方向与氧原子键合，钛原子通过氧原子与硅原子连接。

由于 TiO_2 为主要成分，根据规则第二条，氧的配位电荷数为 $-\frac{4}{6}=-\frac{2}{3}$（六个氧原子与一个正四价的 Ti^{4+} 配位），所以 SiO_2 中的氧也是 $-\frac{2}{3}$。一个硅原子与四个氧原子相配位，于是每一个 Si—O 键上电荷的净值为 $\frac{4}{4}-\frac{2}{3}=+\frac{1}{3}$。整个硅原子上的净电荷数为 $4\times\frac{1}{3}=+\frac{4}{3}$。

b. SiO_2-TiO_2 混合物

计算 SiO_2 上的氧配位电荷为 $-\frac{4}{4}=-1$，那么，TiO_2 中的氧电荷数也是 -1，每个 Ti—O 键上的净电荷为 $+\frac{4}{6}-1=-\frac{2}{6}=-\frac{1}{3}$。整个 TiO_2 上的净电荷就为 $6\times\left(-\frac{1}{3}\right)=-2$。

Tanabe 规则规定：凡是电荷出现不平衡就会有酸性产生，所以上述两种混合物均为酸性；电荷为正过剩则产生 L 酸，电荷为负过剩则产生 B 酸。

根据这样的规定我们就可去判断任意一种混合物的酸性情况。

例如 $ZnO\text{-}ZrO_2$ 的混合物就不会产生酸性。

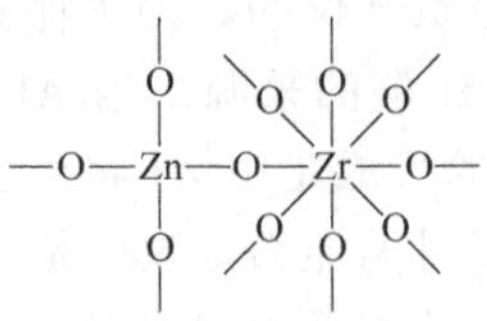

氧的配位电荷为$-\frac{1}{2}$，而 Zr 与 8 个氧原子配位，其 Zr—O 键上的正电荷为$+\frac{1}{2}$，所以净电荷为零，无酸性，与实验事实相符。上述 $TiO_2\text{-}SiO_2$ 混合物具有 L 酸中心，而 $SiO_2\text{-}TiO_2$ 混合物则具有 B 酸中心。

为验证该规则的通用性和有效程度，Tanabe 曾试验了 31 种混合样品，其中 28 个样品与实验测定相符，只有 3 个例外，有效率达 90%，而同样的样品以 Thomas 规则判断只有 15 个样品与实验测定相符，有效率仅 48%。可见 Tanabe 规则的通用性更强些。

④ 硫酸盐类　硫酸盐类是酸强度分布范围较窄的一类固体酸，对某些反应表现出了特殊的活性和选择性，如镍和铜的硫酸盐可催化三聚乙醛的解聚；铁、锌的硫酸盐可催化乙醛聚合、丙烯水合、葡萄糖与丙酮缩合、无水邻苯二甲酸的酯化等。这里以硫酸镍为例，水合硫酸镍从 300℃到 500℃的结构是：

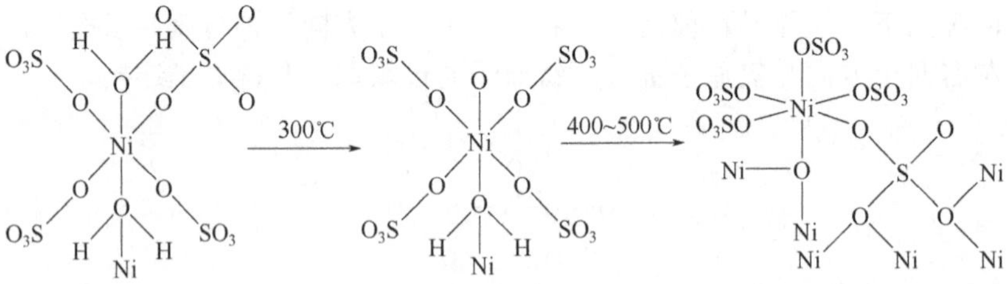

$NiSO_4 \cdot H_2O$　　$NiSO_4 \cdot xH_2O$　　$NiSO_4$

在 $NiSO_4 \cdot xH_2O$ 中，$0<x<1$，镍六配位上，空出一个轨道，这个空轨道容易接受电子对而成为 L 酸中心。其中的 H_2O 分子，在双边离子的作用下，离解出 H^+，作为 B 酸中心。

对具有代表性的固体酸催化剂的作用机理及应用，仅介绍以上部分。

酸催化反应和酸催化剂是烃类裂解、重整、异构以及包括烯烃水合、芳烃烷基化、醇酸酯化等化工工业的基础，因而传统的酸消耗量巨大，且造成了环境污染。比如氢氟酸、浓硫酸等液态酸催化剂具有毒性高、对设备腐蚀严重、原料和产物不易分离等缺点，但随着人们对安全、健康、环境的进一步关注，化工生产中许多传统液态酸催化工艺在逐步被淘汰。同时，固体酸催化剂不仅能在液相反应中回收多次重复使用，而且还可以将均相催化反应多相化，使生产工艺大大简化，因而获得了更广泛的应用。因此，固体酸催化剂的问世成了酸催化研究史上的一大转折，在一定程度上缓解或解决了均相反应带来的不可避免的问题，是真正意义上的环境友好型催化剂。所以对新型固体酸催化剂的研制与开发，无论对现有工业生产，还是从保护环境、促进健康等方面考虑，都有着重要的现实意义和广泛的应用前景。

3.2.2 固体碱催化作用

固体碱的催化反应与均相碱催化反应一样，都是由碱中心从反应物上拉去一个质子 H^+，或者向反应物中加一个负氢离子 H^-形成负碳离子开始的。

负碳离子是许多有机反应（例如异构化、加成、缩合和烷基化）的重要中间体。在均相中它们通常是由碱从有机分子的C—H键上夺取一个质子后形成的。

这类有机反应往往需要用化学计量的液体碱产生负碳离子，反应后还会形成化学计量的金属盐副产物。例如，苯乙腈和碘甲烷的甲基化反应是在一个碱存在下的相转移反应。

$$PhCH_2CN+CH_3I+NaOH \longrightarrow PhCH(CH_3)CN+NaI+H_2O$$

反应中需要加入高于化学计量的氢氧化钠以中和产生的碘化氢，使反应体系保持碱性，同时又要将生成的化学计量的碘化钠除去，因此反应是非催化的。若要消除上面这些问题，必须将反应变成催化的。

若以碱交换沸石为催化剂，甲醇或碳酸二甲酯为甲基化试剂，苯乙腈甲基化反应就能发生，而且反应可以在气相中进行。

$$PhCH_2CN+CH_3OH \longrightarrow PhCH(CH_3)CN+H_2O$$
$$PhCH_2CN+CH_3OCOOCH_3 \longrightarrow PhCH(CH_3)CN+CH_3OH+CO_2$$

这个反应是催化的，无碘化钠生成，也无需加化学计量的碱性化合物。从这一点讲，可减少废弃物，更符合原子经济性。同时，对这个反应体系，还可以避免采用有毒的碘甲烷或硫酸二甲酯等甲基化试剂。

固体碱催化剂另一个重要的优点关系到溶剂。对均相反应来说，碱催化剂和反应物必须溶解于同一溶剂中，溶剂的选择往往成为反应的一个限制条件。常常不得不采用有毒的溶剂，如氯代甲烷和二甲基亚砜（DMSO），否则就要采用相转移反应体系，从而引起反应工艺中许多麻烦的问题，如分离。在固体碱催化反应中，溶剂只要能溶解反应物（和产物）即可，大大增加了选择的余地。人们还发现固体碱催化反应的溶剂效应与相应的均相反应的溶剂效应是不相同的。例如在硬硅钙石（硅酸钙）上2-糠醛和氰基乙酸乙酯的Knoevenagel缩合反应的最佳溶剂是水和烃类，如戊烷。在无溶剂情况下反应也可以进行。甚至如前所述，在气相中也能进行。显然，在这些情况下无需溶剂分离，因而反应流程大大简化，也除去了由溶剂引起的各种废料，如含有机物的水或含碱性水的有机溶剂。分离的简化意味着能耗降低。同时，固体碱分离后还能反复使用，使催化剂制备也实现了原子经济。更重要的是避免了溶剂选择引起的各种障碍，可以增加发现新反应的机会。

含碱（如氢氧化钠）的溶液有腐蚀性，因此所用的反应器和仪器必须耐腐蚀，但对固体碱催化的反应体系不存在这类问题。

大部分精细化学品和药品是用化学计量反应或均相催化反应合成的，这类化学工业中生产单位质量产物产生的废物较多。将均相过程转变成固体碱（或固体酸）催化剂的复相过程十分重要，因为后者具有上述各种优点。

另外，对许多反应只有固体碱催化剂才具有高活性和选择性。酸性位和碱性位的协同作用往往使许多反应能顺利进行，例如某些加氢、氢转移、醛醇缩合等反应。碱催化剂上的反应通常不会结焦，而在酸催化反应中结焦常常是一个麻烦的问题。功能化的有机化合物，如胺，与碱性位的作用比酸性位弱，这类化合物不会被催化剂表面截留，更容易从表面脱附。因此有这类分子参与的反应在固体碱上能更顺利地进行。

固体碱能够比液体碱提供更多环境友好的催化反应体系，然而更重要的是增加了发现均相催化无法实现的新催化反应的可能性。

（1）碱中心形成机理

在碱性催化剂原料表面往往吸附CO_2、水，以及与空气接触而产生的氧化物，因此要对其高温处理以除去这些物质，从而使碱位暴露出来。多数固体碱催化剂前驱物不具有活性或活性很低，只有在经过高温煅烧后与载体作用才形成活性中心。以 MgO 为例，对其前驱体氢氧化镁高温焙烧，700℃时开始显现出对不同反应的催化活性。对某一反应来说，其活性会在某温度时达到最大，这个温度即为最适宜温度。吸附分子与表面的结合能不同、高温下表面性质的改变、大量原子的重排等，都会影响碱位的性质和数量，因此对不同的催化剂或反应类型，其最适宜的焙烧温度也不同。

超强碱催化剂对烯烃双键异构化、芳烃与烯醇的侧链加成、醇醛缩合等均有很好的催化活性。固体碱催化剂的催化活性、碱强度等性质与负载物和载体之间的相互作用有关，从而造成了其活性位的多样性和复杂性，阻碍了固体碱催化剂活性中心生成和作用机理的研究。对超强碱中心的研究较多，通常认为其活性中心有 4 种，分别可以催化不同的反应。普遍认为其超强碱中心形成机理如下所示：

$$[\ ]+Mg^0 \longrightarrow [e]+Mg^+ \quad (1)$$
$$O^-[\ ]+Mg^0 \longrightarrow O^{2-}[\ ]+Mg^+ \quad (2)$$
$$2OH_s+Mg^0 \longrightarrow OMg_s+H_2O \quad (3)$$
$$OH_s+Mg^0 \longrightarrow OMg_s+1/2H_2 \quad (4)$$

式中，$[\ ]$ 为阴离子空穴；$[e]$ 为 F^+ 中心；$O^-[\ ]$ 为吸附在氧阴离子上的空穴；OH_s 为表面羟基。式（1）中形成的有色中心 F^+ 具有强烈的单电子给予能力，其他方程式形成的中心都具有强烈的电子对给予能力；式（2）是将碱金属的一个电子转移到俘获 O^{2-} 离子的空穴中；式（3）、式（4）中 H 原子被正电性更高的碱金属原子代替，从而促进碱强度的增加。

Kijenski 等研究了超强碱催化剂 K/γ-Al_2O_3 碱中心的形成机理。当 K 蒸气附着在氧化铝表面时，形成了表面有色中心 F^+，无色的催化剂变为深蓝色，并表现出强烈的顺磁性。在阳离子空位和表面氢氧根附近的氧阴离子上的空穴作为电子接受中心与钾反应，从而形成有色中心，并且只有有色中心表现出强烈的单电子给予能力和顺磁性。

(2) 催化作用机理

固体碱催化剂在有机合成中有着广泛的应用，作为一种环境友好的催化剂在工艺改革中有重要的地位。常见的固体碱在有机反应中的应用如表 3-9。

固体碱催化剂通过提供电子对或接受质子来形成碳负离子，从而使反应发生。例如：双键异构是在固体碱的催化作用下通过形成烯丙基阴离子然后脱氢而实现。对反应中间产物烯丙基的存在，可通过烯与氘的交换示踪研究证实。在固体碱作用下烯烃异构化的顺/反比很大，主要是因为烯烃失去质子后所生成的烯丙基中间体，顺式要比反式稳定得多。加氢和胺化反应的机理相似，都是先发生极性分解，然后在碱位的作用下去掉一个 H^+ 从而使反应顺利进行。

表 3-9 固体碱催化反应

反应类型	反应物
双键异构化	烯烃、炔烃、丙二烯、含杂原子的不饱和化合物
加成反应	加氢反应、胺化反应、醇醛加成
分解作用	醇类、胺类、卤代链烷
烷基取代反应	酚、苯胺
酯化反应	醛类
交换反应	烯烃-D_2、H_2-D_2

（3）酸碱协同作用

在固体物质上可能同时存在碱性位和酸性位，催化剂表面的这些彼此靠近又相互独立的异活性位在催化反应中可以协同作用，对不同的反应起特殊的催化作用，甚至会达到意想不到的结果。这在均相系统中是不可能存在的。

例如，无定形矾土磷酸盐（ALPO）含有弱酸性位 P-OH 和碱性位 $P-NH_2$，能够使庚醛和苯甲醛发生醇醛缩聚生成茉莉醛，比常规的固体酸（无定形或晶体硅铝酸盐）和碱催化剂（MgO，水滑石）有更好的转化率和选择性。其作用机制为酸碱协同作用：在弱酸位作用下羰基团注入质子而极化从而实现苯甲醛活化，增强羰基上阳电荷密度，使其更易于与在碱中心作用下形成的碳负离子相互作用，达到对茉莉醛的高选择性。ALPO 在氨气里高温处理引起酸位的减少和碱位的增加，使催化剂性质改变，活性中心重新分布，从而使茉莉醛的选择性降低。也就是说，只有酸位碱位协同作用才能达到预期的选择性，太高的碱性或酸性都会引起选择性的降低。

有研究者制备了负载型路易斯酸——超强碱双功能催化剂，并在其作用下由 CO_2、甲醇和环氧丙烷直接合成碳酸二甲酯（DMC）。在双功能催化剂的作用下，反应体系中的环氧化合物开环形成具有 M—O 键的链状中间物，然后插入 CO_2 并脱去离子形成具有五元环结构的碳酸酯；环状碳酸酯再在超强碱的作用下与甲醇发生酯交换反应生成 DMC。其中，第 2 步对反应起控制作用，因此，当路易斯酸的量固定时，碱性越强，催化活性越高。

（4）失活与再生

工业生产中所使用的催化剂要求有较高的使用寿命，固体碱催化剂同其他固体催化剂一样在反应过程中有失活现象。引起失活的主要原因有以下几种。

毒物的吸附：如 CO_2、水等，这些酸性分子可能是原料中的杂质，也可能是反应过程中的副产物。

催化剂本身发生化学变化：如催化剂的熔结、催化剂组分的相转化、活性中心上有机物的沉积（在反应过程中生成的焦炭及其前驱体能在碱中心上发生不可逆吸附，使催化剂孔道变窄甚至堵塞或掩盖活性中心，从而使催化剂活性降低）等。

此外，升华、熔化或催化剂各组分间及与反应间所发生的不可逆的化学反应，都极大地影响着催化剂的使用寿命。

固体超强碱催化剂由于其制备复杂、成本高、强度差、易中毒等问题，影响了其在工业生产中的应用。特别是失活催化剂再生问题尚未圆满解决，使不能实现循环利用，极大地阻碍了其工业化进程。

Gorzawski 等对超强碱催化剂 $Cs_xO/\gamma\text{-}Al_2O_3$ 和 $Na/NaOH/\gamma\text{-}Al_2O_3$ 的失活做了深入研究，结果发现有机沉积物为类似蜡的化合物，可以断定在超强碱催化剂上无芳烃沉积物。从产物中分离出的催化剂置于石英管中 500℃纯氧加热 3h 使有机沉积物氧化除去，然后真空 550~600℃煅烧 5h 使其再生。再生的催化剂无论是比表面积还是碱强度都有明显的降低，催化活性及选择性的降低尤为突出。滤去试验表明再生催化剂中无活性物质。因此断定使超强碱催化剂活性下降的原因是有机物在活性位上的沉积及活性物质间的相互作用及转化。

（5）具有代表性的碱催化反应

① 烯烃异构化 1958 年 Pines 和 Haag 报道了以分散钠（质量分数为 8%）的氧化铝粉末为催化剂时，1-丁烯的双键异构化可在 310K 下进行，其顺/反比例远超过热力学平衡值。

与众所周知的通过碳正离子进行的酸催化异构化反应不同，碱催化反应过程中不发生碳骨架重排，表明中间物属于阴离子类型。这是固体碱催化的首次报道。

Tanabe 等发现空气中处理的 CaO 在 473K 时不能催化 1-丁烯异构化反应，但在高于 673K 真空中处理的 CaO 能在 303K 催化此反应。Hattori 等发现 MgO 在 673K 以上温度处理后对 1-丁烯的双键移位有活性，因为在此温度下氧化物表面的 H_2O 和 CO_2 已开始离去，出现了碱性位。MgO 的活性非常高，反应在 223K 即可进行。上述发现可以说是碱土氧化物作为固体碱催化剂的起始点。

在碱土金属氧化物上，具有外双键的烯烃如 β-蒎烯能定量地转变为其异构体。

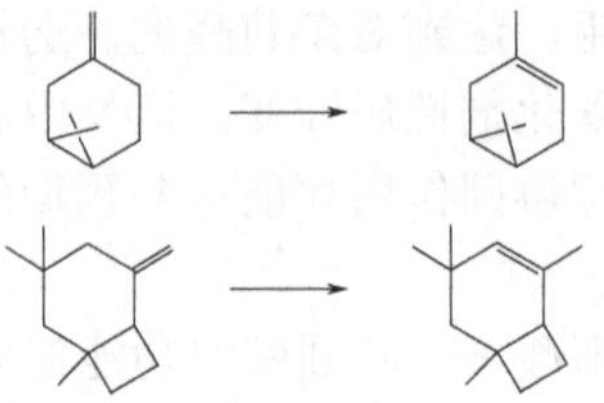

不同的固体超强碱上 β-蒎烯的异构化也有报道。其中 $Na/NaOH/Al_2O_3$ 和 Cs_xO/Al_2O_3 的活性最高，当反应物/催化剂之比为 30 时，室温下反应 30min 后转化率达到 98%。反应后催化剂失活，在所使用的再生条件下活性不能恢复。

5-乙烯基二环 [2.2.1] 庚-2-烯异构化为 5-亚乙基二环 [2.2.1] 庚-2-烯的反应在 243K 就能进行彻底，后者是重要的硫化试剂。

KNH_2/Al_2O_3 对上述反应也有活性，用 63mg 催化剂，21mmol 反应物在 273K 反应 10min 后，转化率就可达到 98%。碱土金属氧化物（CaO，MgO）适当活化后，对此异构化反应也有活性。

烯丙胺可异构化为烯胺。1-N-吡咯烷基-2-丙烯在碱土金属氧化物上于 313K 就能异构化为 1-N-吡咯烷基-1-丙烯。

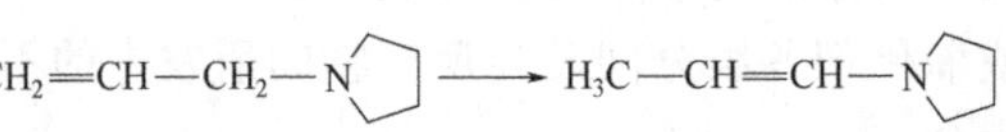

N,N-二乙基-3,7-二甲基辛-2-烯胺在 KNH_2/Al_2O_3 上于 353K 可以 100%转变成 E 构型的烯胺。

N,N-二乙基-3,7-二甲基辛-2(Z),6-二烯胺 **1** 在 KNH_2/Al_2O_3 上 313K 全部转化成 N,N-二乙基-3,7-二甲基辛-1,3-二烯胺 **2**。反应产物中 3-位置上双键的 E/Z 比几乎是 1∶1，而 1-位置上的双键为 100%的 E 构型。

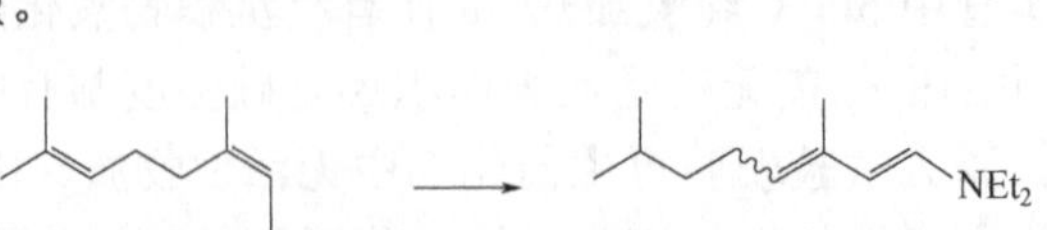

将 **2** 的乙酸乙酯-己烷溶液通过硅胶柱，可定量地转变为 3,7-二甲基-2-辛烯-1-醛，醛的 E/Z 比为 12∶1，表明 **1** 至 **2** 的选择异构化提供了一条制备单萜醛的方便途径，因为反应原料很容易在碱催化下由异戊二烯二聚加成至二烷基胺获得。

Matsuhashi 和 Hattori 报道了在一系列金属氧化物上丙烯基醚的异构化反应。其中 CaO 活性最高，La_2O_3、SrO 和 MgO 的活性也很高，但每一种反应物所需要的反应温度不同。

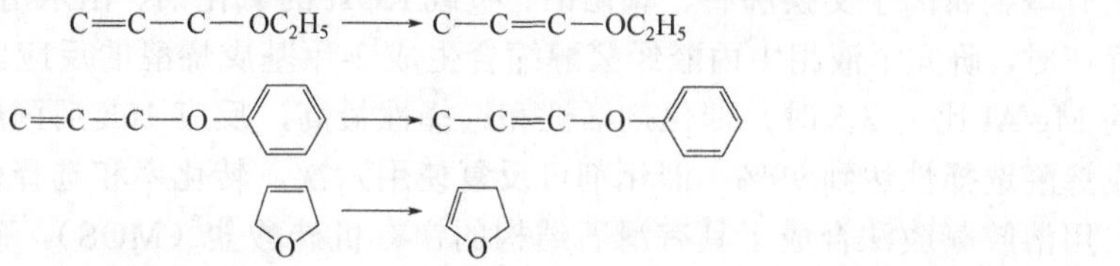

$$C=C-C-OC_2H_5 \longrightarrow C-C=C-OC_2H_5$$

$$C=C-C-O-\text{Ph} \longrightarrow C-C=C-O-\text{Ph}$$

$$\text{(furan)} \longrightarrow \text{(furan)}$$

② **炔烃异构化** 有 KNH_2/Al_2O_3 存在时，炔烃很容易异构化。在 333K 的二噁烷溶液中反应 20h，1-己炔能 92%地转化变成 2-己炔。在 998K 下抽真空焙烧 $CaCO_3$ 制备的 CaO 也能催化 1-己炔异构化，在 313K 下反应 20h，2-己炔和 3-己炔产率分别为 79%和 13%。

在固体碱上，有取代基的 2-丙炔醇可异构化为 α,β-不饱和酮。以 Cs_2CO_3/Al_2O_3 为催化剂，在二噁烷溶液中反应 20h，由 **3** 可以得到产率 97%的 **4**。

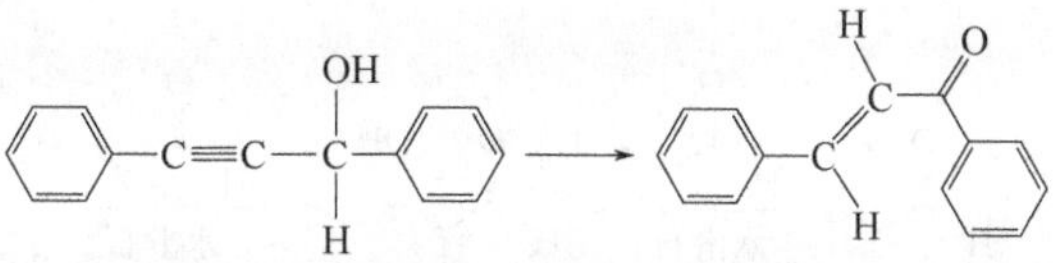

$$\underset{3}{\text{Ph-C}\equiv\text{C-CH(OH)-Ph}} \longrightarrow \underset{4}{\text{Ph-CH=CH-CO-Ph}}$$

③ **丙醛和丁醛的缩合** Tanabe 等曾研究了金属氧化物上丁醛的醛醇加成反应。273K 时碱土金属氧化物对此反应呈高活性，而 La_2O_3 和 ZrO_2 则活性很低。单位比表面积的活性次序为 SrO＞CaO＞MgO≫La_2O_3＞ZrO_2。氧化铝也有活性，但比 MgO 和 CaO 低。反应产物并不完全是二聚物，还含有大量由二聚物与丁醛经 Tishchenko 型交叉酯化反应形成的三聚物（三聚乙二醇酯），见图 3-15。以 MgO 为催化剂时，产物中有 2-乙基-3-羟基己醛（81.7%）、2-乙基己烯醛（2.8%）、三聚物（16.3%），以及少量丁酸丁酯和丁醇。以 CaO 为催化剂时，产物中三聚物占 56.9%。丁酸丁酯是丁醛的 Tishchenko 反应产物。作者认为醛醇加成在碱性位上进行，而 Tishchenko 反应既需要酸性位也需要碱性位。事实上，当氧化铝上负载一种碱金属氧化物时，反应活性显著增加，醛醇加成的反应产物选择性增加到 92%以上，而三聚物的产量降至 3%以下。

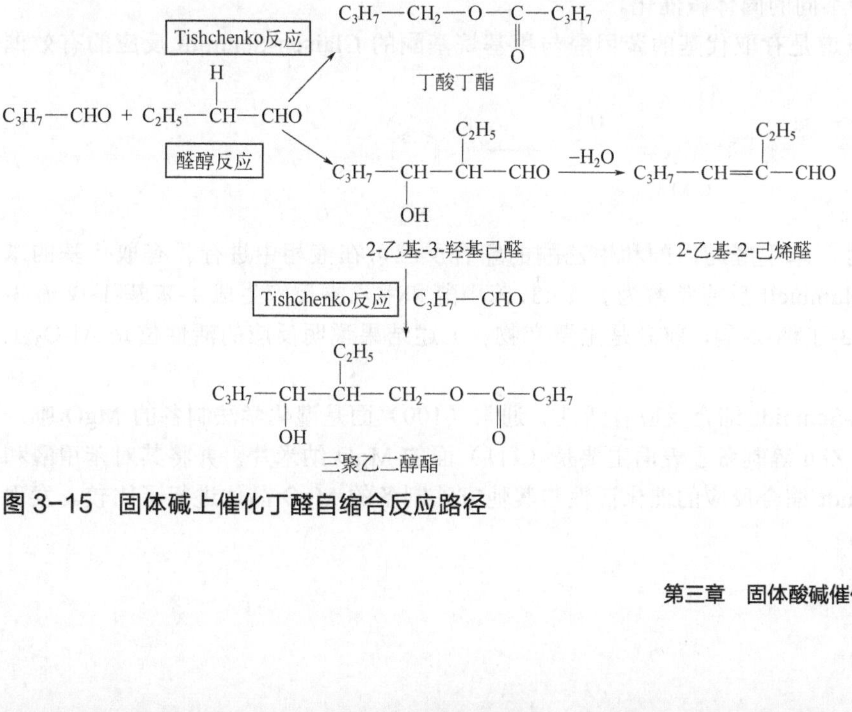

图 3-15 固体碱上催化丁醛自缩合反应路径

在超临界二氧化碳中,未经改性的醛如癸醛经硅胶上连接的 N-甲基氨丙基催化可发生自醛醇缩合而生成相应的烯醛。

有碱金属离子交换沸石、氧化铝、负载 KOH 的氧化铝、由水滑石制备的 MgO 混合氧化物存在时,研究了液相中丙醛经醛醇缩合生成 2-甲基戊烯醛的反应。当 MgO-Al$_2$O$_3$ 混合氧化物的 Mg/Al 比为 3.5 时,催化剂活性和选择性最高,反应 10h 后丙醛转化率达到 97%,2-甲基戊烯醛选择性达到 99%。催化剂可反复使用六次,转化率和选择性无明显下降。

用溶胶凝胶法合成了具有滑石结构的镁有机硅酸盐(MOS),研究了氨基和二氨基功能化的 MOS 对一系列交叉醛醇缩合反应的催化作用。虽然这类催化剂比表面积很小(2~3m^2/g),但它们对醛醇缩合反应却有很高的活性。对丙醛而言,在 373K 的 DMSO 中氨基 MOS 作用下反应 10h,丙醛转化率达 86%,2-甲基戊烯醛选择性达 95%。

有经再水合的水滑石存在时,丙醛反应的产物是半缩醛 **1**。由于半缩醛在气相色谱分析时不稳定,可以用 Ti^{4+} 交换的蒙脱土固体酸催化剂,在甲醇溶液中将其转变为 1,1-二甲氧基-2-甲基-3-戊醇 **2**。

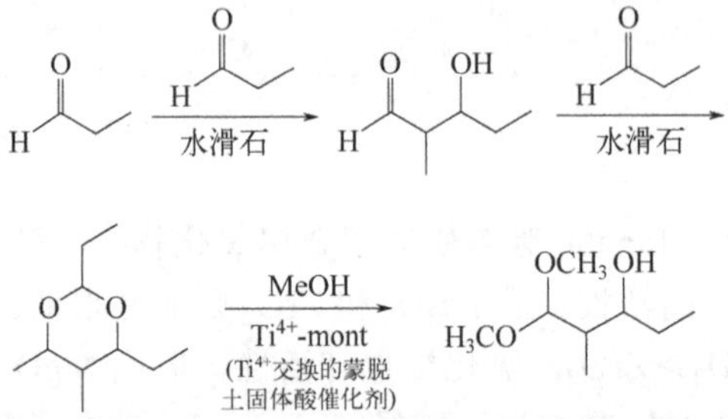

在室温的水溶液中反应 1h,**2** 的产率可达到 89%。经 2h 乙醛也能 85%转变成二甲氧基乙缩醛。当水相中存在亲水性水滑石时,不溶于水的丁醛产率较低(9%)。加入阳离子表面活性剂十二烷基三甲基溴化铵,可加速丁醛的醛醇缩合反应,2h 内产物的产率能增加至 90%。同样的催化剂对脂肪醛和酮的交叉醛醇缩合反应也是有效的,加入过量的酮可以避免醛的自醛醇缩合反应。丙酮与异戊醛反应 10h 可以得到产率为 78%的 4-羟基-6-甲基-2-庚酮。

④ Claisen-Schmidt 缩合反应　Claisen-Schmidt 缩合(芳香醛和脂肪族羰基化合物的醛醇缩合反应)能被多种不同的固体碱催化。

氢氧化钡曾被报道是有取代基的苯甲醛与甲基烷基酮的 Claisen-Schmidt 反应的有效催化剂。

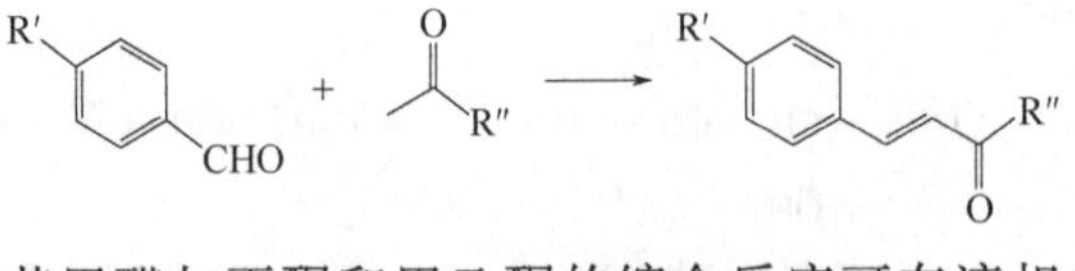

有氧化铝存在时,苯甲醛与丙酮和甲乙酮的缩合反应可在液相中进行。有取代基的苯甲醛与丙酮反应的 Hammett 反应常数为 ρ=1.43。苯甲醛和甲乙酮反应生成 1-苯基-1-戊烯-3-酮和 4-苯基-3-甲基-3-丁烯-2-酮,前者是主要产物。上述结果说明反应的活性位是 Al$_2$O$_3$ 上的碱性位。

MgO 对 Claisen-Schmidt 缩合反应有活性。通常(100)面是湿化学法制备的 MgO 唯一存在的最稳定表面。Zhu 等制备了表面主要是(111)面的 MgO 纳米片,并将其对苯甲醛和乙酰苯 Claisen-Schmidt 缩合反应的催化活性与其他方法制备的 MgO 晶体进行了比较。发现催化活性按下列次序递减：MgO（111）纳米片>>气凝胶法制备 MgO>普通方法制备 MgO>市售 MgO。MgO（111）面的活性比气凝胶法制备的高比表面 MgO 高得多。在 383K 时反应只需要 5min 就可以完成。通过焙烧水滑石得到的 $MgO-Al_2O_3$ 混合氧化物对 Claisen-Schmidt 反应有活性。由混合氧化物重新水合得到的水滑石对有取代基的苯甲醛和丙酮的 Claisen-Schmidt 反应活性更高。333K 时缩合反应得到的是脱水产物。当反应在 273K 进行时，得到的是醛醇而不是脱水产物。在同样的反应条件下，由焙烧水滑石制备的混合氧化物活性很低。CO_2 吸附量和吸附热的测定结果证明，混合氧化物的碱性高于重新水合的水滑石。由此说明层间的 OH^- 比混合氧化物表面氧阴离子对反应更为有效。该反应对丙酮是 1 级，对苯甲醛是-1 级。

在苯甲醛与乙酰苯的 Claisen-Schmidt 反应中也观察到重新水合的水滑石活性高于混合氧化物。当水滑石层间用离子交换法引入 t-丁醇金属离子，得到非常强的碱催化剂，对有取代基的苯甲醛与丙酮的反应有很高的活性。反应在 273K 下进行 15min，即可以达到很高的转化率，而且得到的醛醇类产物的选择性很高。

Choudary 等报道了 323K 时二氨基功能化的 MCM-41 上各种醛与丙酮的反应。反应产物是醛醇加合物和脱水产物的混合物，其比例与所加的醛有关。有经氨基功能化的介孔氧化硅存在时，4-硝基苯甲醛和丙酮能发生反应。在固定化的胺中，仲胺的活性最高。具有 N-甲基氨丙基的 FSM-16 活性特别高，303K 时醛醇加成物和脱水产物的产率分别达到 86% 和 7%。

在超声作用下氨基接枝的 X 沸石对苯甲醛与乙酰苯的缩合反应具有高活性。在 323K 超声作用下反应 3h 查耳酮产率为 99%。与此类似，超声作用 5h，4'-羟基-2,4-二氯查耳酮和 4'-羧基-2,4-二氯查耳酮的产率分别为 45% 和 65%。无超声作用时，它们的产率分别为 20% 和 35%。

脱乙酰壳多糖是一种多糖，由壳多糖脱除大部分乙酰基制成。由于含有氨基，它可以用作固体碱催化剂。在 DMSO 中加入脱乙酰壳多糖，研究了芳香醛与丙酮间的醛醇缩合反应。有吸电子基团的芳香醛如 p-硝基苯甲醛的反应选择性很高，缩合产物产率也很高。

⑤ 烷基化反应 许多作者报道了关于金属氧化物和沸石催化剂上甲醇对苯酚的环上烷基化反应的研究工作。通常在酸性氧化物例如 $SiO_2-Al_2O_3$ 上得到的是三种苯甲酚异构体和苯甲醚的混合物。反之，在碱性氧化物例如 MgO 上则倾向于在邻位烷基化。此反应在工业上十分重要，因为反应产物 2,6-二甲苯酚是一种质量优异的耐热树脂的单体。

含 Fe_2O_3 的混合氧化物是苯酚邻位烷基化反应的高选择性催化剂。表 3-10 给出了 623K

表 3-10　$MO-Fe_2O_3$ 上苯酚和甲醇的反应产物

$MO-Fe_2O_3$ 中的 M	Cu	Mg	Ca	Ba	Zn	Mn	Co	Ni[①]
苯酚转化率（摩尔分数）/%	95.3	8.8	68.7	82.5	88.4	24.0	63.9	67.5
邻苯酚选择性[②]/%	41.0	75.8	79.3	64.3	43.5	83.9	82.6	53.2
2,6-二甲苯酚选择性[②]/%	59.0	24.7	20.3	35.6	56.5	13.1	17.3	18.6
甲醇转化率/%	42.3	5.1	23.1	28.7	66.5	2.2	23.8	98.3
甲基化选择性[③]/%	31.5	22.1	41.9	38.7	21.0	100	32.5	6.6
气化选择性[③]/%	68.8	77.9	58	61.3	79	—	67.5	93.3

① 苯、甲苯、二甲苯和碳化的选择性依次为 12.4、5.0、1.0 和 9.8。
② 转化每摩尔苯酚得到的邻甲酚和 2,6-二甲苯酚的摩尔数。
③ 转化每摩尔甲醇给出的产物或气体产物中甲基摩尔数。反应条件：623K，苯酚+甲醇=63kPa，苯酚/甲醇=1/10，接触时间 1.6s。

时混合氧化物对邻位烷基化反应的活性和选择性，混合氧化物中 M/Fe 比例为 2，M 代表第二种金属元素。表 3-10 中，除了 $NiO-Fe_2O_3$，苯酚甲基化的位置都在邻位上。混合氧化物 $ZnO-Fe_2O_3$ 催化剂对苯酚与乙醇、1-丙醇和 2-丙醇的邻位烷基化反应也具有活性。

磷酸钙 $Ca_3(PO_4)_2$ 是苯酚和甲醇邻位烷基化反应的选择性催化剂。773K 时苯酚转化率为 77.7%，邻位烷基化产物（邻甲酚+2,6-二甲苯酚）选择性为 88%。以甲醇为基础的甲基化选择性（93%）比含 Fe_2O_3 混合氧化物高得多。

TiO_2 对邻位烷基化反应有很高的选择性。733K 时转化率为 78%，邻位烷基化（邻甲酚+2,6-二甲苯酚）选择性为 88%。强 Lewis 酸和弱 Lewis 碱对被认为是烷基化反应的活性位。

Tanabe 和 Nishizaki 研究了苯酚吸附在 MgO 和 $SiO_2-Al_2O_3$ 上的红外光谱。苯酚分子在两种催化剂上解离吸附形成表面苯酚盐。然而两种催化剂在 $1496cm^{-1}$ 和 $1600cm^{-1}$ 附近两个峰的强度比明显不同，这两个峰代表苯环的面上骨架振动。对 MgO 而言，强度比与液相苯酚相似，但 $SiO_2-Al_2O_3$ 上的强度比与液相苯酚很不相同。根据此实验结果，作者提出两种催化剂选择性的差异（图 3-16）是由苯酚不同的吸附状态引起的。在酸性催化剂上，苯酚盐的苯环与表面相互作用强，因而苯环靠近表面，除了 O-烷基化以外，还促进了间位和对位的烷基化反应。反之在碱性氧化物上，苯酚盐与表面的相互作用弱，苯酚盐的苯环或多或少呈垂直状态，因而除了邻位外其他位置上的烷基化反应均受到了阻抑。

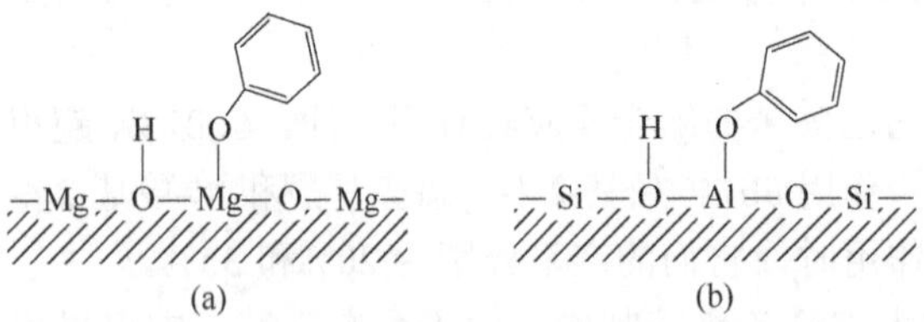

图 3-16 苯酚在 MgO（a）和 $SiO_2-Al_2O_3$（b）上的吸附状态

邻位烷基化反应的历程与所用的催化剂有关。Velu 和 Swamy 指出，反应过程中在 $MgO-Al_2O_3$ 上形成了苯甲醚。接触时间短时反应产物为苯甲醚，反应后期苯甲醚选择性下降，产物中 2-甲基苯甲醚和 2,6-二甲苯酚增加。实际上，苯甲醚和甲醇反应生成邻甲酚、2,6-二甲苯酚和 2-甲基苯甲醚。作者认为在 $MgO-Al_2O_3$ 上图 3-17 中的途径 A 是烷基化反应的主要途径。他们还报道在 $CuO-Al_2O_3$、$MgO-Fe_2O_3$ 和 $MgO-Fe_2O_3$ 催化剂上途径 B（苯环直接烷基化）是主要的。

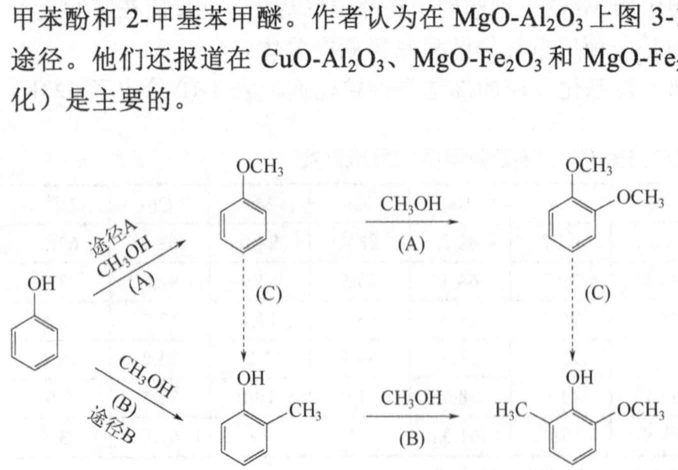

图 3-17 苯酚烷基化反应历程

Kotanigawa 等认为在催化剂 ZnO-Fe$_2$O$_3$ 上邻甲酚是由苯酚直接甲基化生成的,因为未发现催化剂上苯甲醚与甲醇发生反应。

2,3,6-三甲基苯酚是合成维生素 E 的工业原料。773K 和 20~30bar 时 MgO 上间甲酚和甲醇的气相烷基化反应中,间甲酚的转化率为 95%~100%,2,3,6-三甲基苯酚的选择性为 80%~90%。

⑥ 加成反应 环氧化合物的亲核开环在有机合成中非常有用,因为能生成 1,2-双官能体系。Posner 和 Rogers 曾报道 γ-氧化铝可促进醇或胺对环氧化合物的选择性开环。但在这些例子中,"催化剂"的用量较大。

以一系列沸石为催化剂,研究了环氧化合物与胺的反应。沸石中 NaY 效果最佳,即使在室温下加成产物的产率也很高。不对称环氧化合物 1 与苯胺开环反应的区域选择性取决于取代基。

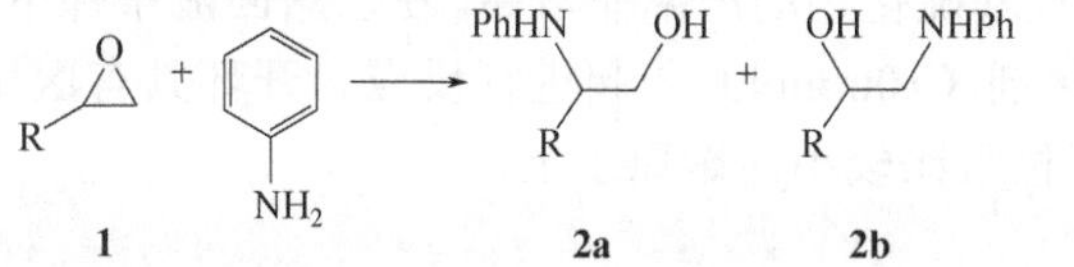

当 R 是烷基 (CH$_3$, n-C$_4$H$_9$, n-C$_6$H$_{13}$) 时,产物 **2b** 是主要的;当 R 是苯基时,主要产物是 **2a**。

在环氧化合物 (R=n-C$_6$H$_{13}$,苯基) 与哌啶 (X=CH$_2$) 或吗啉 (X=O) 的反应中,主要产物是 **3b**。

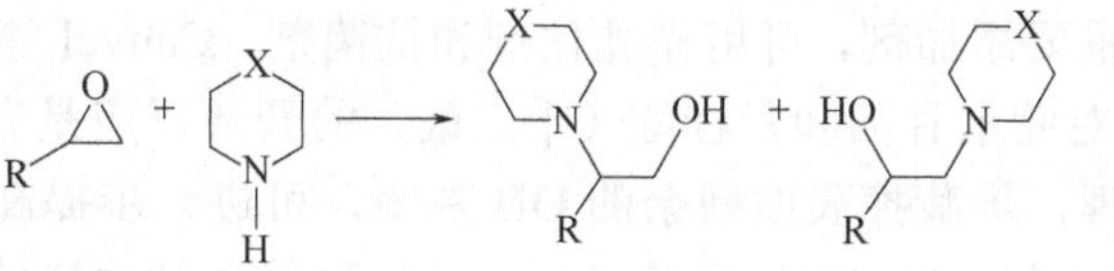

以纳米 TiO$_2$ 晶体 (500m^2/g) 为催化剂时,吲哚与环氧化合物的烷基化反应产生区域选择性很高的 3-烷基吲哚衍生物。例如,采用摩尔分数为 10% 的纳米 TiO$_2$ 为催化剂,吲哚与氧化苯乙烯生成 64% 的 2-(3-吲哚基)-2-苯乙醇。

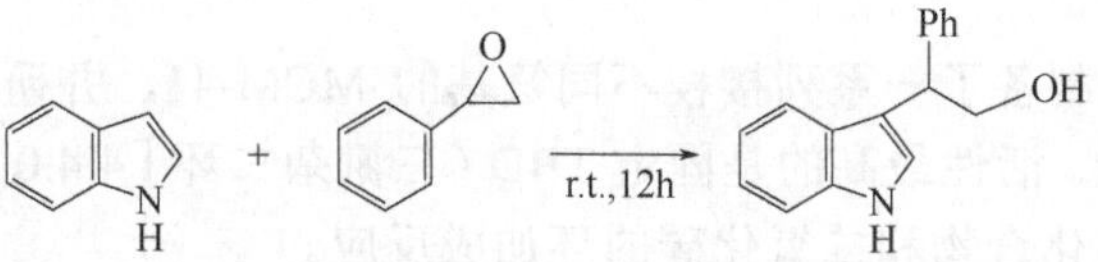

CaO 和 MgO 对环氧化合物与 Me$_3$SiCN 的亲核开环反应是有效的。

Hattori 等研究了一系列固体碱包括碱土金属氧化物在 323K 时对 1,2-环氧丙烷与醇类开环的催化活性。

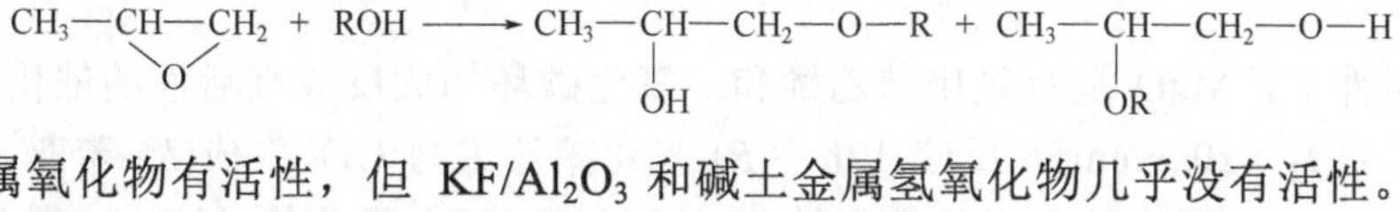

碱土金属氧化物有活性,但 KF/Al$_2$O$_3$ 和碱土金属氢氧化物几乎没有活性。醇类和 1,2-环氧丙烷的反应能力次序为:甲醇>乙醇>2-丙醇>2-甲基-2-丙醇(不反应)。

Martins 等考察了 413K 时碱金属阳离子、CH$_3$NH$_3^+$(Me$_1$N) 和 (CH$_3$)$_4$N$^+$(Me$_4$N) 交换的 X-沸石和 Y-沸石上 1,2-环氧丙烷和甲醇的反应。5h 后转化率次序为:Me$_1$N-Y(90.7%)≈Me$_1$N-X(90.6%) > CsX(72.3%) > NaX(67.5%) ≈ Me$_4$N-X(66.1%) > Me$_4$N-Y(47.7%) > CsY(41.2%) >

NaY(39.4%)。选择性（1-甲氧基-2-丙醇与 2-甲氧基-1-丙醇之比）次序为：$Me_1N-X(11.0)$ > $Me_1N-Y(9.1)$ > $CsX(8.1)$ > $NaX(7.6)$ > $Me_4N-X(6.4)$ > $Me_4N-Y(3.4)$ ≈ $NaY(3.4)$ ≈ $CsY(3.2)$ > $HY(0.9)$。在空间位阻较小的位置上容易打开键，因此在碱催化反应中主要生成的是仲醇，而在酸催化反应中生成的是仲醇和伯醇的混合物。上述结果说明 $CH_3NH_3^+$ 交换的 X-沸石和 Y-沸石是强碱性催化剂。

将四种不同的胺接枝到氧化硅上制成催化剂，研究了它们对 1,2-环氧丙烷和甲醇反应的活性。具有中等碱强度的胺，如乙二胺，活性最高。403K 时环氧丙烷转化率达 100%，1-甲氧基-2-丙醇异构体选择性达 84.1%。1,2-环氧丙烷和甲醇在 MgO、CaO、Al_2O_3 和 $MgO-Al_2O_3$ 混合氧化物上的反应也曾有报道。

负载在硅藻土上的 CsF 在温和条件下和乙腈溶剂中对环氧化合物和硫醇的开环反应有催化活性，反应生成的 β-羟基硫化物的产率非常高。在乙腈回流条件下，环氧化合物（10mmol）、硫醇（10mmol）和催化剂（10mmol）一起进行反应。开环具有区域选择性，亲核加成主要发生在环氧化合物空间位阻比较小的碳原子上。

$$R-CH-CH_2 + R'SH \longrightarrow R-CH-CH_2SR'$$
$$\hspace{3.5em}\hspace{0.5em}OH$$

R 为 Ph，$CH_2=CH-CH_2-O$，$PhOCH_3$
R' 为 C_2H_5，$p-ClC_6H_4$，$C_6H_5CH_2$

缩水甘油（环氧乙烷-2-甲醇）和脂肪酸的开环反应能提供一条生产单酸甘油酯的新途径，后者是食品工业中的重要添加剂，可用作乳化剂和抗菌剂。Cauvel 等发现接枝 3-氨丙基和 3-哌啶丙基的 MCM-41 对缩水甘油和月桂酸（十二酸）的开环反应是有活性的催化剂。催化剂用六甲基二硅氮烷处理，屏蔽掉表面残余的 OH 基团，可进一步提高选择性。以接枝 3-哌啶丙基的 MXM-41 为催化剂，在 393K 反应 24h，月桂酸单酸甘油酯的气相色谱分析结果和分离产率分别为 >95% 和 70%。

$$\begin{array}{c} OH \\ \triangle O \end{array} + HOOC-C_{15}H_{31} \longrightarrow \begin{array}{c} -OH \\ -OH \\ -OOCH_2-C_{15}H_{31} \end{array}$$

Jaenicke 和同事们制备了一系列接枝不同氨基的 MCM-41，并研究了它们对缩水甘油和月桂酸的开环反应性能。活性最高的是固定 TBD（三氮杂二环 [4.4.0] 癸-5-烯）的 MCM-41。

许多人研究过环氧化合物和二氧化碳的环加成反应。

$$\overset{O}{\underset{R}{\triangle}} + CO_2 \longrightarrow \overset{O}{\underset{R}{\bigcirc\!\!\!\!\bigcirc}}$$

在温和条件下，MgO 是对氧化苯乙烯和二氧化碳环加成反应有活性的催化剂。在 408K 的 DMF 中与 CO_2（$20kg/cm^2$）反应 12h，(R)-氧化苯乙烯与 CO_2 生成 (R)-苯亚乙基碳酸酯，其 ee 值达 97%，保持了立体化学的选择性。$MgO-Al_2O_3$ 混合氧化物（焙烧水滑石）是环加成反应非常有效的催化剂。采用在 673K 焙烧的 Mg/Al 比为 5 的 $MgO-Al_2O_3$ 为催化剂，在 DMF 中各种环氧化物都能定量地转变成相应的环碳酸酯。加成反应中能保持环状化合物的空间化学结构，CO_2 与 (R)- 和 (S)-苄基缩水甘油醚反应生成 (R)- 和 (R)-4-(苄氧基甲基)-1,3-二氧戊环-2-

酮，产率分别为78%和76%，ee选择性＞99%。MCM-41接枝胍后对不同环氧化合物的CO_2的环加成也有活性。

环氧乙烷和环氧丙烷（PO）与二氧化碳制碳酸烯基酯的反应曾被研究，因为该反应对合成碳酸二甲酯很重要，后者是通过碳酸烯基酯和甲醇的酯基转移反应合成的。用于合成碳酸烯基酯的催化剂有碱土金属氧化物、蒙脱石黏土、各种沸石、负载KOH的NaA沸石、氨基功能化氧化硅和阴离子交换树脂。一种含Mg、Na和K的蒙脱石黏土对环氧丙烷（PO）和二氧化碳制碳酸丙烯酯（PC）的反应具有高活性和选择性。在423K，无溶剂和CO_2压力为8MPa的条件下反应15h，PO转化率达85%，PC选择性达94.3%。锚定TBD（1,3,5-三氧杂二环[4.4.0]癸-5-烯）的氧化硅对此反应也具有高活性，在423K和1.5MPa CO_2压力条件下反应15h，PO转化率达100%，PC选择性达99.8%。

⑦ 加氢反应　以异丙醇铝还原酮或醛的Meerwein-Ponndorf-Verley（MPV）反应是一个众所周知的氢转移反应，它的机理是醇盐上的一个氢转移至酮的羰基碳上。下面的环状中间物是被普遍接受的。

当酮是目标产物时，反应称为Oppenauer氧化。MPV反应适用于α,β-不饱和羰基化合物的还原，因为可选择性地还原C=O双键，而C=C双键不受影响。然而MPV反应需要醇盐过量，至少100%～200%，然后还需要用一种强酸去中和介质中的残余醇盐。曾经有过很多多相催化方面的尝试。多相催化分成两类：一类是金属阳离子如Al^{3+}、Zr^{4+}和Sn^{4+}充当Lewis酸性位用，金属离子可以加到沸石骨架内，或者形成负载的金属醇盐，这些情况下反应机理与经典的醇盐催化剂相似；另一类是用固体碱如MgO或两性氧化物作催化剂，有人认为酸性位和碱性位都参与了反应。

Niiyama和Echigoya研究了MgO和$MgO-SiO_2$混合氧化物对丙酮与醇类气相转移加氢反应的催化活性。473K时乙醇与丙酮反应的活性与碱性位数量有很好的相关性。然而413K时2-丁醇与丙酮反应的活性与碱性位和酸性位数量都没有关系。作者认为对于乙醇与丙酮的反应来说，碱性位对乙醇的活化作用比酸性位对丙酮的活化作用更重要；而在丁醇与丙酮的反应中，两种活性位的贡献相同。Ivanov等研究了具有不同酸碱性的各种金属氧化物上乙醇与丙酮的气相反应。Brönsted酸性催化剂对MPV反应无活性，反应能在Lewis酸（C1s改性Al_2O_3）或碱性催化剂（MgO、ZrO_2）上进行。在两性氧化物氧化铝上，MPV反应伴随着副反应，如脱水及丙酮与乙醛的缩合反应。红外光谱研究表明，乙醇在MgO上解离吸附形成乙醇盐物种。丙酮在MgO上形成不同的物种，但有乙醇存在时它在MgO上不能化学吸附。由此出发提出了碱催化剂上丙酮与分解的乙醇反应的机理。

Okamoto等报道了MgO上各种醇与甲乙酮（MEK）氢转移反应的研究。醇的反应能力取决于α-碳上氢的非定域能力。对甲醇（CD_3OD）-MEK体系和乙醇（C_2H_5OD）-MEK体系，同位素效应分别为1.39和0.96（k_H/k_D）。上述结果说明反应的决速步骤是从醇的α-碳上抽取氢这一步。吡啶对反应无影响，说明丙酮不被酸性位吸附或活化。作者提出了一个反应机理，先是醇的异裂，接着是醇盐的α-H直接转移至吸附的丙酮分子上，详见图3-18。

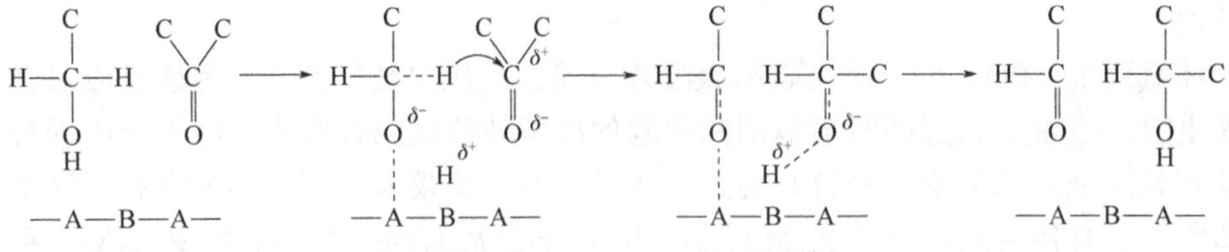

图 3-18　醇与酮之间氢转移反应机理

Kibby 和 Hall 研究了羟基磷灰石上 2-丁醇氢转移到 3-戊酮的反应。同位素实验明确显示，D 由 2-丁醇-2d 转移至产物 3-戊醇-3d。测定的氢转移同位素效应（k_H/k_D）为 1.9。这也说明反应的决速步骤是 α-H 转移。对 573K 下 Na^+ 掺杂的 Al_2O_3 上有取代基的苯甲醛被 2-丙醇气相还原反应，观察到了线性的 Hammett 关系式。其斜率是正值（$\rho = +0.76$），说明符合氢负离子转移到缺电子羰基碳上的机理。

迄今为止固体碱催化剂的研究和应用已取得了巨大的进展，某些固体碱和酸碱双功能催化剂已用于工业化生产。但和固体酸催化剂相比还需从以下几个方面展开研究：

a. 碱性中心性质的研究。固体碱催化剂在多相碱催化反应中关于碱性中心的强度和数量还有许多不明之处。因此，催化剂表面碱性中心的作用机理以及与酸性位的相互转变是一个十分重要的研究课题。

b. 固体碱催化剂的表征。

c. 表面位能的理论计算及反应机理研究。

d. 再生问题的解决。固体碱催化剂的易中毒、再生困难问题使其难以循环利用，研制高性能、不易污染、寿命长的固体碱催化剂是今后的开发方向。

e. 开发固体碱催化剂在新反应中的应用。

3.3　典型固体酸碱催化剂及催化过程

3.3.1　分子筛催化剂

3.3.1.1　分子筛的概念

根据分子聚集状态的不同，物质可分为气体、液体和固体。不同的分子，其大小、形状和极性不同。分子筛是一类能筛分分子的物质。气体或液体混合物通过这种物质，按照不同的分子特性彼此分离开来。许多物质有分子筛效应，像硅铝酸盐晶体、多孔玻璃特质的活性炭、微孔氧化铜粉末、层状硅酸盐等。但只有硅铝酸盐晶体即泡沸石才具有实际工业价值。通常所说的分子筛，就是指这种物质。硅铝酸盐晶体的种类很多，有纤维状、层状和网状，孔径也有大有小。纤维状、层状以及孔径很小的网状泡沸石，没有分子筛效能，实用价值很小。因此，实际上分子筛是指一些孔径较大的网状泡沸石，即具有分子筛作用的沸石分子筛。

沸石分子筛是一种多孔性硅铝酸盐晶体，它具有稳定的硅铝氧骨架结构，以及许多排列整齐的晶穴、晶孔和孔道。孔道大小均一，能将直径比孔径大的分子排斥在外，从而实现筛分分子的作用。分子筛无毒无味，无腐蚀性，不溶于水和有机溶剂，能溶于强酸、强碱。

沸石具有重要的工业价值，它的高选择性吸附能力、催化能力以及可作为离子交换剂，是它的三个最重要的用途。

20世纪60年代初，Weisz提出规整结构分子筛的"择形催化"概念，继而发现它对催化裂化反应的惊人活性，因而引起人们极大的兴趣。由于分子筛的多样性和稳定性，其独特的选择性与择形选择相结合的性能已在吸附分离、催化及阳离子交换工业中得到广泛应用。分子筛催化很快发展成为催化领域中的一个专门分支学科。此阶段发展的低、中（如A、X、Y和L型）硅铝比沸石被称为第一代分子筛。

20世纪70年代，Mobil公司开发的、以ZSM-5为代表的高硅三维交叉直通道结构的沸石，称为第二代分子筛。这些高硅沸石分子筛水热稳定性高，绝大多数孔径在0.6nm左右，在甲醇及烃类转化反应中有良好的催化活性及选择性。继而在此类分子筛中引入了Mo、As、Sb、Mn、Ga、B、Co、Ni、Zr、Hf、Ti等元素构成杂原子分子筛，从而具有优越的催化性能，在催化领域中应用更加广泛。

继高硅沸石之后，20世纪80年代，联合碳化物公司（UCC）成功开发了非硅、铝骨架的磷酸铝系列分子筛，这就是第三代分子筛。此类分子筛开发的科学价值在于给人以启示：只要条件合适，其他非硅、铝元素也可形成具有类似硅铝分子筛的结构，为新型分子筛的合成开辟了一条新途径。

传统的沸石分子筛，由于孔径较小，重油组分和一些大分子不能进入其孔道，故不能提供吸附和催化反应场所。1992年，Mobil公司的Kresge和Beck等首次以表面活性剂为模板，合成了新颖的有序介孔氧化硅材料MCM-41（Mobil Composition of Matter-41），这是分子筛与多孔物质发展史上的又一次飞跃。介孔分子筛的孔径较大，其有序的介孔通道可以成为大分子吸附或催化的反应场所。由于在重油催化和大分子分离等领域的广阔应用前景，介孔材料成为人们的研究热点之一，不久即开发了一系列介孔材料，如SBA系列、MSU系列、CMK系列、HMS、KIT以及金属和金属氧化物系列等。

分子筛是结晶型的硅铝酸盐，具有均匀的孔隙结构。分子筛中含有大量的结晶水，加热时可汽化除去，故又称沸石。自然界存在的常称沸石，人工合成的称为分子筛。它们的化学组成可表示为：

$$M_{x/n}[(AlO_2)_x(SiO_2)_y] \cdot mH_2O$$

式中，M是金属阳离子；n是金属阳离子的化合价；x是AlO_2的分子数；y是SiO_2的分子数；m是水分子数。因为AlO_2^-带负电荷，金属阳离子的存在可使分子筛保持电中性。当金属离子的化合价$n=1$时，M的原子数等于Al的原子数；若$n=2$，M的原子数为Al原子数的一半。

常用的分子筛主要有：方钠型沸石，如A型分子筛；八面型沸石，如X型、Y型分子筛；丝光型沸石如M型；高硅型沸石，如ZSM-5等。分子筛在各种不同的酸性催化剂中能够提供很高的活性和不寻常的选择性，且绝大多数反应是由分子筛的酸性引起的，也属于固体酸类。近20年来，分子筛在工业上得到了广泛应用，尤其在炼油工业和石油化工中作为工业催化剂占有重要地位。

3.3.1.2 分子筛的分类

按分子筛的发展历史及Si/Al比高低划分，主要类型见表3-11。分子筛还可按照孔径大小分类，如微孔、小孔、中孔、介孔（2～50nm）。

表 3-11　分子筛的分类

Si/Al	举例	热稳定性	亲水性	酸强度
1~1.5	A，X	≤700℃	亲水	弱
2~5	M	较好	较弱	较强
10~100	ZSM-5	较好	较弱	强
∞	硅沸石	1300℃	憎水	弱
磷铝分子筛	APO, SAPO	600~1200℃	中等亲水	弱，中强
介孔分子筛	SBA-15, MCM-41			弱

3.3.1.3　分子筛的合成

传统分子筛的合成技术以合成化学创始人 Barrer 于 1940 年所开创的水热合成法为基础，多数分子筛都是在非平衡条件下生成的亚稳相。因此，虽然合成实验步骤很简单，但由于过渡胶态相的生成、亚稳相的转化、反应物溶解速度的影响、晶核的敏感性等，合成化学变得非常复杂。10 个在合成过程中可能进行的反应：①凝胶相的沉淀；②凝胶相的溶解；③晶核生成；④晶化和晶体生长；⑤初始亚稳态的溶解；⑥较稳定的亚稳相晶核生成；⑦初始生成的晶体溶解和新相生成；⑧亚稳相溶解；⑨平衡相晶核生成；⑩稳定态晶体的晶化和生长。

沸石分子筛一般由含 Al_2O_3、SiO_2 和碱的凝胶状混合物在反应罐中，于一定温度（100~200℃）下，晶化一定时间制得。常用的硅源为水玻璃、硅胶、正硅酸酯或有机硅等。常用的铝源为铝酸钠、硫酸铝、水合氧化铝等。碱包括有机碱和无机碱。有机碱如四甲基铵盐 $\{TMA^+, T[N(CH_3)_4]^+\}$、四乙基铵盐（$TEA^+$）、四丙基铵盐（$TPA^+$）及四丁基铵盐（$TBA^+$）等，传统的沸石分子筛一般在 pH>12 的强碱性介质中结晶。

磷铝分子筛（APO-n，n 代表结构型号）的合成步骤类似于沸石分子筛，铝源多采用活性水合氧化铝，磷源多采用磷酸，并以有机胺作模板剂。磷铝分子筛可以在弱酸性、中性或弱碱性介质中结晶。

大多数介孔材料都采用水热法合成，如 MCM-41 系列分子筛是以长链烷基三甲基季铵盐 [$C_nH_{2n+1}N^+(CH_3)_3X^-$，$n$=8~22，X=Cl、Br 或 OH] 阳离子型表面活性剂（S^+）为模板剂，在水热合成条件下（>100℃），于碱性介质中通过正硅酸乙酯（TEOS）等水解产生的硅物种（I^-），在"S^+I^-"静电作用下的超分子组装过程而合成的。

沸石的成晶与盐的沉淀过程类似，但晶化速度相当慢，这是由于沸石晶体并非离子型而是共价型晶体，在晶化条件下液相过饱和是形成晶体的必要条件。

(1) 影响合成的因素

① 原料　原理上可以形成分子筛的组成体系有：

a. $M^{4+}O_2$-$M_2^{3+}O_3$ 体系，如 Si-Al、Si-B 等；

b. $M^{4+}O_2$-$M^{4+}O_2$ 体系，如 Si-Ti、Si-Zr 等；

c. $M_1^{3+}M_2^{5+}O_4$ 体系，如 $AlPO_4$ 等。

同样的化学成分，不同的配比，得到不同类型的沸石结构。相同的配比，不同的铝源、硅源等合成得到的分子筛的结晶度等也不同。

模板剂的种类及用量对分子筛的结构及性能影响很大。例如，在 SAPO-34 的合成中，反应混合物中即使 Al、P、Si 的量保持不变，只改变模板剂用量，也能使 Al、P、Si 所处的状态发生变化，以致在相同晶化条件下，得到结构完全不同的产物。

② pH　碱度提高，合成得到分子筛的硅铝比降低，晶化速度加快，晶粒变细。有时，同样的配比、不同的碱度，可能形成不同的分子筛。例如，在以三乙胺为模板剂合成 SAPO-34 的过程中发现，碱性条件有利于 SAPO-34 的生成，酸性条件有利于 SAPO-5 的生成。因此，针对不同类型的模板剂往往需要调整 pH，以获得合乎要求的分子筛。

③ 温度　升高温度能加速晶核形成及生长为沸石晶体，但温度过高易导致杂质形成。较高 Si/Al 比的沸石一般需要较高的晶化温度。在合成 SAPO-34 分子筛时，SEM 和 XRD 研究结果表明，晶化温度升高，SAPO-34 晶粒增大，结晶度提高，比表面积和孔径增大。因此，适当地提高晶化温度和减少合成时间有利于 SAPO-34 晶体生成。

④ 晶种　在成胶的混合物中加入晶种，可以大大缩短分子筛晶化诱导期和晶化时间，晶种量加得适当，还可以增加沸石分子筛的产量，使产物晶粒变大。

⑤ 晶化时间　晶化时间不同，得到的晶粒大小形状不同，Si/Al 越大的沸石需要的反应时间较长。晶体形成可分为三个阶段：晶核的形成、晶体的生长、晶体之间的平衡，前两个阶段最重要。对许多体系，三个阶段之间的区分并不明显。

晶体形成过程中的一般规律为：

a. 若晶核形成速率快，晶体生长速率慢，则晶核数目多，最终易形成小晶粒；

b. 若晶核形成速率慢，晶体生长速率快，则晶核数目少，最终易形成大晶粒；

c. 若晶核形成速率与晶体生长速率相当，则体系复杂，难以预料，应根据具体体系进行分析；

d. 整个晶化过程，体系处于动态变化状态。

⑥ 阳离子类型　阳离子是沸石合成过程中的重要因素，其大小、电荷与骨架的连接情况等都影响沸石的合成。阳离子在沸石中的作用包括：a. 平衡骨架阴离子电荷；b. 碱的作用；c. 增加铝酸根及硅酸根的溶解性。

⑦ 焙烧条件的影响　水热合成后，还需要对分子筛进行焙烧处理以除去杂质等。如选择空气气氛、水蒸气条件下焙烧等，对分子筛的结构及性能都有很大影响。

⑧ 其他因素　搅拌速度及加料顺序等也影响沸石的合成。例如，各种物料的混合顺序变化会部分改变初始凝胶的状态，进而对分子筛结构和催化性能产生较大的影响。

（2）模板剂在分子筛合成中的作用

模板剂的提出是在 1961 年，Barrer 和 Denny 将有机季铵碱引入沸石合成体系，全部或部分地取代无机碱，合成得到了系列高硅铝比和全硅沸石分子筛。Mobil 石油公司的 Kerr 也在沸石合成中加入有机季铵阳离子。有机碱的加入改变了体系的凝胶化学，特别是为沸石结构的生成提供了一定的模板作用。例如，有机胺加入硅铝凝胶中能提高晶化产物的 Si/Al 比，单纯用有机胺为导向剂，可以合成高硅或纯硅分子筛，因此，当时的有机碱被称为模板剂。20 世纪 80 年代初，用有机胺作模板剂合成了磷铝 $AlPO_4$-n 分子筛。随后一些不带电的有机分子，如醇、酮、吗啉、甘油、有机硫及无机离子等都被用作结构导向剂，并合成得到了多种新型结构分子筛，大大扩充了模板剂的概念。到目前为止，有机胺作模板剂效果较好，但有机胺有毒有臭味。1981 年，南开大学不用有机胺，仅用无机铵盐甚至有机分子（乙醇），成功合成了 ZSM-5。

所谓模板剂，即碱金属离子、碱土金属离子、铵离子、有机胺或它们的混合物，它们在沸石的成核或成晶过程中起结构导向作用。模板剂不仅对合成纯相分子筛起关键作用，对晶核的生成、晶粒的生长及合成产物的组成、酸性等都有很大影响。常用的模板剂有：四乙基氢氧化铵（TEAOH）、吗啉（C_4H_9NO）、异丙胺（$i\text{-PrNH}_2$）、三乙胺（TEA）、二乙胺（DEA）等。模板剂的作用机理是个很复杂的课题，起初在凝胶中加入有机胺得到新型分子筛，推测有机胺起结构导向作用。如用氯化四丙基铵作模板剂合成 ZSM-5 时，有机胺处于通道的交错口，四个烷基伸向四个通道，诱导硅氧、铝氧四面体形成单元结构。但是使用无机铵盐和其他有机分子合成沸石分子筛的成功例子表明这种假设的失败，但导向剂的作用确实存在。

目前，普遍认为模板剂在合成分子筛过程中主要有以下四个作用：模板作用、结构导向作用、空间填充作用、平衡骨架电荷作用。

① 模板作用　模板作用是指模板剂在微孔化合物生成过程中起着结构模板作用，导致特殊结构的生成。一些微孔化合物目前发现只在极为有限的模板剂、甚至只在唯一与之相匹配的模板剂作用下才能成功合成。

② 结构导向作用　结构导向作用分为严格结构导向作用和一般结构导向作用。严格结构导向作用是指一种特殊结构只能用一种有机物导向合成；一般结构导向作用是指有机物容易导向一些小的结构单元、笼或孔道的生成，从而影响整体骨架结构的生成。模板剂中有机阳离子的大小能明显影响生成的微孔化合物的笼或孔道的尺寸。但有机链的长度与生成骨架中的笼或孔道大小不存在严格的对应关系。

③ 空间填充作用　模板剂在骨架中有空间填充作用，能稳定生成的结构。在 ZSM 型分子筛的形成中，骨架的晶体表面是憎水的，反应体系中有机分子可以部分进入分子筛的孔道或笼中，稳定分子筛，提高骨架的热力学稳定性。空间填充作用最典型的例子是含十二元环直孔道 $AlPO_4$-5 的合成。

④ 平衡骨架电荷作用　模板剂影响产物的骨架电荷密度。分子筛含有阴离子骨架，需要模板剂中阳离子平衡骨架电荷。

在解释模板剂对介孔分子筛形成过程的影响时，Davis 等人认为无序的表面活性剂棒状胶束首先与硅酸盐物种作用，围绕着棒状胶束外表面层形成两三层氧化硅层，然后自发地聚集成有序的六方结构，在无机物缩聚到一定程度后就生成了 MCM-41 物相。Stucky 等则认为，无机物与表面活性剂在形成液晶相之前即可协同生成三维有序排列结构。多聚硅酸盐阴离子与表面活性剂阳离子发生作用时，界面区域的硅酸根聚合改变了无机层的电荷密度，使表面活性剂的疏水链之间相互接近。无机物和有机物表面活性剂之间的电荷匹配控制整体的排列方式，随着反应的进行，无机层的电荷密度将发生变化，整个无机和有机组成也随之改变，最终的物相由反应进行的程度来决定。

3.3.1.4　分子筛的结构特征

（1）三种层次

分子筛的结构特征可以分为三种不同的结构层次。第一个结构层次是最基本的结构单元：硅氧四面体（SiO_4）和铝氧四面体（AlO_4），它们构成了分子筛的骨架。四面体的立体结构图如下，中心为金属原子：

相邻的四面体由氧桥连接成环。环是分子筛结构的第二个层次,按成环的氧原子数划分,有四元氧环、五元氧环、六元氧环、八元氧环、十元氧环和十二元氧环等(图3-19)。

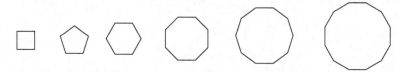

图 3-19 环示意
—表示 Si—O—Si 或 Al—O—Si;顶点为 Si 或 Al 原子

环是分子筛的通道孔口,对通过分子起着筛分作用。氧环通过氧桥相互连接,形成具有三维空间的多面体。各种各样的多面体是分子筛结构的第三个层次。多面体有中空的笼,笼是分子筛结构的重要特征。笼分为 α 笼、八面沸石笼、β 笼和 γ 笼等。

(2)分子筛的笼

① α 笼 是 A 型分子筛骨架结构的主要孔穴,是由 12 个四元环、8 个六元环及 6 个八元环组成的二十六面体。笼的平均孔径为 1.14nm。α 笼的最大窗孔为八元环,孔径为 0.41nm。

② 八面沸石笼 是构成 X 型和 Y 型分子筛骨架的主要孔穴,是由 18 个四元环、4 个六元环和 4 个十二元环组成的二十六面体,笼的平均孔径为 1.25nm。最大窗孔为十二元环,孔径为 0.74nm。八面沸石笼也称超笼。

③ β 笼 主要用于构成 A 型、X 型和 Y 型分子筛的骨架结构,是一种最重要的孔穴,其形状宛如一个削顶的正八面体,窗口孔径约为 0.66nm,只允许 NH_3、H_2O 等尺寸较小的分子进入。

此外,还有六方柱笼和 γ 笼,这两种笼体积较小,一般分子进不到笼里。

不同结构的笼再通过氧桥互相连接形成各种不同结构的分子筛,主要有 A 型、X 型和 Y 型。

分子筛形成过程如图 3-20 所示。

3.3.1.5 几种具有代表性的分子筛

(1)A 型分子筛

类似于 NaCl 的立方晶体结构。若将 NaCl 晶格中的 Na^+ 和 Cl^- 全部换成 β 笼,并将相邻的 β 笼用 γ 笼连接起来,就得到 A 型分子筛的晶体结构。8 个 β 笼连接后形成一个方钠石型结构,如用 γ 笼作桥连接,就得到 A 型分子筛结构。中心有一个大的 α 笼。α 笼之间通道为八元环窗口,其直径为 4Å,故称为 4A 分子筛。A 型分子筛晶胞组成为 $Na_{96}[(AlO_2)_{96} \cdot (SiO_2)_{96}] \cdot 216H_2O$。

若 4A 分子筛上 70% 的 Na^+ 被 Ca^{2+} 交换,八元环可增至 5Å,对应的沸石称 5A 分子筛。反之,若 70% 的 Na^+ 被 K^+ 交换,八元环孔径缩小到 3Å,对应的沸石称 3A 分子筛(图 3-21)。

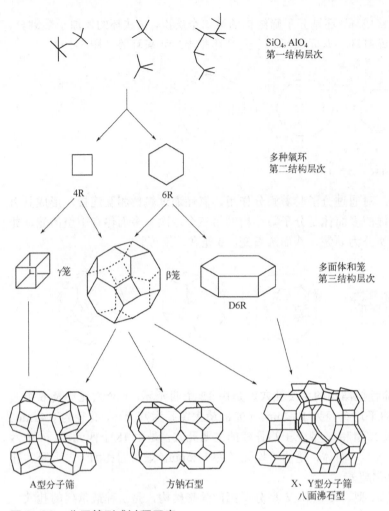

图 3-20 分子筛形成过程示意

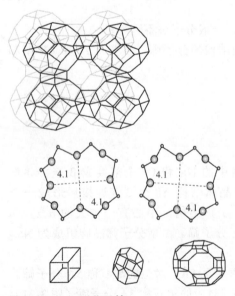

图 3-21 A 型分子筛

（2）X/Y 型分子筛

X 型和 Y 型分子筛类似于金刚石的密堆六方晶系结构。若以 β 笼为结构单元取代金刚石的碳原子结点，且用六方柱笼将相邻的两个 β 笼连接，即用 4 个六方柱笼将 5 个 β 笼连接在一起，其中一个 β 笼居中心，另外 4 个 β 笼位于正四面体顶点，就形成了八面体沸石型晶体结构。用这种结构继续连接下去，就得到 X 型和 Y 型分子筛结构。在这种结构中，由 β 笼和六方柱笼形成的大笼为八面沸石笼，它们相通的窗孔为十二元环，平均有效孔径为 0.74nm，这就是 X 型和 Y 型分子筛的孔径。这两种型号彼此间的差异主要是 Si/Al 比不同，X 型为 1.0～1.5，Y 型为 1.5～3.0（图 3-22）。

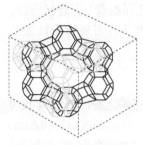 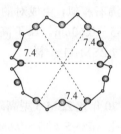

图 3-22　X 型和 Y 型分子筛

X 型分子筛晶胞组成为 $Na_{86}[Al_{86}\cdot Si_{106}\cdot O_{384}]\cdot 264H_2O$；Y 型分子筛晶胞组成为 $Na_{56}[Al_{56}\cdot Si_{136}\cdot O_{384}]\cdot 264H_2O$。

（3）丝光沸石型分子筛

这种沸石结构没有笼，而是层状结构。结构中含有大量的五元环，且成对地连接在一起，每对五元环通过氧桥再与另一对连接。连接处形成四元环。这种结构单元进一步连接形成层状结构。层中有八元环和十二元环，后者呈椭圆形，平均直径为 0.74nm，是丝光沸石的主孔道。这种孔道是一维的，即直通道（图 3-23）。

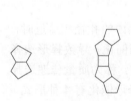 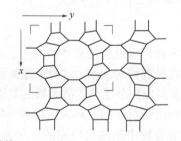

图 3-23　丝光沸石型分子筛结构

丝光沸石晶胞组成为 $Na_8[Al_8\cdot Si_{40}\cdot O_{96}]\cdot 24H_2O$。

（4）高硅沸石 ZSM 型分子筛

高硅沸石 ZSM（Zeolite Socony Mobil）型分子筛有一个系列，广泛应用的为 ZSM-5，与之结构相同的有 ZSM-8 和 ZSM-11；另一组为 ZSM-21、ZSM-35 和 ZSM-38 等。

ZSM-5 具有实用价值，应用十分广泛。其基本结构单元由 8 个五元环组成（图 3-24）。二级结构单元为链，8 个五元环共用棱边连成链片。链与链通过氧桥按对称面关系连接成片结构；片与片之间通过二次螺旋轴连接成三维骨架孔道体系。ZSM-5 具有两种交叉孔道，一种是直型椭圆孔道（0.58nm×0.52nm），另一种是正弦型圆孔道（0.54nm）。单胞组成为 $Na_n[Al_n\cdot Si_{96-n}\cdot O_{192}]\cdot 16H_2O$。

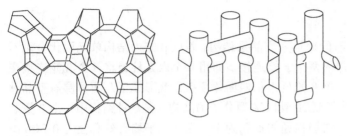

图 3-24　ZSM-5 的结构

ZSM-5 常称为高硅型沸石，其 Si/Al 比可高达 50 以上，ZSM-8 可高达 100，这组分子筛还显示出憎水的特性。它们的结构单元与丝光沸石相似，由成对的五元环组成，无笼状空腔，只有通道。通道呈椭圆形，其窗口直径为 0.55～0.60nm。属于高硅族的沸石还有全硅型的 Silicalite-1，结构与 ZSM-5 一样，Silicalite-2 与 ZSM-11 一样。

（5）磷酸铝系分子筛

该系沸石是继 20 世纪 60 年代 Y 型分子筛、70 年代 ZSM-5 型高硅分子筛之后，于 80 年代出现的第三代新型分子筛。磷酸铝系分子筛包括大孔 AlPO-5（0.7～0.8nm）、中孔 AlPO-11（0.6nm）和小孔 AlPO-34（0.4nm）等结构，以及 MAPO-n 系列和 AlPO 型经 Si 化学改性的 SAPO 系列等。

3.3.1.6　分子筛的催化作用机理

分子筛具有明确的孔腔分布、极高的比表面积（600m^2/g）和良好的热稳定性（1000℃），以及可调变的酸位中心。分子筛酸性主要来源于骨架上和孔隙中三配位的铝原子和铝离子 $(AlO_2)^+$。经离子交换得到的分子筛 HY 上的 OH 基为酸位中心，骨架外的铝离子会强化酸位，形成 L 酸位中心。像 Ca^{2+}、Mg^{2+}、La^{3+} 等多价阳离子经交换后可以显示为酸位中心。Cu^{2+}、Ag^+ 等过渡金属离子还原也能形成酸位中心。一般来说 Al/Si 比越高，OH 基的比活性越高。分子筛酸性的调变可通过稀盐酸直接交换将质子引入。由于这种办法常导致分子筛骨架脱铝，所以 NaY 可先变成 NH$_4$Y，然后再变为 HY。

（1）分子筛具择形催化的性质

因为分子筛结构中有均匀的小内孔，当反应物和产物的分子尺度与晶内的孔径相接近时，催化反应的选择性常取决于分子与孔径的相对大小，这种选择性称为择形催化。导致择形选择性的机理有两种：一种是由孔腔中参与反应分子的扩散系数的差别引起的，称为质量传递选择性；另一种是由催化反应过渡态空间限制引起的，称为过渡态选择性。择形催化有 4 种形式。

① 反应物的择形催化　反应混合物中某些能反应的分子太大，因而不能扩散进入催化剂催化孔腔内，只有那些直径小于内孔径的分子才能进入内孔，到达催化活性部分进行反应。

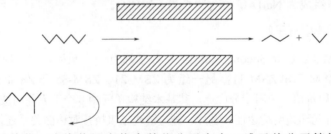

② 产物的择形催化　当产物混合物中某些分子太大，难于从分子筛催化剂的内孔窗口扩散出来时，就形成了产物的择形选择性。

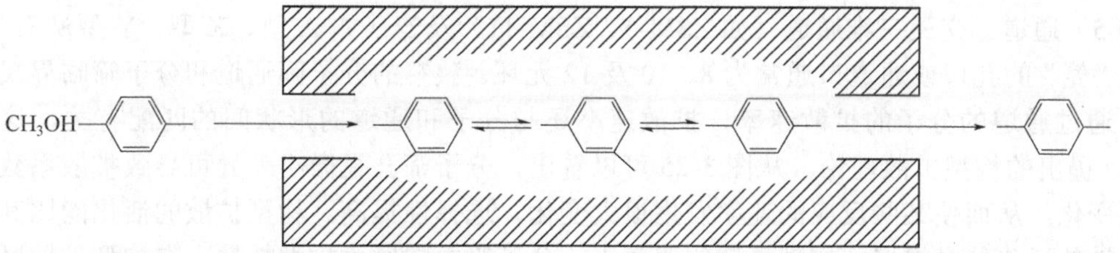

③ 过渡态限制的选择性　有些反应，其反应物分子和产物分子都不受催化剂窗口孔径扩散的限制，只是需要内孔或笼腔有较大的空间，以形成相应的过渡态，不然就受到限制而使该反应无法进行；相反，有些反应只需要较小空间的过渡态就不受这种限制，这就构成了限制过渡态的择形催化。

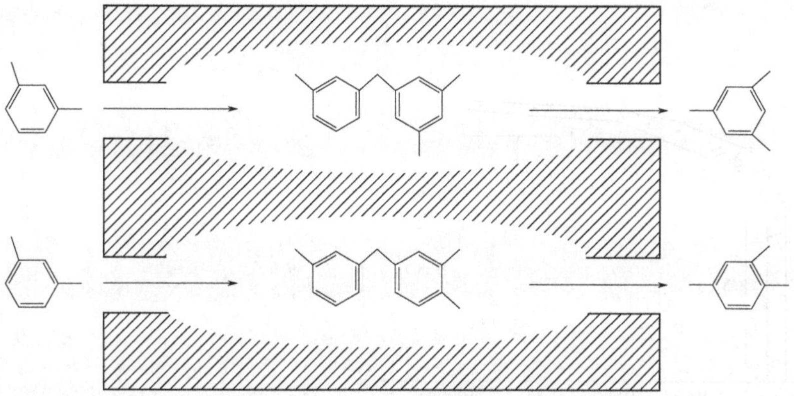

ZSM-5 常用于这种过渡态选择性的催化反应，最大优点是阻止结焦。因 ZSM-5 的内孔比其他分子筛小，不利于焦生成的前驱物聚合反应需要的大的过渡态的形成，因而比其他分子筛和无定形催化剂具有更长的寿命。

④ 分子交通控制的择形催化　在具有两种不同形状、大小和孔道的分子筛中，反应物分子可以很容易地通过一种孔道进入催化剂的活性部位，进行催化反应，而产物分子则从另一孔道扩散出去，尽可能地减少逆扩散，从而增加反应速率。这种分子交通控制的催化反应，是一种特殊形式的择形选择性，称为分子交通控制择形催化。

（2）择形选择性的调变

择形选择性的调变方法包括毒化外表面活性中心；修饰窗孔入口的大小，常用的修饰剂为四乙基原硅酸酯；改变晶粒大小等。

择形催化最大的实用价值在于利用其孔径和孔结构的不同，通过对分子运动和扩散进行控制，达到提高目标产品产率的目的。择形催化在炼油工业和石油工业生产中取得了广泛的应用，如分子筛脱蜡、择形异构化、择形重整、甲醇合成汽油、甲醇制乙烯、芳烃择形烷基化等。

3.3.1.7　分子筛的特征与改性

从分子筛的结构化学出发，沸石的骨架结构及组成、同晶交换以及结构缺陷等对其特性起着决定性作用。

（1）分子筛的骨架结构、组成和性能

分子筛的骨架结构由 TO_4 四面体构成，四面体进一步连接形成：一维（如丝光沸石、

APO-5）通道、交叉三维通道（如 ZSM-5、ZSM-11）及笼（如 A 型、X 型、Y 型沸石等），连接"笼"的孔口或通道口通常为 8、10 及 12 元环。狭窄的分子筛通道和分子筛临界尺寸决定了通过通道的分子的扩散速率，扩散速率还与分子和通道的形状间的匹配有关，这就是 Weisz 提出的构型扩散理论。从图 3-25 可以看出，分子筛孔径微小差异可导致扩散系数呈数量级变化，从而使某些反应的速率发生很大变化，选择性提高。构型扩散的活化能比其他两种扩散的活化能高很多。构型扩散的速率小，分子筛中常发生构型扩散。在构型扩散区分子的构型对扩散有重要的作用，如烷烃异构体在分子筛内的裂解速率为正庚烷＞2-甲基己烷＞二甲基戊烷；在 ZSM-5 沸石催化剂上甲苯歧化或甲醇-甲苯的烷基化，二甲苯产率可达到＞98%的超平衡值。

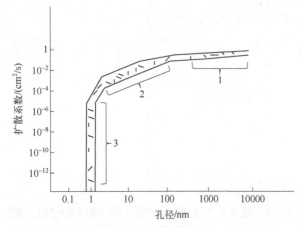

图 3-25　孔径大小与扩散系数的关系
1—容积扩散；2—努森（Knudson）扩散；3—构型扩散

分子筛的骨架组成决定了骨架的电荷分布，从而影响腔内静电场。组成改变引起静电场的变化，将导致分子筛内表面与吸附分子间相互作用的改变。随着硅铝比的增加，亲水性的铝氧四面体和阳离子减少，疏水性的非极性硅氧四面体增加，分子筛由亲水性向疏水性过渡，纯硅沸石分子筛几乎无吸水能力。

在理想状态下，可认为 APO-n 分子筛由 AlO_2^- 和 PO_2^+ 组成。它和纯硅沸石属于中性骨架，无骨架外阳离子，但硅沸石表面憎水，而磷铝分子筛具有中等亲水性。Wilson 认为：沸石分子筛的亲水性是由阴离子骨架和骨架外阳离子组成的静电场与水分子的偶极矩相互作用所致；而磷铝分子筛的亲水性是由 Al（1.5）和 P（2.1）之间电负性的差别引起的，它们的亲水性机理不同。

（2）同晶交换

Barrer 把晶体结构中各组成部分的置换统称为同晶交换。分子筛具有可逆交换阳离子的能力及交换选择性，其与分子筛的组成结构及阳离子位置有关。利用阳离子的交换性能可调节孔道大小、晶体内电场以及表面性质，从而改变其吸附及催化性能。

分子筛的催化性能源于骨架 SiO_4^{4-} 被 AlO_4^{4-} 同晶交换而产生的剩余电荷。高硅及磷铝类分子筛的阳离子位较少，因此利用骨架元素同晶交换以调变其性能显得格外重要。如采用［Al］

ZSM-5 的合成条件，将 Al 源代以 B(H_3BO_3)、Fe[Fe($NO_3)_3$]、Ga[Ga($NO_3)_3$]源，可制得［B］-ZSM-5、[Fe]-ZSM-5、[Ga]-ZSM-5 分子筛。OH 基团的酸强度因骨架元素的同晶交换而改变，其顺序为：

$$Si(OH) < B(OH)Si < Fe(OH)Si < Ga(OH)Si < Al(OH)Si$$

(3) 结构缺陷

在讨论分子筛结构时都是将其视作一"理想"结构，而事实上，分子筛上存在着各种各样的结构缺陷，它们可能对分子筛性能的影响更为直接，Breck 将其归纳为下述几个方面。

a．羟基的形成：分子筛在脱 NH_4^+（或胺）或多价阳离子水合解离时形成羟基。羟基可分为酸性羟基和非酸性羟基，分子筛骨架上的酸性羟基是一些催化反应的活性中心。

b．堆积缺陷：分子筛晶体在生长过程中的错位堆积及共生晶相都可能产生晶体缺陷，形成分子筛通道障碍。如丝光沸石在各层重叠时有一定移动，平均孔径由 0.8～0.9nm 降至 0.4nm。ZSM-5 与 ZSM-11 共生时，ZSM-11 中平行于［010］和［100］方向的交叉通道形成两种体积不同的晶穴。在 ZSM-5 中这两种晶穴是等同的，其体积与 ZSM-11 中较小的相同。这对 ZSM-5(ZSM-11) 的催化性能（过渡态择形性）有着重要作用。

c．包藏离子：合成时的离子如 OH^-、AlO_2^-、R_4N^+ 以及无定形 SiO_2 可能截留在沸石晶穴中，从而影响分子筛的性能。

d．水合解离：当分子筛和水接触时，碱金属型沸石可以作为弱酸盐而水合解离为自由的 Na^+ 和 OH^-。

e．骨架元素空位：分子筛骨架中四配位的铝可能在化学或水热处理过程中脱除，导致骨架元素空位。

f．阳离子移位：当分子筛脱水或热处理时，弱配位的金属阳离子可能发生移位。

g．骨架中断：有些沸石中存在有特殊的未配位氧原子，表明存在骨架中断现象。

3.3.1.8　分子筛的改性概述

分子筛可通过离子交换、脱铝或担载金属以及同晶交换技术，在分子筛晶体中引入各类不同性质的元素，以调节其孔径、表面性质及赋予其新的催化性能。

(1) 分子筛孔径的精密调节

a．交换不同半径阳离子：例如，不同含量 Zn、K 交换的 A 型沸石，可将直径差为 0.03nm 的反式丁烯（0.45nm）与顺式丁烯（0.48nm）分开。

b．利用化学沉积法（CVD）调节分子筛孔径：用四甲氧基硅［$Si(OCH_3)_4$］或四甲氧基锗［$Ge(OCH_3)_4$］与丝光沸石或 ZSM-5 在 300℃反应，然后在氧气中燃烧去掉杂质，反应遗留下 SiO_2 或 GeO_2 薄型多聚态沉积于分子筛表面。控制四甲氧基硅或四甲氧基锗的用量，便可控制孔径大小，从而显示出择形选择性能。如图 3-26 所示，随着 Si 沉积量的增加，甲醇转化产品中对二甲苯产率明显增加。图 3-27 的氨吸附程序升温脱附（NH_3-TPD）结果表明，沉积 Ge 前后氢丝光沸石（HM）表面酸性分布基本不变，说明 CVD 法只改变分子筛的孔径大小而不改变内表面性质。

(2) 表面性质的调节

分子筛可以作为酸性载体利用离子交换法、浸渍法或机械混合法等担载金属或氧化物，制备多功能催化剂。例如，Fe 负载在 ZSM-5 沸石上后，具有催化 CO 加氢的活性。利用改质剂选择性地覆盖表面酸位，可改变表面酸强度分布，如用 P、Mg 改性 ZSM-5 沸石分子筛，可以选择性地覆盖表面强酸中心，保留弱酸和中强酸中心，从而提高甲醇转换产品中乙烯或丙烯的选择性。

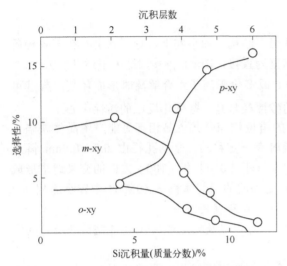

图 3-26　SiHZSM-5 上二甲苯异构体分布

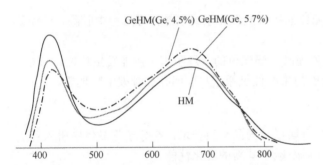

图 3-27　不同 Ge 沉积量 HM 的 NH_3-TPD 图

（3）骨架元素的同晶交换

骨架元素同晶交换的最基本方法，是在合成过程中以各类元素取代 Si（P）或 Al 进入骨架，以改变其催化性能。

沸石分子筛的催化性质与它的骨架铝含量密切相关，因此人们希望在晶体结构不变的基础上改变铝含量。但用沸石合成方法不能大幅度地调节铝含量。已知用酸洗、EDTA、氯气、乙酰丙酮、光气以及水蒸气处理，可以脱除骨架铝，但所有这些处理都会产生骨架空位，使分子筛的稳定性下降。近来发展的用高温 $SiCl_4$ 或 $AlCl_3$ 蒸气与分子筛骨架 Al 或 Si 进行同晶交换，可得到无骨架空位的稳定骨架结构。但除 Si、Al 外，有关其他元素的气-固同晶交换报道较少。

3.3.1.9　ZSM-5 分子筛的改性

ZSM-5 由于其大小合适的孔道和强酸性质而成为应用最广泛的分子筛催化剂。调变 ZSM-5

的酸性及提高其稳定性的方法主要有高温焙烧、高温水蒸气处理、元素修饰（通过原位合成、离子交换、浸渍和 CVD 沉积等方法）和控制分子筛晶粒大小等，其中有关元素修饰的研究报道较多。

(1) 原位合成

原位合成含骨架金属的 ZSM-5 是一种重要的元素修饰方法。例如，把硼元素合成到 ZSM-5 中得到的 SABO 沸石，由于其酸性质的变化，抗积碳性能明显提高，对正己烷催化裂解有更高的稳定性，在烃类转化过程中显示出了工业应用潜力。但其水热稳定性不好。

与 Al-ZSM-5 相比，Fe-ZSM-5 酸性较弱，使得正十六烷烃裂解产物中 C_5 以上产物增加。含碱土金属的 ZSM-5 也受到了关注，例如，Mg-、Ca-、Ba-和 Sr-ZSM-5，可通过原位合成方法制得，由于碱土金属的引入，ZSM-5 的酸性质、催化正丁烷的裂解活性都发生了改变。包信和课题组用密度泛函方法计算了 P 和 La 修饰的 HZSM-5 中骨架铝的稳定性，发现用 P 和 La 复合修饰后，其稳定性更好。Blasco 等较系统地研究了 P 元素对 HZSM-5 的水热稳定性以及正庚烷裂解催化性能的影响，认为 P 之所以能增强 HZSM-5 的水热稳定性，是因为分子筛中的骨架 Al 原子受到了质子化磷酸基团的保护，从而不易在水蒸气处理过程中脱出骨架。Caeiro 等也认为，P 修饰分子筛能提高其水热稳定性，P 的加入减弱了在水蒸气气氛下骨架铝的聚集，且 P 与骨架铝作用后生成的物种对庚烷裂解也具有催化活性。

(2) 离子交换法

用离子交换法把 Cu 交换到 ZSM-5 中，Cu-ZSM-5 表现出了比 ZSM-5 更好的水热稳定性。

(3) 浸渍法

选择合适的元素用浸渍的方法对 ZSM-5 修饰，也能达到提高其水热稳定性的目的。将 Zr 和 Pd 元素浸渍于 ZSM-5 上，所得催化剂在甲烷的低温燃烧过程中表现出了更高的热稳定性和水热稳定性。

(4) ZSM-5 的形貌与尺度

ZSM-5 的形貌与尺度也会影响其稳定性和抗积碳性能。小晶粒 ZSM-5 分子筛具有微孔短、外比表面积大和孔口多等特点，有较强的抗积碳能力和较好的稳定性。

综合来看，在反应物中直接添加水的强水热条件下，提高 ZSM-5 的水热稳定性的方法集中在 P 和 La 的改性。丁维平课题组认为，P 和 La 改性能提高其水热稳定的本质是，在高温水蒸气处理过程中，P/HZSM-5 所含的 P、Al、Si 三类物种发生了局域结构重整，生成了一种耐水热条件的新酸位，同时表现出较好的催化丁烯裂解制丙烯的活性。

图 3-28 总结了 ZSM-5 改性的主要方法。

3.3.1.10 分子筛的吸附性能

固体物质的表面原子和内部原子处于不同的状态，内部原子的吸引力均匀地分布在周围原子上，使力场成为饱和的平衡状态，而表面原子则得不到这种力场的饱和，即表面有吸附力场存在，有表面能。当气体或液体分子进入该力场作用范围内时，就会被吸附，从而降低体系的表面自由能，这种饱和力场的作用范围大约相当于分子的直径，即几十纳米左右。

广义而言，一切固体物质的表面都有吸附作用。实际上，只有多孔物质或磨得极细的物质，由于具有很大的表面积，才有明显的吸附效应，才是良好的吸附剂。常用的固体吸附剂有：硅胶、活性炭、活性氧化铝、分子筛等，它们都有很大的表面积，一般在 $200\sim1000m^2/g$。其中沸石分子筛在吸附分离方面有十分重要的地位，除了有很高的吸附量外，还有独特的择形选择吸附性能。这是由于它具有规整的微孔结构，这些均匀排列的孔道和尺寸固定的孔径，决定了能进入沸石分子筛内部的分子的大小。

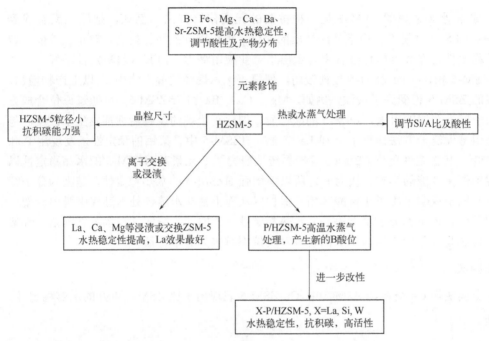

图 3-28 ZSM-5 分子筛的改性方法及其效果

根据吸附力的大小，一般将吸附现象分为物理吸附和化学吸附两类。物理吸附是由于表面上的分子与外来分子之间存在永久偶极、诱导偶极和四极矩引力而聚集，故也称为范氏吸附；化学吸附则在吸附剂与吸附质之间有成键作用。常用下几个标准来区分物理吸附和化学吸附。

a. 根据吸附热的大小：一般认为，物理吸附所放出的热量小些（$8.36\times10^3\sim2.508\times10^4$J/mol），化学吸附热较大（$>4.18\times10^4$J/mol）。

b. 根据吸附的快慢：一般认为，物理吸附如同气体在表面上液化，并不需要克服活化能能垒，所以吸附较快；而化学吸附如同一般的化学反应，要克服一定大小的能垒，所以吸附较慢。

c. 根据吸附时的温度：物理吸附一般发生在吸附物的沸点附近；而化学吸附要在远远高于吸附物的沸点温度下才能进行。

d. 根据气-固作用层的特点：化学吸附往往是在特定条件下发生，对于某种气体来说只能在某种固体上才能发生作用，而在另一种固体上就不会发生作用。物理吸附是一种液化过程，只要温度适宜，任何吸附物都会在惰性固体表面上一层层地累积起来。所以，物理吸附常表现为多分子层吸附，而化学吸附只是单分子层吸附。

分子筛的吸附主要为物理吸附，有时也有化学吸附，如乙烯在沸石上的吸附为化学吸附。分子筛的吸附不仅在表面进行，而且深入到分子筛结构的内部。由于分子筛晶体中存在金属离子，所以它的吸附作用具有特殊性。

所谓吸附平衡,是指被吸附剂吸附的液体或气体分子,由于热运动,发生解吸,并且解吸速率随着被吸附物质量的增加而增大。最后,在一定温度和压力下,解吸速率和吸附速率相等,达到吸附平衡。由于吸附过程是放热过程,因此,升高温度,吸附物质的数量减少;压力和浓度越高,吸附物质的量越多。吸附物质的多少称为吸附量。

3.3.1.11 分子筛吸附的特点

(1) 分子筛的选择性吸附

a. 根据分子大小和形状的不同进行选择性吸附——分子筛效应:分子筛晶体具有蜂窝状结构,晶体内的晶穴和孔道相互连通,空穴的体积占沸石晶体体积的50%以上,并且孔径大小均匀、固定,孔径约在3～10Å之间,分子筛空腔的直径一般在6～15Å,与通常分子的大小相当。硅胶、活性氧化铝和活性炭没有均匀的孔径,硅胶的孔径约10～1000Å,活性氧化铝为10～10000Å,孔径分布范围比较宽,因而没有筛分性能。

b. 根据分子的极性、不饱和度和极化率的不同进行选择性吸附:分子筛对极性分子和不饱和分子具有很高的亲和力。在非极性分子中,对于极化率大的分子有较高的选择性吸附。

(2) 分子筛的高效吸附特性

沸石分子筛对于 H_2O、NH_3、H_2S、CO_2 等极性分子具有很高的亲和力。特别是对于水,在低分压或低浓度、高温等十分苛刻的条件下仍有很高的吸附量。

a. 低分压或低浓度下的吸附:图 3-29 是几种吸附剂的吸附等温线。不难看出,在相对湿度小于30%时分子筛的吸水量比硅胶和氧化铝都高。随着相对湿度的降低,分子筛的优越性越发显著,硅胶和活性氧化铝随着湿度的增加,吸附量逐渐增大,在相对湿度很低时,吸附量很小。

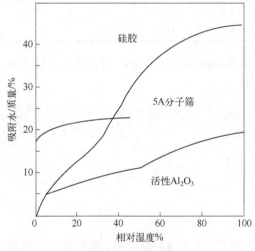

图 3-29 不同湿度下的吸附量

b. 高温吸附:分子筛是唯一可用的高温吸附剂。例如在 100℃和 1.3%相对湿度时,分子筛可吸附 15%质量的水分,比相同条件下活性氧化铝的吸水量大 4 倍,比硅胶大 12 倍以上。图 3-30 为温度对各种吸附剂平衡吸附量的影响。

c. 高速吸附:上面提及,在分压或浓度很低时,分子筛对水等极性分子的吸附效率远远超过硅胶和氧化铝。但在相对湿度很高(如50%以上)时,硅胶的平衡吸附量高于分子筛(因为分子筛的比表面积没有硅胶大)。不过大多数的工业过程都在动态条件下进行，这时即使相对湿度在 50%以上，若吸附物的线速度很大时，分子筛的吸附能力仍然优于其他吸附剂（表 3-12）。

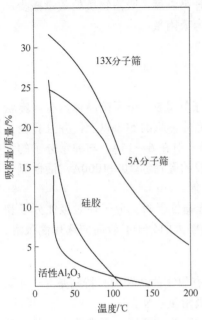

图 3-30　温度对平衡吸附量的影响
压力为 10mmHg，即 1333.2Pa

表 3-12　线速度对吸附量的影响

线速度/（mL/min）	15	20	25	30	35
分子筛吸附量（质量分数）/%	17.6	17.2	17.1	16.7	16.5
硅胶吸附量（质量分数）/%	15.2	13.0	11.6	10.4	9.6

可见，分子筛对极性分子在低分压或低浓度、高温和高速等条件下，仍有相当高的吸附能力，这说明分子筛对水等极性分子的吸附能力很强。

3.3.1.12　分子筛在吸附分离领域的应用

（1）干燥

① 气体的干燥

a. 空气和 N_2、H_2、Ar 等无机气体的干燥；

b. 天然气的干燥；

c. 裂解气及其他气体的干燥。

对裂解气如乙烯、丙烯和丁二烯等烯烃的干燥一般用 3A 及 4A 分子筛。当气体中含水量较高时，可采用二段吸附床，下段装硅胶或活性氧化铝，上段装 3A 或 4A 分子筛，由下至上通入裂解气。

② 液体的干燥　液相干燥与气相干燥的主要差别在于液相中分子间的作用力很强，分子的扩散速率较慢，因而液相干燥不如气相干燥那样迅速。

如聚丙烯、聚乙烯、间戊二烯以及合成橡胶等溶液的聚合过程，由于水会使催化剂迅速失去活性，所以要求溶剂和单体不仅纯度要高而且十分干燥。例如，在合成丁基橡胶时，

用 $AlCl_3$ 作催化剂，在 CH_3Cl 介质中的少量水就会严重影响聚合过程，用 KA 分子筛干燥可使含水量降至 0.005%以下。

（2）净化与分离

净化与分离都是将混合物组分彼此分开，但在化学工程方面是两个不同的概念。净化一般是指从系统中除去少量杂质，而分离组分的相对数量往往比较大。

① 气体的净化和分离

a. 天然气和烃类气体的净化：天然气及烃类气体（如乙烷、丙烷等）中常含有 H_2S 及其他硫化物，用分子筛净化效果最佳。

b. 氢气的净化及稀有气体的精制：以电解氢为原料经过硅胶或分子筛干燥脱水，钯型分子筛催化脱氧，然后在低温下用 5A 分子筛吸附净化，可制得纯度为 99.99999%的超纯氢。

稀有气体氦、氖、氩、氪、氙等在国防工业及尖端科学方面有着重要的应用，对它们的纯度一般要求很高。通常存在的杂质是氮和氧，借助它们与分子筛亲和力的差异，可在低温下进行有效的分离精制（一般用 4A、5A 分子筛）。

c. 分子筛富集氧气：富氧气体是指含氧量大于 21%（体积分数）的气体。空气主要成分是 N_2 和 O_2，分子筛富集氧气是基于它对 N_2 和 O_2 的亲和力不同，N_2 分子极化率大于 O_2，因此当空气通过分子筛床层后，分子筛优先吸附 N_2，使得出口气体中 N_2 含量较低而吸附相中 N_2 含量较高，O_2 含量则相反，从而得到富氧气体。如果分子筛床层足够长，则可制取纯氧。

② 液体的净化与分离

a. 分子筛脱蜡

分子筛脱蜡是石油加工工业中广泛应用的吸附分离过程，可以从石油馏分中分离出正构烷烃。正构烷烃是蜡的主要成分，故称为分子筛脱蜡。

正构烷烃的临界直径约为 4.9Å，异构烷烃、环烷烃及芳烃等都在 5.5Å 以上。当这些烃类混合物与 5A 分子筛接触时，只有正构烷烃能通过分子筛孔道。

b. 分子筛脱芳烃

液体石蜡广泛用于制造合成洗涤剂、农药乳化剂、塑料增塑剂。但用不同原料生产出的液体石蜡质量有显著差别。将原料进行酸碱预精制后，质量改善还是不大。若采用 10X 分子筛气相吸附精制液体石蜡，可取得良好效果。

10X 分子筛孔径 8～9Å，硫化物（硫醚、硫醇等）、氮化物、有机酸、芳烃、正构烷烃等，都能进入孔道中，由于杂质的极性大于正构烷烃，所以分子筛选择性地优先吸附杂质。

c. 吸附分离对二甲苯

四种 C_8 芳烃异构体有：乙苯、邻-二甲苯、间-二甲苯、对-二甲苯。K^+ 交换的 Y 型分子筛对于对-二甲苯和乙苯有较强的吸附能力，Ba^{2+} 交换的 Y 型分子筛对于对-二甲苯也有一定的吸附能力，而对于乙苯的吸附能力较弱。在 K^+ 充分交换后再用 Ba^{2+} 部分交换，生成的 KBa-Y 型分子筛对对-二甲苯的选择吸附能力大大提高。

3.3.2 催化裂化

流化催化裂化（fluid catalytic cracking，FCC）简称催化裂化，是现代化炼油厂用来改质重质瓦斯油和渣油的核心技术，是炼油厂获取经济效益的一种重要方法。催化裂化占原油一次加工能力的比例为 30%～40%。

石油炼制的目的：一是通过原油加工得到更多数量的轻质油产品；二是为下游石油化工提供基础原料。用蒸馏的方法将原油按沸点的高低切割为若干部分，即所谓的馏分，用常减压蒸馏的方法得到的各馏分沸点范围如下。

原油 $\begin{cases} \text{汽油馏分：初馏点}50\sim200(180)℃ \\ \text{柴油馏分：}200\sim350℃ \\ \text{（常压瓦斯油AGO）} \\ \text{常压重油：}>35℃ \\ \text{（常压渣油AR）} \end{cases} \begin{cases} \text{润滑油：}350\sim500℃\text{的减压馏分（减压瓦斯油VGO）} \\ \text{减压渣油：}>500℃\text{的减压馏分} \end{cases}$

原油经过一次加工（常减压蒸馏）只能从中得到 10%～40%的汽油、煤油和柴油等轻质油品，其余是只能作为润滑油原料的重馏分和残渣油。但是，市场对轻质油品的需求量却占石油产品的 90%左右，而且直馏汽油辛烷值很低，一般达不到汽车燃油的要求，所以只靠常减压蒸馏无法满足市场对轻质油品在数量和质量上的要求。催化裂化技术是重油轻质化和改质的重要手段之一，已发展成为当今石油炼制的核心技术之一，目前中国催化裂化（FCC）装置年加工能力超过 1 亿吨，装置平均规模为 900～1000 千吨/a，FCC 汽油占成品汽油总组成的 80%以上。

3.3.2.1 催化裂化工艺简介

催化裂化过程是以减压馏分油、焦化柴油和蜡油等重质馏分油或渣油为原料，在常压和 450～550℃条件下，在固体酸催化剂的作用下，发生一系列化学反应，转化生成气体、汽油、柴油等轻质产品和焦炭的过程。催化裂化过程具有以下几个特点：

a．轻质油收率高，可达 70%～80%；
b．催化裂化汽油的辛烷值高，马达法辛烷值可达 78，汽油的安定性也较好；
c．催化裂化柴油十六烷值较低，常与直馏柴油调和使用，或经加氢精制提高十六烷值，以满足规格要求；
d．催化裂化气体，C_3 和 C_4 烃气体占 80%，其中在 C_3 烃中丙烯占 70%，C_4 烃中各种丁烯占 50%～60%，是优良的石油化工原料和生产高辛烷值汽油的原料。

根据所用原料、催化剂和操作条件的不同，催化裂化各产品的产率和组成略有不同，大体上，气体产率为 10%～20%，汽油产率 30%～50%，柴油产率不超过 40%，焦炭产率为 5%～7%。由以上产品产率和产品质量情况可以看出，催化裂化过程的主要目的是生产汽油。我国公共交通运输事业和发展农业都需要大量柴油，所以催化裂化的发展都在大量生产汽油的同时，提高柴油的产率，这是我国催化裂化技术的特点。

3.3.2.2 催化裂化的反应机理

催化裂化催化剂为固体酸催化剂，早在 1936 年工业上就首先使用了经酸处理的蒙脱石催化剂。因为这种催化剂在高温下热稳定性不高，再生性能不好，后来被合成的无定形硅酸铝所取代，20 世纪 60 年代出现了含沸石的催化剂。可用作裂化催化剂的所有沸石中，只有 Y 型沸石具有工业意义。在许多情况下，将稀土元素引入 Y 型沸石中。Y 型沸石在硅酸铝基体中的加入量可达 15%。采用沸石催化剂后产品中汽油的选择性大大提高，而且汽油的辛烷值也较高，同时气体和焦炭产率降低。工业上应用的超稳 Y 型沸石分子筛（USY），在高达 700℃时晶体结构能保持不变。

催化裂化实质上是碳正离子的化学反应。碳正离子经过氢转移步骤生成：

$$R^+ + H-\overset{|}{\underset{|}{C}}- \longrightarrow RH + {}^+\overset{|}{\underset{|}{C}}-$$

由于高温，碳正离子可分解为较小的碳正离子和一个烯烃分子：

$$-C^+H-CH_2-\overset{|}{\underset{|}{C}}- \longrightarrow -CH=CH_2 + {}^+\overset{|}{\underset{|}{C}}-$$

生成的烯烃比初始的烷烃原料易于变为碳正离子，裂化速度也较快：

$$-\overset{|}{C}=\overset{|}{C}- + H^+ \longrightarrow -\overset{|}{\underset{|}{C}}H-\overset{|}{\underset{|}{C}}{}^+-$$

由于 C—C 键断裂一般发生在碳正离子的 β 位置，所以催化裂化可生成大量的 $C_3 \sim C_4$ 烃类气体，只有少量的甲烷和乙烷生成。新碳正离子或裂化或夺得一个氢负离子而生成烷烃分子，或发生异构化、芳构化等反应。

现在选用的沸石分子筛具有特定的孔径，常常对原料和产物都表现出不同的选择特性。如在 HZSM-5 沸石分子筛上烷烃和支链烷烃的裂化速度依下列次序递降：

$$正构烷烃 > 一甲基烷烃 > 二甲基烷烃$$

沸石分子筛这种对原料分子大小表现的选择性和对产物分布的影响称为沸石分子筛的择形性。

催化裂化条件下各种烃类的主要反应如下。

① 烷烃裂化为较小分子的烯烃和烷烃

例如

$$C_{16}H_{34} \longrightarrow C_8H_{16} + C_8H_{18}$$

② 烯烃裂化为较小分子的烯烃

③ 异构化反应

$$正构烷烃 \longrightarrow 异构烷烃$$
$$烯烃 \longrightarrow 异构烯烃$$

④ 氢转移反应

$$环烷烃 + 烯烃 \longrightarrow 芳烃 + 烷烃$$

⑤ 芳构化反应

⑥ 环烷烃裂化为烯烃

⑦ 烷基芳烃脱烷基反应

$$烷基芳烃 \longrightarrow 芳烃 + 烯烃$$

⑧ 缩合反应

单环芳烃可缩合成稠环芳烃，最后缩合成焦炭，并放出氢气，使烯烃饱和。

由以上反应可见，在烃类的催化裂化反应过程中，裂化反应的进行，使大分子的烃类分解为小分子的烃类，这是催化裂化工艺成为重质油轻质化的重要手段的根本依据。氢转移反应使催化汽油饱和度提高，安定性好。异构化、芳构化反应是催化汽油辛烷值提高的重要原因。

催化裂化得到的石油馏分仍然是由多种烃类组成的复杂混合物。催化裂化并不是各种烃类单独反应的综合结果，在反应条件下，任何一种烃类的反应都将受到同时存在的其他烃类的影响，并且还需要考虑催化剂对反应过程的影响。

石油馏分的催化裂化反应属于气-固非均相催化反应。反应物首先是从油气流扩散到催化剂孔隙内,并且被吸附在催化剂的表面上,在催化剂作用下进行反应,生成的产物再从催化剂表面上脱附,然后扩散到油气流中,导出反应器。因此烃类进行催化裂化反应的先决条件是在催化剂表面上的吸附。

实验证明,碳原子相同的各种烃类,吸附能力的大小顺序是:稠环芳烃＞稠环、多环环烷烃＞烯烃＞烷基芳烃＞单环环烷烃＞烷烃。

按烃类的化学反应速率顺序排列,大致情况如下:烯烃＞大分子单烷侧链的单环芳烃＞异构烷烃和环烷烃＞小分子单烷侧链的单环芳烃＞正构烷烃＞稠环芳烃。

综合上述两个排列顺序可知,石油馏分中芳烃虽然吸附性能强,但反应性弱,吸附在催化剂表面上占据了大部分表面积,阻碍了其他烃类的吸附和反应,使整个石油馏分的反应速率变慢。烷烃虽然反应速率快,但吸附能力弱,对原料反应的总效应不利。环烷烃既有一定的吸附能力又有适宜的反应速率,因此认为,富含环烷烃的石油馏分应是催化裂化的理想原料。但实际生产中,这类原料并不多见。

石油馏分催化裂化的另一个特点就是该过程是一个复杂反应过程。反应可同时向几个方向进行,中间产物又可继续反应,这种反应属于平行-顺序反应。

平行-顺序反应的一个重要特点是反应深度对产品产率分配有重大影响。随着反应时间的增长,转化率提高,气体和焦炭产率一直增加。汽油产率开始时增加,经过最高点后又下降。这是因为到一定反应深度后,汽油分解成气体的反应速率超过汽油的生成速率,即二次反应速率超过了一次反应速率。因此要根据原料的特点选择合适的转化率,这一转化率应选择在汽油产率最高点附近。

3.3.2.3 催化裂化装置的工艺流程

催化裂化反应是在酸催化剂表面上大分子烃断裂生成较小烃分子的反应,同时存在单环芳烃缩合成稠环芳烃最后缩合成焦炭的反应,会造成催化剂表面结碳,引起催化剂很快失活,因此催化剂的再生一直是催化裂化催化剂的重要环节。由于催化剂失活很快,催化剂的再生频繁,此类催化剂不适合固定床反应器,由此产生了流化床催化裂化技术和反应器。

催化裂化技术的发展密切依赖于催化剂的发展。有了微球催化剂,才出现了流化床催化裂化装置。分子筛催化剂的出现,发展了提升管催化裂化。选用适宜的催化剂对于催化裂化过程的产品产率、产品质量以及经济效益具有重大影响。

催化裂化装置通常由三大部分组成,即反应-再生系统、分馏系统和吸收-稳定系统。其中反应-再生系统是全装置的核心,现以高低并列式提升管催化裂化为例,对几个系统分述如下。

(1) 反应-再生系统

图3-31是高低并列式提升管催化裂化装置反应-再生及分馏系统的工艺流程。

新鲜原料(减压馏分油)经过一系列换热后与回炼油混合,进入加热炉预热到370℃左右,由原料油喷嘴以雾化状态喷入提升管反应器下部,油浆不经加热直接进入提升管,与来自再生器的高温(650～700℃)催化剂接触并立即汽化,油气与雾化蒸汽及预提升蒸汽一起携带着催化剂以 7～8m/s 的高线速通过提升管,经快速分离器分离后,大部分催化剂被分出落入沉降器下部,油气夹带少量催化剂经两级旋风分离器分出夹带的催化剂后进入分馏系统。

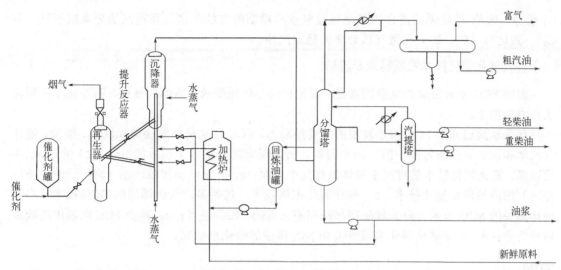

图 3-31 高低并列式提升管催化裂化装置反应-再生及分馏系统工艺流程

积有焦炭的待生催化剂由沉降器进入其下面的汽提段,用过热蒸汽进行汽提以脱除吸附在催化剂表面上的少量油气。待生催化剂经再生斜管和再生单动滑阀进入再生器,与来自再生器底部的空气(由主风机提供)接触形成流化床层,进行再生反应,同时放出大量燃烧热,以维持再生器足够高的床层温度(密相段温度650~680℃)。再生器维持0.15~0.25MPa(表)的顶部压力,床层线速度0.7~1.0m/s。再生后的催化剂经淹流管、再生斜管及再生单动滑阀返回提升管反应器循环使用。

烧焦产生的再生烟气,经再生器稀释段进入旋风分离器,经两级旋风分离器分出携带的大部分催化剂,烟气经集气室和双动滑阀排入烟囱。再生烟气温度很高,而且含有5%~10%的CO,为了利用其热量,不少装置设有CO锅炉,利用再生烟气产生水蒸气。对于操作压力较高的装置,常设有烟气能量回收系统,利用再生烟气的热能和压力做功,驱动主风机以节约电能。

(2) 分馏系统

分馏系统的作用是将反应-再生系统的产物进行分离,得到部分产品和半成品。由反应-再生系统来的高温油气进入催化分馏塔下部,经装有挡板的脱过热段脱热后进入分馏段,经分馏后得到富气、粗汽油、轻柴油、重柴油、回炼油和油浆。富气和粗汽油去吸收稳定系统;轻、重柴油经汽提、换热或冷却后出装置,回炼油返回反应-再生系统进行回炼。油浆的一部分送反应-再生系统回炼,另一部分经换热后循环回分馏塔。为了利用分馏塔的过剩热量以使塔内气、液相负荷分布均匀,在塔的不同位置分别设有4个循环回流:顶循环回流、一中段回流、二中段回流和油浆循环回流。

催化裂化分馏塔底部的过热段装有约10块人字形挡板。由于进料是460℃以上的带有催化剂粉末的过热油气,因此必须先把油气冷却到饱和状态并洗下夹带的粉尘,以便进行分馏和避免堵塞塔盘。因此由塔底抽出的油浆经冷却后返回人字形挡板的上方与由塔底上来的油气逆流接触,一方面使油气冷却至饱和状态,另一方面也洗下油气夹带的粉尘。

(3) 吸收-稳定系统

从分馏塔顶油气分离器出来的富气中带有汽油组分,而粗汽油中则溶解有 C_3 和 C_4 甚至

C_2 组分。吸收-稳定系统的作用就是通过吸收和精馏的方法将富气和粗汽油分离成干气（≥C_2）、液化气（C_3、C_4）和蒸气压合格的稳定汽油。

（4）现代催化裂化技术发展特点及趋势

影响 FCC 未来发展的重要因素是：原油价格、环保要求、新燃料规格、石油化工原料需求和渣油加工。

环保法规已成为 FCC 技术发展的主要推动力。FCC 已从简单解决诸如汽油、柴油、液化气收率和抗金属杂质等其中的一两个问题，转向要同时解决多个矛盾的组合。20 世纪 80 年代以来，催化裂化技术的进展主要体现在几个方面：a. 开发成功掺炼渣油（常压渣油或减压渣油）的渣油催化裂化技术；b. 催化裂化家族技术，包括多产低碳烯烃的 DCC 技术，多产异构烯烃的 MIO 技术、最大量生产汽油和液化气的 MGG 技术；c. 减少 FCC 汽油中的硫和烯烃含量；d. 降低催化裂化装置 SO_x 和 NO_x 排放的催化剂研究。

习题

1. 固体酸的酸性来源和酸中心的形成是怎样的？
2. 固体酸的性质包括哪几方面？
3. 酸强度的含义是什么？如何测定？区别 B 酸和 L 酸的实验方法是什么？
4. 为什么 SiO_2-Al_2O_3 会有酸性？其 B 酸、L 酸活性中心的结构特征及相互转化的条件是什么？
5. 正碳离子反应规律是什么？
6. 决定酸碱催化剂活性和选择性的基本因素是什么？
7. 分子筛催化剂的特点是什么？
8. X 型和 Y 型分子筛的结构一样吗？它们的区别在哪里？其硅铝比分别是多少？
9. 简述分子筛的四种主要催化作用。
10. 分子筛择形催化有哪四种不同形式？
11. 分子筛催化剂有哪些重要特性？其表面酸性是怎样产生的？
12. 影响分子筛催化剂的酸量和酸强度的主要因素是什么？改变其酸量和酸强度的方法有哪些？

第四章
金属催化剂及催化作用

金属催化剂,是固体催化剂中研究最早、最深入,也是应用最广泛的一类催化剂。金属催化剂在催化中的作用是其他催化剂无法替代的,自从20世纪P. Sabatier发现金属Ni可以催化苯加氢生成环己烷以来,除金属外尚未发现其他类型的催化剂可以催化这一反应,在乙烷氢解反应中,也未发现除金属以外其他可用于此反应的催化剂。

几乎所有的金属催化剂都是过渡金属,这与过渡金属的电子结构、表面化学键有关。过渡金属晶体中原子以不同的排列方式密堆积,形成多种晶体结构,金属晶体表面裸露着的原子可以为化学吸附提供吸附中心,吸附的分子可以同时和1、2、3或4个金属原子形成吸附键,即单位或多位吸附。如果第二层原子参与吸附,则金属催化剂可提供的吸附成键方式更多。所有这些吸附中心相互靠近,有利于吸附物种相互作用或进行协同反应。因此,金属催化剂可提供多种吸附和反应中心,这是金属催化剂的一个特点。

金属纳米颗粒(nanoparticles,NPs)的表面原子具有悬挂键,每个原子的平均结合能较高。金属纳米颗粒的分散度与尺寸成反比,使得其许多性质遵循与此相同的规律。金属纳米颗粒上的边角原子具有更少的配位数,因此这些边角原子可能与"外来"原子和分子紧密结合。小型金属团簇可以看作由单个原子、二聚体、三聚体等组成,它们的行为应该更像原子或分子,尤其是金属单原子催化剂。

许多来自大量粒子统计平均值的传统热力学概念,对于纳米粒子体系特别是由少量原子的单个孤立金属团簇组成的系统,可能会受到挑战。由于量子效应,将单个"额外"或"外来"原子添加到只有几个原子的小金属簇中,可以重置系统的能量尺度。电离能和电子亲和能是控制分子吸附的重要因素,随着单个原子加入金属团簇,它们会发生波动。金属团簇电子结构的变化影响它们与其他原子或分子形成化学键的能力以及它们的氧化还原反应。因此,小金属团簇的催化活性和选择性很大程度上取决于它们的原子数和特定的原子构型。

以金属为活性组分的催化剂,常见的是以周期表中第Ⅷ族金属和ⅠB族金属为活性组分的固体催化剂。若从使用过程考虑,金属催化剂常见于下列工艺过程。

与能源相关的金属催化:金属催化在石油、煤炭和天然气等化石燃料的利用中起着关键作用,石油炼制技术已被公认为是20世纪最具影响力的20项工程成就之一,为全球提供40%的能源、90%的工业有机化学品。然而,原油含有大量的碳氢化合物混合物(以及少量的含硫和含氮有机化合物),如果没有进一步加工,就无法有效使用。不同沸点范围的组分通过馏分分离后,经加氢脱硫(HDS)和加氢脱氮(HDN)处理以去除杂质、环境污染物,如二氧化硫和氮氧化物,再进一步进行催化重整、裂化和加氢,以生产高质量的燃料。

为了充分利用煤炭和天然气作为能源和化学品原料,目前越来越多地通过气化($C+H_2O \longrightarrow CO+H_2$)、甲烷水蒸气重整($CH_4+H_2O \longrightarrow CO+3H_2$)或直接氧化($CH_4+1/2O_2 \longrightarrow CO+2H_2$)把

它们转化为合成气（CO 和 H_2 的混合物），并进一步转化，通过费-托合成转化为重烃和醇类。

液态肼（N_2H_4）在 Ir/γ-Al_2O_3 催化剂作用下室温分解为 N_2、H_2 和 NH_3，已经用于控制和调整卫星轨道和姿态的推进剂。更具前景的氢燃料电池在汽车、航天飞机和其他电力系统中广泛应用。Pt 基催化剂被一致认为是质子交换膜燃料电池（PEMFC）中氧化还原反应（ORR）最有效的催化剂。

与化学品制造相关的金属催化：工业上选择性氧化催化的成功例子为乙烯转化为环氧乙烷和甲醇转化为甲醛，这两个反应使用的催化剂都是 Ag 催化剂。在 α-Al_2O_3 或 SiC 负载的碱土或碱金属促进的 Ag 金属颗粒上进行乙烯部分氧化可以制备环氧乙烷。甲醛可以通过在 Ag 上甲醇氧化来制备，同时加入水蒸气、氮气和/或微量添加剂，可以促进甲醇吸附和抑制深度氧化。与食品生产有关的一个经典例子是在催化剂作用下不饱和植物油加氢制造人造黄油。

与材料合成相关的金属催化：通过金属催化剂生产己内酰胺——尼龙 6 和尼龙 66 的前体，是与材料合成相关的金属催化过程。己内酰胺合成通过 Allied-Signal 工艺实现，该过程涉及在 Pd 催化剂上的苯酚液相加氢制环己酮，然后环己酮转化为环己酮肟，并通过贝克曼重排进一步转化为己内酰胺。合成的另一途径是 Snia Viscosa 工艺流程，它包括苯甲酸在 Pd/C 催化剂上加氢制备六氢苯甲酸，然后通过亚硝基硫酸亚硝化直接转化为己内酰胺。

材料前体合成的另一个实际例子是氢化硅加成工艺，其中氢化硅与不饱和化合物发生加成反应。尽管均相金属配合物也经常用于氢化硅加成反应，但在许多应用中，负载型 Pt 催化剂是首选催化剂。

与环境控制相关的金属催化：事实上，目前催化剂消费市场中有三分之一与环境催化有关。环境催化最突出的用途之一是控制汽车尾气。用于这种过程的典型催化剂为三效催化剂，由 Pt、Rh 和 Pd 金属粒子组合而成，这些金属粒子用 La_2O_3 或 BaO 稳定并在 CeO_2 或 CeO/O 改性的 γ-Al_2O_3 涂层上。

在对挥发性有机化合物处理时，经常使用 Pt/Al_2O_3、Pt/BaO 或 Pd/Al_2O_3 作为燃烧催化剂以使工艺温度远低于常规火焰燃烧。

也有一些专门用途的环境催化剂。例如，Pt/丝光分子筛催化剂用于处理喷漆和涂布车间中的空气污染物，并控制苯酐制造工业中污染物的排放。Pt-V_2O_5-SO_4^{2-}/丝光分子筛有时用于净化含有硫化物的烟气。

金属催化剂催化反应机理研究表明，金属催化剂的活性中心目前普遍接受的观点是定域化模型。例如，乙烷环氧化催化反应，O_2 定域吸附在 Ag 原子表面上，生成吸附态的 $Ag_2O_2^-$，然后乙烯与它直接作用生成环氧乙烷；氨合成中铁催化剂对 N_2 的吸附解离机理是：在 α-Fe(111) 面上的原子簇活性中心上，N_2 先与吸附中心配合，然后在解离中心以及诱导产生的 H 的共同作用下解离。重整催化剂对烷烃的异构化是通过定位键位移过渡态进行的。

金属催化剂定域化模型与过渡金属化合物（包括复合氧化物）的定位配合活化的主要区别在于：前者一般是金属原子簇（多核）起配合活化作用，后者一般在过渡金属原子（单核）上起配合活化作用。由于是多核作用，晶格参数与催化性能之间的关系一般较为明显。

另外，由于金属原子的密堆积，金属原子间的键属于电子高度共享的金属键，单胞与单胞间的波函数作用明显。因此，聚集态的电子迁移性能与催化性能的关系比过渡金属化合物更为突出，并且金属的微粒大小及分布、助催化剂在金属微粒上的分布等，与催化性能有密切的关系。

目前多相金属催化研究的新方向主要在以下几个方面：①新型催化材料，如原子簇与单原子催化；②催化表面科学；③高通量催化剂测试；④提高反应的选择性——绿色化学。

4.1 金属催化剂的特征

金属催化剂按活性组分是否负载在载体上可分为：非负载型金属催化剂和负载型金属催化剂。非负载型金属催化剂指不含载体的金属催化剂，按组成又可分单金属和合金两类。通常以骨架金属、金属丝网、金属粉末、金属颗粒、金属屑片和金属蒸发膜等形式应用。骨架金属催化剂，是将具有催化活性的金属和铝或硅制成合金，再用氢氧化钠溶液将铝或硅溶解掉，形成金属骨架。工业上最常用的骨架催化剂是骨架镍，1925年由美国的 M.雷尼发明，故又称雷尼镍。雷尼镍催化剂广泛应用于加氢反应中。其他骨架催化剂还有骨架钴、骨架铜和骨架铁等。典型的金属丝网催化剂为铂网和铂-铑合金网，应用在氨氧化生产硝酸工艺上。

负载型金属催化剂是指金属组分负载在载体上的催化剂，用以提高金属组分的分散度和热稳定性，使催化剂具有合适的孔结构、形状和机械强度。大多数负载型金属催化剂是将金属盐类溶液浸渍在载体上，经沉淀转化或热分解还原制备。制备负载型催化剂的关键之一是控制热处理和还原条件。

金属催化剂按催化剂活性组分是一种或多种金属元素，可以分为：单金属催化剂和多金属催化剂。

单金属催化剂是只有一种金属组分的催化剂。例如1949年工业上首先应用的铂重整催化剂，活性组分为单一的金属铂负载在含氟或氯的 γ-Al_2O_3 上。

多金属催化剂是指催化剂中由两种或者两种以上的金属组成。例如负载在含氯的 γ-Al_2O_3 上的铂-铼等双金属和多金属重整催化剂。它们比含氯的 γ-Al_2O_3 负载的重整催化剂有更优异的催化性能。在这类催化剂中，负载在载体上的多种金属可形成二元或多元的金属原子簇，使活性组分的有效分散度大大提高。金属原子簇化合物的概念最早从配合催化剂中而来，将其应用到固体金属催化剂中，可以认为金属表面也有几个、几十个或更多个金属原子聚集成簇。20世纪70年代以来，根据这一概念，提出了金属原子簇活性中心模型，用来解释一些反应的机理。在负载型和非负载型多金属催化剂中，若金属组分之间形成合金，称为合金催化剂。研究和应用较多的是二元合金催化剂，如铜-镍、铜-钯、钯-银、钯-金、铂-金、铂-铜和铂-铑等。可以通过调整合金的组成来调节催化剂的活性。某些合金催化剂的表面和体相内的组成有明显差异，如在镍催化剂中加入少量铜后，由于铜在表面富集，镍催化剂原有表面构造发生变化，从而使乙烷加氢裂解活性迅速降低。合金催化剂在加氢、脱氢、氧化等方面均有应用。表4-1为金属催化剂按照制备方法划分的类型。

表4-1 金属催化剂类型

催化剂类型	催化剂用金属	制备方法特点
还原剂	Ni、Co、Cu、Fe	金属氧化物用 H_2 还原
甲酸型	Ni、Co	金属甲酸盐分解析出金属
Raney型	Ni、Co、Cu、Fe	金属和铝的合金以 NaOH 处理，溶提去除铝
沉淀型	Ni、Co	沉淀催化剂：金属盐的水溶液用锌末使金属沉淀；硼化镍催化剂：金属盐的水溶液以氢化硼析出金属
硝酸盐型	Cu（Cr）	把硝酸盐的混合水溶液以 NH_3 沉淀得到的氢氧化物加热分解
贵金属	Pt、Ru、Rh、Ir、Os	Adams型：贵金属氯化物以硝酸钾熔融分解生成氧化物；载体催化剂：贵金属氯化物浸渍法或配合物离子交换法，熔融后用 H_2 还原
热熔融	Fe	用 Fe_3O_4 及助催化剂高温熔融，在 H_2 或合成气下还原

金属催化剂具有以下特征。

（1）有裸露着的表面

包含以下三种含义：a.配合物中心金属的配位部位可以被包含溶剂在内的配体全部饱和，而对具有界面的固体金属原子来说，至少有一个配位部位是空着的，如图4-1所示。b．金属配合物在溶液中总是移动着的，而且可互相碰撞，以致在配体之间发生交换并保持一种微观动态上的平衡。但是，固体表面的金属原子则是相对固定的，不能相互碰撞，因此，从能量上来说，处于各种各样的互稳状态。c.配体的性质不同，在固体金属中，金属原子四周的邻接原子-配体都是相同的金属原子本身，因此，与此相关的热力学上的稳定性也就不同。

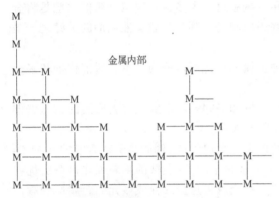

图4-1　金属表面的模型

（2）金属原子之间有着凝聚作用

在金属中，金属原子之间有相互凝聚的作用。这是金属之所以具有较大导热性、导电性、延展性以及机械强度等的原因，也反映了金属原子之间化学键的非定域性质，金属的这种性质使其获得了额外的共轭稳定化能，从而在热力学上具有较高的稳定性。所以金属是很难在原子水平上进行分散的。下面列举一些实验事实。

a．金属原子尽管在适当配体作用之下，可以避免进一步凝聚而形成所谓的原子簇化合物。从其结构化学以及化学键理论来看，可以看作金属催化剂的模型。但是，从含底物的催化体系的热力学稳定性的观点加以分析，它与真正的金属催化剂有着明显的区别。

b．金属原子通过金属键凝聚达到稳定的原动力，就在于金属原子之间有很强的集合在一起的倾向，这从金属的原子化热远大于相似配合物的键能中可以证明。

c．在由浸渍法制备金属负载催化剂时，可以清楚地看到，原来的金属离子，是在分散状态下被还原成金属原子的；在还原过程中，产生的金属原子确实具有甩开载体而相互吸引的凝聚力。

d．以"相"的形式参与反应。当固体金属显示出催化活性时，金属原子总是以相当大的集团，而不是像配合物催化剂那样以分子形式与底物作用。也就是说，金属是以相当于热力学上的一个"相"的形式出现的，这是金属催化剂在热力学上的又一特征。

4.2　过渡金属的催化作用

过渡金属催化剂（transition metal catalyst），为过渡金属配合物。过渡金属催化已经是当今合成化学中最重要的反应类型之一，至今仍然在不断发展之中。无论是半导体材料还是有机功能分子，从石墨炔到药物骨架，从实验室到大型工厂，无处不用过渡金属催化。过渡金属具有部分充满的 d 或 f 轨道，这也是它及其配合物最关键的特征。在过渡金属催化作用中，需要考虑几何因素和能量因素的适应性。

4.2.1 过渡金属催化作用中的几何因素

苏联巴兰金提出的多位理论认为，表面结构反映了催化剂晶体的内部结构，并提出催化作用的几何适应性与能量适应性的问题。其基本观点为：反应物分子扩散到催化剂表面，首先物理吸附在催化剂活性中心上，然后反应物分子的指示基团（指分子中与催化剂接触进行反应的部分）与活性中心作用。于是分子发生变形，化学吸附生成表面中间配合物，通过进一步催化反应，最后解析成为产物。反应物组分与金属表面键合的能力、金属表面原子的几何排布方式有关，催化活性受到几何因素的影响。

（1）原子间距

根据巴兰金的基本观点，为力求其键长、键角变化不大，反应分子中指示基团的几何对称性与表面活性中心结构的对称性应相适应；由于化学吸附时近距离作用，对两个对称结构的大小也有严格的要求。下面以乙烯在 Ni 金属上的加氢反应为例来说明。Ni 金属为面心立方结构，有（111）、（110）和（100）三个晶面，当乙烯吸附到 Ni 金属表面后，存在两种吸附结构，吸附后 θ 键角不同，如图 4-2 所示。乙烯在镍表面吸附后，C—C 键长为 0.154nm，Ni—C 键长为 0.182nm。当 Ni—Ni 键长为 0.182nm 时，其 $\theta=105°41'$；当 Ni—Ni 键长为 0.351nm 时，其 $\theta=122°57'$。碳原子的结构为正四面体结构，键角为 $109°28'$。所以，乙烯吸附在窄双位上时，对应较稳定的吸附，吸附热较大。对于表面吸附为控制步骤的催化反应，较低的吸附热对应较高的活性。故乙烯吸附在宽双位上时，受到较大的扭曲，对应较不稳定的吸附，能成为较为活泼的中间产物，更有利于乙烯的催化加氢（图 4-2）。

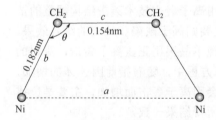

图 4-2 乙烯在 Ni 金属上的吸附

原子间距对催化反应的选择性也有影响。丁醇在 MgO 上可以发生脱氢反应和脱水反应。MgO 是面心立方，晶格常数 $a = 4.16×10^{-10}～4.24×10^{-10}$m。发现 a 增大将有利于脱水反应，反之则有利于脱氢反应，可以从空间因素来解释。因为脱水和脱氢所涉及的基团不同，前者要求断裂 C—O 键，其键长为 0.143nm；后者要求断裂 C—H 键，其键长为 0.108nm，故脱水需要较宽的双位吸附（图 4-3）。

（2）晶格结构

在金属晶体中，质点排布并不完全按顺序整齐排列。由于制备条件的影响，会产生各种缺陷，与吸附和催化性能密切相关的是点缺陷和线缺陷。

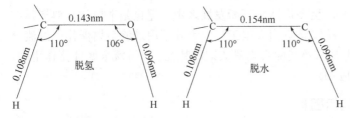

图 4-3 醇在脱氢与脱水时的吸附构型

点缺陷是最简单的晶体缺陷，它是在结点上或邻近的微观反应区域内偏离晶体结构正常排列的一种缺陷。晶体点缺陷包括空位、间隙原子、杂质或原子以及由它们组成的复杂点缺陷，如空位对、空位团和空位-溶质原子对等。

在晶体中，位于点阵结点上的元素并不是静止的，而是以其平衡位置为中心做热振动。原子的振动能是按概率分布的，有起伏涨落。当某一原子具有足够大的振动能而使振幅增大到一定限度时，就可能克服周围原子对它的制约作用，跳离其原来的位置，使点阵中形成空结点，称为空位。离开平衡位置的原子有两个去处，一是挤入点阵的间隙位置，在晶体中同时形成数目相等的空位和间隙原子，成为弗兰克尔（Frenkel）缺陷；二是迁移到晶体表面或内表面的正常结点位置上，而使晶体内部留下空位，称为肖特基（Schottky）空位。另外，一定条件下，晶体表面上的原子也可能跑到晶体内部的间隙位置形成间隙原子。

线缺陷是指晶体内部结构中沿着某条线（行列）方向上的周围局部范围内产生的晶格缺陷。它的表现形式主要是位错。位错是实际晶体中广泛存在的一种微观到亚微观的线状晶体缺陷，与点缺陷不同，线缺陷只扰乱了晶体局部的短程有序。

点缺陷和线缺陷与表面催化的活性中心有关。在点缺陷和线缺陷位置处，催化剂原子的几何排布与表面其他地方不同，而表面原子的几何排布是决定催化活性的重要因素，晶格不规整处的电子因素促使催化剂具有更高的催化活性。

将经冷轧处理后的金属 Ni 催化剂用于甲酸的催化分解，发现分解速率增加的同时反应活化能 E 也增加。冷轧处理增加了金属的位错。此外，采用离子轰击技术轰击结构规整的洁净的 Ni 和 Pt 表面，发现能增强乙烯加氢的催化活性，这主要归因于缺陷和位错的综合效果，使得补偿效应这一普遍存在的现象得到了较好的解释。高纯单晶银用正氩离子轰击，测得的 Ag（111）、（100）和（110）三种晶面催化甲酸分解的速率方程中，随着指前因子 A 的增加，总是伴随 E 的增加，这就是补偿效应。Ag 单晶表面积不会因离子轰击而增加，主要是位错作用承担了表面催化活性中心。这与冷轧处理金属催化剂所得结果一致。

Cu、Ni 等金属丝催化剂在急剧闪蒸前显示出正常的催化活性；在高温闪蒸后，显示出催化的"超活性"，约增加 10^5 倍。这是因为经高温闪蒸后，在它们的表面形成高度非平衡的点缺陷浓度，从而产生"超活性"。若此时将其冷却加工，就会导致空位的扩散和表面原子的迅速迁移，使"超活性"急剧消失。

4.2.2 过渡金属催化作用中的能量因素

反应物分子中起作用的有关原子和化学键与催化剂多位体有某种能量上的对应。现以二位体上进行的反应为例说明能量对应原则。

设在二位体上进行的反应是

$$A-B+C-D \longrightarrow A-C+B-D$$

假定反应的中间过程是 A—B 和 C—D 键的断裂,以及 A—C 和 B—D 键的生成。其相应的能量关系如下。

a. A—B 键和 C—D 键断裂并生成中间配合物的能量 E_r' 等于

$$E_r' = (-Q_{AB}+Q_{AK}+Q_{BK})+(-Q_{CD}+Q_{CK}+Q_{DK}) \tag{4-1}$$

式中,Q 代表键能。

b. 中间物分解并生成两个新键的能量 E_r'' 为

$$E_r'' = (Q_{AC}-Q_{AK}-Q_{CK})+(Q_{BD}-Q_{BK}-Q_{DK}) \tag{4-2}$$

若令 u 代表总反应 AB+CD⟶AC+BD 的能量,则有

$$u = Q_{AC}+Q_{BD}-Q_{AB}-Q_{CD} \tag{4-3}$$

令 s 为反应物与产物的总键能,则

$$s = Q_{AB}+Q_{CD}+Q_{AC}+Q_{BD} \tag{4-4}$$

令 q 为吸附能量,则

$$q = Q_{AK}+Q_{BK}+Q_{CK}+Q_{DK} \tag{4-5}$$

所以

$$E_r' = q-s/2+u/2 \tag{4-6}$$

$$E_r'' = -q+s/2+u/2 \tag{4-7}$$

当反应确定后,反应物和产物也就确定,s、u 亦随之确定。E_r'、E_r'' 只随 q 变化,而 q 是随催化剂的更迭而变化的,所以 E_r'、E_r'' 随催化剂的变化而变化。E_r' 随 q 的变化是斜率为 +1 的直线,E_r'' 随 q 的变化是斜率为 -1 的直线(图 4-4)。

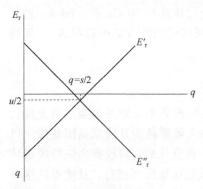

图 4-4 火山形曲线

好的催化剂应该是催化剂上的活性原子与反应物及产物的吸附既不要太强,也不要太弱。根据这一要求可以推论:对于上述反应,选 $q=s/2$ 的催化剂最好,因为 $q=s/2$ 时,$E_r'=E_r''$。这是有利于总反应进行的条件。Polanyi 关系指出,活化能与反应能量有下列相关性

$$E = A-rE_r$$

放热反应时,$r=0.25$,$A=46$ kJ/mol;吸热反应时,$r=0.75$,$A=0$。所以当 $q=s/2$ 时,第一步和第二步反应的条件同时得到满足,应根据这样的 q 选择合适的催化剂,至少在原则上是这样。但 q 的数据不易获得。另外,在形成吸附键时,不一定要求反应物内有关反应键完全断裂。因而这一理论也有它的不足。尽管如此,要求反应物和催化活性中心间存在着能

量上的某种对应关系这一观念还是正确的。甲酸在金属上的分解中,活性和甲酸盐(体相)生成热之间有火山形关系。这是对能量对应原则一个较好的支持。活性高的 Pt、Ir、Ru 及 Pd 等金属是在能量上与催化活性中心有良好对应关系的金属,它们能同时满足第一步和第二步反应的要求,使配合物的形成(吸附)和分解都能顺利进行。

4.3 合金的催化作用

20 世纪 50 年代科学家在调控金属催化剂的催化性能时,试图依据能带理论,采用形成合金的办法调变金属催化剂的 d 带空穴,从而改变催化性能。将含有 d 带空穴的过渡金属(Ni、Pt 和 Pd),与不含 d 带空穴但具有未配对的 s 电子的第 I 副族元素(Cu、Ag 和 Au)组成合金催化剂(Ni-Cu、Pd-Ag 和 Pt-Au 等)。20 世纪 70 年代,随着表面分析技术的发展和合金理论研究的深入,人们开始从多方面去研究合金的催化作用。

合金催化剂的研究意义在于,工业应用的双金属、多金属型重整催化剂都是合金型,还有些加氢、氧化催化剂也是合金型。根据实际应用的需要,采用电子能带理论验证这种模型,需要了解合金化对 d 带结构的影响。从催化剂设计角度看,合金催化剂在性能上有集团效应(ensemble effect)和配体效应(ligand effect)。例如,1 个分子在表面上的吸附需要 1 个、2 个或多个邻近原子。

如果邻近没有这种原子集团,吸附将不可能实现。这种原子集团的集团效应因加入其他组分或合金化后而遭到破坏,如甲烷化反应、氢解都证明需要 4 个以上的表面原子,即集团效应。催化活性金属掺入惰性金属合金化后,就因稀释而破坏了集团效应,使活性下降。

合金化对活性的影响也可用电子效应解释。能带模型认为,合金中原子的完全混合是不可能的,各组分保留原有的特性,只是由于另一组分的存在而有所变化,可以看成配体场的变化,故合金化也就是这种电子效应变化。研究较多的合金化体系有 Ni-Cu 系、Pd-Au 系、Pt-Re 系、Pt-Sn 系和 Ru-Ge 系等。催化行为有不希望的副反应的消除(如消除积碳)、促进目的反应的选择性以及增强机械强度等物理行为。

4.3.1 合金的分类

双金属催化剂往往称为合金催化剂。在反应条件下其实际形式不一定是合金。合金催化剂一般由活泼金属与惰性金属组成,存在一种金属被另一种金属稀释的几何或集团效应,以及电子相互影响的"配体"效应。如 Pt 催化剂加入 Sn 或 Re 合金化后,可以提高烷烃脱氢环化和芳构化的活性和稳定性。Pt 中加 Ir 催化剂可使石脑油重整在低压下进行,且使重的馏分油生成量增加。Cu 中加 Ni 的合金化使环己烷的脱氢活性不变,但可以降低乙烷的氢解活性。

根据合金的体相性质和表面组成,可将合金分为 3 类:

① 机械混合合金　各金属原子仍保持其原来的晶体构造,只是粉碎后机械地混合在一起,这种机械混合常用于晶格构造不同的金属,它不符合化学计量。

② 化合物合金　两种金属符合化学计量的比例,金属原子间靠化学力结合组成金属间化合物。例如由 La 和 Ni 可形成 5 种化合物:$LaNi_5$、La_2Ni_7、$LaNi_3$、$LaNi_2$ 和 La_2Ni_3。

③ 固溶体合金　介于上述两者之间,这是一种固态溶液,其中一种金属元素可视为溶剂,另一种较少的金属元素可视为溶质。固溶体通常分为填隙式和替代式两种。当一种原子无规则地溶解在另一种金属晶体的间隙位置中,称为填隙式固溶体,其中填隙的原子半径一般较小。当一种原子无规则地替代另一种金属晶格中的原子,称为替代式固溶体。

4.3.2 合金催化剂的类型及其催化特征

金属的特性会因加入其他金属形成合金而改变，化学吸附的强度、催化活性和选择性等效应都可能会改变。

（1）合金催化剂的重要性及其类型

炼油工业中 Pt-Re 及 Pt-Ir 重整催化剂的应用，开创了无铅汽油。汽车废气催化燃烧所用的 Pt-Rh 及 Pt-Pd 催化剂，为防止空气污染做出了重要贡献。这两类催化剂的应用，对改善人类生活环境起着极为重要的作用。

双金属系中作为合金催化剂主要有三大类：

第一类为第Ⅷ族和ⅠB族元素所组成的双金属系，如 Ni-Cu 和 Pd-Au 等；

第二类为两种ⅠB族元素所组成的双金属系，如 Au-Ag 和 Cu-Au 等；

第三类为两种第Ⅷ族元素所组成的双金属系，如 Pt-Ir 和 Pt-Fe 等。

第一类催化剂用于氢解、加氢和脱氢等反应；第二类曾用于增加部分氧化反应的选择性；第三类用于提高催化剂的活性和稳定性。

（2）合金催化剂的特征及其理论解释

由于合金催化剂较单金属催化剂性质复杂得多，人们对合金催化剂的催化特征了解甚少。这主要是由于组合成分间的协同效应（synergistic effect），不能通过加和由单组分推测合金催化剂的催化性能。例如 Ni-Cu 催化剂可用于乙烷的氢解，也可用于环己烷脱氢。只要加入 5% 的 Cu，该催化剂对乙烷的氢解活性，较纯 Ni 降低 99% 以上。继续加入 Cu，活性继续下降，但速率缓慢。该现象说明了 Ni 与 Cu 之间发生了合金化相互作用，否则，若两种金属的微晶粒独立存在而彼此不影响，则加入少量 Cu 后，催化剂的活性与 Ni 的单独活性相近。

由此可以看出，金属催化剂对反应的选择性，可通过合金化来调控。以环己烷转化为例，用 Ni 催化剂可使其脱氢生成目的产物苯；也可以经由副反应生成甲烷等低碳烃。当加入 Cu 后，氢解活性大幅度下降，而脱氢影响甚少，因此产生优异的脱氢选择性。

合金化不仅能改善催化剂的选择性，也能促进稳定性。例如，轻油重整的 Pt-Ir 催化剂，较 Pt 催化剂稳定性提高很多。其主要原因是 Pt-Ir 形成合金，避免或减少了表面烧结。Ir 有很强的氢解活性，抑制了表面积碳的生成，从而维持了活性，提高了稳定性。

4.3.3 合金的表面富集

大多数合金都会发生表面富集现象，因此合金的表相与体相组成不相同。如 Ni-Cu 合金催化剂，当体相 Ni 原子分数为 0.9 时，表相 Ni 原子分数只有 0.1。可见大量 Cu 在 Ni 表面富集。表面富集产生的原因主要是：①自由能差别导致表面富集自由能低（升华热低）的组分，因为表面自由能的很小差别就会造成很大的表面富集。②表相组成与接触的气体性质有关，同气体作用有较高吸附热的金属易于表面富集。例如，在苯乙烯加氢反应实验中发现随合金中 Cu、Ag 和 Au 含量增加，催化活性降低。其原因是 Cu、Ag 和 Au 等元素中的 s 电子填充到 Ni、Pt 和 Pd 的 d 带空穴中，使过渡金属的 d 带空穴数减少。

4.3.4 合金的电子效应与催化作用的关系

合金催化剂虽已广泛地得到应用，但对其催化特征了解甚少，同时不能用加和的原则简单地由单组分推测合金催化剂的催化性能。

工业上常用的合金催化剂有 Ni-Cu、Pd-Ag 和 Pt-Au 等。由此推测合金催化剂中一部分为过渡金属元素 Ni、Pt 和 Pd 等，它们的电子结构特点是原子 d 轨道没填满电子，也就是说具有 d 带空穴；而另一部分如 Cu、Ag 和 Au 等，它们的电子结构特点是原子 d 轨道被电子填满，但具有未充满的 s 电子。合金催化剂组成的变化除了改变电子结构外，还可改变几何结构，即改变表面活性组分的聚集状态，从而也改变了合金的催化性能，达到调变催化剂活性、选择性和稳定性的目的。从能带理论出发认为，当两者形成合金时，Cu、Ag 和 Au 中的 s 电子有可能转移到 Ni、Pd 和 Pt 的 d 带空穴中，使得合金催化剂的 d 空穴数变少，从电子因素来看，这将会引起合金催化剂的催化活性发生变化。但是近 30 多年来的一些研究结果表明，对 Ni-Cu 合金，即使合金中 Cu 原子含量超过 60%，每个 Ni 原子的 d 带空穴数仍为 0.5±0.1。这说明合金中 Cu 电子大部分仍然定域在 Cu 原子中，而 Ni 的 d 带空穴仍大部分定域在 Ni 原子中。Ni 的电子性质或化学特性并不因与 Cu 形成合金而发生显著变化，这与能带理论的推测不相符。Ni 原子的电子结构不因 Cu 的引入形成合金而有很大变化，这是因为 Cu-Ni 是一种吸热合金，在此合金中可能形成 Ni 原子簇，而 Ni 和 Cu 的电子相互作用并不大。相反，对放热合金 Pd-Ag 而言，情况就不一样了。合金中 Pd 含量小于 35%时，每个 Pd 原子的 d 带空穴数从 0.4 降至 0.15，而 X 射线光电子能谱的数据表明，随 Ag 的加入 Pd 的 d 带空穴被填满。这是因为 Pd-Ag 两个不同原子间成键作用比 Ni-Cu 合金大，所以 Pd 的电子结构受合金的影响会产生电子效应。

科学家对 Ni-Cu 和 Pd-Ag 合金的电子因素和几何因素对金属催化剂催化作用的影响进行了很多研究，主要以加氢、脱氢和氢解反应为主。图 4-5 给出了氢在 Ni-Cu 合金催化剂上的吸附与合金组成的关系。图 4-5 中的强吸附是通过起始吸附等温线及随后抽真空后所得等温线之差求得的。结果表明，少量 Cu 的加入立即引起强吸附氢的剧烈减少。这说明富集的表面 Cu 尽管数量不多，但却覆盖了富 Ni 相。当铜的含量大于 15%时，发生相分离，而且富 Ni 相完全被 Cu 包裹，此时外层富 Cu 相的组成不随 Cu 含量的增加而改变，即表面组成变化不大，所以总吸附氢量和强吸附氢量变化不大。由此可见，氢化学吸附不是电子效应引起的，而是 Cu 表面富集的作用。当 Ni 和 Cu 形成合金时，由于 Cu 的富集，Ni 的表面双位数减少，

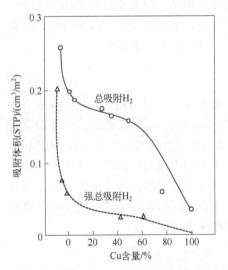

图 4-5　氢在 Ni-Cu 合金催化剂上的吸附与 Cu 含量之间的关系

而且吸附强度降低，因而氢解反应速率大大降低。双位吸附减少是一种几何效应，而吸附强度降低是一种电子效应。由此可见，合金中的几何效应和电子效应对催化作用都有影响。

此外，Pt-Au合金对催化作用中几何效应影响最显著。图4-6给出了Pt-Au合金的组成对正己烷反应选择性的影响。在Pt含量较低时，Pt溶于Au中，并均匀地分散在Au中。由于Au的表面自由能较低，因而Au高度富集在表面层。当Pt在合金中含量为1%～4.8%时，表面分散单个的Pt原子，或者是少量Pt原子簇。若将此合金负载于硅胶上，则只进行异构化反应。当合金中Pt含量为10%时，则异构化和脱氢环化反应同时进行，氢解反应却难以进行。当Pt含量非常高抑或为纯Pt时，异构化、脱氢和氢解反应均可进行。三者活性的差异在于Pt的含量不同。此现象的出现，可从几何效应给出解释。因为氢解反应需要较多Pt原子组成的大集团，脱氢环化需要较少Pt原子集团，而异构化的发生，需要最少的Pt原子集团。如果异构化是按单分子机理进行的，则在Pt原子高度分散于大量Au原子中时，单个Pt原子也能进行异构化；对脱氢环化反应至少需要在两个相邻的金属原子上进行，由于Au的分隔，这样的活性中心变少，活性较低；对于氢解反应，由于合金表面上存在较多Au原子，作为活性中心Pt大集团存在的概率更小，所以Pt含量较低时氢解反应几乎不能进行。可见合金是调变金属催化剂的一种有效方法，除了影响催化活性外，还会影响反应的选择性。

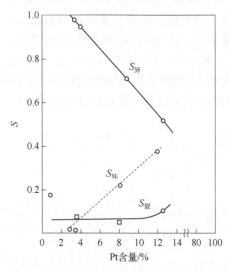

图4-6 Pt-Au合金在360℃下对正己烷反应选择性的影响
$S_{异}$、$S_{环}$、$S_{裂}$分别表示转化为甲基环戊烷、环化产物、氢解产物的选择性分数

此外，研究人员对Ni基合金以及Ir基合金的电子因素和几何因素对苯乙烯加氢反应的催化加氢性能影响进行了深入研究。以SiO_2为载体，有序浸渍法分别负载Ir和Ni，并在固定床中500℃下H_2还原制备了Ni-Ir/SiO_2合金催化剂。X射线衍射发现，Ni-Ir合金的(111)位于Ni(111)和Ir(111)之间，相比于Ir(111)，随着Ni负载量的增加，合金逐渐向高角度移动，表明合金的形成。通过谢乐公式计算出合金的尺寸大概是3nm左右，Ni-Ir/SiO_2-1（1代表理论引入的Ni和Ir物质的量之比）的合金组成Ni/(Ni+Ir) = 0.24，少量的Ni峰被发现，颗粒尺寸30nm左右。TPR结果发现Ir的引入显著降低了Ni的还原温度，可能归因于H_2从

Ir 上转移到 Ni 上，促进了 Ni 的还原。TEM 以及 EDS 进一步证实了合金的存在，合金的颗粒尺寸大概是 3nm 左右，其中理论引入量相同的 Ni 和 Ir 催化剂 Ni-Ir/SiO$_2$-1（1 代表理论引入的 Ni 和 Ir 物质的量之比）的合金组成为 Ni/(Ni+Ir) = 0.24，少量 30nm 的 Ni 颗粒被检测到，和 XRD 结果能够较好地吻合。XAFS 进一步用来确认合金的配位组成，其中 Ni-Ir/SiO$_2$-1 的 Ni-Ir 和 Ni-Ni 配位数分别是 5.8 和 2.4，Ir-Ni 和 Ir-Ir 配位数分别是 2.4 和 8.9，和 XRD 以及 TEM-EDS 结果能够很好地吻合。进一步用 H$_2$ 吸附来确定金属 Ir 和 Ni 表面原子数量。用苯乙烯加氢反应作为模型反应来探究单金属催化剂和合金催化剂催化性能之间的差异。催化活性实验表明，Ir/SiO$_2$ 催化剂的转化率为 6.5%，乙苯选择性为 98.5%；Ni/SiO$_2$ 催化剂的转化率为 6.0%，乙苯选择性＞99.9%；而 Ni-Ir/SiO$_2$-1 催化剂的转化率为 47.8%，乙苯选择性＞99.9%。Ni-Ir/SiO$_2$-1 展示出了更优异的转化率和选择性，反应速率超过 Ir/SiO$_2$ 和 Ni/SiO$_2$ 7 倍。催化剂稳定性测试表明，该催化剂在 4 次循环实验后活性和选择性基本没有变化；XRD 和 XAS 表征表明，反应前后催化剂结构保持不变，可见 Ni-Ir/SiO$_2$-1 是一种高效稳定的多相催化剂。

为了探究 Ni-Ir/SiO$_2$ 合金催化剂的真实活性位点，合金催化剂表面孤立的 Ni 原子数量基于下面假设来计算：①所有的 Ir 原子用于形成合金。②合金的晶面是 fcc(111)。③Ni-Ir 合金组成使用 XRD 的 Vegard 定律来计算。④Ni-Ir 合金均匀混合。在计算孤立 Ni 原子量时 Ni 周围有 6 个 Ir 原子，结果发现，如图 4-7 所示，合金组成在 Ni/(Ni+Ir)在 0 到 0.16 之间，TOFs 随着合金组成的增加而增加，在合金组成是 0.16 时，达到了火山形曲线的顶点。之后随着合金组成的增加，TOFs 逐渐减小，而孤立的 Ni 原子数量和合金组成的关系也是先增加后减少，在合金组成是 0.16 时，达到了火山形曲线的顶点。有趣的是，孤立的 Ni 原子数量和 TOFs 与合金组成的关系展示了相同的变化趋势。此外，如图 4-8 所示，TOFs 和合金中孤立的 Ni 原子数量呈非常好的线性关系，R^2 = 0.99，强烈表明孤立的 Ni 可能是催化剂的活性中心。该催化剂在底物如 1-庚烯和 2-庚烯加氢中比单金属催化剂展示了更优异的催化性能，由于空间位阻效应，1-庚烯加氢活性明显高于 2-庚烯。

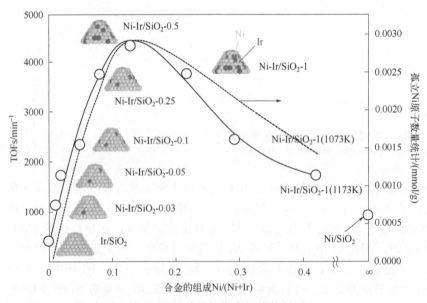

图 4-7　TOFs 和孤立的 Ni 原子数量与合金组成的关系

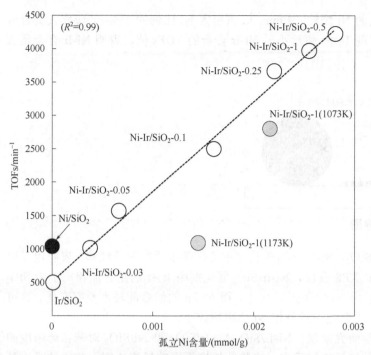

图 4-8　TOFs 和孤立的 Ni 原子数量之间的关系

为了探究该类型合金催化剂的普适性规律，Ir 基合金（M-Ir/SiO$_2$，M = Fe, Co, Ni, Cu）和 Ni 基合金（Ni-M'/SiO$_2$，M' = Ir, Pt, Pd, Rh, Ru）同样用有序浸渍法制备并且探究它们的催化性能。在 M-Ir/SiO$_2$ 催化剂中，Fe 和 Cu 的引入没有提高 Ir/SiO$_2$ 催化剂的转化率，而 Co 和 Ni 的引入提高了 Ir/SiO$_2$ 催化剂的转化率和选择性。XRD 显示 Fe-Ir/SiO$_2$、Co-Ir/SiO$_2$、Ni-Ir/SiO$_2$ 和 Cu-Ir/SiO$_2$ 的 M/(M+Ir) 合金组成是 44%、38%、24% 和 19%，颗粒尺寸是 3nm 左右。Ni-Ir 和 Co-Ir 合金是有效的合金催化剂。进一步探究了 Co-Ir/SiO$_2$ 催化剂中合金组成对催化性能的影响，结果发现催化性能最优异的是 Co-Ir/SiO$_2$-4，合金组成是 48%，高于之前报道的 Ni-Ir/SiO$_2$-1 的 24%，表明被 Ir 金属原子围绕的 Co 纳米簇是主要活性中心。

在 Ni 基合金（Ni-M'/SiO$_2$, M' = Ir, Pt, Pd, Rh, Ru）中，当 Ni 引入到 M'/SiO$_2$（M'= Pd, Rh 和 Ru）中时，反而降低了 M'/SiO$_2$ 催化剂的转化率，而 Ni 的引入提高了 Ir/SiO$_2$ 和 Pt/SiO$_2$ 催化剂的转化率和选择性。XRD 显示，Ni-Ir/SiO$_2$、Ni-Pt/SiO$_2$、Ni-Ru/SiO$_2$、Ni-Pd/SiO$_2$ 和 Ni-Rh/SiO$_2$ 的合金组成是 24%、18%、10%、22% 和 33%，颗粒尺寸是 3~10nm 左右，并且较小的纯 Ni 峰在这些催化剂中被检测到，表明部分孤立纯 Ni 颗粒在 Ni-M'/SiO$_2$ 中也存在。进一步探究了 Ni-Pt/SiO$_2$ 催化剂中合金组成对催化性能的影响，结果发现催化性能最优异的是 Ni-Pt/SiO$_2$-0.25，合金组成是 10%，并且在少量 Ni 原子引入后，催化剂的活性迅速提高，表明被 Pt 金属原子围绕的孤立 Ni 原子可能是主要活性中心。

在上述的这些合金催化剂中，Ni-Ir/SiO$_2$、Co-Ir/SiO$_2$ 和 Ni-Pt/SiO$_2$ 催化剂相比于单金属催化剂催化性能更优异。相比于对应的贵金属催化剂，Ni-Ir/SiO$_2$、Co-Ir/SiO$_2$ 和 Ni-Pt/SiO$_2$ 的苯乙烯催化加氢活性分别增加了 7 倍、3.5 倍和 2.5 倍，从实际应用角度来说，Ni-Ir/SiO$_2$ 增加倍数最多，后面作为研究构效关系的模型催化剂。

根据 XRD、TEM-EDS 和 XAS 等表征技术，确定了 Ni-Ir/SiO$_2$-1 催化剂的结构，如图 4-9 所示，该催化剂有 Ni-Ir 合金（3nm，Ni 占引入 Ni 比例的 32%）、小的 Ni 颗粒（<3nm，Ni

占引入 Ni 比例的 42%）以及大的 Ni 颗粒（30nm, Ni 占引入 Ni 比例的 26%）。研究人员合成了不同颗粒尺寸的 Ni 颗粒，发现 TOFs 值远小于 Ni-Ir 合金的 TOFs 值，表明 Ni-Ir 合金是该催化剂的主要活性中心。

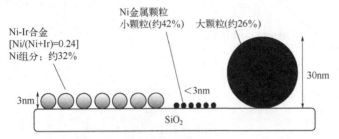

图 4-9　Ni-Ir/SiO$_2$-1 的结构示意图

CO-FTIR 显示，相比于 Ir/SiO$_2$，Ni-Ir/SiO$_2$ 催化剂的 CO 吸收峰发生了红移，表明电子可能由 Ni 转移到了 Ir 上。进一步 XPS 发现，Ni-Ir/SiO$_2$ 催化剂中 Ir 4f 的结合能相比于 Ir/SiO$_2$ 向低结合能方向移动，表明电子由 Ni 转移到了 Ir 上，而 Ni 2p 的结合能基本没有变化，这可能归因于只有 32%的 Ni 参与形成合金，对整体 Ni 的影响较小。

为了探究反应机理，动力学研究发现，Ni-Ir/SiO$_2$-1、Ir/SiO$_2$ 和 Ni/SiO$_2$ 对苯乙烯浓度的反应级数都是 0，表明苯乙烯加氢反应过程中，底物的浓度不影响反应速率，底物的吸附是饱和状态，而对 H$_2$ 压力反应级数 Ni-Ir/SiO$_2$-1 和 Ni/SiO$_2$ 是 1，而 Ir/SiO$_2$ 是 0.5。这表明对于 Ir/SiO$_2$，第一个加氢步骤是反应决速步骤；而对于 Ni-Ir/SiO$_2$-1 和 Ni/SiO$_2$，第二个加氢步骤是反应决速步骤。

进一步探究反应温度对催化加氢性能的影响时，Ni-Ir/SiO$_2$-1、Ir/SiO$_2$ 和 Ni/SiO$_2$ 表观活化能 E_a 分别为 21kJ/mol、40kJ/mol 和 41kJ/mol，表明 Ni 的引入显著降低了反应能垒，虽然 Ni-Ir/SiO$_2$-1 和 Ni/SiO$_2$ 的决速步骤都是第二个加氢步骤，但 Ir 合金的孤立 Ni 原子在第二个加氢步骤中发挥了重要作用。DFT 研究发现，在 Ir 合金的孤立 Ni 原子上，在计算的第二个加氢步骤中，来自邻近 Ni 原子的 Ir 上的 H 原子进攻来自 Ni 上的烯烃半加氢中间产物的反应能垒最小。结合动力学和 DFT 理论计算提出了反应机理，对于 Ni-Ir/SiO$_2$ 催化剂，第二个加氢步骤是速度控制步骤。如图 4-10 所示，苯乙烯可以吸附在 Ir 原子和 Ni-Ir 上，Ir 原子上吸附的苯乙烯可以迁移到 Ni-Ir 上，H$_2$ 在 Ir 或者 Ni 上解离吸附，之后 Ni 邻近的 Ir 原子上的 H 原子进攻吸附在 Ni-Ir 上的苯乙烯，得到一个半加氢中间体，这个半加氢中间体从 Ir 转移到 Ni 上，之后邻近的 Ir 上的 H 进攻这个半加氢中间体完成第二个加氢步骤，生成乙苯，乙苯脱附完成催化循环。孤立 Ni 原子的存在促进了 Ni 原子上较高活性的半加氢产物的生成，而且 Ni 到 Ir 的电子传递促进了 Ir 原子上较高活性 H 的生成，从而促进了第二个加氢步骤的进行。Ni-Ir 合金的几何作用和电子作用共同提高了该催化剂的加氢性能。

关于三金属和多金属合金的报道有限，但近期研究兴趣迅速增长。Pt 和 Pd 基双金属纳米颗粒作为燃料电池催化剂已经得到了广泛的研究。提高效率和降低总成本是燃料电池汽车商业化的两个关键问题。

将第三/第四种金属引入纳米催化剂有望产生诸如减少晶格距离、增加形成金属-氧键和吸附 OH 的表面位置以及修饰 d 带中心等综合效应。为了不断降低成本（通过减少催化剂中的 Pt 含量）并同时提高效率，最近科学家进一步开发了 Pt 和/或 Pd 基三金属和多金属纳米催化剂。

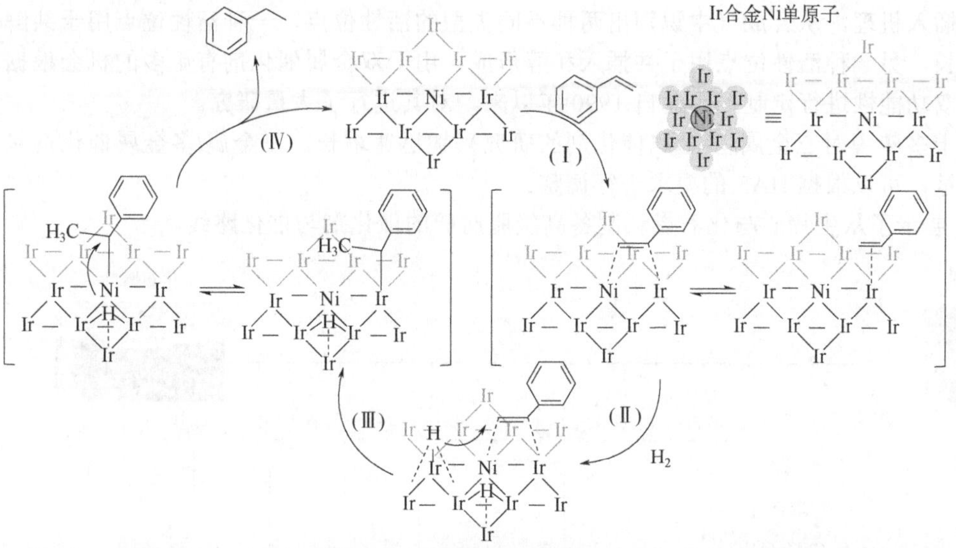

图 4-10 可能的 Ni-Ir/SiO$_2$ 苯乙烯催化加氢反应机理

随着液体石油的逐渐减少，天然气向液体原料或燃料的转化将变得越来越重要。高级醇是化工和医药工业的重要原料，其作为潜在的燃料添加剂或燃料电池的氢载体在清洁能源输送中有着广泛的应用前景。由合成气合成高级醇一直是人们的兴趣所在，对于天然气转化，F-T 合成是一重要技术。图 4-11 展示了单金属到三金属/多金属催化剂在高级脂肪醇合成中的催化作用。

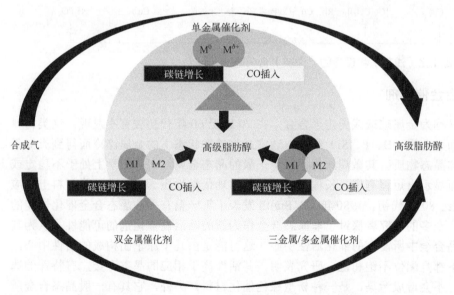

图 4-11 单金属、双金属与三金属/多金属催化剂在高级脂肪醇制备中的作用

一般认为单金属催化剂是原子效率高的体系。由于高级脂肪醇合成（HAS）催化剂的双功能性要求，这类体系对 HAS 不具有吸引力。然而，四种不同的金属被报道为合成气 HAS 的单金属催化剂：Mo、Rh、Co 和 Fe。这些过渡金属通常表现出两个或多个氧化状态，这为形成双重活性位点（例如金属-氧化物对）提供了机会。

根据共插入机理，从合成气中识别出两种不同类型的活性位点，一种活性位点用于共解离和碳链生长，另一种活性位点用于共插入和醇形成。由于双金属催化剂有更多的机会根据上述所需的双功能性进行定制，因此自 1990 年以来，对其进行了大量研究。

在过去十多年中对三金属/多金属催化剂的研究兴趣迅速增长。三金属/多金属催化剂包含更多的变量，可以根据 HAS 的要求进行调整。

图 4-12 展示了从生物质与化石燃料制备高级脂肪醇的催化剂与催化路线。

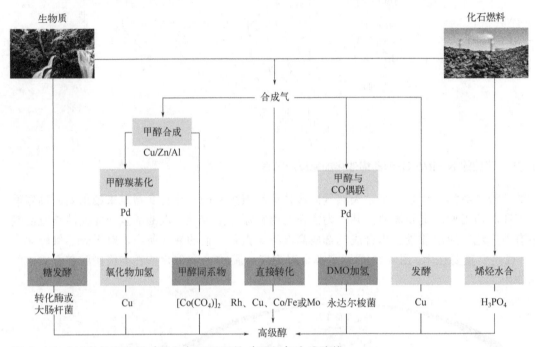

图 4-12　HAS 的商业化（浅灰）和设想的（深灰）合成路线

4.3.5　非晶态合金催化剂

非晶态合金又称为金属玻璃或无定形合金，在 20 世纪 60 年代初被首次发现。这类材料大多由过渡金属和类金属（B、P、Si）组成，通常是将熔融状态下的金属淬冷而得到类似于普通玻璃结构的非晶态物质。其微观结构不同于一般的晶态金属，在热力学上处于不稳定或亚稳定状态，从而显示出短程有序、长程无序的独特物理化学性质。但其在催化材料上的应用，则始于 20 世纪 80 年代初，1980 年 G.V.Smith 发表了第一篇有关非晶态合金催化性能的报道。自此以后，众多的研究者探讨了非晶态合金作为新的高活性催化剂的可能性，认为其表面上存在着结晶合金中所没有的催化活性中心，这可能是由几个原子团构成的活性中心，并且大多数情况下都是配位不饱和键。研究表明，其活性高于相应的晶态合金，有特殊的选择性，且成本低，不会造成污染，是一种新型绿色催化材料。另外，它具有一般晶态合金所没有的特性，如较高的电阻率、半导及超导的特性、良好的抗辐射性能及抗腐蚀能力。现已引起催化界的极大关注。

（1）非晶态合金催化剂的特征

非晶态合金也称无定形合金，其微观结构不同于晶态金属，并且在热力学上处于不稳或亚稳状态，从而显示出独特的物理化学性质。

a．非晶态合金短程有序，含有很多配位不饱和原子，富于反应性，从而具有较高的表面活性中心密度。

b．非晶态合金长程无序。

c．是一种没有三维空间原子周期排列的材料。其表面保持液态时原子的混乱排列，有利于反应物的吸附。从结晶学观点来看，非晶态合金不存在通常结晶态合金中所存在的晶界、位错等缺陷，在化学上保持近理想的均匀性，不会出现偏析、相分凝等不利于催化的现象。

（2）非晶态合金催化剂的制备方法

非晶态合金催化剂的制备方法主要有以下几种：

① 液体骤冷法　基本原理是将熔融的合金用压力将其喷射到高速旋转的金属上进行快速冷却（冷却速度高达 10^6K/s）从而使液态金属的无序状态保留下来，得到非晶态合金。

② 化学还原法　在一定条件下用含有类金属的还原剂（如 $NaBH_4$、NaH_2PO_4 等）将金属（常为过渡金属）盐中的金属离子还原沉淀，并经洗涤、干燥后得到非晶态合金材料。显然，还原过程中体系内各组分的浓度、pH 值、类金属的种类和含量都将对非晶态合金的非晶性质产生影响。

③ 电化学制备法　利用电极还原或用还原剂还原电解液中的金属离子，以析出金属离子的方法来获得非晶态材料。例如电镀和化学镀的方法，超临界法也被应用于非晶态催化材料的制备。

④ 浸渍法　负载型非晶态合金的制备一般采用浸渍法。如负载型 Ni-P 非晶态合金就是将 $Ni(NO_3)_2 \cdot 6H_2O$ 的乙醇溶液浸渍到载体（如 SiO_2、Al_2O_3 等）上，然后用 KBH_4 溶液还原，再经洗涤、干燥即可得到。

（3）非晶态合金催化剂的研发热点

大多数金属、类金属都可以制成非晶态合金，它的组成不受平衡的限制，并可在较宽的范围内变化，这就为调整其催化活性并寻求最佳配方提供了较宽的范围。虽然目前非晶态合金催化剂仍存在比表面积小、热稳定性差的缺点，但其对一些不饱和化合物的催化加氢性能明显优于晶态催化剂，是一类具有发展前景的新型催化材料。非晶态合金催化剂除了在石油化工中具有较广的应用前景外，在医疗中间体等的加氢反应中也有较好的应用前景。

目前，非晶态合金催化剂的研究热点之一是提高其活性和自身的抗硫性能。人们发现海泡石与 Ni-B 非晶态合金催化剂之间存在表面相互作用，可使非晶态合金的还原性能和吸附性能发生改变，从而提高其催化性能和抗硫毒性。

非晶态合金催化剂的研究热点之二是纳米级非晶态合金。由于纳米级非晶态合金（Ni-P/Ni-B）自身的特点和长处，它集超细粒子与非晶态合金的特点于一体，因此具有代替工业用骨架 Ni 催化剂的潜力，它的应用可以减少污染并大幅降低 Ni 的消耗量，这一点对于我国缺少镍金属而言具有特殊的意义。

非晶态合金催化剂在不饱和烃加氢、脱氢反应、NO 分解反应中也得到了应用。非晶态合金催化剂是一种处于非平衡态的材料，有向结晶体方向转化的趋势。这种不稳定性使得其应用范围受到限制，一般只能在较低的温度下使用。解决的方法是加入第三种成分，如稀土元素或类金属（P、B 等）进行改性，以达到稳定非晶态结构的目的。

4.4　负载型金属催化剂

由于大多数催化作用发生在金属表面，反应物分子无法接触到的金属原子在很大程度上都会被浪费,因此应使这些金属原子的比例最小化,首选具有高表面积/体积比的较小金属粒子。为了防止在催化剂制备过程或催化反应期间金属NPs团聚,通常将金属NPs分散,负载在具有特定结构的载体上,借助于载体效应,以较少的活性组分量来获得较好的催化性能。多相催化中的载体效应是优化催化剂性能的一个重要研究领域,特别是金属与载体的强相互作用、电子结构的改变对它们的催化活性和稳定性起着决定性作用。

4.4.1 晶粒大小及其分布

金属催化剂尤其是贵金属催化剂经常被负载在载体上使用,一方面是因其价格昂贵,另一方面是由于化学反应主要在催化剂表面上进行,所以常将贵金属催化剂分散在比表面积较大的固体颗粒上,以增加金属原子暴露于表面的机会。

(1)金属分散度与催化活性关系

分散度是针对金属晶粒大小而言的,晶粒大,分散度小;反之,晶粒小,分散度大。在负载型催化剂中分散度是指金属在载体表面上的晶粒大小。如果金属在载体表面上呈微晶状态或原子团及原子状态分布时,就称为高分散负载型金属催化剂。分散度也可表示为金属在载体上分散的程度。分散度常用"D"表示,其定义为:

$$D = \frac{n_s}{n_t} = \frac{\text{表面金属原子数}}{\text{总金属原子数}} \tag{4-8}$$

金属催化剂分散度不同,金属颗粒大小不同,其表相和体相分布的原子数不同。当 $D=1$ 时意味着金属原子全部暴露。表4-2给出了晶粒大小不同的Pt晶体的表面原子分数和晶粒棱边的关系。

表4-2 晶粒大小不同的Pt晶体的相关数据

晶粒棱边的原子数	晶粒棱边的长度/nm	表面原子分数	晶粒的总原子数	表面原子的平均配位数	晶粒棱边的原子数	晶粒棱边的长度/nm	表面原子分数	晶粒的总原子数	表面原子的平均配位数
2	0.55	1	6	4.00	12	3.025	0.45	891	8.38
3	0.895	0.95	19	6.00	12	3.300	0.42	1156	8.44
4	1.10	0.87	44	6.94	13	3.575	0.39	1469	8.47
5	1.375	0.78	85	7.46	14	3.875	0.37	1834	8.53
6	1.65	0.70	146	7.76	15	4.125	0.35	2256	8.56
7	1.925	0.63	231	7.97	16	4.400	0.33	2736	8.59
8	2.20	0.57	344	8.12	17	4.675	0.31	3281	8.62
9	2.475	0.53	489	8.23	18	4.950	0.30	3894	8.64
10	2.750	0.49	670	8.31					

晶粒大小除了影响表面金属原子数与总金属原子数之比,还能影响晶体总原子数和表面原子的平均配位数。这是因为,通常晶面上的原子有三种类型:位于晶角上;位于晶棱上;位于晶面上。显然,位于角顶和棱边上的原子,较之位于面上的配位数要低。随着晶粒大小的变化,不同配位数的比例也会变化,相对应的原子数也随之改变。这样的分布表明,涉及低配位数的吸附和反应,将随晶粒的变小而增加;而位于面上的配位数,将随晶粒的增大而增加。晶粒大小的改变会使晶粒表面上活性位比例发生改变,几何因素会影响催化活性。晶粒越小,载体对催化活性影响越大。晶粒小可使晶粒电子性质与载体不同,从而影响催化性能。

通常情况下，科研工作者往往希望通过提高金属分散度以获得满意的催化性能。但是，对于强放热反应或本身活性已经很高的催化剂，高的金属分散度反而成为破坏催化反应的不利因素。金属分散度与催化活性之间也非简单的正比关系，如环丙烷加氢的催化活性与 Pt 的分散度无关，甚至于对于某些催化反应，活性与分散度之间成反比。

综上所述，在讨论金属催化剂晶粒大小（即分散度）对催化作用的影响时，可从下述三点考虑：

a．在反应中起作用的活性部位的性质。晶粒大小的改变，会使晶粒表面上活性部分的相对比例变化，从几何因素方面来影响催化反应。

b．载体对金属催化行为是有影响的。载体对催化活性影响越大，金属晶粒应越小。

c．晶粒大小对催化作用的影响可从电子因素方面考虑，正如上面所述，极小晶粒的电子性质与本体金属的电子性质不同，也将影响其催化性质。

（2）金属分散度的测定

金属分散度是表征金属在载体表面分散状态的量度。影响金属分散度的因素很多：

a．载体的类型、载体的表面性质、载体的孔道结构和缺陷类型。

b．催化剂的制备方法，如载体的预处理、浸渍液的性质、金属的负载量、金属的负载方式、金属的负载顺序、金属层的厚度、助剂的引入、焙烧温度和焙烧时间等。

c．催化反应的工艺条件，如硫化、还原、老化、中毒和再生条件等。

因此，金属分散度对于研究催化剂活性的产生、金属与载体间的相互作用、反应过程中活性衰减的原因、晶粒增长速率以及催化剂再生条件的考察等均具有非常重要的意义。

金属分散度的测定方法主要包括化学吸附法（包括静态和动态两种）、X 射线光电子能谱法（XPS）、X 射线衍射宽化法（LBA）和透射电子显微镜法（TEM）等。

化学吸附法：通常，对于负载型金属催化剂，只有位于载体表面的金属才有机会参与催化反应。但是，如果金属组分位于载体孔道窄的内表面，受到孔径机械尺寸的限制，反应物接触不到金属组分，该类金属也就没有催化活性。也就是说，暴露在载体表面的金属原子数，并不等同于具有催化活性的金属原子数。化学吸附法与其他方法最大的区别在于该方法测定的是位于催化剂表面且具有催化活性的金属的分散度，因而更易于与催化剂的活性相关联。

化学吸附法是建立在某些探针分子（如 H_2、O_2、CO 等）能选择性地化学吸附在金属表面上，而不吸附在载体上，且符合一定的化学计量比。因此，通过测定探针分子的化学吸附量，得到金属的分散度、金属比表面积和金属微晶平均尺寸。

化学吸附法用于单金属型催化剂分散度的研究已经十分有效。近年来，也有人将该方法用于双金属催化剂分散度的测定。但是，对于多金属催化剂则误差大，需要考虑一些校正因素，这方面的文献报道较少。

X 射线光电子能谱法：催化剂的金属分散度可以用 XPS 峰的强度表征。影响 XPS 峰强度的因素很多，不可能由单一的谱峰强度定量某种原子的绝对含量，只能得到同一样品中某种原子与另种原子的相对含量。因此，XPS 法用金属组分与载体主元素的峰强之比表征金属组分的相对分散程度。

XPS 法的优点是：

a．样品用量少，分析速度快。

b．信息丰富，可研究表层金属的分散度、价态、表面配合物以及金属与载体的相互作用等。如由 X 光电子峰增强现象，证明了 Pd 沸石催化剂中的 Pd 从空腔迁移到腔口凝聚的现象。

XPS法的缺点是：

a．受入射能量和电子逸出样品的平均自由程限制，XPS提供的信息只能取自样品表面几个单原子层的厚度，而且无法接收到催化剂小孔内活性组分的信息。

b．检测极限为表面元素相对含量（摩尔分数）在0.1%以上，因而不利于研究金属负载量极低的金属催化剂或催化剂中少量添加组分的测定。

c．通用于各类催化剂，但需考虑组分重叠分布的影响。

X射线衍射宽化法：X射线衍射宽化法已被广泛用于表征负载型催化剂中金属晶粒的分散程度。当X射线入射到小晶体时，其衍射线条将变得弥散而宽化，晶体的晶粒越小，X射线衍射谱带的宽化程度越大，根据衍射峰的宽化程度，通过Scherrer方程，可以测定样品的平均晶粒度：

$$D = K\lambda / \beta\cos\theta$$

式中，D为平均晶粒大小，表示晶粒在垂直于hkl晶面方向的平均厚度，即晶面法线方向的晶粒大小，与其他方向的晶粒大小无关，nm；λ为X射线衍射波长，nm；β为衍射线的本征增宽度，即衍射强度为极大值1/2处的宽度，rad；θ为衍射角。

对于单相体系，Scherrer公式测定范围一般为3～200nm。当晶粒大于200nm时，衍射峰宽化不明显，难以得出确切的结果；当晶粒小于3nm时，衍射峰很宽，并趋于消失。如果使用阶梯扫描技术，测量下限可以下降到大约2nm。该方法受灵敏度限制，要求金属的负载量不能小于0.5%。

透射电子显微镜法：TEM法是通过拍摄显微图片，随机测量大量金属粒子的最大直径，再根据它们的粒径分布计算出金属粒子的算术平均直径，从而得到金属分散度的信息。

TEM法的优点是：

a．直观，可以直接观测到金属粒子的形貌、结构、大小及分布情况。

b．可以根据图像的衬度来估算金属粒子的厚度。

c．能提供粒度分布信息，XRD法只能测定粒子的平均大小，TEM法则能够看到粒径分布的详细信息。

TEM法的缺点是：

a．TEM法属于微区统计，必须选具有代表性的区域进行大量、反复的测量，操作烦琐，随意性大。

b．TEM法是入射电子透过试样后形成的投影像，因而要求载体和金属组分之间必须形成足够高的衬度，才能达到清晰可辨的效果，一般用于无孔或大孔载体的样品，如果是Al_2O_3负载金属氧化物的样品，其载体图像和金属氧化物的图像会因衬度不足而不易区分，因此，常常需要先将金属氧化物硫化，通过测定金属硫化物的平均粒径，得到金属分散度。

c．受仪器分辨率的限制，无法观测到小于1nm的粒子。

d．由于TEM图像本质上属于投影像，因此无法了解金属粒子的三维结构，尤其是不能判断金属粒子的具体负载位置，即不容易判断出金属粒子是负载在载体表面还是在载体孔道内部。

狭义的催化剂颗粒直径是指成型粒团的尺寸。单颗粒的催化剂粒度用粒径表示，又称颗粒直径。负载型催化剂所负载的金属或化合物粒子是晶粒或两次粒子，它们的尺寸符合颗粒度的正常定义。均匀球形颗粒的粒径就是球直径，非球形不规则颗粒粒径用各种测量技术测得的"等效球直径"表示，成型后粒团的非球不规则粒径用"当量直径"表示（图4-13）。

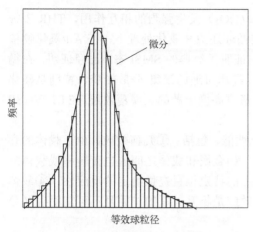

图 4-13 粒径分布直方图与微分图

4.4.2 金属和载体之间的相互作用

金属载体相互作用是控制金属催化性能的另一个重要途径。金属载体强相互作用（support-metal strong interaction，SMSI）被认为是多相催化中最重要的概念之一，在金属/氧化物催化剂中几乎是唯一被讨论的概念。

Tauster 等在关于 TiO_2 负载的第Ⅷ族贵金属还原过程中最早报道了金属与载体之间的相互作用。SMSI 效应的特征是干扰金属的催化行为，导致其 H_2 和 CO 化学吸附能力在 H_2 气氛中高温还原处理后急剧降低。事实上，这种效应只发生在可还原性载体上。进一步的研究表明，经过高温氧化处理后，催化剂的初始状态可以恢复。Tauster 等的研究表明，SMSI 效应与金属-TiO_2 界面上化学键的形成有关。Horsley 提出的 Pt/TiO_2 轨道理论进一步支持了这一观点。

如 Au/MoC_x 催化剂具有 Au 在 MoC_x 表面层上高度分散、金属与载体间强界面电荷转移以及在低温水气转换反应（LT-WGSR）中具有优异的活性等特点，展示了活性的 SMSI 状态。随后的氧化处理导致金纳米粒子的强烈团聚、弱界面电子相互作用和低的 LT-WGSR 活性。通过交替的碳化和氧化处理，这两种界面状态可以相互转化。

Au/MoC_x 催化剂中的 SMSI 状态如图 4-14 所示，其特征是高度分散的 Au 覆盖层、从 Au 到碳化物的强电荷转移以及在 LT-WGSR 中的优异活性。高分散的 Au 覆盖层是以超薄润湿层的形式存在的，它是由 Au 与 MoO_xC_y 和 MoC_x 相的强相互作用驱动和稳定的。

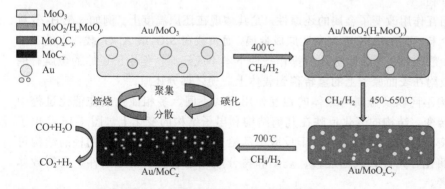

图 4-14 Au 覆盖层与碳化物载体之间的 SMSI 示意图

Au NPs 通常与氧化物载体（如 Fe_2O_3、TiO_2 和 CeO_2）发生强烈的相互作用，THR 表征表明了金属-氧化物界面的强电荷转移。近年来，在循环还原和氧化处理下，在 Au/氧化物催化剂上观察到了氧化物载体对 Au NPs 的可逆包覆，证明了经典的 SMSI 态。已经证明，在循环煅烧和碳化处理下，碳化物载体的 Au 催化剂可以经历可逆的聚集-分散转变，特别是碳化物载体的形成伴随着 Au 在载体表面的扩散或润湿，形成高度分散的金属覆盖层，在 LT-WGSR 中表现出较高活性。

金属-载体相互作用可能以不同的方式影响催化性能，包括：①几何效应，由于载体的存在，NPs 尺寸、形态或应力发生变化；②电子效应，如金属和载体之间的电荷转移或载体配位引起的配体效应；③界面反应性，金属载体界面上的特定位置提供给定的反应性；④载体在催化中的直接参与。电子效应、几何效应和配体效应是相互关联的，并且不可能明确区分每一个单独的贡献。

金属和载体的作用有三种类型（图 4-15）：

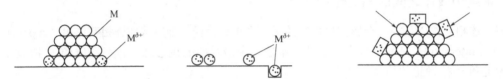

(a) 在金属颗粒和载体接触处的M阳离子中心　　(b) 孤立金属原子和原子簇阳离子中心　　(c) 金属氧化物MO_x对金属颗粒面的涂饰

图 4-15　金属与载体作用的类型

第一类：金属颗粒和载体的接触位置在界面处，分散的金属可保持阳离子的性质。

第二类：分散的金属原子溶于氧化物载体的晶格中或与载体生成混合氧化物，其中 CeO_2、MoO_3、WO_3 或其混合物对金属分散相的改善效果最佳。

第三类：金属颗粒表面被载体上的氧化物所涂饰，涂饰物种可以和载体相同，也可以是部分还原态的载体。

涂饰改变了处于金属与金属氧化物接触部位表面上金属离子的电子性质，也可能在有金属氧化物黏附的金属颗粒表面的接缝处产生新的催化中心。

金属与载体的相互作用可以改变催化剂的催化性能。例如，CO 加氢因载体的不同可得到不同的产物：用 La_2O_3、MgO 和 ZnO 负载 Pd 时，对生成甲醇有利；用 TiO_2 和 ZrO_2 作载体时则对生成甲烷有利。

金属与载体的相互作用改变了金属的还原性，尤其体现在还原温度上。例如，在 H_2 气氛中，非负载的 NiO 粉末，可在 673K 下完全还原成金属，而负载在 SiO_2 或 Al_2O_3 载体上的 NiO 还原就困难多了。一般载体在活性组分还原操作条件下本不应还原，但由于还原的金属有催化活性，会把化学吸附在表面原子上的氢转移到载体上，使之部分还原。

由于载体的结构不同以及金属与载体的相互作用形式不同，多相催化剂在催化过程中表现出动态的结构转变。结构的变化反映在几何结构和电子结构的变化上。图 4-16 给出了几种典型的结构转变。应该注意的是，对于反应中的给定催化剂，初始金属物种的结构可能呈现几种类型的演化行为，如表面迁移、烧结和再分散，这取决于反应条件、金属载体相互作用和其他因素。

图 4-16（a）为一个孤立的金属原子可以从一种结合位点迁移到另一种结合位点。当载

体是多孔材料，如金属有机骨架（MOF）或分子筛时，孤立的原子可以通过多孔载体材料中的通道、孔或空腔从一个位置迁移到另一个位置。图 4-16（b）为金属物种的原子性，可能从孤立的金属原子转变为含有少量原子的金属团簇，再转变为含有数十个或数百个原子的纳米粒子。转化是可逆的，这取决于反应条件和催化剂的物理化学性质。图 4-16（c）是负载型单原子合金纳米粒子在反应条件下的潜在结构转变。由于气氛或环境的变化，单原子合金纳米粒子可能发生偏析。相比之下，在适当的条件下，具有化学偏析的双金属纳米粒子可以转变为单原子纳米粒子。

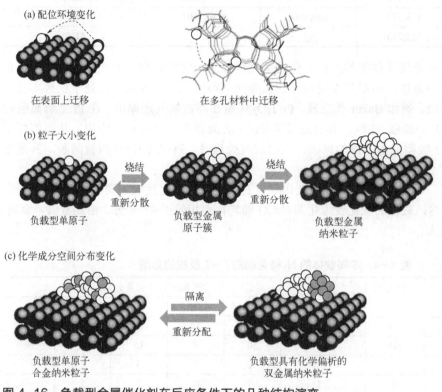

图 4-16　负载型金属催化剂在反应条件下的几种结构演变

Tauster 等之前研究了 TiO_2 上负载的 Rh、Ru、Pd、Os、Ir 和 Pt 等金属催化剂对 H_2 和 CO 吸附的规律。由表 4-3 可见，低温（473K）下用 H_2 还原的催化剂吸附 H_2 及 CO 的能力比高温（773K）下还原的催化剂为高。据传统观念，此种现象可解释为：高温处理后，催化剂表面烧结引起颗粒变大、比表面变小，使吸附气体的能力减小。但此种解释与事实相违，因为经 X 射线衍射测试，用高温氢气还原的催化剂颗粒变化不大，且表面也未发生烧结。另外，经高温氢气还原的催化剂，若再在 673K 用氧处理，可使其吸附 H_2 和 CO 的能力恢复。这一现象也不能用烧结解释，因为烧结一般是不可逆的。科学家推测在负载型金属催化剂中，金属与载体间可能存在着某种相互作用，并因此在一定程度上改变了其吸附能力以及催化性能。为对上述实验结果寻找合乎逻辑的解释，Tauster 等对 10 余种无机氧化物载体吸附 H_2 和 CO 的过程进行了研究。结果表明，此种吸附性能随处理温度变化的可逆性，对不同载体负载的金属催化剂是不同的。这里便展示了载体与金属的相互作用，特别是在 TiO_2、V_2O_5、Nb_2O_5

及 Ta_2O_5 上，此种作用更为明显。

表 4-3 H_2 和 CO 在金属/TiO_2 上的吸附

金属	还原温度/K	H/M	CO/M	BET 比表面/(m^2/g)
2% Ru	473,773	0.23,0.06	0.64,0.11	45,46
2% Rh	473,773	0.71,0.01	1.15,0.02	48,43
2% Pd	438,773	0.93,0.05	0.53,0.02	42,46
2% Os	473,773	0.21,0.11	—	—
2% Ir	473,773	1.60,0.00	1.19,0.00	48,45
2% Pt	473,773	0.88,0.00	0.65,0.03	—
TiO_2 空白	423,773	0,0	—	51,43

目前研究人员对金属载体间的强相互作用虽然进行了一定的研究，并在某种程度上肯定了这种相互作用的普遍性，但对其作用的详细机理尚未得出一致的看法，仍处于积累实验资料和深入探索的阶段。例如 Baker 等发现，Pt-TiO_2 体系在高温氢气还原中，在 Pt 上解离吸附的 H 原子会使 TiO_2 还原成 Ti_2O_x，并且还发现 Pt-Ti 之间存在一定的相互作用，从而解释了催化剂对 H_2 和 CO 吸附能力下降的原因。当用氧气处理时，Pt-Ti 间的作用被阻断，其吸附 H_2 和 CO 的能力得到恢复。

另一研究表明，不同载体负载的 Ni 催化剂对 F-T 反应的催化性能不同。如表 4-4 所示，在相近的温度范围内，载体的变化使催化剂对 CO 的转化率相差了 4~8 倍。由此看出，金属-载体作用的影响很大。

表 4-4 不同载体的 Ni 催化剂对 F-T 反应的影响

催化剂	反应温度/K	CO 转化率/%	产物分布（质量分数）/%				
			C_1	C_2	C_3	C_4	C_{5+}
1.5%Ni/TiO_2	524	13.3	58	14	12	8	7
10%Ni/TiO_2	516	24	50	9	15	8	9
5%Ni/η-Al_2O_3	527	10.8	90	7	3	1	—
8.8%Ni/γ-Al_2O_3	503	3.1	81	14	3	2	—
42%Ni/α-Al_2O_3	509	2.1	76	—	5	3	1
16.7%Ni/SiO_2	493	3.3	92	5	3	1	—
20%Ni/石墨	507	24.8	87	7	4	1	—
Ni 粉末	525	7.9	94	6	—	0	—

为进一步研究金属-载体的强相互作用，Kao 等用电子能谱技术研究了模拟 Ni/TiO_2 的简化体系 Ni/TiO_2（110）来获得关于金属 Ni 原子同载体 TiO_2 间相互作用的信息。图 4-17 是该体系的紫外光电子能谱。图中八条曲线分别对应不同 Ni 覆盖度条件下 TiO_2 的价带能谱。当表面不存在 Ni 时，只能得到两个 Ti^{4+} 的主峰，其能量分别为-5.35eV 和-7.85eV；当表面覆盖少量 Ni 原子（$\theta=0.23$）时，在 TiO_2 价带谱的-0.6eV 处出现一个小峰。随 θ 的增加，此峰强度增大，而且其能值逐渐移至 $E_f=0$ 处。当 $\theta=1.6$ 时，$E_f=0$ 处的态密度还是保持在相当低的数值，而当 $\theta>5$ 时，$E_f=0$ 处态密度变得相当大。此外，起先出现的-5.35eV 峰随 θ 的增加而衰减，-7.85eV 峰则保持不变。然而-5.35eV 处的峰的衰减与-0.6eV 处峰的增强是有一定对应关系的。后者是 Ti^{3+} 的主峰。进一步分析可知，载体中的 Ti^{4+} 一部分变成了

Ti^{3+}，这样便证实了 Ni 和 TiO_2 间的强相互作用，需要注意的是，在此例中吸附的物种超过了一个单层。

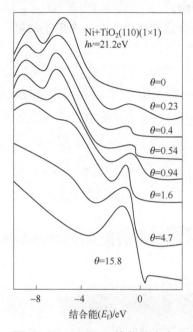

图 4-17　Ni/TiO_2 的紫外光电子能谱

4.4.3　金属辅助的酸催化

用于重整的最早催化剂仅具有酸性功能，引入负载 Pt 的酸性催化剂的主要原因是可提高抗结焦能力。然而，人们很快就认识到，新的负载 Pt 的酸性催化剂对（环）烷烃异构化具有非常高的活性和选择性。此外，Mills 等发现只有（脱）加氢功能或酸功能的催化剂异构化活性非常低，而同时具有两种功能的催化剂表现出相当大的异构化活性。Weisz 也获得了类似的结果，他发现在 SiO_2-Al_2O_3 和 Pt/SiO_2 的混合物上，正己烷转化为异己烷的转化率比单独使用时要高得多。在这个方案中，烷烃在金属位上脱氢，然后将生成的烯烃转移到发生异构化的酸位上。结合分离加氢和酸功能的概念，经典的双功能机理（对于正构烷烃）如图 4-18 所示。

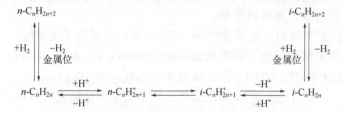

图 4-18　正构烷烃加氢异构化的经典双功能机理

需要注意的是，碳离子在形式上不是中间体，而是过渡态。通过烯烃中间体的异构化路线比直接活化烷烃的路线快很多。

金属/酸双功能催化反应的表观动力学一般受金属与酸中心比及其远近程度的影响。Ester Gutierrez-Acebo 等对以 Pt 为金属活性中心、EU-1 分子筛为酸中心的双功能催化剂进行了研究。制备了两系列不同金属酸中心比和不同金属酸中心间距的双功能催化剂，并用于催化乙基环己烷加氢转化反应。通过增加金属酸中心比，催化活性和异构化选择性增加，直至达到最高点，与经典的双功能机理一致。同时，对 Weisz 的亲和力标准进行了评价：在给定的金属酸中心比下，活性和选择性不受其距离（可达微米级）的影响。

用于一段 F-T 工艺的双功能催化剂由一个用于 CO 加氢的金属活性中心和一个用于加氢裂化和异构化的酸中心组成，如图 4-19 所示。

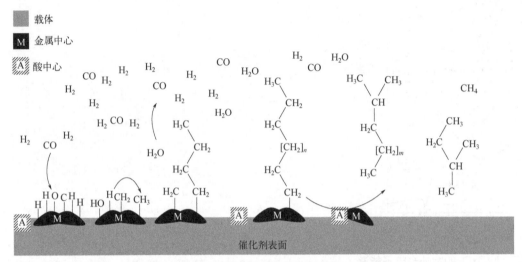

图 4-19　一段 F-T 工艺过程示意图（碳氢链增长后加氢裂化和异构化）

H_2 和 CO 在金属表面的活化与分子物种的解离化学吸附有关，从而产生原子 H、C 和 O 物种。由于 H_2 的解离比 CO 容易，F-T 反应的金属中心的活性主要取决于它们活化 CO 的能力。过渡金属，如 Fe、Co 和 Ru，在其表面与 CO 有强烈的相互作用，因此，可激活 CO 的解离，促进氢化反应。理想的 F-T 活性中心必须同时有利于 C—H 和 C—C 偶联；如果只发生 C—H 偶联，则主要产物将是 CH_4。Co 对 F-T 合成反应非常活跃，对长链烷烃具有很高的选择性。Fe 的活性不如 Co，但其低廉的价格使其具有工业化应用的潜力。Fe 还表现出对烯烃和有价值的化学品（如醇）的良好选择性，对水-气变换（WGS）反应具有活性。酸可以是 B 或 L 类型，其功能是催化加氢裂化和异构化。加氢裂化是打破 C—C 键以获得较轻的碳氢化合物，而异构化则是通过增加辛烷值来形成烃分支以改善燃料质量。

科学家利用双功能金属/酸催化剂，在有氢和无氢的情况下，在气固界面上研究了苯甲醚、二异丙醚（DPE）和丙酸乙酯（EP）的脱氧和分解。研究的双功能催化剂以 Pt、Ru、Ni 和 Cu 为金属组分，以 Keggin 型杂多酸 $H_3PW_{12}O_{40}$（HPA）的酸性铯盐 $Cs_{2.5}H_{0.5}PW_{12}O_{40}$（CsPW）为酸性组分。研究发现，在 H_2 存在下，双功能金属/酸催化比相应的单功能催化能更有效地进行醚和酯的脱氧，并且金属和酸催化的途径在这些反应中起着不同的作用。

正己烷转化为苯的双功能催化反应的反应顺序如图 4-20 所示。高比表面积 Al_2O_3 的酸性质子催化了封环反应。由烷烃在催化下脱氢生成的己二烯在酸性质子作用下通过中间甲基环戊基阳离子骨架异构化转化成环丙基碳正离子，环丙基碳正离子保持吸附并异构化为环己基阳离子。脱质子后，环己烯脱附，铂催化脱氢生成苯。过渡金属实现了 C—H 的键活化和形成，酸性质子催化烃骨架异构化。另外，金属/分子筛催化剂体系在许多生物质加氢脱氧（HDO）路线中发挥着重要作用。

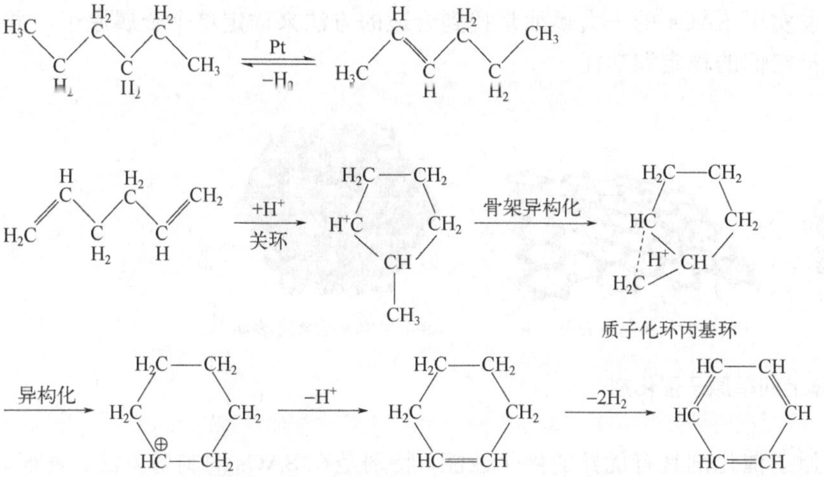

图 4-20　正己烷合成芳烃双功能反应框架

4.4.4　单原子催化剂

负载型金属纳米结构是工业过程中应用最广泛的多相催化剂。金属颗粒的大小是决定催化剂性能的关键因素。特别地，由于低配位金属原子通常起催化活性中心的作用，每个金属原子的比活性通常随着金属颗粒尺寸的减小而增大。但是，金属的表面自由能随粒径的减小而显著增加，促进了小团簇的聚集。使用与金属物种强烈相互作用的载体材料可以防止这种聚集，形成稳定、精细分散的具有高催化活性的金属簇，是工业界长期以来采用的一种方法。然而，实际负载的金属催化剂是不均匀的，通常由纳米颗粒到亚纳米团簇大小的混合物组成。这种非均质性不仅降低了金属原子的效率，而且常常导致不必要的副反应。在金属颗粒的最小极限尺寸时形成的是单原子催化剂（SACs），它为分散在载体上的孤立金属原子。SACs 最大限度地提高了金属原子的利用效率，这对于负载型贵金属催化剂尤为重要。此外，SACs 具有良好的单原子分散性和均匀性，为实现高活性和高选择性提供了巨大的潜力。

单原子催化为在原子水平上精确构建高效催化剂提供了一个有用的平台。设计不同活性中心的催化剂，充分发挥催化剂在催化过程中的协同效应，对合理调控催化剂结构、提高原子水平的精度具有重要意义。

SACs 这一定义最早于 2011 年由张涛院士等首次提出，他们报道了类似由分散在 FeO_x 上的孤立单 Pt 原子组成的单原子催化剂（Pt/FeO_x）在 CO 氧化中展示了优异的催化性能。该工作不仅首次实际制备了单 Pt 原子催化剂，而且结合密度泛函理论（DFT）研究，阐明了三个氧原子配位的单 Pt 原子在 Fe 空位上的强结合，同时解释了 CO 氧化的催化机理。SACs 除了极高的原子效率外，还具有独特的结构和电子性质，为合理设计具有高活性、高稳定性和高选择性的催化剂提供了巨大的机会。

单原子催化作为均相催化和非均相催化之间的一个概念性桥梁，可以加深我们对催化位点上电子结构的理解，让我们可以从电子层面了解潜在的催化反应机理。

负载型单原子催化剂只包括分散在载体上的表面原子和与之配位的孤立的单个原子。图 4-21 显示了单原子锚定在不同载体表面的情况。SACs 不仅使贵金属的原子效率最大化，而且还提供了一种调节催化反应活性和选择性的替代策略。当单个金属原子被锚定在高比表面积的载体上时，SACs 提供了巨大的潜力来显著改变多相催化领域，这对于实现许多重要技术至关重要。成功开发实用 SACs 的一大挑战是找到合适的方法来锚定单个金属原子,并在期望的催化反应中保持它们的稳定和功能。

(a) 金属氧化物表面　　　(b) 二维材料表面　　　(c) 金属NCs(纳米簇)表面

图 4-21　锚定在不同载体上的单原子催化剂

负载型和胶体型单原子催化剂具有优异的催化性能,特别是在 SACs 的制备方法、表征、催化性能和锚定于金属氧化物的机理等方面得到了广泛的应用。表 4-5 列出了一些单原子催化剂的合成方法。

表 4-5　单原子催化剂合成方法一览表

方法	对载体的要求	实例
质量分离软着陆	任何基底,除了高表面积载体	Rh/Pd/Pt/Au,载体 MgO;Pt/Au,载体 Si;Au/Ag/Cu/Co,载体 Al_2O_3
用氰化物盐浸出金属	不能承受 pH 值溶液的氧化物	Au/Pt/Pd,载体 CeO_2;Au,载体 FeO_x;Au/Pt/TiO_2;Pt/SiO_2;Pt/MCM-41
共沉淀法	任何催化剂载体	Pt/FeO_x;Au/FeO_x;Ir/FeO_x
沉积-沉淀	在要求的溶液 pH 值下不溶解的任何载体材料	Au/FeO_x;Pd/Au/Pt/Rh,载体 ZnO;Au/Pt/Pd,载体 CeO_2
强静电吸附	在要求的溶液 pH 值下不溶解的任何载体材料	Pt/C,Pt/Au/Pd,载体 Al_2O_3;Au/Pt/Pd,载体 FeO_x;Pt/Pd/Au,载体 ZnO
原子层沉积	催化剂载体材料	Pt/C,Pt/SiO_2;Pt/TiO_2;Pt/ZrO_2;Pt/Al_2O_3
金属有机配合物	催化剂载体材料	Ir/Rh/Ru/Pt/Os 原子簇,载体 MgO/SiO_2/Al_2O_3/分子筛
燃烧合成	主要是氧化物	Pt/Rh/Pd/Au/Ag/Cu 掺杂进 CeO_2、TiO_2、Al_2O_3 或 ZnO
热解合成	主要是碳基材料	Pd/Pt,载体 C_3N_4;Pt/Pd/Nb/Co/Fe,载体 N 掺杂 C-Pt/CeO_2;Ag/Sb,载体 ZnO
高温蒸汽输送	选定的氧化物	Pt/CeO_2;Ag/Sb,载体 ZnO
簇合成	选定的材料	$[AuFeO_3]^-$, $[VAlO_4]^+$, $[PtZnH_5]^-$, $[AuCeO_2]^+$, $Au_x(TiO_2)_yO_x^-$, $AuAlO_5^+$, $PtAl_2O_4$
离子注入	不适用于内部表面或高表面积的载体	N 掺杂 C/SiC

在所有报道的这些单原子催化剂中,碳基 SACs 是最有前途的用于能源技术等相关催化反应的可持续高级混合纳米催化剂。负载型碳基 SACs,因其形态可调、孔隙率有序、易于通过各种金属(贵金属和非贵金属)固定化等特点而被广泛研究,成为一种高效的单原子催化剂,有着广阔的应用前景。碳基单原子催化剂主要包括嵌入碳基质的金属,如 Co、Cu、Zn、Au、Pd、Ni 和 Pt 等,在有机催化、光催化和电催化等方面都有应用。

（1）单原子催化剂的催化作用

在许多情况下，SACs 具有较高的催化活性，并且在催化反应过程中非常稳定，这主要是由于单个金属原子与载体表面上相应的定位点之间的强键合。图 4-22 简要说明了碳基单原子催化反应，主要有两个方面。

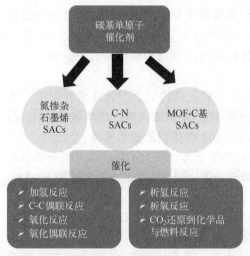

图 4-22 碳基 SACs 的类型与应用

① 氧化反应　SACs 在各种氧化反应中展示出巨大的潜力，包括 CO 在富氢气流中的氧化或 CO 的选择性氧化（PROX）、甲醛氧化、甲烷氧化、苯的氧化和氧化偶联反应等。对于 CO 氧化和 PROX，实验结果表明单原子 Pt_1/FeO_x 催化剂的活性是亚纳米催化剂的 2～3 倍，在长期试验中是稳定的。催化剂活性与金属粒径的关系研究表明，在乙醇氧化反应中 SACs 是最活跃的。研究结果表明，含有更多孤立 Pt 原子的催化剂对甲烷氧化更为有效。

② 加氢反应　首次在金属单原子催化剂上进行加氢反应是由 Xu 及其同事在一系列 Au/ZrO_2 催化剂上进行的。他们发现少量的 Au^{3+} 分散在 ZrO_2 表面上，对 1,3-丁二烯的选择性加氢具有很高的催化活性。这些分离的 Au^{3+} 物种的 TOF 和反应速率都比 Au NPs 高出一个数量级。近年来，各种金属 SACs 的成功合成大大拓宽了它们在加氢/脱氢反应中的应用。例如硝基芳烃在 Pt_1/FeO_x SACs 上的加氢反应，苯乙炔和乙炔在 Pd_1/Cu SACs 上的选择性加氢反应，单原子 Pt_1/Cu 催化剂上 1,3-丁二烯选择性加氢制 1-丁烯的研究，以及单原子 Pd_1/C_3N_4 催化剂上 1-己炔选择性加氢制 1-己烯的研究等。

（2）单原子催化的挑战与前景

负载型单金属原子催化的最大挑战是将特定的金属原子牢固地锚定在具有高金属原子数密度和高比表面积载体上。为了实现这一目标，工程和功能化的载体表面至关重要。这需要具有合理设计和开发形状可控纳米结构或其他类型复杂纳米结构的能力。研究人员预计，在纳米结构和功能化金属氧化物及其他类型的载体材料方面的突破，将大大推动单原子催化剂的发展，以获得广泛的技术应用。

与块状金属相比，孤立的金属原子具有高的表面自由能，单个金属原子可以与载体表面发生强烈的相互作用。通过调控金属原子与载体表面缺陷的相互作用，复合系统的能量可能成为金属-载体复合系统能量中的局部最小值。

金属原子可以锚定并且在高温下保持稳定。例如，将负载型催化剂 Pt/SiC 进行高温（800℃）处理后，利用电子显微镜观察到 Pt 原子被随机或牢固地锚定在 SiC 纳米晶表面。对这种锚定机制的理解有助于深入研究并开发理想的载体材料来锚定单个金属原子。

以单层或薄层为载体的二维材料，由于其电子结构不同于体相材料，其单金属原子的分散和锚定应大不相同。因此，在二维载体上锚定单个金属原子可能为调节催化活性中心进行所需的催化反应提供独特的机会。

为了深入了解单原子催化作用，最终实现所选催化应用的单原子催化剂的平衡设计，一些关键问题尚需进一步讨论和研究。

① 开发多样化与多功能单原子催化剂　可持续化学和先进的绿色工艺要求开发用于生物燃料合成的多功能催化剂。以糠醇为原料，采用磁性 HZSM-5 催化剂，经串联醇解/加氢/环合反应直接合成 γ-戊内酯，在单原子催化剂上开发了 163 种类似的催化体系。

② 高/低负载碳基单原子催化剂　使用传统的催化剂制备方法在大多数载体上制备低金属负载量的催化剂是一个非常简单的方法。然而，要在单原子催化剂中实现高金属负载量（>1%，质量分数）而不使金属纳米粒子团聚仍是一个挑战。高负载金属催化剂的发展应在多相催化、流动化学以及气相反应等方面进行研究。尽管这些单原子催化剂不一定在所有情况下都能产生最好的催化活性，但它们肯定有利于需要更高金属负载量的反应。

③ 10^{-6} 级催化　考虑到可持续催化，降低过程成本是一个永恒的课题，包括反应中的金属含量。然而，催化剂中很低的金属含量并不总是足以获得优异的选择性、活性和目的产物的产率。通常，在大多数催化方案中，根据相应的反应和催化剂，金属含量在 0.5%～7%（质量分数）。在单一金属催化剂的情况下，需要重新研究"多多益善"的概念，研究重点应放在开发高活性、低金属含量的 SACs 上。

④ 高比表面积　催化剂的高比表面积在催化反应中一直是至关重要的，而且大多情况下高比表面积是获得优异活性和选择性的基础。对于应用，需要具有高表面密度的活性金属部分的 SACs，这可以通过调节金属-载体相互作用来实现。

⑤ 先进的表征技术　SACs 的活性部位尚未被深入研究，需要更先进的显微镜技术、操作技术和 DFT 相结合的方法来证明活性中心的性质，并了解它们在催化循环中的作用。

⑥ 机械研究和流动/气体化学应用中的挑战　尽管最近有 DACs 和 TACs 单原子催化剂的报道，但此类催化剂应用的真正障碍是它们的稳定性和由于活性中心的复杂性而缺乏力学研究，特别是与特定载体和试剂的相互作用。因此，必须在设计原位表征技术和监测单个原子的动态结构方面作出更大的努力。此外，流动反应和气相反应需要更剧烈的反应条件，如高温和高压，为确保 SACs 在这些条件下持续稳定存在，避免浸出将是关键问题。因此，为流动反应和气相反应设计更稳定、更可持续的 SACs 势在必行。

4.4.5　金属催化反应的结构敏感行为

对于负载型催化剂，布达特和泰勒提出，把金属催化反应分为两类：结构敏感（structure-sensitive）反应和结构不敏感（structure-insensitive）反应。若反应的转化频率随金属颗粒大小的变化而变化，则称此反应为结构敏感反应，否则称为结构不敏感反应。判断反应是否结构敏感，首先必须排除所有由传热、传质、中毒和金属-载体相互作用引起的干扰。一般来说，在催化反应速率控制步骤中涉及的键为 N-N 或 C-C 键的反应（例如烃类加氢、脱氢和异构化），属结构敏感反应。

结构敏感反应：氨在负载铁催化剂上的合成是一种结构敏感反应。该反应的转化频率随铁分散度的增加而增加。乙烷在 Ni-Cu 催化剂上的氢解反应随 Cu 量增多活性下降，也是一种结构敏感反应。这类涉及 N-N、C-C 键断裂的反应，需要提供大量的热量，反应是在强吸附中心上进行的，这些中心或是多个原子组成的集团，或是表面上顶点或棱上的原子，它们对表面的细微结构十分敏感。因此，利用反应对结构敏感性的不同，可以通过调整晶粒大小、加入金属原子或离子等来调变催化活性和选择性。

结构不敏感反应：例如，环丙烷的加氢就是一种结构不敏感反应。用宏观的单晶 Pt 作催化剂与用 Al_2O_3 或 SiO_2 负载的微晶（1～1.5nm）作催化剂，测得的转化频率基本相同。由于这类（C—H、H—H）键断裂的反应只需要较小的能量，因此可以在少数一两个原子组成的活性中心上或在强吸附的烃类所形成的金属烷基物种表面上进行反应。

一般来说，仅涉及 C—H 键的催化反应为结构不敏感反应，而涉及 C—C 键或者双键（π）变化可发生重组的催化反应为结构敏感反应。

根据最近的研究总结，负载型金属催化剂的分散度（D）和以转换频率（TOF）表示的每个表面原子单位时间内的活性之间在不同的催化反应中存在不同的关系。总的可以分为四类：①TOF 和 D 无关；②TOF 随 D 增加；③TOF 随 D 减小；④TOF 对 D 有最大值。

各类典型反应见表 4-6。由表 4-6 可以看出，①类属于结构不敏感反应，②～④类属于结构敏感反应。

表 4-6　按 TOF 和 D 关系的反应分类

类别	典型反应	催化剂
TOF 与 D 无关	$2H_2+O_2 \longrightarrow 2H_2O$	Pt/SiO_2
	乙烯、苯加氢	Pt/Al_2O_3
	环丙烷脱氢	Pt/SiO_2, Pt/Al_2O_3
	环己烷脱氢	Pt/Al_2O_3
TOF 随 D 增加	乙烷、丙烷加氢分解	$Ni/SiO_2-Al_2O_3$
	正戊烷加氢分解	$Pt/$炭黑, Rh/Al_2O_3
	环己烷加氢分解	Pt/Al_2O_3
	2,2-二甲基丙烷加氢分解	
	正庚烷加氢分解	
	丙烯加氢	Ni/Al_2O_3
TOF 随 D 减小	丙烷氧化	Pt/Al_2O_3
	丙烯氧化	
	$CO+0.5O_2 \longrightarrow CO_2$	Pt/SiO_2
	环丙烷加氢开环	Rh/Al_2O_3
	$CO+3H_2 \longrightarrow CH_4+H_2O$	Ni/SiO_2
	$3CO+3H_2 \longrightarrow C_2H_5OH+CO_2$	Rh/SiO_2, Fe/MgO
TOF 对 D 有最大值	$H_2+D_2 \longrightarrow 2HD$	Pd/C, Pd/SiO_2
	苯加氢	Ni/SiO_2

4.4.6　限域空间中金属离子的催化作用

限域效应分为电子限域与空间限域，但二者之间是密切联系的。

（1）分子筛笼限域空间中的金属纳米粒子

分子筛具有独特的微孔结构、均匀的笼状结构和可精确调控的酸碱位，是限制小金属颗粒尤其是小于 2nm 金属颗粒的最有希望的宿主材料。但由于分子筛载体的微孔会导致分子扩散与金属位点的可及性问题，如果必须考虑分子扩散，则限制了金属颗粒在分子载体中的应用。利用改进宿主材料扩散性能的介孔分子筛作为金属颗粒的载体材料，可以解决这一问题。

对于分子筛支撑的金属物种，存在三种典型类型：负载在分子筛晶体外表面的金属物种；封装在分子筛通道或空腔中的金属物种；嵌入分子筛骨架中的金属物种（图 4-23）。

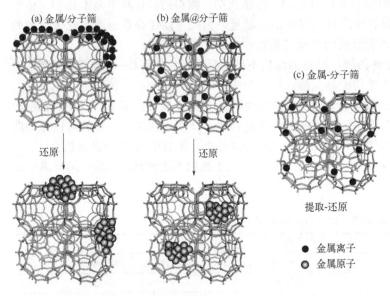

图 4-23　三种典型的含金属分子筛

图 4-23 中，样品（a）通常由分子筛载体和金属前驱体通过简单的浸渍制备而成，称为金属/分子筛。在煅烧和还原过程中，金属物种发生迁移并聚集成大的颗粒。相反，对于称为金属@分子筛的样品（b），分子筛物种有效地保护了金属物种。通道和微孔的复合体系可以提供强烈的限制效应，并显著抑制颗粒生长到特定尺寸区域。同时，分子筛的互连通道允许客体分子自由进入分子筛中的金属物种。此外，在非常有限的空间中具有较强的限制效应和尽量接近性，可以通过金属颗粒和分子筛的固有官能团在金属@分子筛中产生协同双功能样品，这有望得到更广泛的应用。以分子筛为代表的（c）样品中，称为金属-分子筛，金属物种以阳离子的形式嵌入分子筛骨架中，进一步的提取和还原过程是获得分子筛负载金属粒子的必要条件。（c）样品可以转化为（a）或（b），这取决于提取和还原的详细步骤。图 4-24 示意了分子筛-金属复合材料的构建。

限域环境中金属粒子的催化应用如表 4-7 所示。

① 催化中的尺寸效应　具有独特微孔结构的分子筛在限制贵金属纳米粒子方面具有广阔的应用前景，可用于研究催化反应中的尺寸依赖效应。Xiao 团队在 MFI 分子筛上用 1.3～2.3nm 的一系列尺寸可控的 Pt 纳米粒子作为催化剂，研究了挥发性有机化合物的全氧化反应。结果表明，由于 Pt 分散和 Pt^0 比例的平衡，1.9nm 的 Pt/MFI 在反应中催化性能最好。选定的金属纳米粒子可以通过限制在指定的空间中产生。Yu 课题组制备了包裹在纳米硅分子筛-1（即 Pd@MFI）中的超小 Pd 纳米粒子，用于在温和条件下催化甲酸完全分解高效产氢。值得

注意的是,Pd@MFI 催化剂在 298K 和 323K 温度下的 TOF 值分别为 856h^{-1} 和 3027h^{-1},比 Pd/C 和 Pd/Silicalite-1 催化剂性能更为优异。事实上,大多数金属@分子筛样品在各种反应中都能观察到分子筛中的贵金属颗粒的催化性能对尺寸的依赖性。但是,这些效应常常受到其他因素的干扰,例如电子效应和空间效应。

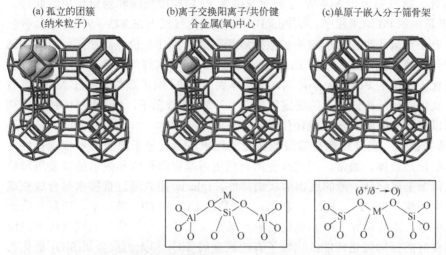

图 4-24 分子筛-金属复合材料的构建

表 4-7 过渡金属-沸石分子筛复合材料的催化应用

选定的应用	金属
石油加工	
加氢裂化	Ni/Mo,Ni/W,Pt,Pd
石脑油重整	Pt(Re、Sn、Ir、Ge 等作为促进剂)
烷烃芳构化	Ga,An,Ag
天然气加工	
甲烷脱氢芳构化	Mo,Re,Fe
甲烷选择性氧化到甲醇	Cu,Fe
生物质转化	
碳水化合物转化至 5-羟甲基糠醛、γ-戊内酯、乳酸	Sn,Ti,Zr
环境应用	
NO_x 选择性催化还原(SCR)	Cu,Fe,Ag,Co
(光催化)去除挥发性有机化合物(VOC)	Ti,Cu,Pt,Pd
水体污染物深度催化氧化	Cu,Fe
CO 和碳氢化合物催化燃烧	Pd,Ni
化学品与化学中间体合成	
选择性/双功能 F-T 合成	Co,Fe,Ru
烯烃环氧化	Ti
N_2O 氧化苯到苯酚	Fe,Ti
硝基芳烃选择性加氢	Pd,Pt
Diels-Alder 反应	Zn,Cr,Ga,Cu,Zr
酮的 Baeyer-Villiger 氧化、Meerwein-Ponndorf-Verley-Oppenauer	Sn,Ti,Zr

② 抗烧结性能　分子筛骨架可以看作贵金属颗粒理想的保护壳。由于被稳定的分子筛骨架所限制，贵金属颗粒在分子筛中最明显的优点在于其抗烧结性能。

限制在 MWW 分子筛（骨架结构类型为 MWW 的一类人工合成分子筛，空间群为 $P6/mmm$）连接通道和笼中的 Pt 团簇在 813K 的空气中煅烧后仍表现出极高的热稳定性，表现出比 Pt/MWW 更高的活性，这可归因于 MWW 空腔对亚纳米 Pt 颗粒的限制和稳定作用。此外，被限制在 BEA 分子筛中的 Pd 纳米粒子，即 Pd@BEA，在氧化气氛下在 873~973K 下具有抗烧结性，而均匀的分子筛微孔也使反应物的扩散接触到限制性的 Pd 位点。结果，Pd@BEA 样品表现出很好的长期稳定性，在 C_1 分子的催化转化方面，包括水煤气变换反应、甲烷重整和 CO_2 加氢等，均优于传统的 Pd/BEA 催化剂。将固体表面含 Pd 纳米颗粒限制在 MOR 沸石中，可以提高甲烷氧化催化剂在低温下的稳定性，在<773K 的低温下，用 Pd@MOR 催化剂在蒸汽的存在下可以保持 90h 的稳定甲烷转化率。

③ 底物形状选择催化　贵金属颗粒被限制在分子筛中，由于分子筛壳的形状选择性，是择形催化的候选催化剂载体。通常，通过改变沸石通道内基质的扩散和限制的贵金属颗粒的可接近性，可以调节金属@分子筛的底物形状选择性。Iglesia 团队通过直接水热合成法成功地将一系列贵金属团簇（Pt、Pd、Ru、Ir 和 Ag）封装在 LTA 和 GIS 沸石中，所制备的金属@分子筛在醇（甲醇、乙醇和异丁醇）氧化脱氢和烯烃（乙烯和异丁烯）加氢反应中表现出高的催化活性和良好的择形催化性能；比较了有约束金属/SiO_2 和无约束金属/SiO_2 催化乙烯、甲苯加氢，以及甲醇、异丁醇氧化脱氢的反应速率。发现金属@分子筛可以根据其分子大小有效地选择合适的反应底物，即反应底物的尺寸应小于分子筛通道的尺寸。此外，Iglesia 团队发现，分子筛壳（GIS 和 ANA）可以有效地保护限域的贵金属核，防止其在乙烯加氢过程中噻吩中毒，禁止大的有机硫通过分子筛的小八元环进入孔道。

H_2S 存在和不存在时的 H_2-D_2 同位素交换反应，可为方钠石笼内包裹团簇对有效防护硫化物中毒提供依据。在 H_2S 存在下，Me@SOD 上的 H_2-D_2 交换速率远高于 Me/SiO_2 上的 H_2-D_2 交换速率，这是由于 H_2S 在方钠石笼中受扩散限制不能到达金属团簇的表面。在随后的工作中，Iglesia 团队发现 LTA 和 MFI 分子筛中的包埋团簇在醇氧化脱氢反应中展示了明显的底物形状选择性，其中乙醇脱氢率远高于异丁醇，这是因为它们的大小不同。Song 和他的同事报道了 Pd 粒子在 MFI 分子筛中的限制作用及其作为择形催化剂在羰基化合物加氢反应中的应用，3-甲基-2-丁烯醛（0.38nm×0.62nm）能有效地加氢，而二丙醛（0.81nm×1.0nm）不能有效地加氢。分子通道（0.53nm×0.56nm）可对反应底物的尺寸精确选择。

此外，Xiao 团队设计了一种核壳 Pd@BEA 催化剂，以提高 Pd 纳米粒子在硝基芳烃加氢生成相应苯胺的催化性能。BEA 分子筛壳的存在改变了硝基芳烃在 Pd 核上的吸附，因此，对催化剂的活性、选择性和使用寿命有着重要的影响。分子筛的孔道和孔口可以根据它们的大小和形状合理地选择反应底物，从而与受限的贵金属颗粒接触。以这种方式，通过金属@分子筛催化的反应可以实现所需的底物形状选择性。另外，通过分子筛的孔道和孔口堵塞块状毒物试剂可以有效地防止由于中毒引起的受限贵金属颗粒的失活。此外，衬底形状选择性催化可以看作是成功限制贵金属颗粒在分子筛中的一个有力证据。

④ 分子筛微环境的催化调节　图 4-25 展示了分子筛中的微环境对贵金属粒子性质的影响。

除了受限的贵金属颗粒之外，铝硅酸盐分子不是惰性载体，但可以提供精细调节的酸碱位点、特殊的电子相互作用和催化过程的明确通道。例如，分子筛中的酸碱位点与包封的纳米颗粒非常接近，并且可以进一步改变它们的性质，甚至可以共同构建协同催化剂，如双功能催化剂。在这里，所有这些因素被归类在分子筛微环境中，可以显著地调节催化活性，更重要的是，可以调节限域的贵金属颗粒在某些反应中的选择性。Li 团队报道了在 MFI 分子筛中原位包裹 Pd 纳米粒子，并在包裹 Pd 纳米粒子和 MFI 分子筛微环境的基础上构建了 Pd@MFI 催化剂。

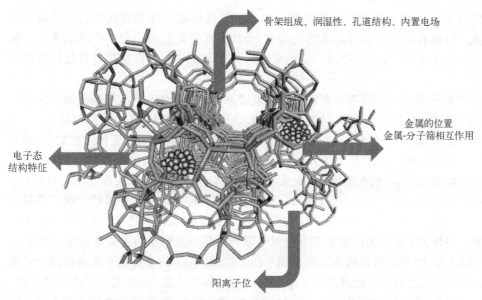

图 4-25 影响分子筛中贵金属粒子性质的主要因素

如在糠醛的氢化反应中，分别以硅分子筛-1、Na-ZSM-5 和 HZSM-5 为载体制备了不同的产物，如呋喃、糠醇和 1,5-戊二醇。密度泛函理论计算和光谱研究清楚地表明，沸石微环境对糠醛的吸附和氢气的活化都有显著影响，从而建立了通过调节分子微环境对 Pd 催化的选择性调节机制。

（2）纳米管空间中限域金属纳米粒子的催化作用

纳米管的限域环境与分子筛明显不同，对其研究存在挑战。纳米管对金属粒子的限域效应研究主要集中在碳纳米管中的金属粒子。

碳纳米管是一种理想的催化剂载体，因为它具有高比表面积、优良的电子导电性以及在高温下良好的抗酸碱性。到目前为止，许多金属，例如 Au、Ag、Pt、Ru、Rh、Pd、Ni、Zn、Co 和 Fe 修饰的碳纳米管，可作为液相（加氢、氢甲酰化）或气相（费-托合成、氨合成和分解）反应的催化剂。碳纳米管基催化剂通常比传统载体上负载金属纳米粒子的其他催化剂如 Al_2O_3、SiO_2 甚至活性炭展示出更高的活性和/或选择性。特别是，填充在碳纳米管内的金属纳米粒子在催化反应中通常展示出比负载在外表面的催化剂更高的活性，这主要归因于碳纳米管的限域效应。

例如，采用湿化学方法制备了纳米 Cu 填充碳纳米管加氢催化剂。选择 MeOAc 加氢反应作为探针反应，研究了纳米 Cu 填充碳纳米管的催化性能和限域效应。结果显示，具有小内径的碳纳米管对限制在其通道内的 Cu 纳米颗粒表现出前所未有的强自还原效应。

Ran 等证明了具有不同内通道直径的 Ru 纳米粒子作为多相催化剂可直接将纤维二糖转化为糖醇。碳纳米管负载纳米 Ru 催化剂的催化活性和还原性随碳通道直径的减小而提高。

研究发现，与修饰在碳米纳管上的Ru纳米粒子相比，碳纳米管通道内的受限Ru纳米粒子的反应活性更高。Ru纳米粒子在碳纳米管通道中的包埋提高了Ru的还原性，降低了Ru纳米粒子的浸出率。

（3）MOF中金属纳米粒子的催化作用

金属有机骨架（MOF）是通过将无机节点与有机连接体连接起来构建的。由于其化学组成的多样性、明确的晶体结构和超高的孔隙率，MOF在催化领域引起了广泛的关注。将金属纳米粒子封装在MOF中，利用纳米孔的限制性或形状选择性，将使其具有独特的催化性能。

金属@MOF的构建方法通常有三种：①通过浸渍和还原在MOF中沉积金属纳米粒子；②在预先合成的金属纳米粒子上沉积MOF；③金属/金属氧化物在MOF中的原位转化。

金属纳米粒子在MOF中的沉积包括在预合成的MOF中浸渍金属前驱体，然后在MOF的微孔中还原金属前驱体，MOF作为主体材料并为金属纳米颗粒的成核提供受限空间。受益于空间限制，在MOF中可以制备出超细、无配体的金属纳米粒子。该方法可以在ZIF-8中合成第一过渡系列的金属纳米粒子（Fe、Co、Ni和Cu）。值得注意的是，金属纳米粒子的尺寸通常大于ZIF-8的笼形尺寸（1.1～2.2nm）。结果表明，金属纳米粒子的生长导致了ZIF-8局部结构的畸变，并且ZIF-8中的纳米空间不能完全限制金属纳米粒子的生长并决定其尺寸。

贵金属（Pd、Ru和Pt）与低成本过渡金属（Cu、Co和Ni）的合金化不仅可以减少贵金属的用量，而且可以通过调整贵金属的电子结构来提高其催化性能，因此受到了广泛的关注。Cu-Pd、Cu-Ru、Cu-Pt、Co-Pd、Co-Ru、Co-Pt、Ni-Pd、Ni-Ru和Ni-Pt合金纳米粒子在MIL-101中高度分散，平均粒径为1.1～2.2nm，负载量（质量分数）高达10.4%。此外，MOF的无机节点也可以作为合金纳米粒子的金属源。

在预合成的金属纳米粒子上生长MOF是将金属纳米粒子封装在MOF中的另一个重要策略，这种方法不仅具有将不同尺寸和形状的金属纳米粒子结合在一起的独特优势，而且可以可控构建金属-载体界面。在这种方法中，金属纳米粒子核心与MOF壳层之间的相容性是成功制备金属@MOF的关键。

通过金属或金属氧化物的原位转化在金属纳米粒子上形成MOF覆盖层是制备MOF包覆金属纳米粒子的另一种策略。在这里，金属或金属氧化物作为MOF生长的牺牲模板。

4.5 金属催化剂上的重要反应

金属催化剂上的重要反应主要包括三种，加氢反应、重整反应和氧化反应。其中加氢反应是一类重要的多相催化反应，本节主要讨论常用于加氢反应的金属催化剂类型，以及$CO+H_2$反应。重整反应是指烃类分子重新排列成新的分子结构，将低辛烷值（40～60）的直馏石脑油转化为高产率、高辛烷值的汽油馏分进行重整，即催化重整。金属催化剂还可用于氧化反应，常用催化剂有Ag、Au、Pt、Pd和Rh等，这些催化剂用于乙烯部分氧化、甲醇转化为甲醛、氨氧化、尾气处理等。

4.5.1 加氢反应

金属催化剂上的加氢反应是一类重要的多相催化反应。加氢反应具有如下特点：

a. 绿色化的化学反应。催化加氢一般生成产物和水，不会生成其他副产物（副反应除外），具有较好的原子经济性。

b. 产品收率高、质量好。
c. 反应条件温和。
d. 设备通用性强。

4.5.1.1 加氢催化剂的种类

常用的加氢催化剂有以下几种。

（1）Ni 系催化剂

骨架 Ni 是应用最广泛的一类 Ni 系加氢催化剂，也称 Raney Ni。它具有很多的微孔，是多孔形态的金属催化剂。制备骨架形催化剂的主要目的是增加催化剂的表面积，提高催化剂的反应面，即催化剂活性。

骨架 Ni 由于其在室温下的稳定性和高催化活性，被广泛应用于工业生产和有机合成中。工业上使用骨架 Ni 的一个实例是苯催化加氢还原为环己烷。苯环的还原很难通过其他化学手段实现，但可以通过使用骨架 Ni 来实现。其他非均相催化剂，例如 Pt 族元素催化剂，也可以使用，效果类似，但这些催化剂的生产成本往往高于骨架 Ni。由此生产的环己烷可用于己二酸的合成，己二酸是尼龙等聚酰胺工业生产中使用的原料。

骨架 Ni 可以用于有机合成加氢脱硫。例如，在 Mozingo 还原的最后一步中，硫代缩醛将还原为碳氢化合物。

将 Ni 和 Al、Mg、Si 和 Zn 等易溶于碱的金属元素在高温下熔成合金，将合金粉碎后，再在一定的条件下用碱溶掉非活性组分后，留下很多孔，成为骨架形的 Ni 系催化剂。

多组分骨架 Ni 催化剂，是在熔融阶段加入不溶于碱的第二组分和第三组分金属元素，如 Sn、Pb、Mn、Cu、Ag、Mo、Cr、Fe 和 Co 等，这些第二/三组分元素的加入，一般能增加催化剂的活性，或改善催化剂的选择性和稳定性。

使用骨架 Ni 催化剂需注意：骨架 Ni 具有很大的比表面积，在催化剂的表面吸附有大量的活化氢，并且 Ni 本身的活性也很高，容易氧化，非常容易引起燃烧，一般在使用之前均放在有机溶剂中。可以采用钝化的方法，降低催化剂活性或形成保护膜等，如加入 NaOH 稀溶液，使骨架 Ni 表面形成很薄的氧化膜，在使用前再用 H_2 还原，钝化后的骨架 Ni 催化剂可以与空气接触。

（2）Cu 催化剂

Cu 作催化剂具有比表面大、活性高、成本低等优点，常用于烯烃的加氢。在加氢反应中活性次序是：Pt≈Pd＞Ni＞Fe≈Co＞Cu。

Cu 的活性接近于中毒后的 Ni 催化剂，Cu 催化剂对苯甲醛还原成苯甲醇或硝基苯还原成苯胺的反应具有特殊的催化活性。

Cu 催化剂主要用于加氢、脱氢、氧化反应，单独用的 Cu 催化剂很容易烧结，通常为了提高耐热性和抗毒性，都采用助催化剂和载体。铜(Ⅰ)催化的有机叠氮化合物和末端炔烃之间的 1,3-偶极环加成反应，通常称为点击（Click）化学，已被确定为最成功、通用、可靠的化学反应之一，以及快速和区域选择性构建 1,4-二取代的 1,2,3-三唑作为不同功能化分子的模块化策略。

（3）Co 催化剂

Co 催化剂的作用与 Ni 有很多相近之处，但一般活性低，且价格比 Ni 高，所以很少用

Co来代替Ni作为催化剂使用，但在F-T合成、羰基化反应及还原硝基高得率制伯胺等场合，却是重要的催化剂，Co是催化转移加氢反应（CTH）工艺中开发最广泛的非贵金属，如含喹啉甲酸CTH反应。制造催化剂的原料及方法大体与Ni催化剂相同。

（4）Pt系催化剂

Pt是最早应用的加氢催化剂之一，Pt基催化剂广泛应用于丙烷脱氢，以满足专用催化工艺对丙烯需求的急剧增加。

金属Pt催化剂常用的两种类型是Pt黑和负载型Pt。

a. Pt黑在碱溶液中用甲醛、肼、甲酸钠等还原剂还原氯铂酸，可制得Pt黑催化剂。在常温、常压下，Pt黑催化剂对芳环加氢具有优异活性。

b. 将（4价）铂酸溶于水，使渗入的载体湿润并进行干燥，用氢或其他还原剂还原后，即得负载Pt。Pt/C是最常用的加氢催化剂之一，广泛应用于双键、硝基和羰基等的加氢，而且效率高、选择性好。贵金属催化剂价格高昂，但由于是分散型催化剂，含1%～5%的贵金属，相对来讲可以承受，特别是对于高附加值的产品。此外，Pt/石棉可用于苯或吡啶的气相加氢。

（5）Pd基催化剂

Pd是催化加氢反应的优良催化剂。在石油化工中，乙烯、丙烯、丁烯和异戊二烯等烯类是最重要的有机合成原料。在石油化工中得到的烯烃含有炔烃及二烯烃等杂质，可将它们转化为烯烃除去。

Pd催化剂具有优异的活性和选择性，常用作炔烃和二烯烃选择性加氢催化剂。常用于加氢反应的Pd催化剂有Pd、Pd/C、Pd/BaSO$_4$、Pd/硅藻土、PdO$_2$和Ru-Pd/C等。从乙烯中除去乙炔常用的催化剂是0.03%Pd/Al$_2$O$_3$。在乙烯中加入CO可以改进Pd/Al$_2$O$_3$对乙炔的加氢选择性，并已工业化。甚至有工艺可将烯烃中的乙炔降至1%以下。

a. Pd/C催化剂是催化加氢最常用的催化剂之一。活性炭具有大的比表面、良好的孔结构、丰富的表面基团，同时有良好的负载性能和还原性，将Pd负载在活性炭上，一方面可制得高分散的Pd，另一方面炭能作为还原剂参与反应，提供还原环境，降低反应温度和压力，并提高催化剂活性。Pd/C主要用于NO$_2$的还原及选择性还原碳碳双键。

b. Pd/γ-Al$_2$O$_3$催化剂作为一种工业成品催化剂，具有良好的加氢活性，广泛用于加氢反应。致密Pd金属膜是一类重要的无机催化膜，已成为脱氢或选择性加氢反应的重要材料。目前致密Pd基膜的商用限于氢的纯化，其原因之一是上述Pd膜厚，氢的渗透速度低，膜组件的成本高。近年来，有关工作主要集中在Pd基金属复合膜的制备及应用研究上。

c. Pd基双金属催化剂。金属Pd被公认为是最出色的炔键和双烯键选择加氢催化剂活性组分，但仍存在许多缺点，如低聚副反应的发生、易被炔键配合、易中毒、稳定性差等。针对单Pd催化剂的缺点，通过添加第二金属助催化组分来进一步改善催化剂性能。Pd基双金属催化剂对双烯加氢的选择性、活性、稳定性和寿命比单Pd催化剂有很大的提高，在炔键和双烯键的选择加氢催化剂中具有一定的优势，被视为该领域的第三代催化剂。

（6）Ru催化剂

Ru作为加氢反应的催化剂用得较多，在F-T合成、芳烃化合物（特别是芳香族胺类）的加氢等反应中，均发现有良好的活性和选择性。在Ru催化剂上进行的液相加氢中，水的存在显著地促进反应。它对醛酮加氢也有较高的活性，与其他Pt系催化剂相比，常表现出某些特异性质。Ru基催化剂在合成氨以及氨分解制氢方面由于Ru-N键键能而具有很突出的优势，

在 CH_4 重整制氢过程中有明显抗积碳性能。

（7）Rh、Ir 和 Os 催化剂

常见负载催化剂 Rh/Al_2O_3、Rh/CeO_2 和 Rh/SiO_2 等多用于 CO 加氢成醇、芳烃和硝基加氢。Ir 的固体催化剂、均相催化剂的形式以及活性与 Rh 相近，尤其在均相催化加氢中，也许是三价阳离子 d^6 电子分配相似的原因，但 Rh 加氢活性比 Ir 要高得多。Rh 因对 NO_x 高的还原性能而被用于汽车尾气处理的三效催化剂。

Rh、Ir 的均相加氢研究与 Ru 很相近，尤其是 Rh。对于不对称加氢，Ir 应用相对少些，Os 则更不常见。

4.5.1.2 $CO+H_2$ 反应

$CO+H_2$ 反应是一类重要的加氢反应。这两个反应物因条件不同可以转化为烷烃、烯烃或醇、醛和酸等含氧有机化合物。自从 1926 年德国化学家 Fischer 和 Tropsch 发表了这一由简单无机物合成有机物的研究报告以来，几十年间该反应已获重大发展。CO 与 H_2 的反应被命名为 Fischer-Tropsch 合成，简称为 F-T 合成。

F-T 合成所用催化剂多为过渡金属或贵金属，如 Fe、Co、Ni、Rh、Pt 和 Pd 等。

（1）烷烃的生成

由 CO 和 H_2 得到烷烃的反应可由下式表示

$$(n+1)H_2+2nCO \longrightarrow C_nH_{2n+2}+nCO_2 \quad (4-9)$$

$$(2n+1)H_2+nCO \longrightarrow C_nH_{2n+2}+nH_2O \quad (4-10)$$

烷烃生成自由能与温度关系如图 4-26 所示。

具体来说，在 Ni 催化剂上于 500～600K 即可由 CO 和 H_2 生成 CH_4 和 CO_2。

$$2CO+2H_2 \longrightarrow CO_2+CH_4 \quad (4-11)$$

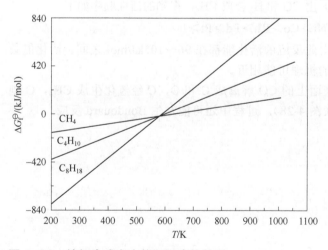

图 4-26　烷烃生成自由能和温度的关系

（2）烯烃的生成

烯烃的生成可由下列方程式表示：

$$2nH_2+nCO \longrightarrow C_nH_{2n}+nH_2O \quad (4-12)$$

$$nH_2 + 2nCO \longrightarrow C_nH_{2n} + nCO_2 \tag{4-13}$$

烯烃生成自由能和温度关系如图 4-27 所示。

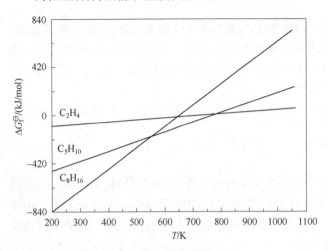

图 4-27　烯烃生成自由能和温度的关系

（3）醇类的生成

醇类的生成可由下列方程式表示

$$2nH_2 + nCO \longrightarrow C_nH_{2n+1}OH + (n-1)H_2O \tag{4-14}$$

$$(n+1)H_2 + (2n-1)CO \longrightarrow C_nH_{2n+1}OH + (n-1)CO_2 \tag{4-15}$$

上述三类反应都是摩尔数减少的过程，因此加压对反应的进行有利。

由 CO 和 H_2 直接生成 CH_4 的反应称为甲烷化反应。甲烷化是 $CO+H_2$ 的重要反应途径之一。金属 Ni 对甲烷化反应有独特的活性，其他金属常使该反应得到的产物中伴有较大分子量的烃类。有研究应用多种过渡金属（包括贵金属）由 CO 和 H_2 合成 CH_4，得到的活性顺序如下：

$$Ru > Fe > Ni > Co > Rh > Pd > Pt > Ir$$

在 Ru、Fe、Ni、Co 和 Rh 催化剂上此反应的活化能都在 96～105kJ/mol 之间。活化能数值相近意味着 CO 和 H_2 反应生成甲烷的机理可能相近。

这一反应的机理为：吸附在金属表面上的 CO 解离成 C 和 O，C 经氢化生成 CH_4，O 则与另一 CO 分子结合形成 CO_2 而脱附（图 4-28）。过程中还可能发生 Boudouard 反应

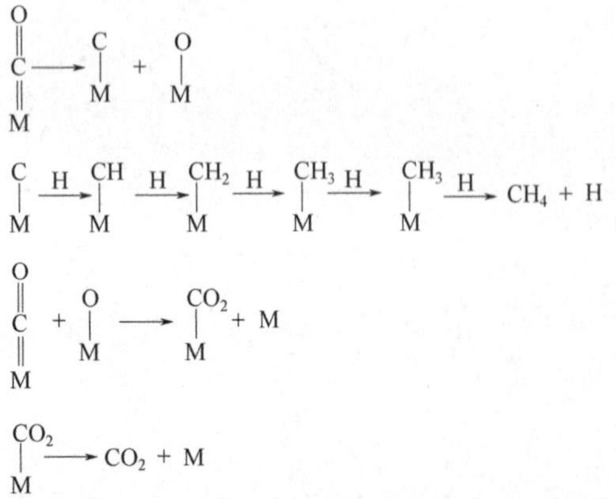

图 4-28　CO 和 H_2 反应生成甲烷的机理

$$2CO \rightleftharpoons CO_2 + C \qquad (4\text{-}16)$$

沉积的碳可能使催化剂失活,但在高 H_2∶CO 时,这一反应可以被抑制。在 500～700K 下,将 CO 和 H_2 的混合气置于多晶的 Rh、Fe 和 Ni 表面上,可检测出碳-氢碎片的存在,从而表明反应中确实是 C 逐步加 H 生成 CH、CH_2、CH_3,最后生成 CH_4 的,上述 CO 解离吸附得到的 C 只在一定温度范围内才可加 H 生成 CH_4。当温度高于 700K 时,表面的碳层会石墨化而失去与氢反应的活性。此外,Rabo 和 Beloin 等分别用脉冲方法和同位素标记 CO 证实了 Boudouard 反应的存在。

反应中 CO 经解离吸附生成的表面碳原子常常与金属形成碳化物,如碳化铁(Fe_3C、Fe_2C 等)、碳化钴(Co_2C)及碳化镍(Ni_3C)等。这些碳化物也可以加氢,生成 CH、CH_2、CH_3 和 CH_4 以及相应的原子态金属。

在许多过渡金属和贵金属表面上,CO 和 H_2 可以转化为多种烃类的混合物。如在 Fe、Co 或 Ru 等表面上得到 C_1～C_5 烃的混合物。图 4-29 是在 606kPa、573K 以及 747kPa、543K 下用铁为催化剂得到的产物分布。此外,此分布还受助剂的影响。

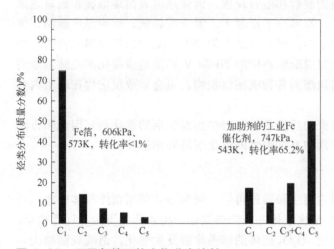

图 4-29　不同条件下的产物分布比较

4.5.1.3　加氢催化剂的制备、失活与再生

(1) 加氢催化剂的制备

通常加氢催化剂的制备方法有混捏法和浸渍法两种。

① 混捏法　混捏法是较早使用的加氢催化剂的制备方法。该法的要点是将制备催化剂所需原料——拟薄水铝石、金属及助剂与黏结剂一起混合、捏合,然后成型、焙烧。该法具有制备过程简单等优点。混捏法的缺点是催化剂的活性组分金属 Mo(W)及助剂 Co(Ni)的分散状态较差,在焙烧过程中会有部分活性组分因与载体($\gamma\text{-}Al_2O_3$)发生强相互作用,并生成非活性物种如镍(钴)铝尖晶石和钼(钨)酸铝等。

② 浸渍法　浸渍法包括分步浸渍法和共浸渍法两种。两种方法均需要先制备载体($\gamma\text{-}Al_2O_3$ 或 $SiO_2\text{-}Al_2O_3$),然后用含活性组分的溶液浸渍该载体,经干燥、焙烧等步骤,最后制成催化剂。由于活性金属组分是通过与载体之间的相互作用而分散在载体表面上的,因此制备表面性质优良的载体是浸渍法的关键和前提。其优点是活性金属组分易均匀分布于载体表面;缺点是制备工艺过程比较复杂。

ⅰ．分步浸渍法：以含 Mo（或 W）的溶液浸渍载体（例如 γ-Al$_2$O$_3$），干燥、焙烧，制成 Mo(W)/Al$_2$O$_3$。再用含 Ni（或 Co）的溶液浸渍该 Mo(W)/Al$_2$O$_3$，干燥、焙烧，制成 Mo(W)-Ni(Co)/Al$_2$O$_3$ 加氢催化剂。

ⅱ．共浸渍法：首先将氧化钼（或钼酸铵）和硝酸镍（或碱式碳酸镍）或硝酸钴（或碱式碳酸钴）一起配制成含双活性组分（或含多活性组分）的溶液。然后用该溶液浸渍 γ-Al$_2$O$_3$，经干燥、焙烧等步骤，制成 Mo-Ni(Co)/Al$_2$O$_3$ 加氢催化剂。配制高浓度而且稳定的浸渍溶液是共浸渍法的另一关键问题。含 Mo-Ni(Co)/Al$_2$O$_3$ 的溶液可以在碱性（含氨）介质中配制，但是在高浓度时该溶液的稳定性差。此外，在工业生产过程中，高浓度的氨水会严重污染环境。现在，更多的是采用加入磷，以制成含有三种组分的 Mo-Ni(Co)-P 溶液的办法。含磷化合物可以采用磷酸铵或磷酸。引入磷的目的是通过生成磷钼酸盐配合物以加速钼的溶解并使溶液稳定。研究表明，当溶液（含 Mo 和 P）中含有一定量的镍时，溶液可以更加稳定。

（2）加氢催化剂的失活

在催化加氢过程中，由于部分原料的裂解和缩合反应，催化剂因表面逐渐被积碳覆盖而失活。通常与原料组成和操作条件有关，原料分子量越大、氢分压越低、反应温度越高，失活越快。与此同时，还可能发生不可逆中毒，例如油品中的 Pd、As、Si 等金属毒物的沉积会使催化剂活性减弱而永久中毒，而加氢脱硫原料中的 Ni 和 V 则是造成催化剂孔隙堵塞进而床层堵塞的原因之一。此外，反应器顶部的各种机械沉积物，也会导致反应物在床层内分布不良，引起床层压降过大。

上述引起催化剂失活的各种原因带来的后果各异，因结焦而失活的催化剂可用烧焦方法再生；被金属中毒的催化剂不能再生；顶部有沉积物的催化剂可卸出过筛。

（3）加氢催化剂的再生

催化剂再生采用烧碳作业，分为器内再生和器外再生。两种方式都用惰性气体中加入适量空气进行逐步烧焦，用水蒸气或 N$_2$ 作惰性气体并充当热载体。用水蒸气再生时过程简单，容易进行；但是水蒸气处理时间过长会使 Al$_2$O$_3$ 载体的结晶状态发生变化，造成表面损失、催化剂活性下降及力学性能受损，在正常操作条件下催化剂可以经受 7~10 次这种类型的再生。用 N$_2$ 作稀释剂的再生过程，在经济上比水蒸气法要贵，但对催化剂的保护效果较好且污染较小。目前许多工厂倾向于采用 N$_2$ 再生，有的催化剂规定只能用 N$_2$ 再生。

催化剂再生时燃烧速度与混合气中氧浓度成正比，必须严格控制进入反应器中氧浓度，以此来控制催化床层中所有点的温度即再生温度。否则烧焦时会放出大量焦炭燃烧热和硫化物的氧化反应热，导致床层温度急剧上升而过热，最后损坏催化剂。实践表明，在反应器入口气体中 O$_2$ 浓度为 1%时，可以产生 110℃的温升；若反应器口温度为 316℃，气体中氧浓度依次为 0.5%、1%，则床层内燃烧段的最高温度可分别达到 371℃和 426℃。对于大多数催化剂，燃烧段最高温度应≤550℃；>550℃时，MoO$_3$ 会蒸发，γ-Al$_2$O$_3$ 也会烧结和再结晶；催化剂在高于 470℃下暴露在水蒸气中，会发生一定的活性损失。

如果催化剂失活是由于金属沉积，则不能用烧焦方法再生，操作周期将随金属沉积物前沿的移动而缩短，在这个前沿还没到达催化剂床层底部之前，就需要更换催化剂。若装置因碳沉积和硫化铁锈在床层顶部的沉积而引起床层压降增大而停工，则必须全部或部分取出催化剂过筛；然而，为防止活性硫化物和沉积在反应器顶部的硫化物与空气接触后自燃，可在催化剂卸出之前将其烧焦再生或在 N$_2$ 保护下将催化剂卸出反应器。

近年来加氢精制催化剂发展迅速,如美国 Criterion 公司和 Union 公司的脱氮脱硫催化剂均已发展到第七代(DN-801、HC-T)。Chevron 和 UOP 的重油加氢精制催化剂也在工业上得到应用。除了常规加氢精制技术日益发展外,对如何大幅度减少汽油中的硫(主要来自 FCC)和喷气燃料中的硫醇、深度脱除柴油中的硫和芳烃、催化裂化原料深度加氢处理、渣油脱金属和脱硫进行了大量研究,其中包括 Mobil 公司的 Qct Gain 工艺和 UOP 与委内瑞拉合作开发的 ISAL 工艺,这两项工艺都是催化裂化汽油脱硫新工艺;我国石油化工科学研究院的中压加氢改质(MHUG)技术被国外《油气杂志》称为世界生产低硫低芳烃柴油的三大技术之一。最近该院还开发了喷气燃料低氢油比临氢脱硫醇 RHSS 技术,同样在世界上处于领先地位。

未来,越来越多的重质原油、含硫原油和高硫原油将被用作加工原料。这些原料中各种金属及非金属如镍、钒、铁、钼、砷的含量很高,同时高质量、无污染的石油产品需求量又在激增。从这个意义上看,加氢精制必须开发适应于这种原料变化的新催化剂。

4.5.2 重整反应

重整是指烃类分子重新排列成新的分子结构。在有催化剂的作用下,将低辛烷值(40～60)的直馏石脑油转化为高产率、高辛烷值的汽油馏分进行的重整,即为催化重整。采用 Pt 催化剂的称为"Pt 重整",采用铂铼催化剂或多金属催化剂的称为"铂铼重整"或"多金属重整"。催化重整通过异构化、加氢、脱氢环化和脱氢等反应,使直馏汽油的分子,其中包括由裂解获得的大分子烃,转化为芳烃和异构烃以改善燃料的质量,因而其不仅与高级汽油的生产有关,也关系到石油化工基础原料的生产。由催化重整提供的苯、甲苯、二甲苯等芳烃经过各种催化反应过程制成的各类产品,广泛用于塑料、橡胶、合成纤维、涂料、树脂、医药、燃料、杀虫剂、除锈剂、洗涤剂和溶剂等的生产中。无论是高辛烷值汽油还是芳烃,在催化重整过程中,还副产大量氢气,用来作为重整原料加氢裂化及生产合成氨。重整所产生的丙烷可作为液化气,异丁烷可用来供给烷基化装置。

通过重整反应可将直链烃(烷烃和烯烃等)转化成异构产物、环化产物或芳烃产物。一般来说,重整产物是在不改变碳数的条件下把原有分子的结构重新组合,但有人把氢解和加氢脱硫等反应也包括在重整反应之中。

(1) 主要反应

① 直链烷烃异构成为支链烷烃 如正庚烷异构化为不同的异构体(图 4-30)。

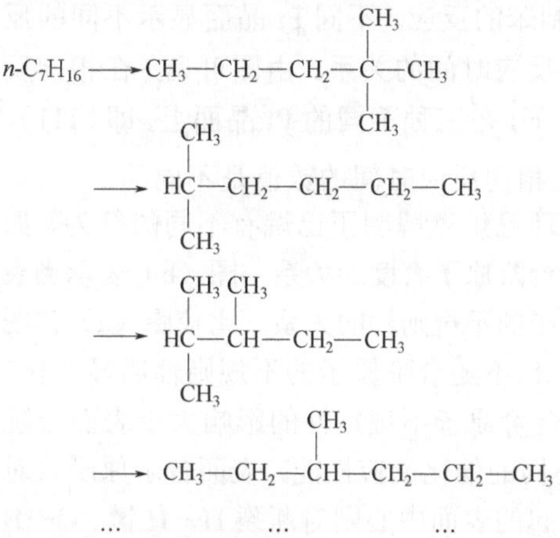

图 4-30 正庚烷异构化

② 直链烷烃的脱氢环化（图 4-31）

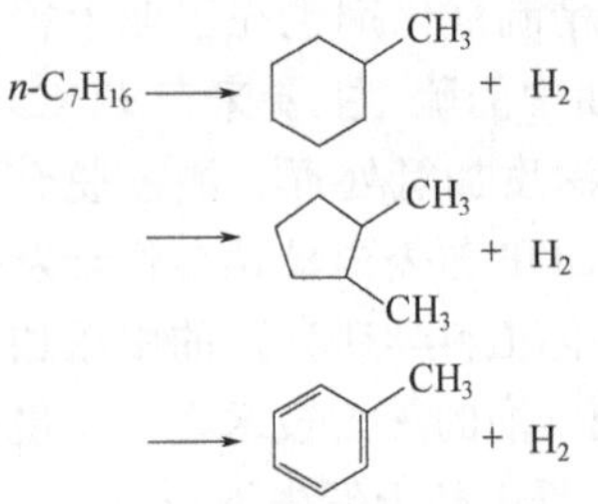

图 4-31 直链烷烃的脱氢环化

③ 烃的氢解　这里一般是指分子中部分 C—C 键因加 H 而解离成几个碳链较小的分子。例如：

$$CH_3CH_3 + H_2 \longrightarrow 2CH_4 \tag{4-17}$$

$$C_9H_{20} + H_2 \longrightarrow C_5H_{12} + C_4H_{10} \tag{4-18}$$

含 C—N 键或 C—X（X 为卤素）键的分子也会在与氢作用时解离成为相应的小分子：

$$C_2H_5NH_2 + H_2 \longrightarrow C_2H_6 + NH_3 \tag{4-19}$$

$$C_2H_5Cl + H_2 \longrightarrow C_2H_6 + HCl \tag{4-20}$$

④ 环烷烃脱氢异构（图 4-32）

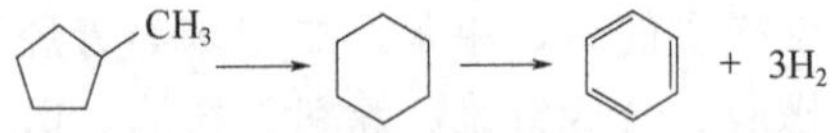

图 4-32 环烷烃脱氢异构

铂是具有多种用途的重整催化剂，它既可用于直链烃的脱氢环化和异构反应，又可用于加氢、脱氢以及氢解反应。近年来，对铂系催化剂多方面的催化作用及功能研究日趋增多和深化。目标有两个：一是对金属催化剂在多种反应中作用的基元步骤进行深入探究；二是寻找 Pt 的代用品以替换这一性能较好但十分昂贵的催化剂。

随着表面测试技术的新发展，人们可以对金属催化剂的表面组成、结构以及金属原子在反应中的价态获得直观的信息。表面化学和多相催化体系的综合研究相结合，能使人们对金属表面的吸附行为和催化性能有更深入的认识。例如近年来不少研究工作表明，Pt 的不同晶面对给定的化学反应具有不同的活性。像环己烯脱氢制苯的反应，不同 Pt 晶面显示不同的反应速率。图 4-33 中曲线代表不同晶面上的转化频率与反应时间的关系。由图可见，在相同反应条件（$T = 423K$，$p_{H_2} = 1.3 \times 10^{-4} Pa$，$p_{C_6H_{10}} = 8 \times 10^{-4} Pa$）下，在三种不同的 Pt 晶面上，即（111）、（557）和（654）上，环己烯脱氢生成苯的转化频率在相同反应时间的数值是不同的。

又如在不同结构的 Pt 晶面上，环己烷脱氢制苯与环己烷氢解制正己烷有不同的行为，如图 4-34 所示。其中图（a）表示反应的转化频率与表面台阶原子密度的关系，图（b）表示当表面台阶原子密度固定时，两个反应的转化频率与台阶原子的不规则性的关系。比较图（a）和图（b）可以看出，环己烷脱氢与表面台阶原子密度无关，也不随台阶原子的不规则性明显变化。但环己烷氢解反应的转化频率却受两者变化的影响。台阶原子不规则性的影响大于表面台阶原子密度的影响。上述结果还表明，不同表面结构有不同的催化反应性能，表面台阶原子只对断裂 H—H 和 C—H 键有活性，而台阶原子不规则性引起的表面中心则对断裂 H—H 键、C—H 键以及 C—C 键都有活性。

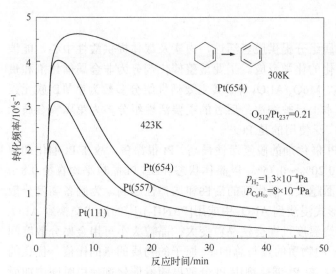

图 4-33 环己烯脱氢反应转化频率与时间的关系

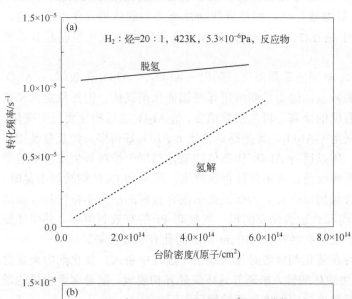

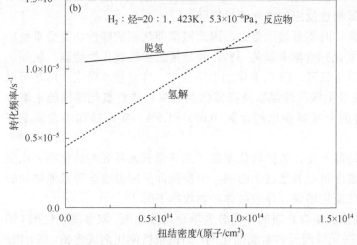

图 4-34 转化频率与台阶密度和扭结密度的关系

（2）催化剂组成及种类

重整催化剂是双功能催化剂，金属组分提供脱氢活性，卤素及载体提供酸性中心，能催化异构化反应等涉及分子中碳骨架变化的化学反应。工业重整催化剂分为非金属催化剂和贵金属催化剂两类。前者有 Cr_2O_3/Al_2O_3、MoO_3/Al_2O_3 等，其主要活性组分多数为第ⅦB族元素的氧化物，它们的活性较差，目前基本上已被淘汰；后者的主要活性组分多为第Ⅷ族金属元素，如 Pt、Pd、Ir 和 Rh 等，工业上广泛使用的是 Pt。

① 金属组分 重整催化剂中以 Pt 催化剂的脱氢活性最高。Pt 很昂贵，故在 Pt 催化剂中 Pt 是处于高度分散的状态，其含量为 0.20%～0.75%，以晶体状态存在，Pt 晶粒平均直径 0.8～10mm。晶粒越小，Pt 与载体的接触面越大，催化剂的活性和选择性越高。为制备高度分散的 Pt 催化剂，Pt 常以 H_2PtCl_6 溶液的形式浸渍到 Al_2O_3 中或用 $[Pt(NH_3)_4]^{2+}$ 的形式交换到 Al_2O_3 中。制备工艺也影响晶粒大小，如焙烧温度过高会使晶粒变大。晶粒大小可用金属分散度间接反映，Pt 的分散度为吸附的 H 原子的物质的量与总的 Pt 原子的物质的量的比值。优良的重整催化剂中 Pt 的分散度可达到 0.95。单 Pt 催化剂中 Pt 分散度随着催化剂使用时间增加而逐步减小，加 Re、Ir、Pd、Sn、Ti 和 Al 等元素有利于 Pt 保持原来的高度分散状态。

② 载体重整催化剂 属于负载型催化剂，按照近代活性金属与载体相互作用的理论，载体不仅负载活性组分，而且由于相互作用，还对改善和提高催化剂的催化性能起着重要作用。

重整催化剂常用 Al_2O_3 作载体。早期的重整催化剂采用 $\eta\text{-}Al_2O_3$、$\gamma\text{-}Al_2O_3$ 作载体。$\eta\text{-}Al_2O_3$ 具有初始表面积高、酸性功能强的特点，因而早期常用作纯铂催化剂载体，但热稳定性和抗水性能差。随着重整反应过程中温度的提高，再生次数增多，$\eta\text{-}Al_2O_3$ 的结构性质发生变化。

现代重整催化剂的载体一般采用 $\gamma\text{-}Al_2O_3$。其热稳定性比 $\eta\text{-}Al_2O_3$ 好得多，经反复使用、再生，仍能保持高的初始表面积，所以用 $\gamma\text{-}Al_2O_3$ 作载体的催化剂用于循环再生式重整装置时，在失去相当多的表面积需要更换以前，可进行数百次再生；而 $\gamma\text{-}Al_2O_3$ 的酸功能不足时，则可通过适当调整催化剂的卤素含量加以弥补。为保证催化剂有较好的动力学特性和容碳能力，$\gamma\text{-}Al_2O_3$ 载体应有足够的孔体积和合适的比表面积，以提高 Pt 的有效利用率，并保证反应物、产物在催化剂粒内的良好扩散。孔径在 3～10nm 范围的孔有明显优势。

③ 卤素 卤素指 Cl 和 F，可在催化剂制备时加入或生产过程中引入，催化剂中卤素含量以 0.4%～1.5%为宜，卤素可增加载体酸性，加速五元环烷烃异构脱氢。随着卤素含量的增加，催化剂对异构化和加氢裂化等酸性反应的催化活性增强。

F 在催化剂上比较稳定，在操作时不易被水带走，因此氟型催化剂的酸性功能受重整原料中含水量的影响小，一般氟型催化剂含氟和氯约 1%。但是氟的加氢裂化性能强，使催化剂的性能变差，因此近年来多采用全氯型。Cl 在催化剂上不稳定，容易被水带走，但是可以在工艺操作中根据系统中的水-氯平衡状况注氯以及在催化剂再生后进行氯化等措施来维持催化剂上的适宜含量。一般新鲜的全氯型催化剂含氯 0.6%～1.5%，实际操作中含氯量在 0.4%～1%。

卤素含量太低时，由于酸性功能不足，芳烃转化率低（尤其是五元环烷烃的转化率）或生成油的辛烷值低。虽然提高反应温度可以补偿这个影响，但是提高反应温度会降低催化剂的寿命。卤素含量太高时，加氢裂化反应增强，导致液体产物收率下降。

④ 种类 重整贵金属催化剂按其所含金属的种类分为单金属催化剂、双金属催化剂（铂铼催化剂等），以及以铂为主体的三元或四元多金属催化剂，如铂铼钛催化剂或含铂、铼、铝、

铈的多金属催化剂。

目前工业上实际应用的主要是两类催化剂，即主要用于固定床重整装置的铂铼催化剂和主要用于移动床连续重整装置的铂锡催化剂。从使用性能比较，铂铼催化剂有更好的稳定性，而铂锡催化剂则有更好的选择性和再生性能。对于催化剂的选择，应考虑其反应性能、再生性能及其他理化性质。

a. Pt-Re 系列重整催化剂：此系列催化剂的优点是稳定性好，容碳能力强，最适合用于半再生重整装置。在 Pt-Re 催化剂中，Pt 的含量降低到 0.2%左右，$n(Re)/n(Pt)>2$。Re 含量高的目的是增加催化剂的容碳能力。Re 是一种活性剂，Pt-Re 合金调变 Pt 的电子性质，使 Pt 的成键能力增加。新鲜催化剂进料时，加氢裂化能力强，需小心掌握开工技术。

b. Pt-Ir 系列重整催化剂：在 Pt 催化剂中引入 Ir 可以大幅度提高催化剂的脱氢环化能力。Ir 在这里应看成是活性组分。它的脱氢环化能力强，但氢解能力也强，所以在 Pt-Ir 催化剂中，常加入第三组分作为抑制剂，以改善其选择性。

c. Pt-Sn 系列重整催化剂：此系列催化剂中，Sn 是一种抑制剂。在 Pt 含量相同的情况下，Pt-Sn 催化剂的活性低于 Pt-Re 催化剂。由于 Sn 的引入，催化剂的裂解活性下降，异构化反应选择性提高，尤其是在高温和低压条件下，Pt-Sn 催化剂表现出较好的烷烃芳构化性能，所以 Pt-Sn 催化剂可用于连续重整装置。在 Pt-Sn 催化剂中，Pt 含量>0.3%，n_{Sn}/n_{Pt} 接近于 1。

重整反应中包括两大类反应，即脱氢和裂化、异构化反应。因此，要求重整催化剂具有两种催化功能。铂重整催化剂就是一种双功能催化剂，其中的铂构成脱氢活性中心，促进脱氢、加氢反应；而酸性载体提供酸性中心，促进裂化、异构化等碳正离子反应。氧化载体本身只有很弱的酸性，甚至接近中性，但含少量氯或氟则有一定的酸性，从而提供了酸性功能。

（3）催化剂的制备

① 制备过程　重整催化剂一般选用 Al_2O_3 作载体，Pt 的含量一般为 0.25%~0.6%（质量分数）。Cl 元素含量一般为 0.4%~1.0%（质量分数）。

工业用重整催化剂包括活性组分、助催化剂和酸性载体三部分。载体氧化铝过去采用 η-Al_2O_3，现在采用 γ-Al_2O_3。这是因为 η-Al_2O_3 比表面积大、酸性强、孔径小、热稳定性差。选用这种载体虽然初始活性较高，但在苛刻条件下操作时，催化剂失活快。改用 γ-Al_2O_3 后，比表面积稍低，但孔径大，热稳定性好，能够满足苛刻条件下的操作。

载体选定后，就要使金属组分按需要状态高度分散在载体上。贵金属组分的引入常采用浸渍法。例如，在 Pt/Al_2O_3 制备中，将 Al_2O_3 载体直接放在 H_2PtCl_6 溶液上进行浸渍。H_2PtCl_6 吸附速率极快，主要吸附在载体孔道入口处，要使其脱附重新在载体内表面上达到新的吸附平衡，需要相当长的时间。在这种情况下，可考虑在浸渍液中加入竞争吸附剂如乙酸、盐酸或三氯乙酸等，以促使 H_2PtCl_6 进入孔内吸附，从而有利于吸附均匀。

浸渍干燥后的催化剂还要进一步活化还原。在活化焙烧过程中可以进行卤素的调节。水氯处理实际上是设法调节催化剂上的卤素含量，在此过程中有很多转化成 Pt-Cl-Al-O 复合物相，以达到金属的高度分散。为防止晶粒因凝聚作用而长大，降低活性，通常加入 Re、Sn、Ir 等第二组分作催化剂。

载体 γ-Al_2O_3 的制备过程是：将氢氧化铝干粉和净水按一定配比投料，先将氢氧化铝粉用净水混合投入酸化罐，打浆搅拌，加入配好的无机酸，进行酸化。调整浆液黏度到工艺要求值，然后将浆液压至高位罐，浆液经过滴球盘滴入油氨柱内成球，湿球经过干燥后过筛，干球移至箱式电炉焙烧成 γ-Al_2O_3。

催化剂的生成流程为：将干球 Al_2O_3 投入 Al_2O_3 浸渍罐中，抽真空一定时间，再将按工艺要求计算配制的浸渍液分上、中、下三路投入浸渍罐中。在浸渍过程中多次进行浸渍液循环。浸渍到规定时间后，放出浸余液（循环使用），然后放入干燥罐进行干燥。在干燥过程中，要严格控制操作温度，防止超温。干燥后催化剂放入立式活化炉，在一定温度下活化，活化后的催化剂成品在干燥空气流下冷却后，装桶包装。

② 重整原料原则及其预处理　重整催化剂比较昂贵和"娇嫩"，易被多种金属及非金属杂质毒化而失去催化活性。为了保证重整装置能够长周期运转，目的产品收率高，必须适当选择重整原料并进行预处理。

对重整原料，主要从馏分组成和毒物及杂质含量等方面考虑。其中一般以直馏汽油为原料，但由于其来源有限，含环烷烃多的原料也是良好的重整材料。含环烷烃多的原料不仅在重整时可以得到高的芳烃产率和氢气产率，而且可以采用较大的空速，催化剂积碳少，运转周期长。当砷、铅、铜、铁、硫和氮等杂质少量存在于催化剂中时，会使催化剂中毒失活。同时，还要控制水和氯的含量。

对重整原料的预处理，主要包括预分馏、预加氢、预脱砷、预脱氮和预脱水等单元。其中，预分馏的作用是根据重整产物的要求取适宜的馏分作为重整原料，根据其预加氢先后顺序，可分为前分馏流程和后分馏流程；预加氢的作用是脱除原料油中对催化剂有害的物质，使杂质含量达到限制要求，同时也使烯烃饱和，减少催化剂积碳，延长运转周期，预加氢催化剂在铂重整中常用钼酸钴或钼酸镍；工业上使用的预脱砷方法包括吸附法、氧化法和加氢法。

（4）催化剂的失活与再生

① 重整催化剂的失活　重整催化剂的失活原因主要是积碳引起的失活和中毒失活。

a. 积碳引起的失活。对一般 Pt 催化剂，积碳 3%～10%时，活性丧失大半；Pt-Re 催化剂积碳约 20%时，活性丧失大半。催化剂上积碳的速度和原料性质、操作条件有关。原料的终馏点高、不饱和烃含量高时，积碳速度快，应当降低原料终馏点并限制其溴值≤1g Br/100g 油。反应条件苛刻，如高温、低压、低空速和低氢油比等也会迅速积碳。在重整过程中，烯烃、芳烃类物质首先在金属中心上缓慢地生成积碳，并通过气相和表面转移传递到酸中心上，生成更稳定的积碳，在金属中心上的积碳在氢的作用下可以解聚清除，但酸中心上的积碳在氢作用下则较难除去。

因积碳引起的催化剂活性降低，可采用反应温度的提高来补偿，但反应温度提高有限。重整装置一般限制反应温度≤520℃。有的装置最高可达 540℃左右。当反应温度已升至最高而催化剂活性仍得不到恢复时，可采用烧碳作业来恢复。再生性能好的催化剂经再生后其活性基本上可以恢复到原有水平。

b. 中毒失活。As、Pb、Cu、Fe、Ni、Hg、Na 等是 Pt 催化剂的永久性毒物，S、N、O 等属非永久性毒物。其中，As 与 Pt 生成合金，造成催化剂永久失活，我国大庆油田的原油中 As 含量特别高，轻石脑油中的 As 含量为 $0.1\mu g/g$，作为重整原料油应采用吸附法或预加氢精制等方法脱 As，使其含量低于 $0.001\mu g/g$。原油中的 Pb 含量少，重整原料油可能通过加装 Pb 汽油的油罐而受到 Pb 污染，对双金属重整催化剂，原料中允许的 Pb 含量小于 $0.01\mu g/g$。Cu、Fe 等毒物主要源于检修不慎进入管线系统的杂质。由于 Na 是 Pt 催化剂的毒物，故应禁用 NaOH 处理原料。在一般石油馏分中，As 含量随着沸点的升高而增加，而原油中的 As 约 90%集中在蒸残油中。石油中的 As 化合物会受热分解，因此二次加工汽油中常含有较多的

As。As中毒一般首先反映在第一反应器中，此时第一反应器的温降大幅度减小，说明此时催化剂已失活。Cu、Fe、Hg等毒物主要由于检修不慎而使其进入管线系统。

S对重整催化剂中的金属元素有一定的毒化作用，特别是对双金属催化剂的影响尤为严重，因此要求精制原料油中S含量小于$0.5\mu g/g$。原料中的含硫化合物在重整反应条件下生成H_2S。若不除去，则会在循环中积聚，导致催化剂的脱氢活性下降。当原料中硫含量为0.01%~0.03%时，催化剂的脱氢活性下降50%~80%。一般情况下，硫对铂催化剂是暂时性中毒，一旦原料中不再含硫，经过一段时间后，催化剂的活性可望恢复。

N在重整条件下生成NH_3吸附在酸性中心上抑制催化剂的加氢裂化、异构化和环化脱氢性能，原油中N含量应小于$0.5\mu g/g$。CO_2能还原成CO，CO和Pt形成配合物，造成Pt催化剂永久中毒。重整反应器中的CO_2、CO来源于Pt催化剂再生产和开工时引入系统。工业H_2、N_2一般限制气体中的CO_2含量小于0.2%，CO含量小于0.1%。

② 重整催化剂的再生和更新　再生过程是用含氧气体烧去催化剂上的积碳，从而恢复其活性的过程。再生之前，反应器应降温、停止进料，并用N_2循环置换系统中的H_2直到爆炸试验合格。再生是在5~7kPa、每$1m^3$催化剂循环气量（标准状态）500~1000m^3的条件下进行的，循环气是N_2，其中含氧0.2%~0.5%，通常按温度分为几个阶段来烧焦。

催化剂的积碳是H/C（原子比）约为0.5~1.0的缩合产物，烧焦产生的水会使循环中含水量增加。为保护催化剂（尤其是Pt-Re催化剂），应在再生系统中设置硅胶或分子筛干燥器。当再生时产生的CO_2在循环气中含量>10%时，应用N_2置换。此外，控制再生温度极为重要，再生温度过高和床层局部过热会使催化剂结构破坏，引起永久失活。控制循环气量及其中的含氧量对控制床层温度有重要作用。实践表明，在较缓和条件下再生时，催化剂的活性恢复较好。国内各重整装置一般都规定床层的最高再生温度不超过500℃。

重整催化剂在使用过程中特别是在烧焦时，Pt晶粒会逐渐增大，分散度降低，烧焦产生的水会使催化剂上的Cl流失。氯化就是在烧焦之后，用含Cl气体在一定温度下处理催化剂，使Pt晶体重新分散，提高催化剂活性，在氯化的同时还可以对催化剂补充一部分氯。

在烧焦过程中，催化剂上的氯会大量流失，铂晶粒也会聚集，补充氯和使晶粒重新分散以便恢复催化剂的活性。更新是在氯化之后，用干空气在高温下处理催化剂，使Pt的表面再氧化，防止Pt晶粒聚结，保持催化剂表面积和活性。氯化时采用含氯的化合物，工业上一般选用二氯乙烷，在循环气中的浓度稍低于1%（体积分数），循环气采用空气或含氧量高的惰性气体，单独采用氯气作循环气不利于晶粒的分散。经氯化后的催化剂还要在549℃、空气流中氧化更新，使晶粒的分散度达到要求。氧化更新时间一般为2h。

再生烧焦时，焦中的氢燃烧会生成水而使循环气中含水量增加。为了保护催化剂，循环气返回反应器前应经硅胶或分子筛干燥。

(5) 催化重整工艺

① 催化重整装置的类型　根据催化剂的再生方式不同，催化重整装置一般采用三种类型，即半再生重整装置、循环再生重整装置和连续重整装置。

循环再生重整和连续重整各有特点，分别用于不同的条件。选择什么形式的重整要综合考虑。对于原料好、产品要求苛刻度不高、规模较小的装置而言，半再生重整既可以满足要求，又可以节省投资。对于较贫的原料则要根据产品的要求尽量选择能够及时进行再生的连续重整装置。一般来讲，反应操作条件苛刻而且规模较大的装置，采用连续重整比较有利：可选用较低的反应压力和选择性好的铂锡催化剂，其重整油收率、氢产率、芳烃产率高，操作周期长，生产的灵活性大，辛烷值高达 105。半再生装置流程比较简单，投资较少。但为了保持足够长的操作周期，反应压力和氢油比高。一般均采用选择性较差、但稳定性较好的铂铼催化剂，其重整油收率、氢产率、芳烃产率比较低，对贫料的适应性差，且产品的辛烷值不太高。

② 催化重整工艺流程　工业重整装置广泛用于反应的流程可分为两大类，即固定床半再生式工艺流程和移动床连续再生式工艺流程。

a. 固定床半再生式工艺流程。固定床半再生式重整的特点是当催化剂运转一定时间后，活性下降而不能继续使用时，需就地停工再生，再生后再开工运转。以生产芳烃为目的的铂铼双金属半再生式重整工艺流程如图 4-35 所示，经预处理的原料油与循环氢混合，再经换热、加热后进入重整反应器。由于重整反应是强吸热反应，在反应过程中需要不断补充热量。因此，半再生式装置的固定床重整反应器一般由 3～4 个绝热式反应器串联，反应器之间由加热炉加热到所需的反应温度。

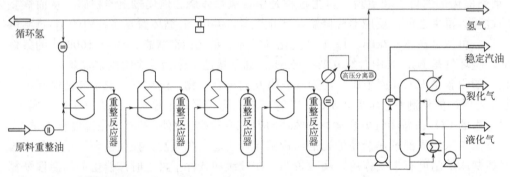

图 4-35　铂铼双金属半再生式重整工艺流程

麦格纳重整属于固定床半再生过程，其工艺流程如图 4-36 所示，其主要特点是将循环氢分为两路：一路从第一反应器进入；另一路从第三反应器进入。第一、第二反应器采用高空速、较低反应温度及较低氢油比，有利于环烷烃的脱氢反应，以及抑制加氢裂化反应；后面的 2 个反应器则采用低空速、高反应温度及高氢油比，有利于烷烃脱氢环化反应。

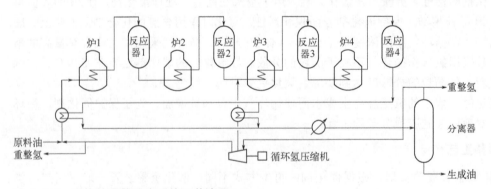

图 4-36　麦格纳重整反应系统工艺流程

固定床半再生式重整工艺过程的特点是：反应系统简单，运转、操作和维护方便，建设费用较低，应用很广泛。但也有一些缺点，由于催化剂活性的变化，要求不断更新运转条件至运转末期，反应温度相当高，导致重整油收率下降，氢纯度降低，稳定气增加。同时，停工会影响生产，使装置开工率较低。

b. 移动床连续再生式工艺流程。半再生式重整会因催化剂的积碳而需停工进行再生。为了保持催化剂的高活性，并且由于油厂加氢工艺的日益增多，需要连续供应氢气。美国 UOP 公司和法国 IFP 公司分别研究和发展了移动床反应器连续再生式重整。主要特征是设有专门的再生器，反应器和再生器都采用移动床反应器，催化剂在反应器和再生器之间不断地进行循环反应和再生，一般 3~7 天催化剂全部再生一遍。UOP 及 IFP 连续重整反应系统的流程分别见图 4-37、图 4-38。

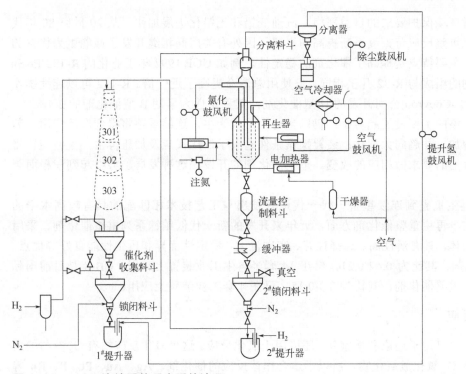

图 4-37　UOP 连续重整反应系统流程

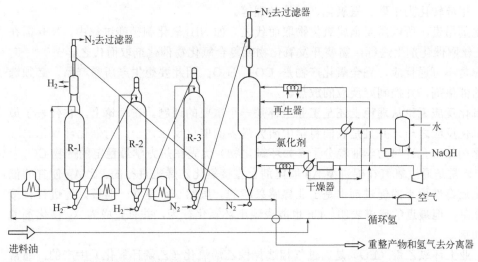

图 4-38　IFP 连续重整反应系统流程

UOP 连续重整和 IFP 连续重整反应采用的反应条件基本相似，都采用铂锡催化剂。从外观上看，UOP 连续重整的三个反应器是叠置的，称为轴向重叠式连续重整工艺。催化剂依靠重力自上而下依次流过各个反应器，从最后一个反应器出来的待生催化剂用氮气提升至再生器的顶部。IFP 连续重整的三个反应器并行排列，称为径向并列式连续重整工艺，催化剂在每两个反应器之间使用氢气提升至下个反应器的顶部，从末端反应器出来的待生催化剂则用氮气提升至再生器顶部。

（6）催化重整催化剂的新进展

随着各国对环境保护要求的日益严格，汽油低铅和无铅化进展加快。从 20 世纪 80 年代起，为适应催化重整反应苛刻度不断提高的需要，国外有关厂商相继开发了性能更为优异的重整催化剂，其主要特点是提高了催化剂的稳定性。例如 UOP 1992 年工业化的 R-132 Pt-Sn 连续重整催化剂的组成与 R-32 几乎相同，但使用总寿命提高了近一倍。R-132 可以连续操作 300 个循环周期。Chevron 公司开发的 H 型催化剂，其稳定性为早期 B 型催化剂的 2.4 倍。

未来催化重整的主要发展趋势是：仍以半再生形式为主，连续重整将得到广泛应用；装置处理量日益增加，并趋向大型化；装置操作条件趋向于低压反应及加压再生；重整装置将为顺应新配方汽油的要求做相应的改变。重整催化剂的开发在这种发展趋势中起到积极而至关重要的作用。

我国从半再生重整到连续重整一代一代地开发出与工艺技术相匹配的具有较高水平的重整催化剂。在半再生重整催化剂方面，近年来开发的新一代低铂铼系列重整催化剂，采用高纯氧化铝为载体，具有活性高、选择性好、容碳量大、稳定性优异和再生性能良好等优点。例如 CB-7 催化剂，其比为 0.42/0.21，已在 14 套半再生工业装置上应用；CB-8 是目前国际上铂含量最低的重整催化剂，其比为 0.3/0.15，已在 4 套工业装置上应用。

4.5.3　氧化反应

金属催化剂除可用于还原和重整外，还可用于氧化反应。这里氧化反应指有 O_2 参与的反应，一般金属被 O_2 氧化成氧化物，所以不适合作该反应的催化剂。Ag、Au、Pt、P、Rh 等抗氧化能力强，在氧化反应中仍保持 0 价状态，仅表面被部分氧化，这些催化剂主要用于乙烯部分氧化、甲醇转化为甲醛、氨氧化、尾气处理等。

这些催化剂昂贵，所以需要金属氧化物取而代之。如 NH_3 氧化制硝酸过程中，NH_3 需在贵金属 Pt-Rh 丝网催化剂上进行，需要开发氧化物或复合氧化物催化剂取而代之。

氧化反应是不可逆反应，完全氧化产物是 CO_2、H_2O，因此要想生产所需产品，必须选择选择性好的催化剂，并控制好反应的放热。

乙烯环氧化反应无论从理论上还是工业上都是一个重要的课题。在理论上，它代表了最基本的部分氧化反应之一，并且是表面科学中研究最多的催化反应之一。对催化环氧化的理解为多相催化剂如何允许热力学亚稳分子（如环氧化物）优先在热力学最稳定的产物 CO_2 上合成。该反应通常是通过氧气在促进型 Ag 催化剂上直接氧化乙烯来进行的。比 Ag 便宜的催化剂和比氯化烃毒性更小的促进剂也是工业界感兴趣的。虽然 Ag 是唯一能很好地进行直接环氧化的催化剂，但最近的研究表明，Cu 也能表现出环氧化行为，并有望成为 Ag 催化剂的替代品或添加剂。

目前，工业上环氧乙烷（EO）是通过气相选择性乙烯氧化（乙烯环氧化）生产的，通常在 230~270℃和 1~3MPa 下于 Ag/Al_2O_3 作催化剂的固定床管式反应器中进行（图 4-39）。该反应为放热反应。

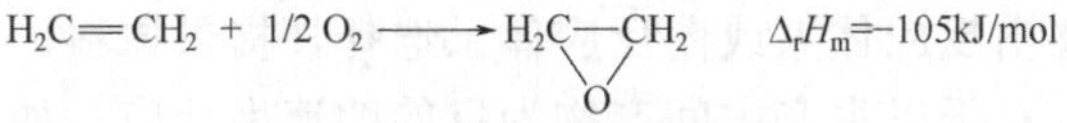

$$H_2C=CH_2 + 1/2\ O_2 \longrightarrow H_2C-CH_2\ \ \ \ \Delta_r H_m = -105 kJ/mol$$

图 4-39 乙烯氧化生成环氧乙烷

EO 选择性是决定催化剂性能的最重要参数。乙烯选择性环氧化制环氧乙烷伴随着两个热力学上非常有利的副反应：乙烯的燃烧（完全氧化）（$\Delta H = -1327 kJ/mol$）和环氧乙烷的燃烧（$\Delta H = -1223 kJ/mol$）。这些副反应对环氧乙烷的高选择性具有很大挑战。

目前用于环氧乙烷生产的工业催化剂有两种：负载型 $Re/Cs/Ag/Al_2O_3$ 催化剂（在过量的 C_2H_4/O_2 下工作）和碱性金属（Na,Cs）促进的负载型 Ag/Al_2O_3 催化剂（在 O_2/C_2H_4 过量下工作）。发现 Mo 和 S 的氧化物也促进了负载型 $Re/Cs/Ag/Al_2O_3$ 系统用于 EO 的制备。

Ag 作为乙烯环氧化反应催化剂，在反应条件下，表面会形成不同类型的氧。乙烯环氧化反应至少需要两种不同类型的氧。其中一种类型（亲核氧）应产生银离子，以形成乙烯的吸附位点。第二种氧（亲电氧）是形成环氧乙烷环结构所必需的。此外，溶解氧存在于本体中，在反应过程中可能转化为亲电氧。乙烯吸附在 Ag^+ 位点上，当有亲电氧存在时，它会和吸附的乙烯 π 体系相互作用，形成环氧乙烷，然后解吸。当有更多的亲核氧物种可用时，这种氧物种将激活 C—H 键，形成二氧化碳。在 π-络合物分解时，亲电氧导致环氧乙烷的形成，见图 4-40。

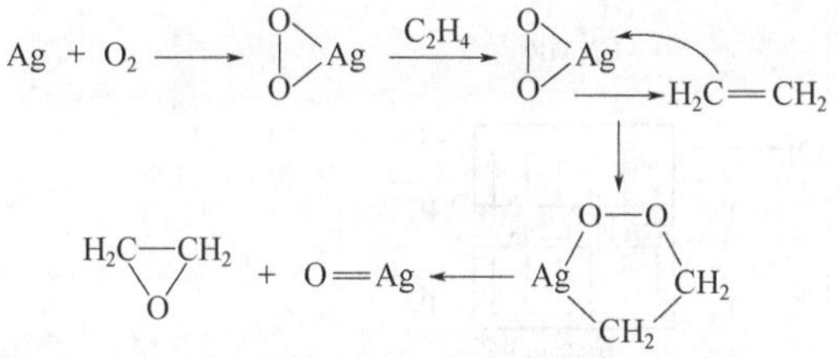

图 4-40 银催化乙烯环氧化反应

$$6AgO + C_2H_4 \longrightarrow 2CO_2 + 2H_2O + 6Ag \tag{4-21}$$

总的结果：$\ \ \ \ 7C_2H_4 + 6O_2 \longrightarrow 6C_2H_4O + 2CO_2 + 2H_2O$

根据上述机理，EO 的最高选择性为 6/7（85.7%），O_2 以分子态吸附在 Ag 上形成 AgO_2（ad），AgO_2（ad）与乙烯反应生成 EO；若 O_2 吸附形成原子态吸附 AgO（ad），则与乙烯反应生成 CO_2 和 H_2O，该反应是一个结构敏感反应。

a. 加碱性助剂，活性提高，在此催化剂中碱性助剂展示了特殊的作用，它可使 Ag 在表面上富集，从而使分散度 D 增大。

b. 颗粒大小对选择性有影响，当颗粒减小为 40~50nm 时，选择性可提高 60%~70%。

如 Au、Ag、Pd 和 Pt 等可用作将 CO 氧化为 CO_2 的催化剂。Pd 和 Pt 还可作为烃类氧化催化剂使用。金属 Pt 可解离吸附 O_2 形成原子吸附态氧，后者可同气相中的 CO 分子反应生成 CO_2，反之，吸附的 CO 与气相的氧分子作用也生成 CO_2，此即 Eley-Rideal 机理。由于实验条件不同，CO 在 Pt 上氧化生成 CO_2 的机理也可按另外的方式：吸附的氧原子和吸附的 CO 相互作用生成 CO_2，此即 Langmuir-Hinshelwood 机理。尽管在金属催化剂上 CO 氧化生成 CO_2 的反应已有相当数量的研究报道，但关于此反应的确切机理尚未完全确定。

4.6 金属膜催化剂及其催化作用

通过催化反应和膜分离技术相结合来实现反应和分离一体化的工艺，就是所谓的膜催化技术。采用该技术，可使反应产物选择性地分离出反应体系或向反应体系选择性提供原料，促进反应平衡的右移，提高反应转化率。此外，对于以生产中间产物为目的的连串反应，如烃类的选择性氧化等，则更具意义。

膜反应器的材料主要有金属膜、多孔陶瓷、多孔玻璃和碳膜等无机膜，高分子有机膜，复合膜，以及一些表面改性膜等。有机膜成膜性能优异，孔径均匀，通透率高，但热稳定性、化学稳定性和力学性能较差，其应用特别是在化学反应过程中因要经受诸如高温、高压、溶剂而受到很多的限制。无机膜则以其良好的热稳定性和化学稳定性而受到重视。根据其分离机理可分为两类：一类是多孔膜，气体以努森扩散的机理透过膜，分离选择性较差；另一类为致密膜，如金属钯膜。气体（如 H_2）以溶解扩散的机理透过膜，H_2 的选择透过性极高，但透过的通量小。由于受到其他膜的非对称性结构和功能层薄化的启发，人们通过物理化学方法在多孔支撑体上沉积金属薄层，从而形成非对称结构的金属复合膜。作为膜材料，其功能既可以是有催化活性的，也可以是惰性的。催化活性组分浸渍或散布于膜内。惰性膜可作选择性分离用，如反应物选择性进入反应体系或产物选择性移出反应体系；还可以是集催化活性和分离功能为一体的膜。作为催化反应的应用，要求其具有高的选择透过性、高通量、膜的表面积与体积之比大，且在高温时耐化学腐蚀性，机械稳定性和热稳定性良好，以及催化活性和选择性高。膜反应器根据膜的功能可以分为如图 4-41 所示的几类。

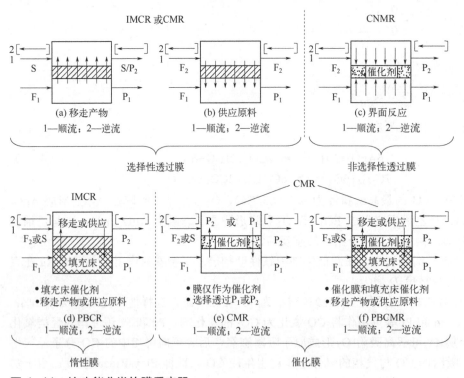

图 4-41 按功能分类的膜反应器
F_1、F_2 表示反应进料；S 表示吹扫；P_1、P_2 表示产物

金属膜主要有透氧膜（如 Ag 膜）和透氢膜。可用于透氢膜的金属材料很多，但除金属钯外，其他金属的抗氧化和抗氢脆能力较差。下面主要讨论钯和钯合金的复合膜。

早在 1866 年，Thomas Graham 就发现了 Pd 具有很强的吸氢能力，且氢气还能以较高的速率透过 Pd 膜。苏联学者 Gryaznov 在研究 Pd 及 Pd 与 Al、Ti、Ni、Cu、Mo、Ru、Ag 等二元合金的加氢和脱氢活性反应时发现，含元素周期表中第ⅦB～ⅧB族金属的Pd合金加氢、脱氢活性比纯Pd高，含第ⅠB族金属的Pd合金活性比纯Pd小。应用膜催化反应器在加氢和脱氢过程中的研究很多。也有研究者将脱氢和加氢反应联系起来，在膜反应器的一侧进行脱氢反应，脱去的氢透过膜与另一侧的反应物再进行加氢反应，即所谓的反应耦合。如Basov和Gryaznov把环己醇脱氢和苯酚加氢制环己酮耦合起来，使用Pd-Ru合金膜反应器在683℃时得到苯酚的转化率为39%，环己酮的选择性为95%。通过控制H_2压力和进料速度，使得苯酚的一步加氢最大产率达到92%。表4-8列出了一些金属及合金膜的催化反应实例。

表4-8 金属及合金膜催化反应实例

反应体系	膜材料	反应温度/℃	备注
$CH_4 \longrightarrow C_2H_6+H_2$	Pd(0.3mm)	350～440	脱氢反应
$HI \longrightarrow H_2+I_2$	Pd-Ag	500	脱氢反应，转化率提高20倍
环己烷 $\longrightarrow$ 环己烯+H_2	多孔Pd-23%Ag	125	10kPa，脱氢反应
呋喃+H_2 $\longrightarrow$ 四氢呋喃	Pd-Ni	140	加氢反应
$CO_2+H_2 \longrightarrow CO+H_2O$	Ru涂覆在Pd-Cu合金膜上	<187	加氢反应
环己烯+H_2 $\longrightarrow$ 环己烷	Au涂覆在Pd-Ag合金膜上	70～200	加氢反应
反应（1）$C_2H_6 \longrightarrow C_6H_6+3H_2$ 反应（2）$H_2+O_2 \longrightarrow H_2O$	Pd-25%Ag	407～490	反应耦合
反应（1）环己醇 $\longrightarrow$ 环己酮+H_2 反应（2）苯酚+H_2 $\longrightarrow$ 环己酮	Pd-98%Ru	282～1374	反应耦合

H_2通过Pd膜是一个复杂的过程，对于致密的Pd膜而言，H_2在膜中是通过溶解扩散机理来进行传输的，一般包括以下几个步骤：H_2在膜表面进行解离化学吸附；吸附的表面氢原子溶解在体相中；溶解的氢在浓度差的推动下从体相向膜的另一侧扩散；氢扩散至膜的另一侧表面并脱附，如图4-42所示。

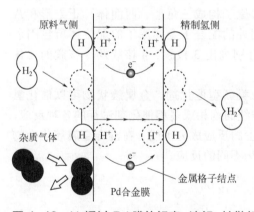

图4-42 H_2透过Pd膜的解离-溶解-扩散机理

根据溶解扩散机理和菲克第一扩散定律，H_2透过Pd膜的渗透通量J为

$$J = \frac{k(p_1^n - p_2^n)}{l} \tag{4-22}$$

式中，k为渗透系数；p_1、p_2分别为膜进入侧和渗透H_2分压；n为氢溶解度与压力的关系常数；l为膜的厚度。

若气相中的氢原子浓度和溶解在 Pd 膜界面中的氢原子浓度达到平衡,则氢原子浓度正比于氢气分压的平方根。假设氢原子在膜体相内的扩散是整个过程的控制步骤,则

$$J = \frac{DS(p_1^{0.5} - p_2^{0.5})}{l} \tag{4-23}$$

式中,D 为氢的扩散系数;S 为氢的溶解系数。

由式(4-22)和式(4-23)可以得到 $k=DS$,即氢的渗透系数是其扩散系数和溶解系数之积。一般情况下,氢气的体相扩散是控制步骤。氢气透过膜的速率与膜厚成反比。

要提高 Pd 膜的透过量,首先考虑减小 Pd 膜的厚度。但由于力学强度的限制,Pd 膜必须保持大于 150μm 的厚度。负载型复合金属膜就可以很好地解决这些问题,如将 Pd 膜镀到合适的支撑体上,膜厚可减小至 5μm,H_2 通量可以比无支撑的 Pd 膜提高 1 个数量级,同时,也可大大节省 Pd 的用量,且有利于抑制氢脆现象的发生。此外,由于 Pd 及其合金在常温下能选择性地溶解约为其自身体积 700 倍的氢气,而对其他杂质气体的溶解性很弱,因而致密 Pd 膜能得到分离纯度达 100%的氢气。

用化学镀的方法将 Pd 镀到多孔不锈钢支撑体上制成负载型 Pd 膜催化剂,使用 $Cu/ZnO/Al_2O_3$ 作催化剂,在双夹套膜反应器中,350℃下进行甲醇蒸汽重整反应,可以得到高纯度的氢气。双夹套膜反应器使得重整和氢化可在各自不同的反应区同时反应。氢化所放出的热量可以传输到重整反应区进行热量补偿。当氢的回收率达 74%时,可以达到能量的"自平衡"。

金属复合膜催化剂的制备方法主要有物理气相沉积(PVD)、化学气相沉积(CVD)、电镀和化学镀等。

4.7 金属簇状物催化剂

金属簇状物是指含有金属-金属键并通过这些键形成三角形闭合结构或更大闭合结构的配合物。其中的金属多半具有零价态,多个金属原子构成三角形、四面体、正方形和八面体等簇骨架。骨架内几乎是空穴,骨架上则被朝外的配合于金属原子的配位体所包围。原子簇金属化合物的骨架呈巢形或笼状。图 4-43 分别列出 3 核簇、4 核簇及 5 核簇的立体结构。

金属簇状物是近年来催化领域最引人注目的一类新型催化剂。金属簇状物可以催化氢化、氧化、异构化、二聚、羰化和水煤气变换等由传统的均相或多相催化剂进行的各种反应,显示出特殊的催化活性,并能使一些看来不能发生的反应成为可能。在混合金属簇化合物中,不同金属位的活性不同,使得同一化合物可催化不同的反应。

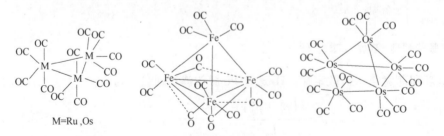

图 4-43 3 核簇、4 核簇及 5 核簇的立体结构

金属簇 $Ru_3(CO)_{12}$ 和 $Ru_3(CO)_9(PPh_3)_3$ 催化的 1-己烯异构化反应中，只有当簇骨架保持时才有催化作用，一旦 Ru-Ru 键断裂则催化作用消失，异构反应停止，主要的异构产物是反-2-己烯。某些烃基次甲基九羰基三钴 $RCCo_3(CO)_9$（R 为烃基）能引发烯烃的聚合。另外，这类原子簇还可作为氢甲醛化催化剂。原子簇金属化合物兼有均相催化剂和多相催化剂的某些优点，比多相催化剂的选择性高。对于甲苯加氢反应，普通的金属催化剂颗粒在 1~10nm 时，反应结构是不敏感的，但在负载型的 Ir 和 Ir_6 簇催化剂的催化中心上，负载的 Ir_4 催化剂的催化反应速率常数数倍于 Ir_6 催化剂，这表明原子簇的结构对催化反应有着很大的影响，表现为结构敏感反应。

习题

1. 简述金属催化剂的特点。
2. 金属催化剂按制备方法可分为哪些类型？
3. 金属化学键的理论有哪些？
4. 金属催化剂主要催化哪些类型的反应？
5. 试说明金属与载体间的相互作用。
6. 什么是 d 带空穴？它与金属催化剂的化学吸附和催化性能之间的关系是什么？
7. 金属催化剂为什么大多数制备成负载型催化剂？
8. 负载型催化剂中金属分散度的定义是什么？
9. 举例说明什么是结构不敏感反应和结构敏感反应。
10. 请说明双金属催化剂的主要类型和用途。
11. 造成催化反应结构不敏感性的原因有哪几种？

第五章
金属氧化物催化剂及催化作用

5.1 金属氧化物催化剂

金属氧化物催化剂广泛用于多种类型反应。如烃类选择氧化、NO 还原、烯烃歧化与聚合等。按照导电性划分，在金属氧化物中，短周期元素和碱土金属元素的氧化物为绝缘体；常用作金属氧化物催化剂的大多数过渡金属氧化物都是半导体，因此这些金属氧化物催化剂也被称为半导体催化剂。本章将通过能带理论来分析半导体金属氧化物催化剂的催化机理，讨论金属氧化物的电导率、脱出功等性质与其催化活性之间的关系。需要指出的是，过渡金属硫化物与金属氧化物有许多相似之处，都是半导体型化合物，故常见的过渡金属硫化物催化剂也归属于半导体催化剂之列。20 世纪 50 年代，苏联学者利用半导体能带的研究成果，虽引入了一些化学键的概念，但是没有涉及化学键的本质，建立了半导体催化剂的电子理论，能解释一些催化现象，但是这种理论并没有得到广泛应用，一直停滞不前。半导体催化剂的一些性质，如电导率和脱出功等，在一定条件下仍可用于解释某些催化现象。表 5-1 列出了金属氧化物和金属硫化物半导体催化剂的一些实例。

表 5-1 典型半导体催化剂及催化反应

反应类型	反应式	催化剂
氧化	$SO_2 + \frac{1}{2}O_2 \longrightarrow SO_3$ $2NH_3 + \frac{5}{2}O_2 \longrightarrow 2NO + 3H_2O$	V_2O_5-K_2O/硅藻土 V_2O_5-K_2O/硅藻土
氨氧化	$CH_2=CHCH_3 + NH_3 + \frac{3}{2}O_2 \longrightarrow CH_2=CHCN + 3H_2O$	MoO_3-Bi_2O_3-P_2O_5/SiO_2
氧化脱氢	C_4H_8（丁烯）$+ \frac{1}{2}O_2 \longrightarrow C_4H_6 + H_2O$	P_2O_5-Bi_2O_3-MoO_3/SiO_2
脱氢	乙苯 $\longrightarrow$ 苯乙烯 $+ H_2$	Fe_2O_3-K_2O-Gr_2O_3-CuO
加氢	$CO + 2H_2 \longrightarrow CH_3OH$	ZnO-Gr_2O_3-CuO
中温变换反应	$CO + H_2O \longrightarrow CO_2 + H_2$	Fe_2O_3-Gr_2O_3-MgO-K_2O
加氢脱硫	$RSH + H_2 \longrightarrow RH + H_2S$ 噻吩 $+ 4H_2 \longrightarrow C_4H_{10} + H_2S$	CoO-MoO_3-Al_2O_3 NiO-MoO_3-Al_2O_3
歧化	$2C_3H_6 \longrightarrow C_4H_8 + C_2H_4$	Co-Mo-Al/氧化物

5.1.1 非化学计量化合物

过渡金属氧化物成为半导体与其化学组成有关。很多半导体金属氧化物的组成是非化学计量的，即元素组成并不符合正常分子式的化学计量，而是其中某一元素较化学计量或多一些或少一些。例如 ZnO 中 Zn 和 O 原子比不等于 1，Zn 比 O 多一些。

非化学计量化合物的形成来自离子缺陷、过剩或杂质引入。对于一个过渡金属氧化物而言，当其与气相中的氧接触时，氧能够在气相和固体之间进行交换直到建立平衡，在这个过程中，吸附在金属氧化物表面的氧可能渗入固体晶格成为晶格氧，并造成阳离子缺位，使得金属元素比例下降，形成非化学计量化合物，同时，固体中阳离子化合价增加；类似地，金属氧化物中的氧也可以进入气相，使得固体中氧元素比例下降，也形成非化学计量化合物。过渡金属氧化物具有热不稳定性，在受热时容易得失氧而使其元素组成偏离化学计量比，形成非化学计量化合物。

按照形成方式不同，非化学计量化合物可分为五类。

（1）阳离子过量（n 型半导体）

含有过量阳离子的非化学计量化合物，依靠准自由电子导电，称为 n 型半导体。以 ZnO 为例，一定量的晶格氧转移到气相，导致有微量过剩的 Zn^{2+} 存在于晶格间隙中，为保持晶体的电中性，该过剩 Zn^{2+} 会吸引电子于其周围形成间隙锌原子 eZn^+（即电中性的锌原子）；不需要太高温度，被吸引的电子就能脱离 Zn^+，在晶体中做比较自由的运动，故称为准自由电子，如图 5-1（a）所示。温度升高时，准自由电子数量增加，使得 ZnO 具有导电性，构成 n 型半导体。间隙锌原子（eZn^+）能提供准自由电子，称为施主。

（2）阳离子缺位（p 型半导体）

阳离子缺位的非化学计量化合物，依靠准自由空穴导电，称为 p 型半导体。以 NiO 为例，一定数量的氧渗入晶格，导致晶格中缺少 Ni^{2+}，出现一个 Ni^{2+} 缺位相当于缺少两个单位正电荷，为保持电中性，在缺位附近会有两个 Ni^{2+} 的价态升高为 Ni^{3+}，Ni^{3+} 可以看作 Ni^{2+} 束缚住一个单位的正电荷空穴"⊕"，即 $Ni^{3+}=Ni^{2+⊕}$，参见图 5-1（b）。当温度不太高时，被束缚的空

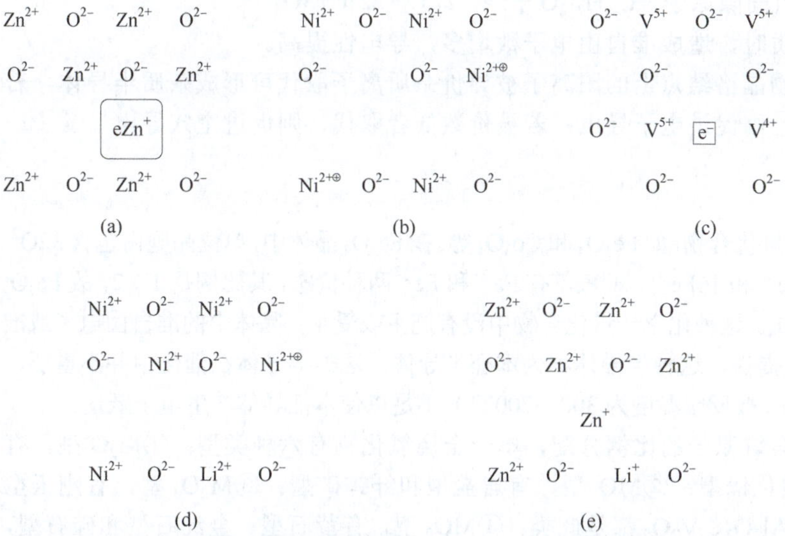

图 5-1 非化学计量化合物的成因

穴可以脱离Ni^{2+}形成较自由的空穴,称为准自由空穴,$Ni^{2+⊕}$能够提供准自由空穴,称为受主。当温度升高时,准自由空穴数量增加,产生导电性,使NiO具有导电性,成为p型半导体。

(3) 阴离子缺位

当金属氧化物晶体中一定数量的O^{2-}从晶体转移到气相,就可能形成O^{2-}缺位。以V_2O_5为例,当出现O^{2-}缺位时,晶体要保持电中性,缺位附近的V(V)变成V(Ⅳ)以保持电中性,见图5-1(c)。缺位中心束缚的电子随温度升高可变为准自由电子,产生导电性,因此V_2O_5是n型半导体;缺位中心提供准自由电子,称为施主。

(4) 阴离子过量

含过量阴离子的金属氧化物比较少见,因为负离子的半径比较大,金属氧化物晶体中的孔隙处不易容纳一个较大的负离子,间隙负离子出现的机会很小,非化学计量的UO_2属于此类。

(5) 含杂质的非化学计量化合物

金属氧化物晶格结点上阳离子被其他异价杂质阳离子取代可以形成杂质非化学计量化合物或杂质半导体。掺入的杂质阳离子价态比金属氧化物中金属离子价态高或低,对导电性产生不同影响。以NiO为例,当掺入Li_2O时,低价的Li^+取代晶格上的部分Ni^{2+},使取代位置附近的Ni^{2+}发生氧化而增高价数成为$Ni^{3+}(Ni^{2+⊕})$,以保持电中性:

$$2Ni^+ + O^{2-} + Li_2O + O_2 \longrightarrow 2Ni^{3+} + 2Li^+ + 4O^{2-}$$

相当于增加了$Ni^{2+⊕}$的数量,导致准自由空穴数增加。p型半导体NiO导电性增强,如图5-1(d)所示。此时,Li^+能提供准自由空穴,称为受主。

如果在NiO中引入高价的La^{3+},则效果相反,La^{3+}取代晶格上的部分Ni^{2+},使得邻近的$Ni^{2+⊕}$变成Ni^{2+},减少了空穴数,导致p型半导体NiO导电性减弱:

$$2Ni^{2+⊕} + O^{2-} + La_2^{3+}O_3^{2-} \longrightarrow 2Ni^{2+} + 2La^{3+} + 3O^{2-} + \frac{1}{2}O_2$$

对于n型半导体,如ZnO,当加入低价的Li_2O时,Li^+导致间隙锌原子(eZn^+)中的e^-消失,变为Zn^+,造成准自由电子数减少[图5-1(e)],导电性下降:

$$2Zn^0(间隙原子) + O_2 + Li_2O \longrightarrow 2Li^{2+} + 2Zn^+ + 3O^{2-}$$

类似地,引入高价杂质时,造成准自由电子数增多,导电性提高。

总而言之,金属氧化物晶格结点上的阳离子被异价杂质离子取代可形成杂质半导体,若被离子价数高的杂质取代,则促进电子导电;若被价数低者取代,则促进空穴导电。

5.1.2 化学计量化合物

金属氧化物也有化学计量化合物,如Fe_3O_4和Co_3O_4等。在Fe_3O_4晶体中,单位晶胞内包含$32O^{2-}$和$24Fe^{n+}$,$24Fe^{n+}$又包含$8Fe^{2+}$和$16Fe^{3+}$,即Fe^{n+}有Fe^{2+}和Fe^{3+}两种价态,其比例是1:2,故Fe_3O_4可以表示为$Fe_3(Fe^{2+}、Fe^{3+})O_4$。这种化学计量化合物中没有施主或受主,晶体中的准自由电子或准自由空穴不是由施主或受主提供,这种半导体称为本征半导体。这类半导体在催化中并不重要,因为化学变化过程的温度(一般反应温度为300~700℃)不足以使本征导体产生电子跃迁。

此外,按照金属原子与氧原子的比例分配,单一金属氧化物有六种类型:①M_2O型,有反萤石型、Cu_2O型和反碘化镉型;②MO型,有岩盐型和纤锌矿型;③M_2O_3型,有刚玉型和倍半氧化物型,Fe_2O_3、Al_2O_3、V_2O_5都是此类;④MO_2型,有萤石型、金红石型和硅石型,如ZrO_2、TiO_2和SiO_2;⑤M_2O_5型,有V_2O_5、Nb_2O_5;⑥MO_3型,如ReO_3、MoO_3和WO_3。

（1）M_2O 型金属氧化物

该类金属氧化物的结构特点是：对于金属来说，是直线形 sp 杂化配位结构，而氧原子的配位数是四面体型 sp^3 杂化四配位结构。如 Cu_2O，其结构如图 5-2 所示，图中大圆代表氧原子，小圆代表金属原子。

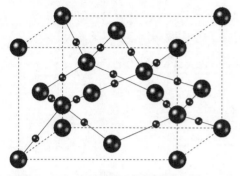

图 5-2 M_2O 型晶体骨架结构

（2）MO 型金属氧化物

MO 型金属氧化物的典型结构有两种：一种是岩盐型，以离子键结合。M^{2+} 和 O^{2-} 的配位数都是 6，为正八面体结构，如 TiO、VO、MnO、FeO，其结构如图 5-3 所示。一种是纤锌矿型，金属氧化物中的 M^{2+} 和 O^{2-} 为四面体形的四配位结构，4 个 M^{2+}-O^{2-} 不一定等价，M^{2+} 为 dsp 杂化轨道，可形成平面正方形结构，O^{2-} 位于正方形的四个角上，这种类型的化合物有 ZnO、PdO、PtO、CuO 等。

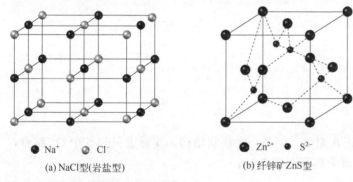

(a) NaCl型(岩盐型)　　(b) 纤锌矿ZnS型

图 5-3 MO 型金属氧化物骨架结构

（3）M_2O_3 型金属氧化物

这类氧化物也分为两种：一种是刚玉型，其结构（图 5-4）中氧原子为六方密堆排布，氧原子形成八面体间隙，有 2/3 被 M^{3+} 占据，M^{3+} 的配位数是 6，O^{2-} 的配位数是 4，这种类型的金属氧化物有 Fe_2O_3、Ti_2O_3、Cr_2O_3 等。另一种为 C-M_2O_3 型，与萤石结构类似，取走其中 $1/4 O^{2-}$，配位数为 6，典型的氧化物有 Mn_2O_3、Sc_2O_3、Y_2O_3 等。

（4）MO_2 型金属氧化物

这类金属氧化物包括萤石、金红石和硅石三种结构。萤石晶体结构见图 5-5。M^{4+} 位于立方晶胞的顶点区面心位置，形成面心立方堆积，氧原子填充在八个小立方体的体心。三种结构中，萤石结构的阳离子与氧离子的半径较大，其次是金红石型，最小的为硅石型结构。萤石型包括 ZrO_2、CeO_2 等，金红石型包括 TiO_2、CrO_2 等。

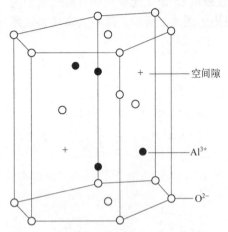

图 5-4　刚玉型金属氧化物骨架结构

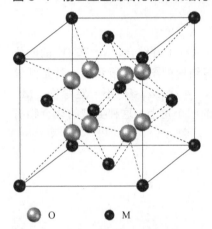

图 5-5　萤石型金属氧化物骨架结构

（5）M_2O_5 型金属氧化物

M^{5+} 被 6 个 O^{2-} 包围，但并非正八面体，而是一种层状结构，实际上只与 5 个 O^{2-} 结合，形成扭曲式三角双锥，其中 V_2O_5 最为典型（图 5-6）。

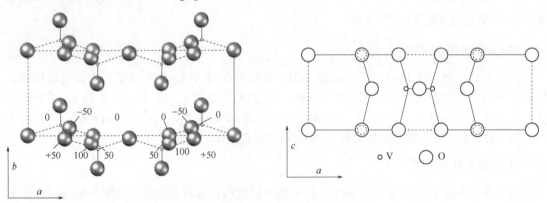

图 5-6　V_2O_5 金属氧化物骨架结构

（6）MO_3 型金属氧化物

这种类型的金属氧化物最简单的空间晶格是 ReO_3 结构，如图 5-7 所示。Re(Ⅵ)与 6 个 O^{2-} 形成六配位的八面体，八面体通过共点与周围 6 个八面体连接起来。

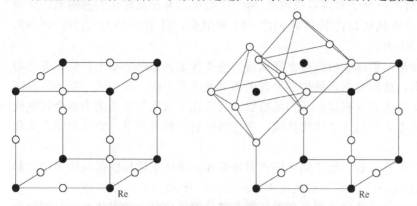

图 5-7　ReO_3 金属氧化物晶体结构和八面体单元

金属氧化物组分在催化剂中可发挥不同的作用与功能。如 MoO_3-Bi_2O_3 中的 MoO_3 作为主催化剂存在，其单独存在就有催化活性；而 Bi_2O_3 作为助催化剂组分，其单独存在无活性或有很低的活性，加入主催化剂中可使活性增强。助催化剂可以调控电子迁移速率，或促进活性相的形成等。金属氧化物也可作为载体材料，如常用的载体材料 Al_2O_3。工业用金属氧化物催化剂，单组分的一般不多见，通常都是在主催化剂中加入多种添加剂，制成多组分复合金属氧化物催化剂。这些复合金属氧化物的存在形式可能有三种：

a．生成复合氧化物，如尖晶石型氧化物、含氧酸盐、杂多酸碱等；

b．形成固溶体，如 NiO 或 ZnO 与 Li_2O 或 Cr_2O_3、Fe_2O_3 与 Cr_2O_3；

c．各成分独立的混合物，即使在这种情况下，由于晶粒界面上的相互作用，也必然会引起催化性能的改变，因而也不能以单独混合物来看待，而要注意到它们的复合效应。

5.2　金属氧化物催化剂的催化作用

金属氧化物催化剂是工业催化剂中应用最广的一种，它们大多是一些复合金属氧化物，在催化反应过程中，催化剂从反应分子得到电子，或将电子给予反应分子，是烃类选择性氧化的重要催化剂。下面就氧化还原催化剂及其催化作用的一些关键问题展开介绍。

1954 年，Mars 和 van Krevelen 根据萘在 V_2O_5 催化剂上氧化动力学的研究结果，认为萘氧化反应分两步进行：萘与氧化物催化剂反应，萘被氧化，氧化物催化剂被还原；还原了的氧化物催化剂与氧反应恢复到起始状态，在反应过程中催化剂经历了还原-氧化循环过程。假定直接与氧化相关的氧物种是氧化物催化剂表面上的 O^{2-}，这个催化过程按下列反应机理进行：

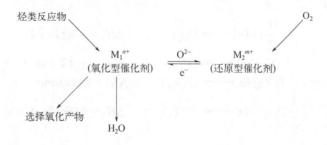

这个机理被称为 Mars-van Krevelen 氧化还原机理。上述反应过程中，萘首先吸附在 M_1^{n+} 中心上，形成一个化学吸附物种，该吸附物种与同 M_1^{n+} 相关联的晶格氧反应，得到一个部分氧化产物。由相邻的 M_2^{m+} 中心转移一个晶格氧到 M_1^{n+} 中心上补偿失去的氧，同时在 M_1^{n+} 中心上产生的电子传递给 M_2^{m+}。分子氧可以吸附在 M_2^{m+} 中心上，并在此转化为晶格氧。负电荷从 M_1^{n+} 转移到 M_2^{m+}，晶格氧从 M_2^{m+} 转移到 M_1^{n+}（M_1 位氧化，M_2 位还原）。这样，还原氧化无限重复，使反应进行下去。

从上述过程还可以看出，萘在吸附中心上释放出的电子传递到相邻中心上，使相邻中心上的氧分子转变为晶格氧，这就要求在催化剂上有两类可利用的中心，其中之一能吸附反应物分子，而另一类中心必须转变气相氧分子为晶格氧。通常这类氧化物催化剂由双金属氧化物组成，有时也由可变价态的单组分氧化物构成，在选择性氧化的条件下，它具有混合氧化物的特征。

现已有许多实验结果表明，氧化还原循环模式对许多烃类催化氧化反应都是适用的。如在 MoO_3-Bi_2O_3 金属氧化物催化剂上烯烃的氧化和氨氧化，在 MoO_3-Fe_2O_3 催化剂上甲醇的氧化等。所以，Mars-van Krevelen 氧化还原机理对烃类在氧化物催化剂上的氧化反应具有较普遍的适用性。

5.2.1 金属氧化物的氧化作用

催化氧化是重要的化工过程，为了认识催化氧化反应的规律性，作为反应物之一的氧和金属氧化物中的氧在表面上存在的形式和在反应中的作用,无疑是我们关心的重要问题之一，但氧在催化剂表面上是如何起作用的，我们尚未完全搞清楚，虽然我们在前面已经介绍了有关氧的吸附态，在这里我们还要结合实际的氧化反应，进一步加以阐述。

综合各方面的研究，已经确认，在金属氧化物上氧的吸附形式主要有以下几种：O_2^-、O^-、O^{2-}、O_3^-，实际上 O^{2-} 已经变成表面层晶格氧原子。

在以分子氧形式进行化学吸附时，氧化物的电导不变；而以离子氧形式进行化学吸附时，常常伴以很明显的电导变化，并且由于在表面上形成一负电荷层和在靠近晶体表面层形成正的空间电荷，功函随之增加，所以可以借助电导和功函的测量以区别可逆吸附的分子氧和不可逆吸附的离子氧。对于离子氧 O^- 和 O_2^-，可借助两者在 ESR 谱上的不同信号而进行区别。一个更确切的方法是，使用核自旋 $I=5/2$ 的同位素 ^{17}O，它在吸附时，ESR 谱有精细结构，如吸附态为 O^-，其精细结构由 6 条线组成，而吸附态为 O_2^- 时，由于未成对电子和两个 ^{17}O 作用，精细结构由 11 条线组成。如在 γ 线辐照后的 MgO 上吸附的氧为 O_2^-，N_2O 吸附则形成 O^-，就是用此法鉴定的。离子氧 O^{2-}，可根据吸附时计算出的平均电荷数，即所谓的化学法确定。

有关表面吸附氧物种的精确热力学数据，目前还不能给出，但对气相中产生各种氧离子所需的能量，做一些粗略的比较还是可以的。在气相中，形成 O_2^- 使体系能量下降，是放热过程（放热 83kJ/mol）。形成 O^- 和 O^{2-} 的过程都是吸热的。气相中形成 O^- 和 O^{2-} 过程，可以假定由以下各步实现：

$$\frac{1}{2} O_2(g) \longrightarrow O(g) \qquad \Delta H_1 = 248 \text{kJ/mol}$$

$$O(g) + e^- \longrightarrow O^-(g) \qquad \Delta H_2 = -148 \text{kJ/mol}$$

$$O^-(g) + e^- \longrightarrow O^{2-}(g) \qquad \Delta H_3 = 844 \text{kJ/mol}$$

$$\frac{1}{2} O_2(g) + 2e^- \longrightarrow O^{2-}(g) \qquad \Delta H_4 = 944 \text{kJ/mol}$$

氧分子首先解离为氧原子，这是一个吸热过程。由于氧具有较高的亲电能力，第一个电子加到中性氧原子上时放出热量。由 O_2 分子产生两个氧离子 O^- 还是一个吸热过程。但由上式可以看出，由氧分子形成两个 O^{2-} 是一个需要很高能量的过程，这是因为解离氧需要很高的解离能，另外，氧离子 O^- 有很负的电子亲和能，加上第二个电子需要更高的能量，总过程还是一个吸热过程，所以 O^{2-} 在气相中是最不稳定的形式，仅当它在与相邻的阳离子产生的电场形成的晶格中，才是稳定的，通常不把它看成表面吸附物种，而作为晶格氧。氧在表面上能稳定存在的吸附物种主要有 O_2^- 和 O^-。

简单的过渡金属氧化物是非化学计量的化合物，它们的组成与氧的压力有关。在气相中有氧存在时，确立了一系列的平衡，其中形成了各种类型的吸附氧物种，各物种间的转换路线如图 5-8 所示。可以看出，在转换过程中，氧带的负电荷逐渐富集，一直到形成 O^{2-}，进入固体的最上表面层，由氧分子变为 O^- 和 O^{2-} 所需的能量也逐渐增加。在气相中有氧时，表面上可能形成 O_2^- 和 O^- 物种，然而在气相中无氧存在时，在表面上也可能形成同样的吸附氧物种，它可能是从固体解离出的晶格氧在转换或还原（如烃）过程中的中间物。这样，不仅是气相氧，氧化物中的晶格氧也可能作为吸附氧物种 O_2^- 和 O^- 的来源。实际上，无论气相中有氧或无氧，确实观察到了烃与过渡金属氧化物接触而发生的完全氧化反应。

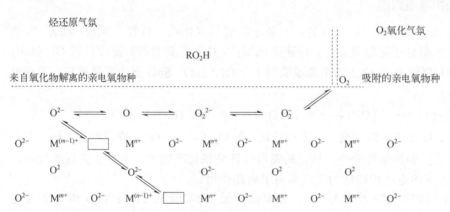

图 5-8 在氧化物表面各种吸附氧物种平衡

现在我们对不同吸附态的氧物种所起的作用进行分析。

（1）O^-·阴离子自由基吸附态

氧吸附在以硅胶作载体、部分还原的 V、Mo、W 的氧化物，以及光还原的氧化镁上，一般能同时形成 O_2^-· 和 O^-· 阴离子自由基。当吸附物质为 N_2O 时，则只生成 O^-·。

O^-· 很活泼，在上述氧化物上，即使在低温下，也能同 H_2、CO（氧化生成 CO^{2-}）、C_2H_4（氧化生成 $CH_2CH_2O^-$）和饱和烃反应。

产生 O^-· 的另一个途径是用 γ 射线或紫外光照射，使 M=O 双键的 1 个电子跃迁，如

$$\text{Mo}^{6+}(=O)(O)(O) + \text{Mo(VI)} \longrightarrow \text{Mo}^{6+}(=O)(O^-)(O) + \text{Mo(V)}$$

或

$$\text{V}^{5+}(=O^{2-}) \rightleftharpoons \text{V}^{4+}(=O^-)$$

即从晶格氧夺取 1 个电子转移给阳离子。可以把 O^- 看成是正穴，但就其性质而言，O^- 的自由基特征是很突出的，如在负载型的 V、Mo、Ni 和 Co 等氧化物表面，光激发产生的 O^- 能进行以下反应：

$$[M^{n+}O^{2-}] \rightleftharpoons [M^{n-1}+O^{-\cdot}]$$
$$O^{-\cdot}+H_2 \longrightarrow OH^-+H\cdot{}^*$$
$$O^{-\cdot}+RH+O_2 \longrightarrow OH^-+ROC\cdot{}^*$$

它能均裂 H—H 键、C—H 键；而且由此产生的某些自由基在升温时容易解吸，从而能引发均相的自由基链式反应。应该指出，上述 $O^{-\cdot}$ 的反应性能与其来源无关。由于 $O^{-\cdot}$ 的反应能力极强，人们认为烃类深度氧化与它有密切关系。

（2）$O_2^{-\cdot}$ 阴离子自由基吸附态

在部分还原的 Zn、Sn、V、Ti 氧化物，负载于硅胶的氧化钒，负载于 MgO 和 Al_2O_3 的氧化钼，以及脱铝 Y 型分子筛等表面上，均能生成 $O_2^{-\cdot}$。$O_2^{-\cdot}$ 稳定性好，反应性较 $O^{-\cdot}$ 温和，在室温下能缓慢地与吸附在 ZnO 上的丙烯或吸附于 TiO_2、ZnO、SnO 上的丁烯反应。各种吸附态形成的过程是：

$$O_2(g) \longrightarrow [O^-]_2 \longrightarrow 2[O^-] \longrightarrow 2O^{2-}(L) \quad L：晶格$$

在覆盖度较低、部分还原的表面上，这种转化（如 $O_2^{-\cdot} \longrightarrow O^{-\cdot}$）特别容易进行。在不进行氧交换的情况下，钼酸铋体系中，标记的氧可以转到氧化产物中，可见在某些条件下，晶格 O^{2-} 可能通过上式的逆过程转化为正穴和电子而起作用。

在 SnO_2 上，于 -190℃ ESR 检出有 $O_2^{-\cdot}$；由室温升至 155℃ 吸氧后，经 TPD 和 ESR 鉴定有两种吸附态：$O_2^{-\cdot}$ 和 $O^{-\cdot}$。

在 Cu_2O 上能生成 $O_2^{-\cdot}$ 和 $O^{-\cdot}$ 吸附态，它们不仅停留在表面，而且有向晶格内层扩散的倾向。

AgO 上有 $O_2^{-\cdot}$ ESR 信号。

（3）$O_3^{-\cdot}$ 阴离子自由基吸附态

在 MgO 上发现了 $O_3^{-\cdot}$ 的 ESR 谱。$O_3^{-\cdot}$ 的产生可能同 $O^{-\cdot}$ 有关，因为在微量分子氧存在下，可发生反应

$$O^{-\cdot}+O_3 \longrightarrow O_3^{-\cdot}$$

$O_3^{-\cdot}$ 是不那么稳定的吸附态，它可慢慢分解生成 $O_2^{-\cdot}$；有时也能离解成 $O^{-\cdot}$。虽然目前对它的认识还很不够，但有人认为在氧化反应中它可能是活化中间态。

（4）氧在 TiO_2 和 V_2O_5 上的吸附

氧在钒系金属氧化物上的化学吸附极富实际意义。研究认为，在金属氧化物上氧吸附的 ESR g 因子，只与金属电荷有关，与金属种类无关。+1、+2、+3 价金属氧化物上 $O_2^{-\cdot}$ 的 g

因子 g_1 分别为 2.02～2.14、2.05～2.07、<2.03。按金属原子价+2、+3、+4 得 g_1 为 2.007～2.037、2.004～2.030、2.030～2.018。对 TiO_2，在 140～450℃之间发现 O^-(ads)的 ESR 信号；ESR 与 TPD 研究结果表明氧在 TiO_2 上有三种 O_2^- 吸附态，ESR g 因子与对应的 TPD 的 T_m 数据如表 5-2。

表 5-2　TiO_2 上 O_2^- 吸附的 ESR g 因子与 TPD 的 T_m

g_1	g_2	g_3	T_m/℃
2.026			约 190
2.023	2.010	2.005	约 250
2.019			120

也有人认为 TiO_2 的 T_m=150～160℃，TPD 峰是 O_2^-(ads)脱附的结果。O_2 在 TiO_2 上的吸附态与温度的关系是

$$O_2(g)+e^- \longrightarrow O_2^-(ads) \quad 130～170K$$

$$O_2^-(ads)+e^- \longrightarrow 2O^-(ads) \quad 200～260K$$

$$O^-(ads)+e^- \longrightarrow O^{2-}(ads) \quad 370～500K$$

研究 O_2 和 V_2O_5 表面的 TPD，发现在 10～560℃之间没有脱附信号；但 XRD、IR 研究认为 O_2 在 V_2O_5 上，在 270～350℃范围内为 O^-(ads)和 O^{2-}(ads)吸附态。TPD 研究表明，在 V_2O_5 上只有在 $T>450℃$ 时才形成晶格 O^{2-}(L)。O_2 在 V_2O_5 上吸附后，钒的价态变化是：在 100～200℃表面上发生 V(Ⅲ)⟶V(Ⅳ)⟶V(Ⅴ)的变化，这种变化若发生在体相则需 310～470℃。

（5）氧在 V_2O_5/SiO_2、V_2O_5/TiO_2 和 TiO_2/SiO_2 上的吸附

通过 ESR 研究 O_2 在 V_2O_5（质量分数 0.2%～6%）/SiO_2 上的吸附，得到 g_1=2.023、g_2=2.11、g_3=2.004 的 O_2^- 信号，说明发生了 V(Ⅳ)+O_2⟶($V^{5+}O_2^-$)(ads)；TPD 在 100～500℃之间出现了 O_2^-(ads)脱附的宽峰。在 350℃有 O^- 的 ESR 信号，$g_\perp$=2.026。在 V_2O_5(5%)/SiO_2 的 ESR 中发现 $g_\parallel$=2.022，$g_\perp$=2.004 的 O_2^- 信号，同时还存在重叠信号 g=2.027，说明有 O^-。其结论是：a. O^-/O_2^- 比随 V(Ⅴ)还原度升高线性升高；b. V_2O_5 含量高、O_2 压低，有利于 O^- 的形成；c. 室温下，$O^{2-}+O^-$ 的总量在氧吸附总量的 10%以下。

O_2 在 V_2O_5/TiO_2 表面的吸附能的变化一般有三个区段，分别与三种吸附态相对应：

$$O_2^- \longrightarrow O^- \longrightarrow O^{2-}$$
$$80～180℃ \quad 280～370℃ \quad 370～440℃$$

同时，纯 V_2O_5 在吸氧前后位能变化很大，而 V_2O_5 在 TiO_2 上分散后，吸附和脱附所引起的表面结构的变化受到抑制，能量的变化要小得多。这一点对于稳定催化剂的性能是很重要的。TiO_2（2%，质量分数）/SiO_2 上氧的吸附，有 O_2^- 信号：g_1 = 2.02 ± 0.001，g_2 = 2.009 ± 0.001，g_3 = 2.003 ± 0.001；并且高温还原时还有 O^- 信号。

各种氧物种在催化氧化中表现出不同的反应性能。Haber 根据氧物种反应性能的不同，将催化氧化大体分为两类，一类是经过氧活化过程的亲电氧化，另一类是以烃的活化为第一步的亲核氧化。在第一类中，O_2^- 和 O^- 物种是强亲电反应物种，它们进攻有机分子中电子密度最高的部分。对于烯烃，这种亲电加成导致形成过氧化物或环氧化物中间物，在多相氧化的条件下，它们又是碳骨架降解的中间物。在均相氧化中，即在溶液中，在金属配合物

催化剂作用下，烯烃氧化形成环氧化物。在多相氧化条件下，烯烃首先形成饱和醛，芳烃氧化形成相应的酐，在较高温度下，饱和醛进一步完全氧化。近几年得到的一些实验结果表明，亲电氧物种对完全氧化起作用。在第二类氧化中，晶格氧离子 O^{2-} 是亲核试剂，它没有氧化性质，它是通过亲核加成插入由于活化而引起烃分子缺电子的位置上，导致选择性氧化。

在不同的氧化物表面常常形成不同的氧物种。根据形成的氧物种，可把氧化物分为三类。第一类氧化物的特点，主要是具有较多的能提供电子给吸附氧的中心，使吸附氧带较多的电荷呈 O^- 形式。属于此类的过渡金属氧化物居多，其中的阳离子易于增加氧化度（或是具有低离子化电位的过渡金属阳离子，通常是一些 p 型半导体氧化物，如 NiO、MnO、CoO、Co_3O_4 等）。第二类氧化物的特点在于电子给体中心的浓度较低，使吸附氧带较少的负电荷呈 O_2^- 形式，这类氧化物包括一些 n 型半导体，如 ZnO、SnO_2、TiO_2、负载的 V_2O_5 以及一些低价过渡金属阳离子分散在抗磁或非导体物质中形成的固体溶液，如 CoO-MgO、MnO-MgO 等。第三类是不吸附氧和具有盐特征的混合物，其中氧与具有高氧化态的过渡金属中心离子组成具有确定结构的阴离子形式，属于这类的氧化物有 MoO_3、WO_3、Nb_2O_5 和一些钼酸盐、钨酸盐等。对于不同氧化物上不同的氧物种催化性质的一些实验结果列于表 5-3。可以看出，在氧化物表面上有亲电氧物种 O_2^- 和 O^- 存在时，烃类将发生完全氧化，而在表面上有亲核氧物种 O^{2-} 存在时，则发生选择性氧化。

表 5-3　各种氧化物表面上的氧物种的催化性质

催化剂	温度范围/K	氧物种	催化行为
Co_3O_4	293～623	O_2^-	完全氧化
	573～673	O^-	完全氧化
V_2O_5 及 V_2O_5/TiO_2	293～393	O_2^-	完全氧化
	533～653	O^-	完全氧化
$Bi_2Mo_3O_{12}$	563	O^{2-}	芳烃选择性氧化
	538～673	O^{2-}	芳烃选择性氧化

对于深度氧化，如烃的完全氧化，H_2、CO 的氧化以及氧的同位素交换反应，一些研究发现，在金属-氧键能与催化活性之间有简单的反比关系，随键能增加反应活性下降。但是对于选择性氧化，由于氧化过程的复杂性，在它们之间并没有像完全氧化那样总结出较简单的关系。从红外技术对许多氧化物的研究结果知道，波数在 1000～900cm^{-1} 范围内产生的吸收谱带属于金属-氧双键（M＝O）振动吸收，在 900～800cm^{-1} 范围内产生很宽的吸收谱带属于金属-氧单键（M—O—M）振动吸收。红外吸收频率越低，表示金属-氧键强愈弱。氧与固体表面间的键合不太强会使烃迅速氧化，该固体则是一个活性高的催化剂。然而，该键很弱时，将会发生彻底氧化，使反应成为非选择性的。有人对各种钼酸盐做了系统研究，发现 Fe、Co、Mn 的钼酸盐的红外光谱在 970～940cm^{-1} 显示强吸收，钼酸铋在 940～920cm^{-1} 显示吸收，而对 Ca、Pb、Tl 的钼酸盐都没有观察到属于金属-氧双键的红外吸收带。在钼酸铋中，铋引起更不稳定的金属-氧的键合，可能是与 Fe、Co、Mn 的钼酸盐相比它有更高活性的原因之一。对 Ca、Pb、Tl 的钼酸盐，它们的金属-氧键强对选择性氧化来说，可能又太低，自然这三个钼酸盐催化剂在氧化中表现完全是非选择性的。

晶格氧 O^{2-} 对选择性氧化起着重要作用。在以上各例中已提到，在不同氧化物中，氧的反应性能有明显的区别。即使对同一氧化物，氧由于其在晶格中所处位置不同、环境不同，也会有明显的性能差别。如在 V_2O_5 中，V-O 键有三种。基于对 V_2O_5 催化剂多方面的研究，一些研究者认为，在氧化反应中，起重要作用的活性氧是与钒相连的双键氧。V_2O_5 晶格中每个 V^{5+} 周围有 6 个 O^{2-}，它们构成一个畸变的八面体（图 5-9）。其中 O^{2-} 有三种，分别表示为 O_I、O_{II} 和 O_{III}。V—O_I 键长为 0.154nm，V—O_{II} 键长为 0.202nm、0.188nm，V—O_{III} 键长为 0.177nm。此外尚有 V—O_I 键长为 0.281nm，实际上 V—O_I 中的 O_I 和另一个 V^{5+} 更靠近，也可以说基本上是属于另一个畸变八面体中的 V^{5+}，因为该键最弱，晶体在此有裂开的趋势，使 V—O_I 裸露在外面。V_2O_5 的红外光谱在 1025cm^{-1} 处出现一个尖吸收峰，可能属于 V—O_I 伸缩振动，它接近于 $VOCl_3$ 红外光谱的 V=O 位置，因此，V—O_I 具有双键性质，可以推测，该氧会比其他 V—O 键上的氧有更大的反应能力，它容易失去，造成 V_2O_5 晶格中氧负离子缺位。氧缺位存在，会使其附近的 V^{5+} 转变为 V^{4+}。这种性质同 V_2O_5 的催化性能密切相关。当 SO_2 氧化为 SO_3 时，催化剂 V_2O_5 被还原，V^{5+} 变为 V^{4+}（图 5-10）。

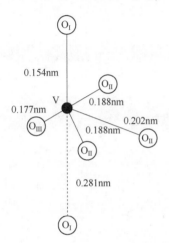

图 5-9　V_2O_5 中 V—O 间距

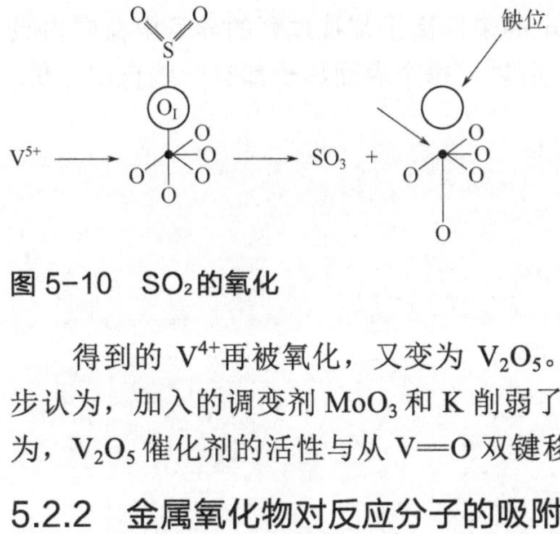

图 5-10　SO_2 的氧化

得到的 V^{4+} 再被氧化，又变为 V_2O_5。有研究者根据对调变的 V_2O_5 催化剂的研究，进一步认为，加入的调变剂 MoO_3 和 K 削弱了 V=O 键，从而改善了催化剂的活性。所以一般认为，V_2O_5 催化剂的活性与从 V=O 双键移出氧的难易有关。

5.2.2　金属氧化物对反应分子的吸附及活化

我们知道固体表面特有的催化性质来源于分子在固体表面上的吸附，每种表面至少能跟一种反应物或一种产物专一地相互作用，这种相互作用叫作吸附。依靠吸附形成新的化学物种，并且可能产生新的反应途径。

那么，引起分子与固体表面作用的原因是什么？我们先考虑共价型固体，如金刚石或任何一种金属。在共价型固体的表面上，任一个原子被同一平面或下面一个平面中的其他原子所包围（图 5-11），被这些原子吸引，而在该原子上面没有原子。这样，就有一个净的向内的作用力，固体因此有表面能。它类似于液体的表面张力，但是比表面张力强得多，每个表面原子都有它所要求的原子价，而该原子价并未饱和，因此表面原子有一个或更多的自由价。在观察共价型固体一个单晶的断面以后，上述情况显而易见（图 5-12）。这时共价键断裂，表面原子上一定有自由价。

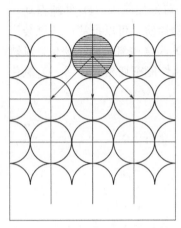

图 5-11 共价型固体表面能的示意图

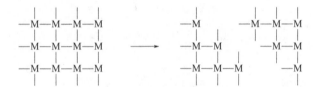

图 5-12 形成自由价的共价型固体的断面示意图

离子型固体有相似的情况，每一个带正电或负电的表面离子都被过剩的异号电荷向内吸引（图 5-13），表面离子所要求的电价也未被饱和，所以，每个表面离子都有一些自由电价。

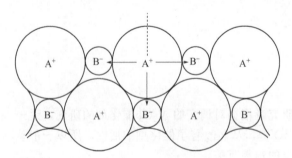

图 5-13 离子型固体的表面能示意图

固体表面的自由价（不论是共价还是电价）趋向于饱和，所以固体表面与分子作用并存在吸附力。这种形成新化学键的吸附，即化学吸附，以区别于较弱的吸附形式，即物理吸附。在物理吸附中，吸引分子到表面的力跟液体分子的内聚力（范德华力）属于同一类。物理吸附没有选择性，在催化中并不重要。然而，物理吸附有一种重要性质，后面将会讨论。

化学吸附实质上是化学反应，它能被动力学和热力学（平衡）参数所确定。吸附速率常

数 K_a 是：

$$K_a = \sigma Z \exp(-E_a/RT)$$

式中，E_a 是吸附活化能；Z 是单位时间内分子跟表面无覆盖部分之间的碰撞数；σ 是任何一次碰撞引起吸附的概率，叫作凝聚系数。目前，化学吸附活化能的范围很大：一些体系（特别是氢-金属体系）的活化能十分接近于零，因此在低温（70K）下能很快吸附；而另一些体系，活化能值是很大的，因此只有在室温或高于室温时，吸附才能以可测量的速度发生。分子吸附在金属表面上通常是可逆的，也就是说，解吸后可重新得到毫无变化的被吸附的分子。低温下简单分子在金属氧化物上的吸附也是如此。但是在高温下，还原性气体能被金属氧化物部分氧化（例如，氢氧化成水，一氧化碳氧化成二氧化碳），这种吸附叫作不可逆吸附。

吸附强度的概念是极有用的，它可以从定性和定量两方面考虑。定性地说，当一种物质在低压或低浓度时（约 0.133N/m^2 或 $5\times10^{-8}\text{mol/L}$）接触吸附剂，如果大部分物质黏附在表面上，就是强吸附。但因吸附总是放热的，吸附时放出的热量是脱附和断裂化学吸附所形成的键所需的最小热量（图 5-14），所以，摩尔吸附热的大小能用作吸附强度的定量尺度。

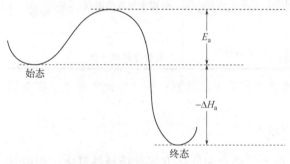

图 5-14 吸附的简化势能图

E_a 是吸附活化能；$-\Delta H_a$ 是吸附热

物理吸附存在的价值是显而易见的。它使吸附分子以低势能靠近表面，如果不存在这种情况，氢分子要以原子态被吸附，唯一途径是一开始就要提供大于 430kJ 的能量。达到过渡态所需的最低能量是活化能 E_a，它比氢分子的离解能小得多。

当表面吸附分子后，可能在表面产生正电荷层，即反应分子将电子给予半导体，反应分子以正离子形式吸附于表面；也可能在表面产生负电荷层，即反应分子从半导体得到电子以负离子形式吸附于表面。表面形成正电荷层时，表面分子起表面施主作用，因此对半导体的脱出功、电导率的影响和表 5-4 中施主杂质的结果一致。表面形成负电荷层时，表面分子起表面受主作用，因此对半导体的脱出功和电导率的影响和表 5-4 中受主杂质的结果一致。

表 5-4 施主、受主杂质对半导体脱出功和电导率的影响

杂质种类	脱出功变化	电导率变化	
		n 型半导体	p 型半导体
施主	变小	增加	减小
受主	变大	减小	增加

金属氧化物表面有金属离子、氧负离子、表面缺陷，因此比金属复杂得多。

分子在金属氧化物上的吸附分为低温物理吸附和高温活化吸附。前者活化能为数百到数

千焦每摩尔，后者活化能可达 200～240kJ/mol，相当于化学反应的活化能。

吸附对半导体性质有影响。例如给电子的气体 H_2、CO 等在 ZnO 上的吸附，H_2 在 ZnO（n 型半导体）表面吸附，吸附活性中心为 Zn^{2+}，气体以正离子形式吸附，Zn^{2+} 变为 Zn^+ 和 Zn。ZnO 表面上 Zn^{2+} 数目较多，所以吸附量也较大；H_2 在 NiO（p 型半导体）表面吸附，一个 Ni^{2+} 缺位在附近产生两个 $Ni^{2+\oplus}$，⊕ 称为准自由空穴。表面上的 $Ni^{2+\oplus}$ 为吸附中心，吸附后 $Ni^{2+\oplus}$ 变成 Ni^{2+}。由于表面 $Ni^{2+\oplus}$ 数目不多，因而吸附量也很小。给电子气体和接受电子气体在半导体上吸附后，对半导体性质的影响列于表 5-5。

表 5-5 随吸附而产生的半导体物性变化

吸附气体	半导体种类	脱出功	电导率	吸附中心	吸附状态	表面电荷
给电子气体	n	减少	增加	晶格金属离子	正离子气体吸附在低价金属离子上	增多
	p	减少	减少	正离子（高价）	正离子气体吸附在低价金属离子上	增多
接受电子气体	n	增加	减少	正离子缺位（低价）	负离子气体吸附在高价金属离子上	减少
	p	增加	增加	晶格金属离子	负离子气体吸附在高价金属离子上	减少

利用半导体吸附前后物理性质变化可以推测吸附分子的状态。金属氧化物可以暴露金属离子终止的表面、氧负离子离子终止的表面。

（1）金属氧化物催化剂对烃类分子的吸附和活化

烃类分子在氧化还原型金属氧化物催化剂上的键合和活化方式在选择性氧化过程中具有重要的作用。但由于有机分子的复杂性和多样性，相应的键合和活化方式也比较复杂，目前还没有对所有烃类都比较适合的活化模式。这里仅以烯烃为例简单地讨论一下氧化还原催化剂对烃类的活化方式。

一般情况下，较简单的烯烃与金属中心形成表面化学键主要包括两种，一种是烯烃的最高占据 π 轨道和金属的 σ 受体轨道重叠，这些受体轨道可以是 $d_{x^2-y^2}$、d_{z^2}、s、p_z 等。由此形成烯烃-金属原子内的 σ-π 分子轨道 [图 5-15（a）]；另一种是充满金属 π 轨道 d_{xy}、d_y、d_{zx} 的电子给予烯烃最低空的 $π^*$ 反键轨道，形成烯烃-金属原子内的 π-π* 分子轨道 [图 5-15（b）]。

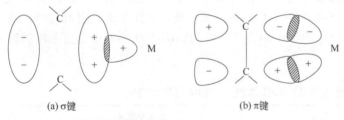

(a) σ键 (b) π键

图 5-15 可能的金属 M-烯键合

烯烃在金属氧化物表面上的吸附，是电子给予体吸附在过渡金属离子上，由于金属离子的 π 反馈能力小于金属，在金属氧化物上的吸附比在金属表面上的弱。

通常，乙烯在金属氧化物上的吸附是一种解离的 π 配位吸附，如下所示：

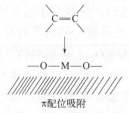
π配位吸附

丙烯、丁烯等则可发生 H 解离形成 π 烯丙基型吸附。如丙烯在 ZnO 上吸附时，ZnO 中的 O 可从丙烯的甲基中脱去 1 个 α-氢，形成 π-烯丙基型吸附态，如下所示：

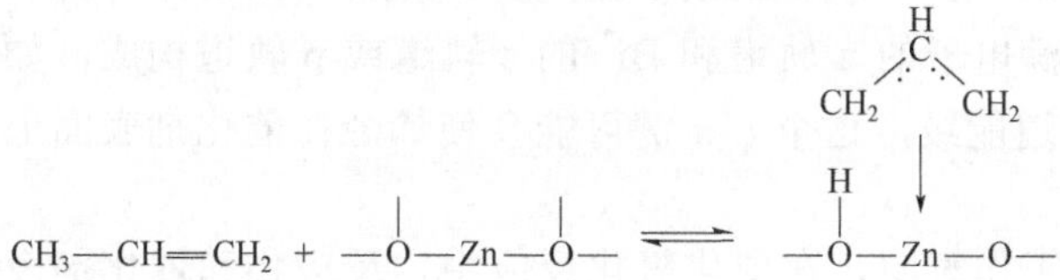

$$CH_3-CH=CH_2 + -O-Zn-O- \rightleftharpoons -O-Zn-O-$$

丁烯在氧化物表面上的吸附要复杂得多，因为各种吸附态之间会发生相互转化，如 1-丁烯就有 5 种吸附态，如下所示：

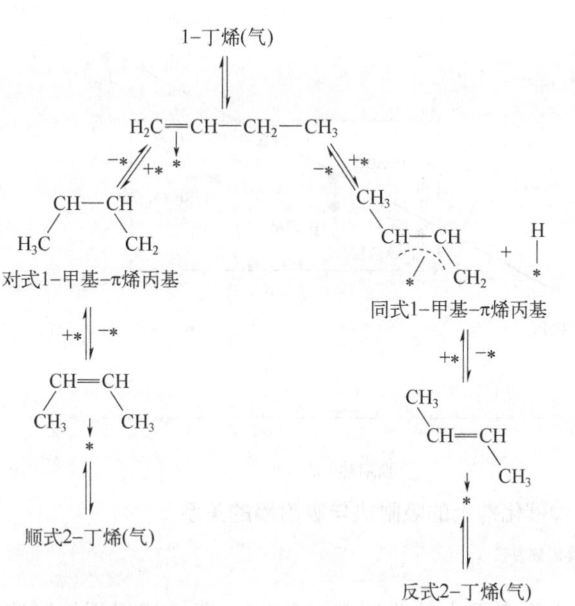

炔烃在金属氧化物上的吸附有：

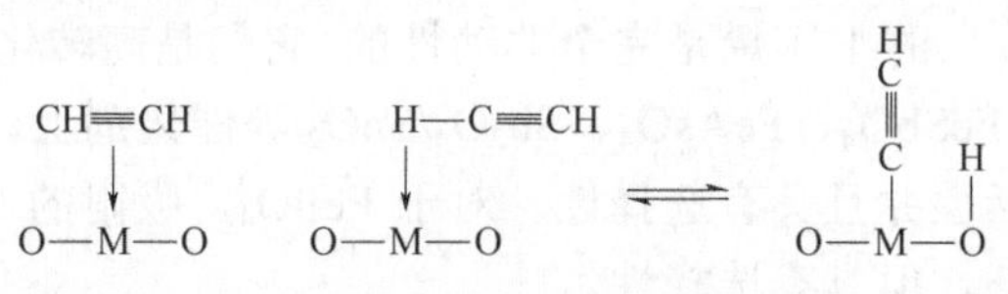

为了确定金属阳离子性质与其活化烯烃能力间的相互关系，人们对各种金属离子烯丙基配合体（类似于丙烯在催化剂上选择性氧化过程中可能形成的中间体）的电荷分布、电子组态、轨道能量进行了计算，结果表明，对于 Co^{2+}、Ni^{2+}、Fe^{2+}、$Mo(VI)$，π-烯丙基的电子向金属有相当大的转移，在烯丙基的配体上显示正电荷；而在 Mg^{2+} 烯丙基配合物中，烯丙基保持中性，表明是一个很弱的键。

不同的金属对烯烃有不同的活化能力，在烯烃选择性氧化中，金属与 π-烯丙基配体成键的能力是催化剂活性的必要条件。然而，烯烃分子活化的另一个必要条件是烯丙基必须找到一个空配位点（即阴离子缺位），使它可能与阴离子相互作用，这样才能较好地活化烃分子。

一个较好的例子是钼酸铋（$Bi_2Mo_3O_{12}$）和钼酸铁（$Fe_2Mo_3O_{12}$）催化性能的对比。在钼酸铋和钼酸铁中，金属-晶格氧键强相似，然而钼酸铋是对烯烃氧化具有活性和选择性的催化剂，钼酸铁的催化性能较差。两者在催化行为上的差别可能是由于烯烃与 Bi^{3+} 和 Fe^{3+} 键合方式上的差别。Fe^{3+} 有一个未完全充满的 d 壳层，在八面体对称性中，Fe^{3+} 的 t_{2g} 轨道 d_{xy}、d_{y}、d_{zx} 仅部分被填充，而 e_g 的 $d_{x^2-y^2}$、d_{z^2} 轨道是空的，使 Fe^{3+} 容易和烯烃形成 σ-π 键和 π-π* 键，但这些键容易断裂。Bi^{3+} 有一个完全充满电子的 d 壳层，在这种情况下，可以形成 σ-π 键，这个 σ-π 键由烯烃充满电子的 π 轨道和 Bi^{3+} 的 s 轨道或 p 轨道构成，如果金属离子提供的轨道能级高于烯烃 π 轨道能级，这个 σ-π 键可能会使烯烃在催化剂表面上产生活化的强吸附，使氧化反应容易发生。

Matuura 的研究工作表明，在催化氧化反应中，反应物和催化剂表面间的键强是影响反应的主要因素。图 5-16 是 1-丁烯在各种催化剂上的吸附热与吸附熵的关系。

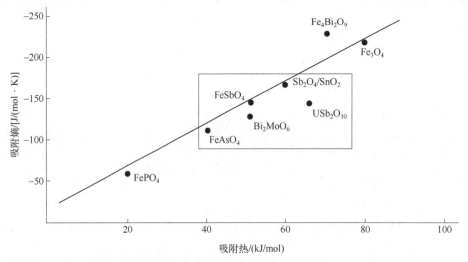

图 5-16　1-丁烯在各种催化剂上的吸附热与吸附熵的关系

键强用吸附热表示，可动性用吸附熵表示

当烯烃吸附在氧化物表面上的吸附热增加时，即烯烃很强地吸附在催化剂表面上时，吸附物种的吸附熵降低，这时吸附物种在催化剂表面上的可动性降低。由吸附熵数据可以看出，吸附在 $Fe_4Bi_2O_9$ 和 Fe_3O_4 上的 1-丁烯是完全非动性的，它们是高转化性但非选择性的催化剂。在 Bi_2MoO_6、USb_2O_{10}、$FeSbO_4$、$FeAsO_4$、Sb_2O_4/SnO_2 等催化剂上，吸附的 1-丁烯是中等可动的，这些催化剂具有活性并且具有选择性。对于 $FePO_4$，吸附的 1-丁烯在催化剂表面是非常可动性的，其活性较低，但具有选择性。

（2）H_2 的吸附和反应性

通常情况下，H_2 在金属氧化物上室温下就能发生活化吸附，H_2 在 ZnO 上的吸附如下所示：

在 IR 3489cm^{-1} 和 1709cm^{-1} 处可分别观察到表面 OH 和 ZnH 的振动,可见,这种吸附是 H_2 解离吸附形成的。

与 H_2 解离吸附有关的最基本的反应是 H_2-D_2 交换,在过渡金属氧化物上,H_2-D_2 交换是在解离吸附物种气相中的 D_2 和 H_2 之间进行的,并且吸附分子在表面上发生迁移。

（3）CO 的吸附和反应性

CO 在金属氧化物表面有可逆和不可逆两种吸附态:可逆吸附的 CO 会以 CO 的形式脱附;不可逆吸附的 CO 以 CO_2 的形式脱附。如室温下 CO 在 ZnO 上的吸附是完全可逆的。一般来说吸附的比例随温度的降低而增大,并且低温下的可逆吸附是快而弱的,而高温下的不可逆吸附则是慢而强的。

金属氧化物表面和吸附 CO 之间键的性质有如下特点。

a. CO 吸附是 C 原子一侧与金属氧化物的吸附。从 CO 的分子轨道可知,异核双原子分子 CO 的最高占据分子轨道（HOMO）由 C 原子的 2s 轨道和 $2p_x$ 原子轨道组成,而这个轨道被 C 原子上原来的孤对电子所占有,因此当 CO 在金属氧化物表面吸附时,只能在 C 原子与金属离子之间发生吸附。

b. 在金属氧化物表面,由吸附 CO 的 C 原子和金属离子成键时,几乎都是 CO 向金属离子提供电子（σ 键）,没有由金属离子向 CO 反键 π 轨道 π* 反馈电子（π 键）的。这与金属表面吸附 CO 以及金属羰基配合物不同。金属表面吸附 CO 或在金属羰基配合物中,除了和电子供体 CO 形成 σ 键之外,还向 CO 反键 π 轨道反馈电子。因此它们的金属-碳键的强度较大,从而使碳—氢键削弱,表现在 CO 碳-氢键的 IR 伸缩频率向低波数一侧位移,通常都低于气相 CO 碳-氢键 IR 伸缩频率 2143cm^{-1}。金属氧化物表面吸附 CO 时,由于只有表面 σ 键,不涉及 CO 的反馈 π*轨道,其 CO 碳氢键 IR 伸缩频率一般都出现在 2200cm^{-1} 附近的高波数处。

c. 金属氧化物表面吸附 CO 时,CO 是电子供体,因此,当 CO 在 n 型半导体吸附时,电导率将有所增大,在 p 型半导体上吸附时则相反,电导率会减小。

关于金属氧化物表面 CO 的反应,以 CO 的催化氧化最具代表性,在这个反应中,金属氧化物表面吸附 CO 和表面氧物种 O$^-$ 的反应性最高,其反应可表示为:

$$CO + O^- \longrightarrow CO_2 + e^-$$

该反应已在由 N_2O 分解生成的 O$^-$ 氧化时得到确证。有研究表明,在 MoO_3/SiO_2 催化剂上用 N_2O 氧化 CO 时,在 0~120℃ 下发生反应。MoO_3/SiO_2 催化剂在低温下就有氧化活性,这是 N_2O 生成的 O$^-$ 与 CO 反应的结果。

（4）NO 的吸附和反应性

NO 比 CO 多一个价电子,存在于反键轨道 π* 上,因此 NO 在金属氧化物上的吸附及其与金属离子的配位比 CO 复杂。NO 由于 π*电子的转移或加入而形成 NO$^+$（三重键）、NO$^-$（二重键）等多种电子状态。同时,NO 中的 N 原子一侧还存在高轨道能的孤对电子,可以作为电子的供体,与金属离子配位相当容易。所以,它们可以和金属离子形成诸如 $M^{(n-1)+} \leftarrow NO$、$M^{n+} \leftarrow NO$、$M^{(n+1)+} \leftarrow NO^-$ 等多种配合物,并且从金属离子向 NO 反馈电子。

在 NO 作为配体时,NO$^+$型配位为线型的 M—N—O,N—O 键的 IR 伸缩频率为 1900~1700cm^{-1},而 NO$^-$型配位则为弯曲的 M—N—O,键角为 120°,N—O 键的 IR 伸缩频率为 1720~1520cm^{-1},因此,NO$^-$型吸附中 N—O 键较弱,易发生断裂。

关于 NO 的反应性，已知它在分解、氧化、还原等反应中都有活性，其中从催化消除 NO_x 来看，最理想的是 NO 分解成 N_2 和 O_2。这个反应在热力学上是可行的，但目前尚未开发出在温和条件下对该反应有实用价值的催化剂，在还原的催化剂表面上，NO 发生分解生成 N_2 和 N_2O，而氧残留在催化剂上使表面氧化而失活。由于 NO 在还原表面上的分解反应通常在 100℃ 左右就能发生（如在 Ni、Ru 表面），所以，为了在还原状态下使其分解，就必须将残留在表面上的氧除尽，然而这又要在相当高的温度下进行，因此在实际反应中常采用和 H_2、NH_3、CO 等还原剂共存，在催化剂表面保持还原状态的条件下将 NO 分解。

（5）金属氧化物的催化活性

我们已经知道，金属氧化物可以根据它的热稳定性分成两类。稳定的化学计量氧化物在此不作讨论。非化学计量氧化物对于催化相当重要。现在先考虑固体的半导电性和组成之间的关系。

物理学家们广泛地开展了固体组成的理论研究，在此不作详细论述，单纯从化学观点去理解某些原理。因为固体的性质（像一个单独的分子）主要是价电子的行为问题，由于导电性表示电子的迁移率，所以测定导电性是重要的。

根据固体的导电性，固体分成四大类（表 5-6）。有趣的是，测得的电导率范围很广，从 10^{-20} 到 $10^{36}\Omega^{-1}/m$，即相差 10^{56}。

表 5-6 根据导电性的固体分类

类别	电导率范围/(Ω^{-1}/m)	例子
超导体	$10^{15}\sim10^{36}$	很低温度下的一些金属和合金
金属	$10^4\sim10^6$	很多
半导体	$10^{-5}\sim10$	类金属：Si、Ge 非化学计量的氧化物和硫化物：ZnO、Cu_2O、NiO、ZnS 等
绝缘体	$10^{-20}\sim10^{-10}$	化学计量氧化物：Al_2O_3、SiO_2 等

（6）半导体氧化物催化剂

半导体有两类：

a. 本征（i 型）半导体，通常是纯元素或合金，如 Si 和 Ge，或 InAs。它们的电导率低，这就意味着电子不容易从它们所属的原子中游离出来。

b. 缺陷或非本征半导体，通常是金属氧化物和硫化物，它们很容易形成非化学计量的化合物，它们的导电性是由杂质或缺陷产生的。

非化学计量氧化物在加热后会得到氧或失去氢（表 5-7），对于 n 型半导体。如 ZnO，它的失氧表示如下：

表 5-7 半导体金属氧化物的分类

加热的效应	类型	例子
失氧	负的（n 型）	ZnO、CdO、Fe_2O_3
得氧	正的（p 型）	NiO、CoO、Cu_2O

$$2Zn^{2+}+2O^{2-} \longrightarrow 2Zn^{2+}+O_2\uparrow+4e^- \longrightarrow 2Zn+O_2\uparrow$$

因此氧化锌的半导电性来自带负电的微粒，即开始来自氧离子而以后来自属于锌原子的电子。电导率低可以解释为：锌原子的浓度低；电子因为反抗氧离子的负电场而难移动。用其他方法处理氧化锌，可以得到同样的效应：在室温下把氧化锌放在 H_2 或 CO 等还原性气体里，氧离子略有减少，导电性随着升高。把氧化锌放在锌蒸气里，虽然它不失去氧，但也能增大导电性，这意味着锌原子不能占据跟锌离子相同的位置而移到八面体空穴的缝隙位置。

对于 p 型半导体，它的得氧表示如下：

$$4Ni^{2+}+O_2 \longrightarrow 4Ni^{3+}+2O^{2-}$$

这样，每形成一个新的氧离子，会产生 2 个 Ni^{3+}，每个 Ni^{3+} 有一个多余的正电荷，构成一个正空穴。正空穴向一个方向迁移，相当于电子向相反方向迁移，这样，导电性是由于正空穴导电。由于上述同样的原因，p 型半导体的电导率低。重要的是，p 型氧化物中的金属处在它的几种可能的氧化态中较低或最低的价态，也能用较高的氧化态（Ni^{3+}、Co^{3+}或 Cu^{2+}）。n 型氧化物中的金属，或者只有一种可能的价（如 Zn、Cd、Fe），或者已处在它的最高氧化态（如在 Fe_2O_3 中）。

用掺杂或价诱导的方法，即引进少量有不同价阳离子的氧化物，就能改变 p 型氧化物中正空穴的浓度。例如制备含 1%Li_2O 的氧化镍固溶体，如果 Li^+ 同晶取代 Ni^{2+}，氧离子会有剩余，一个 Li^+ 形成一个 Ni^{3+}，这样，正空穴的浓度增加。相反，如果 Cr^{3+} 或 Ga^{3+} 取代 Ni^{2+}，氧离子会不足，会吸收更多的氧而不形成 Ni^{3+}，正空穴的浓度因此减少。

现在我们讨论半导电性类型跟催化性能之间的关系。气体分子能附着在金属离子或氧离子上，所以气体吸附在氧化物上比吸附在金属上更不明确。然而，如果氧是反应物或产物（这很重要，我们应注意这一情况），虽然氧离子可能以 O^-（吸附）而不以 O^{2-} 出现，但为了恢复力的不平衡，氧离子附着到金属离子上去。因为，p 型氧化物倾向于得到氧，因此它很容易给出电子，可以预料下列反应容易按照正方向进行。

$$\frac{1}{2}O_2+e^- \longrightarrow O^-(吸附)$$

人们发现，即使在室温也能发生这个反应，而在低于 670K 时，就不能显著地发生它的逆反应。相反，n 型氧化物只倾向于失去氧，不能期望它们会很快地吸附氧，事实也确实如此。这两种氧化物的化学性质决定其在氧化还原反应中的性能。参照下面两个事实，可以作出简要的说明。

一氧化二氮的分解：

$$2N_2O \longrightarrow 2N_2+O_2$$

一氧化碳的氧化：

$$2CO+O_2 \longrightarrow 2CO_2$$

在第一个反应中，起始的一步是 N-O 键的断裂，这个反应的催化作用是由于氧化物催化剂通过下列反应来接受氧原子。

$$N_2O+e^- \longrightarrow N_2+O^-(吸附)$$

这个反应很像氧的化学吸附。因为氮不被吸附，而且后一反应容易发生在 p 型氧化物上。因此，p 型氧化物在 470~576K 的范围内能催化一氧化二氮的分解并不奇怪。被吸附的氧离子可由下述反应之一除去。

$$2O^-(吸附) \longrightarrow O_2 + 2e^-$$

$$N_2O + O^-(吸附) \longrightarrow N_2 + O_2 + e^-$$

因为 n 型氧化物不能接受氧，它们的活性就低得多，要在 820～1020K 时才能反应。在 p 型和 n 型氧化物活性温度范围之间，绝缘体氧化物也有活性。

一氧化碳的氧化更复杂一些，因为反应物和产物都会被化学吸附。p 型氧化物的活性最高，其中有一些甚至在室温下也催化这个反应。在这些氧化物上的反应机理可能是

$$\frac{1}{2}O_2 + e^- \longrightarrow O^-(吸附)$$

$$O^-(吸附) + CO \longrightarrow CO_2 + e^-$$

n 型氧化物在较低温度下对这个反应也有催化活性，但是因为它不能直接化学吸附氧，因此要先用 CO 还原表面：

$$CO + 2O^{2-} \longrightarrow CO_3^{2-} + 2e^-$$

这样放出来的两个电子能使气体里的 $\frac{1}{2}O_2$ 取代一个晶格氧离子。

$$\frac{1}{2}O_2 + 2e^- \longrightarrow O^{2-}$$

另一个晶格氧离子由以下反应形成。

$$CO_3^{2-} \longrightarrow CO_2 + O^{2-}$$

所以，对于 n 型氧化物来说，这些晶格氧离子都有催化作用。绝缘体氧化物不能发生上述任一种反应，一般认为它们对一氧化碳的氧化作用是无效的。

5.2.3 金属氧化物酸碱性与催化性能间关系

在催化氧化中，表面还原-氧化反应与催化剂接受或给出电子的能力有关，按 Lewis 酸碱概念，Lewis 酸是从 Lewis 碱的非键轨道接受电子对，可类似地想象，催化氧化反应与催化剂表面的酸碱性质也有一定的关系，因为按 Walling 的说法，催化剂的 L 酸强度是它转变碱性分子为其相应共轭酸的能力，即催化剂表面从吸附分子取得电子对的能力。催化剂的 L 碱强度是其表面把电子对给予酸性分子使其转变为相应的共轭碱的能力，然而，如同选择氧化与反应物性质及反应-催化剂间的电子传递难易有关一样，对于特定产物的活性和选择性也必然受反应物和催化剂的酸碱性质的支配。所以可预测，一些可提供电子的反应物，如烯烃、芳烃等，它们的氧化与催化剂表面的酸性质有关，同样，像羧酸这样的酸性物质的氧化可能与催化剂的碱性相联系。

Ai 等研究了 C_4 烃类选择氧化中反应物、产物和催化剂酸碱性质的关系。他们对丁烯氧化为丁二烯，丁二烯氧化为顺丁烯二酸酐的动力学进行了研究，还采用多种方法考察了各种组成的 Bi_2O_3-MoO_3-P_2O_5 和其他混合氧化物体系的酸碱性质。图 5-17 为一个典型的实验结果。应用氨吸附与脱附的方法，发现随着在 MoO_3-P_2O_5 体系中加入少量 Bi_2O_3，催化剂酸性迅速增加，并达到极大值，然后随 Bi_2O_3 量的再增加而降低。在酸性最大的特定的催化剂组成时，丁二烯氧化为顺丁烯二酸酐有最佳的选择性。另外，应用测定 CO_2 可逆吸附的方法可以看到，随着 Bi_2O_3 的逐渐加入，催化剂的碱性连续增加。丁烯转化为丁二烯的选择性曲线在酸性最大处有一个最小值，接着随催化剂碱性的增加而增加，一直到酸碱共存的交点达到最大，此

后选择性随碱性的增加而降低。

加 Bi_2O_3 到 MoO_3-P_2O_5 中改变组成，P/Mo=0.2，以 NH_3、CO_2 分别吸附测催化剂的酸碱性。

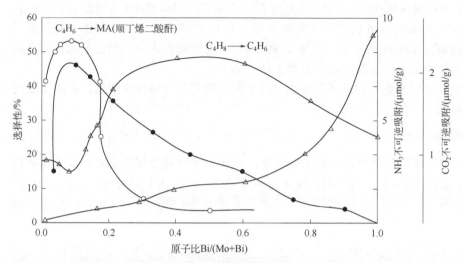

图 5-17　烃部分氧化选择性与催化剂酸碱性质关系

作为对实验结果的一种解释，可以假定，从一个碱性分子移走一个电子所需的能量（离子化电位）小于从酸性分子移走一个电子所需的能量。所以选择性氧化反应可按反应物和产物的离子化电位高低分成不同的类型，如丁二烯→顺丁烯二酸酐，是 B→A 类；丁烯→丁二烯，是 B→B 类，A、B 分别表示酸和碱。现在讨论上面的实验结果。在酸性催化剂上，B→A 类反应有较高的选择性，这可能是由于催化剂的酸性质使碱性反应物容易吸附，而对酸性产物分子吸附较弱，使酸性产物分子相对容易脱附。这样，就限制了它进一步被氧化为 CO_2 和水。

反之，对于碱性催化剂，有利于从较高离子化电位的反应物到离子化电位较低的选择氧化反应，如 A→B 类反应，反应必须在催化剂的酸性和碱性两种活性中心协同作用下进行，碱性反应物分子在酸性中心上解离吸附，脱掉一个氢离子，并产生一个烯丙基，该烯丙基再转移到相邻的碱性中心上去，再失去第二个氢，并被选择氧化为产物。产物呈碱性，容易从碱性中心上脱附。靠近碱中心的氧由靠近酸中心的晶格氧取代，气相氧再补充晶格氧。这样，对 B→B 类反应，若想产物有高的选择性则要求催化剂具有酸性和碱性两种中心存在。这一解释与实验结果一致。

最后应指出，催化剂的酸碱性质变化对催化反应选择性的影响通常不是通过改变分子中官能团的反应能力，而仅仅是单纯地改变吸附性质，即改变反应物或产物分子在催化剂表面上的停留时间。如有机分子在表面上停留时间越长，则可能造成部分氧化产物在脱附之前进一步深度氧化为 CO_2 和 H_2O。作为选择氧化的催化剂常常是双组分氧化物或多组分氧化物体系，但这时催化剂的酸碱性质常常完全不同于单独组分时的固有性质。如上例中，在 MoO_3-P_2O_5（P 与 Mo 的原子比为 0.2）中加入 Bi_2O_3，开始体系酸性增加，在 Bi/(Bi+Mo) 原子比为 0.1 时，酸性达到最大，再增加 Bi_2O_3，则酸性下降。又如，添加 P_2O_5 到 V_2O_5 催化剂中，可同时降低酸性和碱性。添加 SnO_2、P_2O_5、V_2O_5 或 TiO_2 到 MoO_3 催化剂中，当掺入物在 20%～

60%时，MoO_3 酸性增加，当掺入量进一步增加时，酸性则降低。较系统地研究催化剂、反应物、产物的酸碱性质，可为选择氧化反应确定一个最佳的催化剂组成。

(1) 金属氧化物固体表面酸碱中心

在固体表面上有四种酸碱中心：①能释放质子的部位是 Brönsted 酸中心（简称 B 酸中心）；②能释放 OH^- 的部位为 Brönsted 碱中心（简称 B 碱中心）；③裸露在表面、配位不饱和的氧离子，是有亲核能力的 Lewis 碱中心（简称 L 碱中心）；④裸露在表面、配位不饱和的金属离子，是具有亲电能力的 Lewis 酸中心（简称 L 酸中心）。

大多数金属氧化物以及由不同金属氧化物组成的复合物都具有碱性或酸性，有的甚至同时兼备酸碱两种性质。

(2) 单氧化物的酸碱中心

第ⅠA、ⅡA 族元素的氧化物常表现出碱性质，而ⅢA 和过渡金属氧化物却常呈现酸性质。例如 Al_2O_3 表面经 670K 以上热处理，得到的 $\gamma\text{-}Al_2O_3$ 和 $\eta\text{-}Al_2O_3$ 均具有酸中心和碱中心，形成如下：

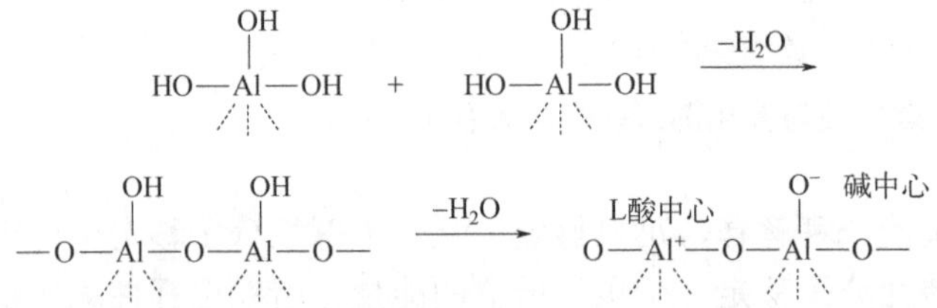

但上述 L 酸中心很易吸水转变为 B 酸中心：

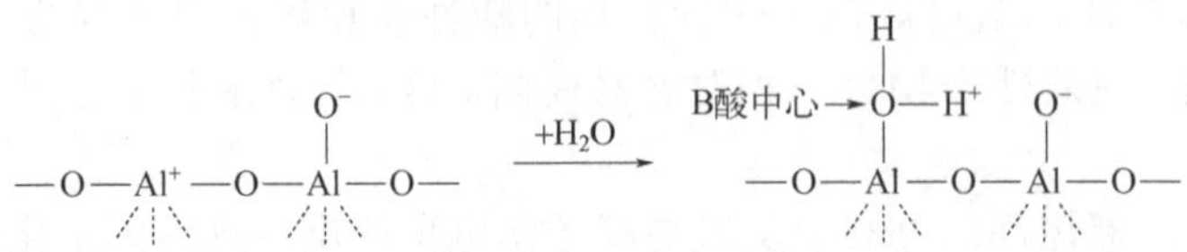

这表明氧化铝表面不仅有 L 酸中心、B 酸中心，还有碱中心，但 NH_3 在 Al_2O_3 上化学吸附表征结果表明 B 酸很少。所以，Al_2O_3 表面以 L 酸中心为主。

又如，Cr_2O_3 表面也主要为 L 酸中心，Cr_2O_3 在脱 OH 后，未被氧覆盖的 Cr^{3+} 空轨道可以与碱性化合形成配位键，呈现出 L 酸中心性质。

(3) 复合金属氧化物的酸碱中心

对于二元或多元氧化物的表面酸碱中心，不同的学者给出了不同的结构模型，比如对于常见的 $SiO_2\text{-}Al_2O_3$ 体系，硅胶或铝胶单独对烃类的催化并无多大活性，但二者形成混合氧化物——硅酸铝，却表现出很高活性。硅酸铝呈无定形时称为硅铝胶或无定形硅铝，而硅酸铝呈晶体时，即为各种类型的分子筛。硅酸铝的酸中心数目与强度均与铝含量有关。硅酸铝中的硅和铝均为四配位结合，Si^{4+} 与四个氧离子配位，形成 SiO_4 四面体，而半径与 Si^{4+} 相当的 Al^{3+} 同样也与四个 O^{2-} 配位，形成 AlO_4 四面体，因为 Al^{3+} 形成的四面体缺少一个正电荷，为保持电中性需有一个 H^+ 或阳离子来平衡负电荷，在此情况下 H^+ 作为 B 酸中心存在于催化剂表面上。Thomas 提出的结构如下所示：

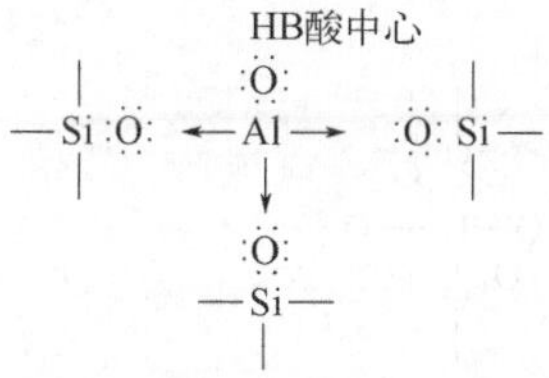

Al^{3+} 与 Si^{4+} 之间的 O 原子上电子向靠近 Si^{4+} 方向偏移，如箭头所示。当 Al^{3+} 上的—OH 结合脱水时，产生 L 酸中心，表示如下：

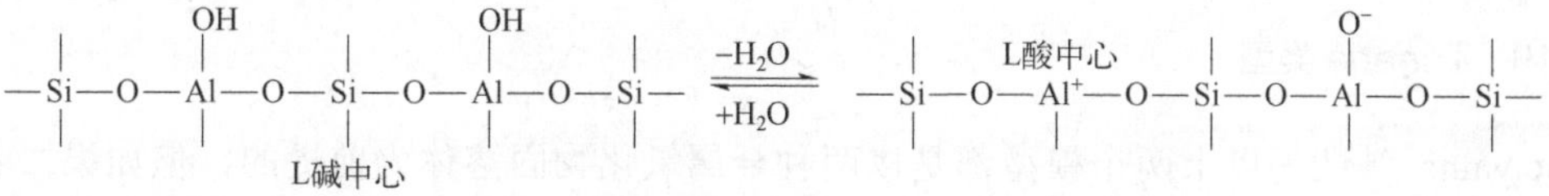

由上述两式可以看出，B 酸中心和 L 酸中心可以相互转化。SiO_2 - Al_2O_3 是二元混合氧化物酸性催化剂中最典型的代表。

Thomas 认为，金属氧化物中加入价数不同或配位数不同的其他氧化物，同晶取代的结果产生了酸中心结构。常见的几种情况见图 5-18。

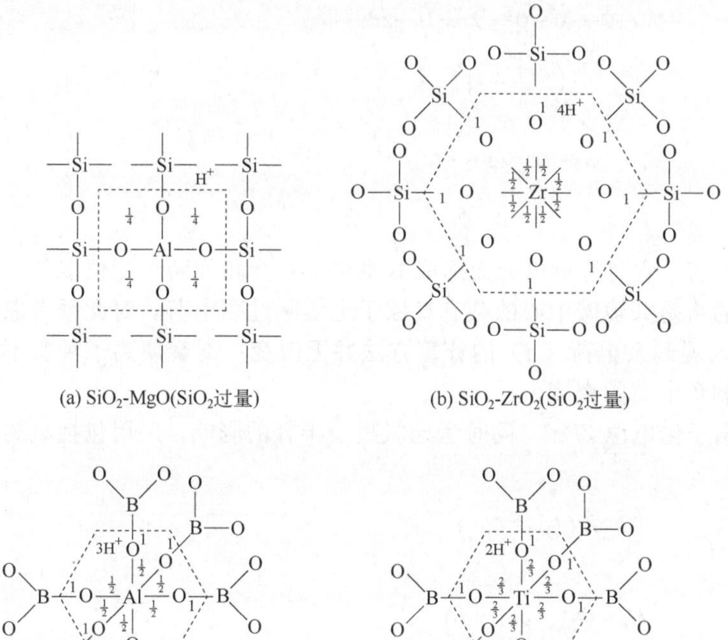

(a) SiO_2-MgO(SiO_2过量)

(b) SiO_2-ZrO_2(SiO_2过量)

(c) Bi_2O_3-Al_2O_3(Bi_2O_3过量)

(d) Bi_2O_3-Ti_2O_3(Bi_2O_3过量)

图 5-18 两种氧化物组成的酸中心结构模型

Tanabe 等认为，酸中心有可能是由在二元氧化物结构中正电荷或负电荷的过剩造成的，并对配位数提出新的假设：①两种成分经表面化合，但金属离子配位数不变；②氧离子的配位数与主体氧化物的配位数相同。出现过剩正电荷形成 L 酸中心，出现过剩负电荷形成 B 酸中心（图 5-19）。

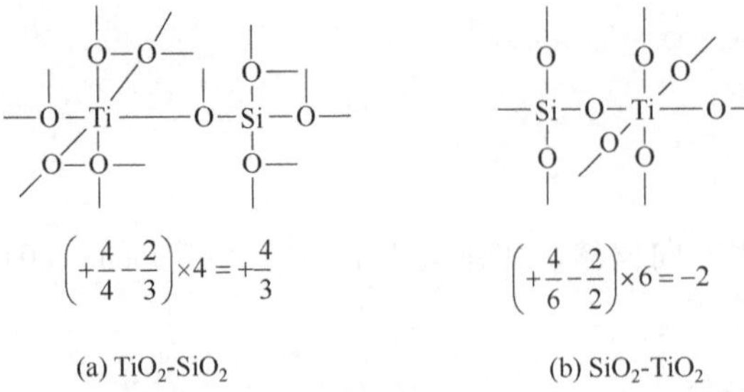

(a) TiO_2-SiO_2　　$\left(+\dfrac{4}{4}-\dfrac{2}{3}\right)\times 4=+\dfrac{4}{3}$

(b) SiO_2-TiO_2　　$\left(+\dfrac{4}{6}-\dfrac{2}{2}\right)\times 6=-2$

图 5-19　Tanabe 类型

Seiyama 等认为以上两个模型都是以两种金属氧化物固溶体为前提的，但如果二者只是界面接触，形成表面化学键，则氧原子的配位数将很复杂。如图 5-20，SiO_2-TiO_2 和 Al_2O_3-ZnO 二体系。

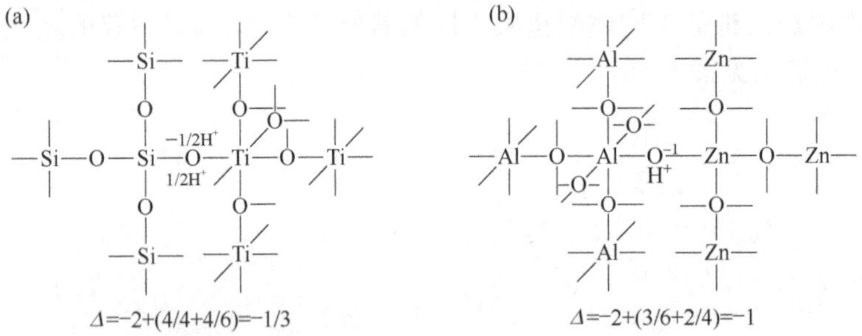

(a) $\Delta=-2+(4/4+4/6)=-1/3$

(b) $\Delta=-2+(3/6+2/4)=-1$

图 5-20　接触界面酸中心的类型

在界面上氧离子为两相所共有，它有过剩电荷而形成 B 酸中心；两相间两个配位多面体共有顶点氧原子，支配酸强度的将是共轭碱中心的共有氧原子上实际过剩电荷。对此须考虑两个因素：①共有氧原子上的表观剩余电荷（Δ）的计算方法并无改变；②金属离子种类不同，将影响共有氧原子上的过剩负电荷的密度。

所以他们建议：改进金属离子化电位 $Z/\gamma z^+$，同时考虑氧离子半径的影响，采用包括氧离子半径的 Φ 函数来处理：

$$\Phi=Z/(r_{Z^+}+r_{O^{2-}})$$

Φ_{MN} 与 H_0 的关系式是：

$$H_0=\Phi_{MN}+\alpha(1-|\Delta|)$$

式中，Z 为金属离子的电荷数；r_{Z^+} 和 $r_{O^{2-}}$ 分别为金属和氧离子半径；Φ_{MN} 为二元氧化物 Φ 的平均值；α 为经验系数，设 $\alpha=4$。

（4）金属氧化物酸碱中心类型的识别

对于固体酸碱中心识别，研究人员做了大量的工作，各种物理方法已被普遍采用，比如：NH_3 在 SiO_2-Al_2O_3 上吸附的 IR 光谱（图 5-21），有 NH_3 和 NH_4^+ 的特征吸收，前者表示 NH_3 的 N 原子孤电子对向 L 酸中心（裸露出的 Al 离子）的配位，后者表示 NH_3 分子与 B 酸中心的 H^+ 结合成 NH_4^+。如再通入水蒸气，可发生 B-L 酸中心之间的转化。

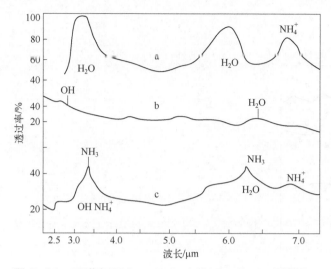

图 5-21 吸附在 SiO_2-Al_2O_3 上的 NH_3 的 IR 光谱图
a—催化剂排气焙烧前吸附 NH_3 的 IR 光谱；b—500℃排气焙烧后催化剂的 IR 光谱；c—B 酸吸附 NH_3 后的 IR 光谱

吡啶在 ZnO-Al_2O_3 表面吸附的 IR 光谱，在 1450cm^{-1}、1490cm^{-1} 和 1610cm^{-1} 处有 L 酸中心、吡啶配位的特征吸收，不同组成的 ZnO-SiO_2 都未发现表征 B 酸中心的 1540cm^{-1} 吸收（图 5-22）。

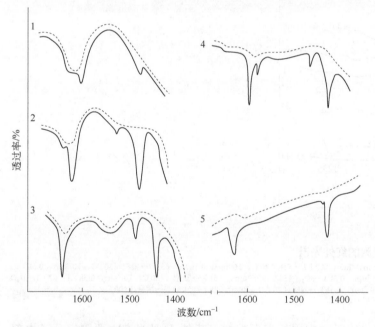

图 5-22 吡啶在 ZnO-SiO_2 上的 IR 谱
1—SiO_2；2—ZnO：SiO_2=1：9；3—ZnO：SiO_2=3：7；4—ZnO：SiO_2=1：1；5—ZnO：SiO_2=9：1；点线为空白

图 5-23 是吡啶在 SiO_2-Al_2O_3 表面吸附的 IR 光谱，在约 1550cm^{-1} 处有吸收。因处理条件不同，光吸收度也有差别，说明表面两种酸相对量也有所不同。

图 5-24 是 NH_3 在 P_2O_5-SiO_2 两种配比的表面吸附 IR 谱，在 1475cm^{-1} 有 B 酸吸附的 NH_4^+ 伸缩振动。如在吸附 NH_3 之前先用 H_2O 分子处理，则除 1476cm^{-1} 外，在 1261cm^{-1} 处出现 L 酸中心。

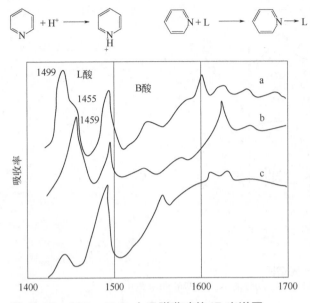

图 5-23　SiO$_2$-Al$_2$O$_3$ 上吸附吡啶的 IR 光谱图
a—室温排气后吸附；b—300℃ 排气后吸附；c—引入 0.05mol H$_2$O 后吸附

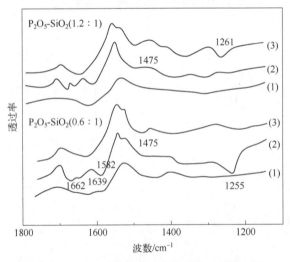

图 5-24　NH$_3$ 在 P$_2$O$_5$-SiO$_2$ 上吸附的红外光谱

P$_2$O$_5$-SiO$_2$（0.6∶1）：（1）抽空（450℃，10^{-5}torr，2h）；（2）1→NH$_3$（20℃，100torr，0.5h）；（3）2→抽空（300℃，10^{-5}torr，0.5h）；
P$_2$O$_5$-SiO$_2$（1.2∶1）：（1）抽空（450℃，10^{-5}torr，0.5h）→O$_2$（450℃，760torr，0.5h）→抽空（450℃，10^{-5}torr，0.5h）；（2）1→H$_2$O（200℃，饱和蒸气压，2h）→抽空（100℃，10^{-5}torr，0.5h）→NH$_3$（20℃，100torr，2h）；（3）2→抽空（300℃，10^{-5}torr，0.5h）。
1→、2→表示在（1）、（2）操作之后继续进行后面的操作

紫外-可见光谱和电子光谱也用于测定固体表面酸型。紫外-可见光谱主要测定分子内部电子从基态到激发态的跃迁。为了使吸收波数能在测定区间，常采用尽可能大的、带有共轭体系的吸附分子，如蒽、芘、三苯甲烷等。ESR 法则要求测定的自由基有一定的稳定性。

例如三苯甲烷吸附，它有三种吸附态，即中性的 Ph$_3$CH、碳正离子 Ph$_3$C$^+$ 和自由基 Ph$_3$。这三种吸附物种的吸收位置分别是：265nm（Ph$_3$CH）、406~435nm（Ph$_3$C$^+$）和 340nm（Ph$_3$）。在下面的五种固体中，SiO$_2$ 上主要是物理吸附（Ph$_3$CH），它对异丙苯裂解无活性；Al$_2$O$_3$ 上是 L 酸吸附（Ph$_3$CH），由 ESR 测出的自由基信号，但也没有催化活性；对于三种 SiO$_2$-Al$_2$O$_3$，上述三种吸附形式和 ESR 信号同时存在，证明它们表面两种酸中心都有，而催化活性主要来自 B 酸中心。

5.3 金属氧化物催化剂的工业应用

5.3.1 丙烯氧化制丙烯醛和丙烯酸

(1) 简介

丙烯醛是最简单的不饱和醛。常温下,它是无色、易挥发、催泪和具有强烈气味的毒性液体。它是多种物质生产过程中的重要中间体。纯化的丙烯醛主要用于生产蛋氨酸,但大部分丙烯醛是在没有纯化的情况下直接使用的。1942 年,德固赛首先用乙醛和甲醛在多相催化剂存在下气相缩合来生产丙烯醛。现在,大规模商业生产丙烯醛的方法是丙烯的气相催化氧化法。

丙烯酸为不饱和脂肪酸,易挥发、易燃、轻毒、无色液体。丙烯酸及其酯类广泛用于涂料、纺织、胶黏剂、化纤、造纸、皮革、建材、塑料改性、合成橡胶、辐射固化与水处理等领域。丙烯酸的工业生产方法先后经历了氯乙醇法、高压 Reppe 法、改良 Reppe 法、烯酮法、丙烯腈水解法、丙烯氧化法。目前世界范围内普遍采用丙烯两步氧化法。

(2) 化学反应

丙烯氧化制丙烯醛和丙烯酸反应方程为:

$$CH_2=CHCH_3+O_2 \longrightarrow CH_2=CHCHO+H_2O \quad \Delta H=-340.8 kJ/mol$$

$$CH_2=CHCHO+\frac{1}{2}O_2 \longrightarrow CH_2=CHCOOH \quad \Delta H=-254.1 kJ/mol$$

丙烯氧化的副产物有丙酸、乙醛、乙酸、甲醛、CO、CO_2、顺丁烯二酸、反丁烯二酸等。

(3) 催化剂与催化作用机理

1948 年,Shell 公司发现在 Cu_2O 上丙烯能够氧化为丙烯醛,但丙烯的单程转化率低于 20%,需要丙烯大量循环,并且,丙烯醛的选择性也很低。1957 年,标准石油公司 Sohio 开发了钼酸铋和磷钼酸铋催化剂,丙烯氧化的活性大幅提高,并且丙烯醛的收率达 90%以上。1966 年,Standard Oil 公司又开发出了性能更好的 UO_3-Sb_2O_5 系氧化物催化剂。U 和 Sb 的单组分氧化物不具有催化特性,而它们的复合氧化物具有丙烯氧化制丙烯醛的催化活性。目前工业上使用的主要是多组分金属氧化物催化剂,比如 Mo-Co-Bi-Fe 氧化物体系。严格来讲,这种催化剂体系含有几种不同层级结构的双金属氧化物:α-$CoMoO_4$、β-$CoMoO_4$、$Fe_2(MoO_4)_3$、Bi_2O_3、MoO_3、$Bi_2O_3 \cdot 2MoO_3$、$Bi_2O_3 \cdot 3MoO_3$、$CoMoO_4$,形成催化剂的结构骨架,在其上覆盖着钼酸铁和钼酸铋层;氧化活性位为 β-$CoMoO_4$ 与 $Fe_2(MoO_4)_3$ 之间的界面;而钼酸铋负责催化剂的选择性。表 5-8 中列出了主要的丙烯氧化制丙烯醛公司专利工业催化剂的组成。

表 5-8 丙烯选择性氧化制丙烯醛工业催化剂

催化剂金属组分	反应温度/°C	丙烯转化率/%	丙烯醛收率/%
$Mo_{12}Fe_3Bi_{0.75}Co_8O_x$+Sb,K	350	87	84.5
$Mo_{12}Fe_2Bi_{1.5}Co_{4.4}K_{0.06}O_x$	320	99	89.6
$Pd_{0.0019}K_{0.064}O_x$	342	97	95.6
$Mo_{12}Fe_{2.94}Bi_{0.8}Co_7Si_{1.52}O_x$	318	95	87.1
$Mo_{12}Fe_{1.3}Co_6Ni_2Si_2K_{0.08}O_x$	310	98.2	92.4
$Mo_{12}Fe_{0.6}Bi_{1.0}Co_{3.3}Ni_{3.3}B_{0.2}K_{0.1}Na_{0.1}Si_{24}O_x$	315	98.5	90.1
$Mo_{12}Fe_{1.8}Bi_{1.7}Ni_{2.8}Co_{5.2}K_{0.1}O_x$	346	97	84.8

在丙烯氧化过程中，催化剂经历了两个反应循环：还原反应，选择性生成产物，以及氧化反应，晶格氧再生。以 U-Sb 系催化剂为例，催化作用的活性中心，可视为如下所示的露出在 USb_3O_{10} 表面上的一对 U 和 Sb。丙烯先吸附在 Sb 的空配位上，然后它的 H 被吸引到铀酰的氧上，形成烯丙基吸附态（—CH_2—CH=CH_2），然后烯丙基继续脱掉一个氢并与催化剂晶格氧作用产生丙烯醛，即

$$CH_2=CHCH_3 \xrightarrow{-H} CH_2=CHCH_2 \rightleftharpoons \cdot CH_2CH=CH_2 \xrightarrow{[O]} CH_2CH_2CHO$$

同理，在 Mo-Bi 催化体系中，首先丙烯与 Mo-Bi 活性中心接触形成 π 键；然后丙烯上的甲基氢吸引 Bi 原子上的氧形成羟基，丙烯甲基上的碳吸引 Mo 原子上的氧，形成丙烯醛；最后，还原后的 Mo-Bi 催化剂与氧气发生氧化反应，Mo-Bi 催化剂恢复活性。

丙烯醛氧化为丙烯酸催化剂有三种体系，即 V-Mo 系、Co-Mo 系、V-Sb 系。人们经过研究发现，这三个体系中金属氧化物的活性和选择性次序为：VMo_3O_{11} > β-$CoMoO_4$ > α-$CoMoO_4$ > $V_{0.05}Sb_{0.95}O_n$。早期，丙烯醛氧化制丙烯酸的催化剂基本为 Co-Mo 系氧化物为主，目前为 V-Mo 系氧化物。最初 V-Mo 系催化剂两种元素的原子比为 1：1，但 400℃ 反应温度下，丙烯酸的收率只有 30%。经过深入研究发现，钒量可以大幅减少，而且加入其他成分，比例适当，有助于提高活性，增加产物收率。以 Cu、As、U、W、Ag、Mn、Ge、Au、Ba、Sr、B、Sn、Co、Fe 和 Ni 等元素的氧化物中的一种或多种，负载于铝海绵上，催化剂的活性和产率俱佳。典型的工业丙烯酸催化剂见表 5-9。

表 5-9　丙烯醛氧化制丙烯酸工业催化剂

催化剂金属组成	反应温度/℃	丙烯醛转化率/%	单程丙烯酸收率/%
$Mo_{12}V_{1.9}Al_{1.0}Cu_{2.2}$	300	100	97.5
$Mo_{12}V_3W_{1.2}$	240	98.0	87.0
$Mo_{12}V_3W_{1.2}Mn_3$	255	99.0	93.0
$Mo_{12}V_2W_2Fe_3$	230	99.0	91.0
$Mo_{12}V_3W_{1.2}Cu_1Sb_6$	272	99.0	91.0
$Mo_{12}V_{4.6}Cu_{2.2}W_{2.4}Cr_{0.6}$	220	100	98.0
$Mo_{12}V_2(Li_2SO_4)_2$	300	99.8	92.4
$Mo_{12}V_{4.8}Cu_{2.2}W_{2.4}Sr_{0.5}$	255	100.0	97.5
$Mo_{12}V_{2.4}Cu_{0.24}$	290	99.5	94.8
$Mo_{12}V_3W_{1.2}Ce_3$	288	100	96.1

对于丙烯酸的生成机理，以 V-Mo 系催化剂为例，首先丙烯酸以其羰基氧上孤对电子与催化剂中 Mo(Ⅵ)配位，形成钼-丙烯醛配位物，同时醛基中 C—H 键因电子的迁移造成氢的质子化，然后羰基碳与催化剂氧发生作用生成一种介稳态丙烯酸盐类负离子，这种丙烯酸盐负离子的稳定化中心为催化剂的 V^{4+}，最后丙烯酸盐负离子解离生成丙烯酸。

（4）反应工艺

丙烯氧化反应工艺有一步法和两步法之分，一步法指丙烯经一段反应器直接氧化生成丙烯酸。两步法指丙烯经两段反应器氧化，第一段反应器先将丙烯氧化为丙烯醛，再在第二段反应器中将丙烯醛氧化为丙烯酸。工业上主要采用两步法反应工艺，这样有助于优化催化剂组成和反应条件，提高催化剂的选择性，也有利于灵活调节丙烯醛和丙烯酸生产。

丙烯氧化工艺还包含产物的分离、纯化过程。为了叙述方便，先以丙烯醛生产为例，介

绍丙烯第一段氧化制丙烯醛的工艺流程，如图 5-25 所示。

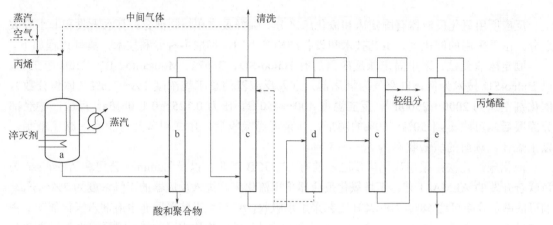

图 5-25　丙烯氧化制丙烯醛工艺流程
a—氧化反应器；b—洗涤塔；c—吸收塔；d—解吸塔；e—精馏塔

丙烯、空气和蒸汽按照 1:8:(1~6) 的摩尔比混合，通入氧化反应器。蒸汽也可用惰性气体替换，比如吸收塔的尾气。氧化反应器（a）一般为列管式固定床反应器，它采用循环熔盐来冷却。通常反应器的操作温度为 300~400℃，入口压力为 150~250kPa，以保证丙烯的转化率在 98% 以上。反应器流出物在出口处先进行激冷处理，以抑制丙烯醛进一步反应。

氧化后，反应气体进入洗涤塔（b），用水或水-溶剂混合物洗涤，以去除丙烯酸、聚合物和少量的乙酸。丙烯酸可在塔底回收，再进一步纯化。通常，丙烯第一段氧化反应中丙烯酸的收率为 5%~10%（摩尔分数）。洗涤气体进入吸收塔（c），用冷水将丙烯醛吸收形成丙烯醛水溶液。吸收后的尾气含有非冷凝组分，比如，未反应的丙烯、CO_2、O_2 和 N_2。部分尾气可循环回反应器，其余尾气进入燃烧室焚烧后排空。

丙烯醛水溶液进入解吸塔（d），解吸出粗丙烯醛。塔底物经冷却，作为吸收剂返回吸收塔。粗丙烯醛进入精馏塔（e），分离低沸点副产物如乙醛，以及重组分，得到 96% 的丙烯醛产品。如果目标产品为丙烯醛，整个系统中需要加入氢醌以减小聚合物生成。

5.3.2　正丁烷催化氧化制顺丁烯二酸酐

（1）简介

顺丁烯二酸酐又名马来酸酐或 2,5-呋喃双酮，简称顺酐，是一种重要的基本有机原料，是仅次于苯酐、醋酐的第三大酸酐，主要用于生产不饱和聚酯——醇酸树脂，以顺酐为原料还可以生产 1,4-丁二醇、γ-丁内酯、四氢呋喃、马来酸、富马酸和四氢酸酐等一系列重要的有机化学品和精细化学品，广泛应用于石油化工、农药、医药、染料、纺织、食品、造纸及精细化工等领域。2018 年我国顺酐产能为 190 万吨，其中苯氧化法顺酐产能约 107 万吨，占比 56.3%，正丁烷氧化法顺酐产能约 83 万吨，占比 43.6%。顺酐的主要用途是生产不饱和聚酯，占其总消费的 40% 以上，其次是生产 1,4-丁二醇及其下游产品，占总消费量的 18%~20%。

（2）化学反应与工艺

正丁烷和空气（或氧气）在催化剂作用下气相氧化生成顺酐。其反应式如下：

主反应：$\qquad C_4H_{10} + \dfrac{7}{2}O_2 \longrightarrow C_4H_2O_3 + 4H_2O \qquad \Delta H = -126\text{kJ/mol}$

副反应：$C_4H_{10} + \dfrac{11}{2} O_2 \longrightarrow 2CO + 2CO_2 + 5H_2O \qquad \Delta H = -2091 \text{kJ/mol}$

反应所用氧化反应器有固定床和流化床之分。顺酐吸收和精制部分，有水吸收和非水吸收之分。由于采用的催化剂、工艺技术和设备结构等不同，形成多种专利技术，典型过程如下。

固定床氧化法：采用固定床反应器的有 Halco-SD、Denka、Monsanto、BP、Huls 等工艺。以 Halco-SD 技术为例，以空气为氧化剂，进入反应器的正丁烷浓度 1%～1.6%（体积分数），催化剂空速为 2000～2500h^{-1}，反应温度 400～450℃，压力 0.125～0.130MPa。反应产物经部分冷凝后，可收集到 50%～60%的顺酐，其余再经吸收后，用二甲苯共沸脱水，减压精制，以丁烷计，顺酐的质量收率为 50%～55%。

流化床氧化法：采用流化床反应器的有 BP/UCB 工业，以及 Lummus 公司和 Alusuisse 公司联合开发的 ALMA 工艺，丁烷氧化反应器采用流化床。进入反应器的丁烷浓度为 2%～5%，顺酐的摩尔收率可达 58%，BP/UCB 工艺采用水吸收，ALMA 工艺采用非水溶剂六氢化邻苯二甲酸二异丁酯（DIBP）吸收，后者减少了富马酸的生成，因此相比水吸收法，顺酐回收率提高 2%。

移动床氧化法：由 DuPont 和 Monsanto 公司联合开发，其特点是在氧化过程中正丁烷不直接和空气接触，正丁烷氧化反应所需要的氧气是由催化剂传递，反应后的催化剂在再生器中经氧化再生，循环使用。由反应器出来的正丁烷浓度较高，可直接循环，因此顺酐的摩尔收率在 72%左右，与同样规模的流化床相比较，催化剂总用量可减少一半，投资和生产成本相对较低。

1970 年，日本三菱化学开发了以含丁二烯的 C_4 馏分为原料的流化床氧化工艺，建成 20 千吨/年的工业装置；1974 年，美国 Monsanto 公司开发了以正丁烷为原料的固定床氧化工艺；20 世纪 80 年代中后期，日本三菱化学、英国 BP 公司和意大利 Alusuisse 公司联合开发了以正丁烷为原料的流化床氧化工艺。该技术的特点是催化剂颗粒在流化床中的流态化运动形成等温操作，不形成热点区。图 5-26 为美国 Lummus 公司和意大利 Lonza 公司联合开发的正丁烷流化床溶剂吸收工艺流程示意图（即 ALMA 工艺）。该工艺中正丁烷在流化床氧化反应器中氧化成顺酐。由于选用的溶剂对顺酐的选择性高，耐热，化学性质稳定，沸点高于顺酐，在回收中蒸发即可。

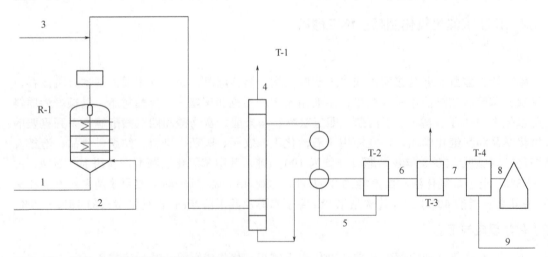

图 5-26 流化床制备顺酐工艺流程示意图

R-1—氧化反应器；T-1—溶剂吸收塔；T-2—溶剂分离塔；T-3—低沸物分离塔；T-4—精制塔；1,3—空气；2—丁烷；4—废气；5—循环溶剂；6—粗 MA；7—低沸物；8—成品 MA（顺酐）；9—高沸物（返回回收系统）

（3）催化剂与催化作用

正丁烷氧化过程采用钒-磷（VPO）催化剂体系，催化剂结构复杂，迄今对于催化氧化反应历程、催化剂的本质、所涉及的活性相等尚未完全搞清楚。正丁烷在 VPO 催化剂上部分氧化制备顺酐涉及 4 个电子转移，包括 8 个氢原子的脱去和 3 个氧原子的插入，按氧化还原（redox）机理进行。有人在 DRIFTS 研究中检测到了呋喃，同时推断中间产物呋喃在生成顺酐前可能经过了开环形成含羰基的非环状不饱和物种的过程，因此提出了如图 5-27 所示反应机理。

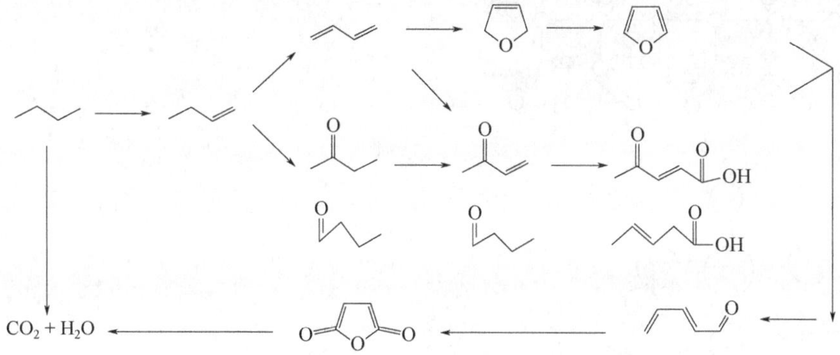

图 5-27　正丁烷在 VPO 催化剂上选择氧化反应机理

大多数研究者认为：在 VPO 催化剂上正丁烷部分氧化制备顺酐主要经历的步骤见图 5-28。

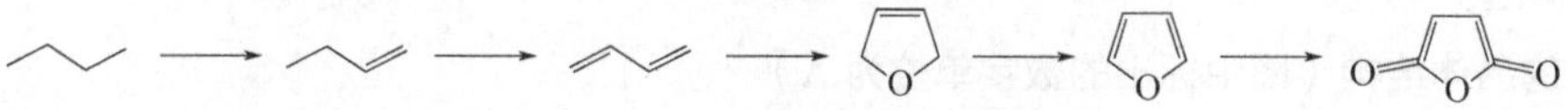

图 5-28　正丁烷在 VPO 催化剂上氧化生成顺酐的过程

在上述步骤中，第一步为正丁烷脱氢生成正丁烯，反应较难进行，是整个过程的控制步骤，该反应需要大量的四价钒，而历程中的中间化合物在正丁烷制备顺酐反应条件下非常容易生成，需要少量的五价钒。因此在这个过程中，必须有四价钒和五价钒的氧化还原对存在才能会使反应向生成顺酐的方向进行。

Pepera 等还利用氧原子同位素标记实验证明 VPO 催化剂的表面晶格氧是活性氧物种。在 VPO 催化剂的不同物相中，最重要的活性相是$(VO)_2P_2O_7$，其晶体结构见图 5-29，而且（020）晶面是$(VO)_2P_2O_7$的活性表面，$(VO)_2P_2O_7$存在 α、β、γ 三种异构体。活性和选择性的考察结果表明，活性顺序：β＞γ＞α；选择性顺序：α＞γ＞β。当氧化活性高，顺酐选择性低的 β 相内加入过量磷元素后，催化剂活性下降，选择性升高。

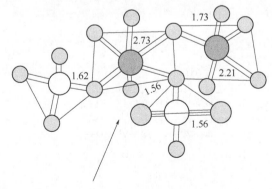

图 5-29

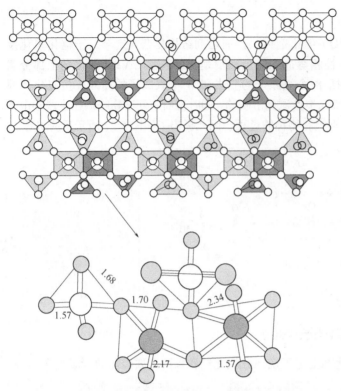

图 5-29 (VO)₂P₂O₇ 的晶体结构（图中标出的数字单位为 Å）

VOPO₄ 相也是丁烷氧化制备顺酐过程中重要的活性相，只有在两者的协同作用下，才可对正丁烷进行有效活化，但是两者的比例要控制合适，否则会使丁烷转化率过低或者发生深度氧化副反应。五价钒的作用发生在氧的植入步骤，而且丁烷的活化需要与氧物种联系的五价钒活性位。

在 VPO 催化剂选择氧化正丁烷制备顺酐的反应过程中，V(Ⅳ)首先被氧化为 V(Ⅴ)，并随之失去了活化正丁烷分子的活性，接下来的反应多是由 V(Ⅴ)参与进行的（图 5-30）。正丁烷被活化的第一步是 VPO 催化剂上 V(Ⅴ)位的 O—O 键参与脱去正丁烷分子的 2、3 碳位上的氢原子。整个反应可能的机理见图 5-31。

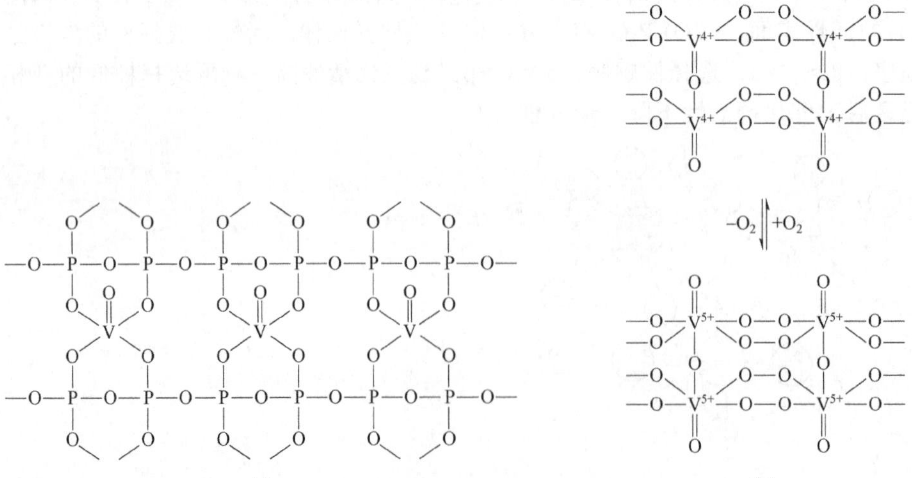

图 5-30 VPO 催化剂的典型结构（a）和活性中心模型（b）

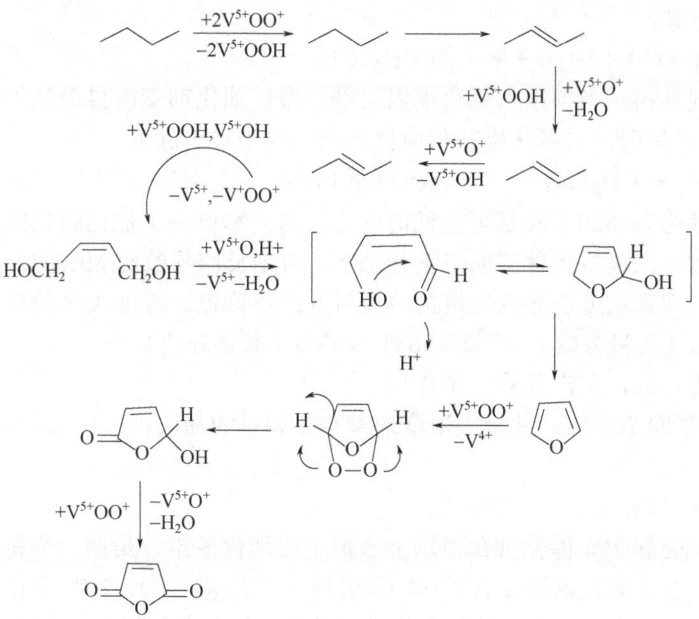

图 5-31　VPO 催化氧化制备顺酐反应可能的机理

5.3.3　乙苯脱氢制苯乙烯

（1）简介

苯乙烯，又称乙烯基苯或肉桂烯，$C_6H_5-CH=CH_2$，是一种重要的工业不饱和芳烃单体。它在一些植物和食物中自然少量存在。19 世纪，通过蒸馏天然香脂分离出了苯乙烯。它已在肉桂、咖啡豆和花生中发现，也存在于煤焦油中。

基于乙苯脱氢生产苯乙烯的商业工艺的开发是在 20 世纪 30 年代实现的。第二次世界大战期间对苯乙烯-丁二烯橡胶的需求为大规模生产提供了动力。1946 年后，这种生产能力可用于制造高纯度单体，该单体可聚合成稳定、透明、无色和廉价的塑料。苯乙烯基塑料在和平时期用途迅速扩大，聚苯乙烯现在是单位体积成本最便宜的热塑性塑料之一。

苯乙烯本身是一种液体，可以轻松安全地处理。乙烯基的活性使苯乙烯易于聚合和共聚。当通过许可方获得适当的技术时，苯乙烯很快被转化为大宗商品化学品，1995 年全球的产能增长到 18×10^6 t/a。

（2）化学反应与工艺

乙苯直接脱氢制苯乙烯占商业生产的 85%。该反应在蒸汽相中用蒸汽在主要由氧化铁组成的催化剂上进行。该反应是吸热的，可以绝热或等温完成。这两种方法在实践中都有使用。

主要反应是乙苯可逆地吸热转化为苯乙烯和氢气：

$$C_6H_5CH_2CH_3 \Longleftrightarrow C_6H_5CH=CH_2 + H_2 \qquad \Delta H(600℃)=124.9 \text{kJ/mol}$$

该反应以高产率进行催化。由于它是一种可逆的气相反应，以 1mol 起始材料产生 2mol 产物，低压有利于正向反应。

相互竞争的热反应将乙苯降解为苯，也降解为碳：

$$C_6H_5CH_2CH_3 \longrightarrow C_6H_6 + C_2H_4 \qquad \Delta H=101.8 \text{kJ/mol}$$

$$C_6H_5CH_2CH_3 \longrightarrow 8C + 5H_2 \qquad \Delta H=1.72 \text{kJ/mol}$$

苯乙烯还发生催化反应产生甲苯：

$$C_6H_5CH=CH_2+2H_2 \longrightarrow C_6H_5CH_3+CH_4$$

碳的问题在于碳是一种催化剂毒物。当钾掺入氧化铁催化剂中时，催化剂变成自清洁的（通过增强碳与蒸汽的反应产生二氧化碳，二氧化碳在反应器排出气体中被去除）。

$$C+2H_2O \longrightarrow CO_2+2H_2 \quad \Delta H=99.6kJ/mol$$

商业反应堆中的典型操作条件约为 620℃和尽可能低的压力。总产率取决于催化转化成苯乙烯和热裂解成副产物的相对量。在典型条件下的平衡状态下，可逆反应导致约80%的乙苯转化。然而，达到平衡所需的时间和温度会导致过度的热裂解和产率降低，因此大多数商业装置的转化率水平为50%～70%（质量分数），产率为88%～95%（摩尔分数）。

乙苯的脱氢是在蒸汽存在下进行的，蒸汽具有三重作用：

　a．降低乙苯的分压，将平衡移向苯乙烯，并最大限度地减少热裂解的损失；

　b．提供反应所需的热量；

　c．通过与碳反应产生二氧化碳和氢气来清洁催化剂。

用于该反应的催化剂有许多。壳牌 105 催化剂在市场上占据主导地位多年，是第一个将钾作为水气反应促进剂的催化剂。这种催化剂通常含有 84.3%的铁（以 Fe_2O_3 计）、2.4%的铬（以 Cr_2O_3 计）和 13.3%的钾（K_2CO_3）。它具有良好的物理性能和活性，并且产量可观。最近，日益激烈的竞争促使制造商寻求在不影响活性或物理性质的情况下具有更高产率的新催化剂，或满足特定要求的催化剂。Süd-Chemie 集团，包括日本的 Nissan Girdler Catalyst、德国的 Süd-Chemie 和美国的 United Catalysts(UCI)，现在凭借其 G-64 和 G-84 在催化剂市场占有主要份额 84 种。壳牌还通过与 Criterion Catalyst 和 American Cyanamid 的联合伙伴关系保持活跃。除了 Criterion 105，还有一系列新的 Criterion 催化剂可供使用，包括 C-115 和 $CO_{25}HA$。陶氏化学（Dow Chemical）和巴斯夫（BASF）生产自己的催化剂，以满足其特定需求。此外，还有其他小型生产商。催化剂的寿命约为两年。

① 绝热脱氢　超过 75%的苯乙烯装置在串联运行的多个反应器或反应器床中绝热地进行脱氢反应（图 5-32）。通过注入过热蒸汽或者间接传热将反应所需的热量施加在每个阶段的入口。

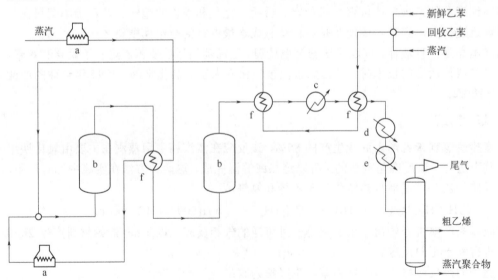

图 5-32　乙苯（EB）的绝热脱氢

a—蒸汽过热器；b—反应器；c—高压蒸汽；d—低压蒸汽；e—冷凝器；f—热交换器

新鲜乙苯进料与回收乙苯混合后汽化。必须加入稀释蒸汽以防止乙苯生焦。过热蒸汽通过热交换进一步加热，然后加入催化剂，使系统达到反应温度（约 640℃），并在第一个反应器中通过催化剂。绝热反应降低了温度，因此出口流在通过第二反应器之前被重新加热。乙苯的转化率随系统的不同而不同，但通常在第一个反应器中为 35%左右，总体为 65%。反应堆在最低压力下运行是安全可行的。一些设备在真空下运行，而其他设备在低正压下运行。选择进入反应器的蒸汽与乙苯的比例，以最小的成本获得最佳收率。反应器流出物通过有效的热回收系统以最小化能量消耗，冷凝并分离成尾气、粗苯乙烯烃流和蒸汽冷凝流。粗苯乙烯进入蒸馏系统。蒸汽冷凝水经过汽提、处理和再利用。排出的气体（主要是氢气和二氧化碳）经过处理以回收芳烃，之后可用作燃料或氢气的进料流。完整的技术由不同的许可方出售。

② 等温脱氢　等温脱氢（图 5-33）反应器的结构类似于管壳式换热器。乙苯和蒸汽通过装有催化剂的管道流动。反应热由反应器交换器壳侧的热烟气提供。蒸汽与油的质量比可以降低到 1∶1 左右，蒸汽温度也比绝热过程低。缺点是对反应器换热器实际尺寸的限制，一个单列装置的产能约为 $150×10^3$ t/a，从而增加了大型装置的成本。Lurgi 公司运行了一个等温反应器系统，该系统使用钠、锂和碳酸钾的熔盐混合物作为加热介质。多管式反应器在大约 600℃的真空下运行，蒸汽与乙苯的比例为 0.6~0.9，具有高的转化率和选择性。自 1985 年以来，Montedison 在意大利 Mantova 运营了示范工厂。该技术由 Lurgi、Montedison 和 Deggendorfer 提供许可，但到目前为止还没有建造更多装置。

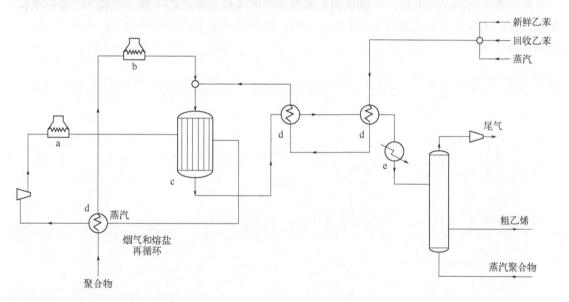

图 5-33　乙苯（EB）等温脱氢
a—加热器；b—蒸汽过热器；c—反应器；d—热交换器；e—冷凝器

③ 粗苯乙烯蒸馏　来自脱氢过程的典型粗苯乙烯组成为：

苯（沸点 80℃）	1%
甲苯（沸点 110℃）	2%
乙苯（沸点 136℃）	32%
苯乙烯（沸点 145℃）	64%
其他	1%

这些组分的分离相当简单，但需要尽量减少在高温下的停留时间以减少苯乙烯聚合。至

少涉及三个步骤：苯和甲苯首先被去除，要么送到甲苯脱氢装置，要么进一步分离成苯循环利用和甲苯出售；然后将乙苯分离并循环到反应器中；最后，苯乙烯在真空下从焦油和聚合物中蒸馏出来，宜保持温度尽可能低。

（3）催化剂与催化机理

乙苯脱氢反应中，可以使用多种不同体系的催化剂，例如铁系、锌系催化剂。锌系催化剂由于力学强度差，选择性差，最终过渡到铁系催化剂。之后，含有结构稳定剂 Cr 的 Fe-K-Cr 系催化剂占主要地位，并得到了广泛的应用。1960 年以后，人们在 Fe-K-Cr 系催化剂中添加 V 等元素提高了苯乙烯的选择性。随着人们环保意识的增强，含 Cr 量较大的 Fe-K-Cr 系催化剂逐步被淘汰，含有 Ce、Mo 氧化物的 Fe-K-Ce-Mo 系催化剂被开发出来。

一般公认铁系催化剂的乙苯脱氢活性组分是氧化铁，但目前铁以何种价态和相态催化脱氢反应，还存在不同的看法。有研究者认为，在反应条件下氧化铁以磁性 Fe_3O_4 的形式存在。也有人认为，乙苯脱氢活性近似地与 Fe_2O_3 的量成正比，而不是与 Fe_3O_4 的量成正比。采用多种现代化测试手段对铁系催化剂及脱氢过程中该类催化剂的行为变化过程进行详细研究发现，随着使用时间的增加，催化剂中 Fe_2O_3 物相减少，而 Fe_3O_4 物相逐渐形成。说明乙苯脱氢反应过程中存在着 Fe_2O_3 的缓慢还原过程，催化剂的脱氢活性，可能就是通过 Fe^{3+} 还原为 Fe^{2+} 的过程实现的，在反应过程中，活性相的存在形式是 Fe_3O_4。

对于催化剂的作用机理，一般认为乙苯分子中的苯环与催化剂中的 Fe^{3+} 或 Fe^{2+} 进行亲核配位，形成烯丙自由基或烯丙正基中间过渡物，进而在高温下烯丙基异构化，生成苯乙烯。过程如图 5-34。

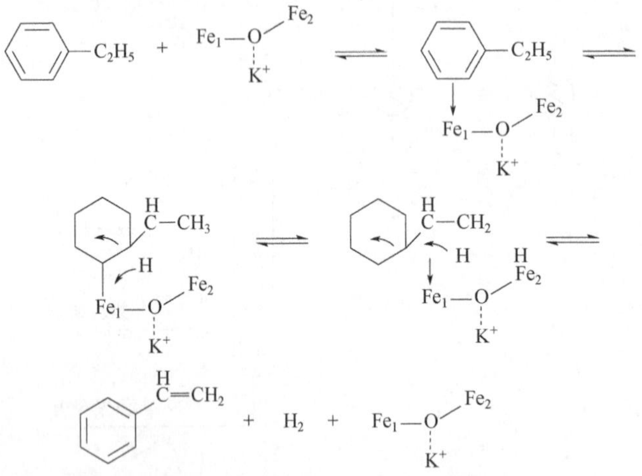

图 5-34　乙苯脱氢反应催化作用机理示意图

习题

1．试分析 V-Mo 系催化剂上丙烯氧化为丙烯酸的全过程。
2．正丁烷氧化制顺酐的催化剂的尺寸和形状对催化剂性能有何影响？如何确定催化剂的形状和颗粒尺寸？
3．试说明乙苯脱氢催化剂的组成及催化剂失活的原因和再生方法。

第六章 均相催化剂及催化作用

6.1 概述

前文提及的固体酸催化剂、金属催化剂、金属氧化物催化剂的形态一般都是固体，而在反应条件下反应物料往往是液体或气体。催化剂与反应物料处于不同相态，化学反应发生在液-固或气-固两相界面上，这一类催化剂统称为非均相催化剂。反应过程中催化剂与反应物料处于同一相态（如液相或气相），这类反应称为均相催化反应，所使用的催化剂统称为均相催化剂。显而易见，在反应物料的作用上，非均相催化剂具有分离上的优势，而均相催化剂具有传质上的优势。

化工过程中非均相催化占主导地位，因为非均相催化剂主要是固相催化剂，固体表面优异的耐温性能可使反应在高温下快速高效地进行，也可使反应在固定床、流化床或多相悬浮床进行，产物和催化剂容易分离，热量可以高效回收利用。但近年，随着金属有机化学的发展，均相催化剂在化工过程中的重要性日益突显。均相催化剂中最重要的一类配位催化剂属于典型的金属有机化合物，对其金属元素种类、成键轨道和配位体结构的研究，有助于深入揭示催化反应的机理；对金属和配位体结构与性质做有目的的改变，可达到中心金属和配体之间有机结合，以控制反应底物的转化和对目的产物的优化选择。目前在工业催化过程中，采用过渡金属配位催化剂的工艺过程约占四分之一，它们几乎遍及化学工业的各个领域。

均相催化剂在催化加氢过程中有许多重要应用，如苯加氢制备环己烷、不对称加氢（左旋多巴，Monsanto 工艺），以及其他不饱和化合物如硝基、氰基加氢等。均相催化剂在氧化反应中也有重要应用，如乙烯氧化制乙醛，环己烷氧化制环己醇/酮，对二甲苯氧化制对苯二甲酸等。

过渡金属配位催化剂的另一应用领域是烯烃聚合，如聚乙烯和聚丙烯（Ti 或 Zr 基茂金属催化剂）、乙烯-丁二烯橡胶、顺式聚 1,4-丁二烯等。羰基化也是均相配位催化剂应用的重要领域，如丙烯氢甲酰化制丁醛、甲醇羰基化制乙酸、环氧乙烷羰化制 1,3-丙二醇、丁二烯氢氰化合成己二腈等。

目前，均相催化剂仍存在和反应原料及产物分离困难、配合物的热稳定性不佳、价格昂贵等问题，但其对催化反应活性、目标产物选择性的调控，以及催化反应始态到终态全过程的研究，具有显著优势。

6.2 过渡金属离子的化学键合

6.2.1 配位催化中重要的过渡金属离子和配合物

过渡金属原子的价电子层有 $(n-1)$d 轨道，其能量上与 ns、np 轨道相近，可作为价层的一部分使用。空的 $(n-1)d$ 轨道，可以与配体 L（CO、C_2H_4 等）形成配位键（M← ：L），可以与 H、R 基形成 M—H、M—C 型 σ 键，具有这种键的中间物的生成与分解对配位催化十分重要。由于 $(n-1)d$ 轨道或 nd 外轨道参与成键，故过渡金属可以有不同的配位数和价态，且其配位数和价态容易改变，这对配位催化的催化循环十分重要。根据现有的研究结果，尚不能预测哪种过渡金属对于哪类催化反应更有效，但是可以总结一些普遍性规律：

① 可溶性的 Rh、Ir、Ru、Co 配合物对单烯烃的加氢特别重要。
② 可溶性的 Rh、Co 配合物对低碳烯烃的羰基合成很重要。
③ Ni 络合物对于共轭烯烃的低聚较重要。
④ Ti、V、Cr 络合物催化剂适用于 α-烯烃的低聚和聚合。
⑤ 第Ⅷ族过渡金属配位催化剂适用于烯烃的双聚。

6.2.2 配位键合和配位活化

各种不同的配位体与过渡金属相互作用时，根据各自的电子结构特征建立不同的配位键合，配位体自身得到活化。具有孤对电子的中性分子与金属相互作用时，自身的孤对电子与金属形成给予型配位键，记为 L→M，如：NH_3。给予电子对的 L：称为 L 碱，接受电子对的 M 称为 L 酸。M 要求具有空的 d 或 p 空轨道，自由基配位体（如 H·、R·等）与金属相互作用，形成电子配对型 σ 键，记为 L-M。金属利用半填充的 d、p 轨道电子，转移到 L 上并与 L 键合，自身得到氧化。带负电荷的离子配位体，如 Cl^-、Br^-、OH^- 等，具有一对以上的非键电子对，可以分别与过渡金属的两个空 d 或 p 轨道作用，形成一个 σ 键和一个 π 键，如图 6-1 所示。

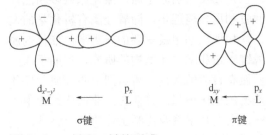

图 6-1 σ 键和 π 键的形成

这类配位体称为 π 给予配位体，形成 σ-π 键合。具有重键的配位体，如 CO、C_2H_4 等与过渡金属相互作用，也是通过 σ-π 键合而配位活化的，如图 6-2 所示。经过 σ-π 键合的相互作用后，最终结果可以看作配位体的孤对电子、σ 电子、π 电子（基态）通过金属向配位体自身空 π* 轨道跃迁（激发态），分子得到活化，表现为 C—O 拉长，乙烯 C—C 拉长。这种影响可以用气相 X 射线分析、IR 谱或 Raman 谱表征。对于烯丙基类的配位体，其配位活化可以

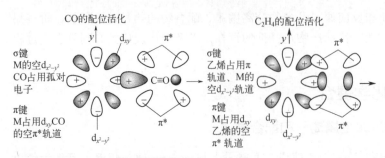

图 6-2 CO、C_2H_4 的配位活化

通过端点碳原子的 σ 键型活化，也可以通过大 π 键型活化。这种从一种配位型变为另一种配位型的配体，称为可变化的配体，对于配位异构化反应很重要。还有其他类型的配体活化。

6.3 配位催化反应

过渡金属配合物与反应底物之间的作用具有通常有机化合物所没有的特性，这些特性就是反应过程不同阶段的基元步骤：形成能够结合底物的催化剂物种，随后逐步形成产物，同时再生催化剂物种。正是这些基元步骤使反应从始态到终态，反应底物在金属为中心的配位球上进行整个催化循环。了解这些基元反应，对配位催化机理的阐明、新配位催化剂的设计和合成、催化反应性能的改善与提高均有帮助。

6.3.1 配位催化中的关键反应步骤

金属有机催化剂参与的配位催化反应包含有限数量的基元反应，这些基元反应可以组合形成合理的、有条理的催化循环。这些关键反应步骤是：a.催化剂活化；b.底物配位；c.氧化加成；d.还原消除；e.对底物的亲核进攻；f.产物解离/取代。

6.3.1.1 催化剂活化与底物配位

金属配合物的配位数低于饱和值（即配位不饱和）时就有配合空位。金属配合物处于非稳态，这正是金属有机催化剂活化的必要条件。部分金属的饱和配位值及其构型如下：

催化剂活化是将配位饱和的、可储存的催化剂前体转化成配位不饱和物种，可通过多种方式得以实现。

① 通过配体 L 解离　催化剂活化最简单的例子是配体解离。大体积、中等强度结合的配体如 PPh_3，常常以这种方式解离：

$$MX_mL_n \rightleftharpoons MX_mL_{n-1} + L$$

通常必须改变平衡以有利于形成配位不饱和物种。这可以通过加入一种可除去配体 L 的物质来实现。

$$MX_mL_n + M' \rightleftharpoons MX_mL_{n-1} + M'L$$

例如，向金属（如铑膦配合物）中加入 $Ni(COD)_2$ 有时有助于除去 PPh_3，$Ni(COD)_2$ 转化为 $Ni(COD)(PPh_3)_2$ 或 $Ni(PPh_3)_3$，其中非竞争性配体 COD 作为副产物。

② 通过路易斯酸　选择合适的试剂（如强路易斯酸 LA）能够脱去 X 配体而不是 L 配体：

$$MX_mL_n + LA \rightleftharpoons [MX_{m-1}L_n]^+ [X\text{-}LA]^-$$

③ 通过还原消除　存在烷基化试剂时，可以产生易于还原消除的二烷（或二芳基）金属配合物，得到一种低于前体金属配合物两个氧化态的配位不饱和金属物种。这种形式的活化对于钯参与的催化反应很普遍：

$$Pd(OAc)_2 + 2L \longrightarrow L_2Pd(OAc)_2 \longrightarrow L_2Pd^{II}\begin{matrix}R\\R\end{matrix} \longrightarrow L_2Pd^0 + R\text{—}R$$

④ **通过氢化** 在催化加氢情况下，前体金属配合物通常是烯烃配合物，例如 1,5-环辛二烯。在此情况下，通过加氢反应除去占据配位的配体，产生一种溶剂稳定的中间体：

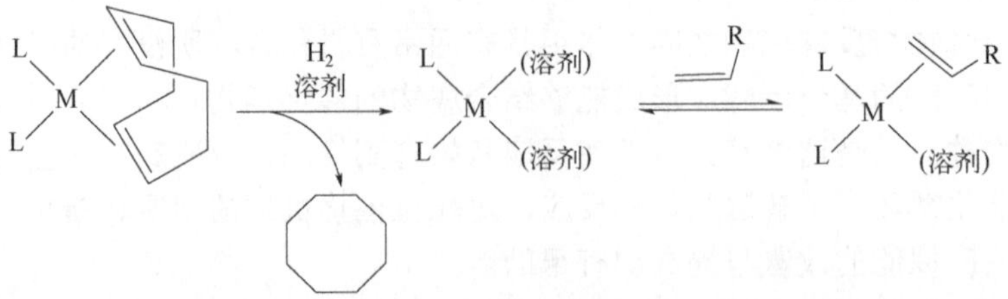

⑤ **底物配位** 在大多数情况下，底物是烯烃或炔烃，少数情况下也可以是饱和烃、醚或酯。在任何情况下，它都需要占用一个配位位点。进行反应时底物将置换溶剂分子，因此底物配位是配体取代的反应。

6.3.1.2 氧化加成

金属配合物参与催化反应过程中，配位不饱和的配合物易发生加成反应，其中涉及金属的氧化态变化，如：

$$L_nM^{n+}(d^8) + X\text{—}Y \xrightleftharpoons[\text{还原消除}]{\text{氧化加成}} L_nM^{(n+2)+}(d^6)\begin{matrix}X\\Y\end{matrix}$$

$$n=4 \quad d^{10} \rightleftharpoons d^8 (\text{如}Pd^0 \rightleftharpoons Pd^{2+})$$
$$n=5 \quad d^8 \rightleftharpoons d^6 (\text{如}Rh^+ \rightleftharpoons Rh^{3+})$$
$$n=6 \quad d^6 \rightleftharpoons d^4 (\text{如}Rh^{2+} \rightleftharpoons Rh^{4+})$$

在引入过程中，反应参与物 X—Y 具有电子接受能力，并且能使配合物化学键变弱，在给定的反应条件下进行断裂。由于 X 和 Y 作为配体，具有比金属中心更高的电负性，在形式上归属为负电荷，导致金属的氧化态在过程中提高了两个单位。对于过渡金属，其 d 电子数减少了 2。

氧化加成还增加了金属离子的配位数，其加成物 X-Y 可以是 H_2、HX、RCOCl、酸酐、RX、CH_3I 等。加成后 X-Y 分子被活化，可进一步参与反应。如 H_2 加成被活化可进行加氢和氢甲醛化反应。具有平面四方形构型的 d^8 金属最易发生氧化加成，加成的逆反应为还原消除，如：

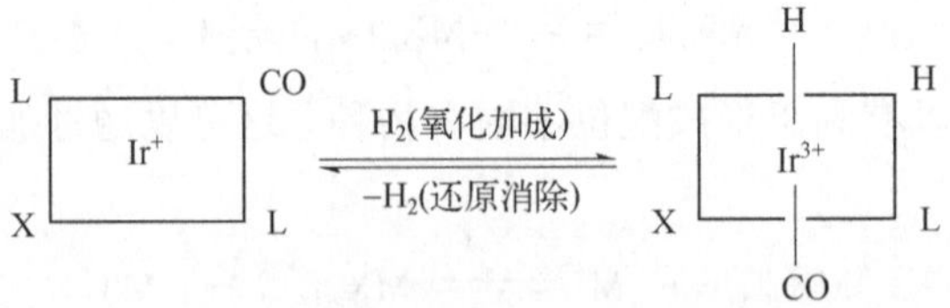

此处 X=Cl，Br，I；L=PPh_3。在 Ir^+ 配合物中，只有 X-Ir 是共价键，其余 L、CO 与 Ir 为配位键，故 Ir 的价态数为+1。在进行氧化加成后，H-Ir 为 σ 共价键，故 Ir 的价态由+1 增加到+3，得到氧化。又例如 RhCl 配位催化的乙烯加氢反应，如下所示：

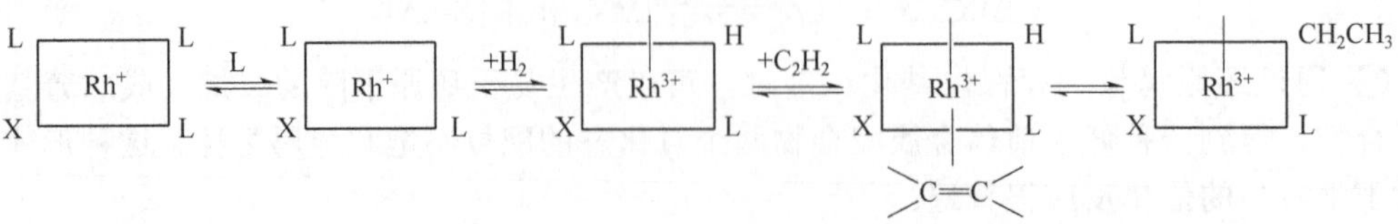

氧化加成后，接下来进行配体重排，形成热力学上更稳定的异构体，例如：

顺式加成　　　动力学产物　　　热力学产物

氧化加成反应步骤说明：

a. 需要一个配位不饱和金属中心 MLn，如果这个金属中心具有高能垒占据的 d 轨道，则会加速反应。这出现在配体 L 是强供电体的情况。

b. 空间大体积取代基有利于反应，此类取代基有利于形成低配位数的不饱和络合物，有利于增加对小分子如 H_2 和 HX 的反应活性。若供给电子体的强度和体积不能达到氧化加成产物所需能垒，反应将不能进行。

c. 常见具有 d^8 和 d^{10} 电子数的过渡金属 16 价电子平面四方形配合物：ML_3（M=Ni, Pd, Pt），XML_3[M=Rh,Ir，如 $IrCl(CO)(PPh_3)_2$]。

d. 反应受到金属较高氧化态形成稳定化合物的能量限制。例如尽管 Pt(Ⅱ)可以氧化加成形成 Pt(Ⅳ)，Ni(Ⅱ)氧化成 Ni(Ⅳ)，但在大多数催化条件下，这些反应在能量上是不允许的。

e. 元素周期表中第一到第三排的过渡金属元素氧化态越高越稳定，相应地其反应活性也越高。

6.3.1.3 还原消除

与氧化加成相反的是还原消除，它生成一个氧化态低两个单位的金属片段，并且通常是催化循环中的终止反应。

$$L_nM^{(n+2)+}(d^6)\genfrac{}{}{0pt}{}{R^1}{R^2} \underset{氧化加成}{\overset{还原消除}{\rightleftharpoons}} L_nM^{n+}(d^8) + R^1—R^2$$

还原消除的反应趋势与氧化加成相反。

还原消除反应步骤说明：

a. 第一排过渡金属是最容易进行还原消除的，因为它们形成的 M—C 键最不稳定，半径最小，因此空间位阻最显著。

b. 需要两个配体 R^1 和 R^2 处于顺式位置。

c. 空间拥挤和高配位数有利于反应，因此反应外加配体 L 可诱导反应。

d. 缺电子配合物比富电子配合物反应更快，因为其更容易还原。

e. 如果其中一个配体是 H 则反应最容易。

f. 低氧化态金属具有能量优势。

g. 有利于后过渡金属高 d 电子数配合物发生还原消除反应，对具有高能级 d 轨道、高氧化态和 d^0 组态的前过渡金属同样有利。

h. 具有奇数配位数的配合物反应速率更快，即 3 配位数或 5 配位数的配合物反应速率大于 4 配位数或 6 配位数配合物的反应速率。

由于形成 C-C 或 C-X 键的配体必须彼此是顺式的，因此反式金属配合物必须经历异构化步骤：

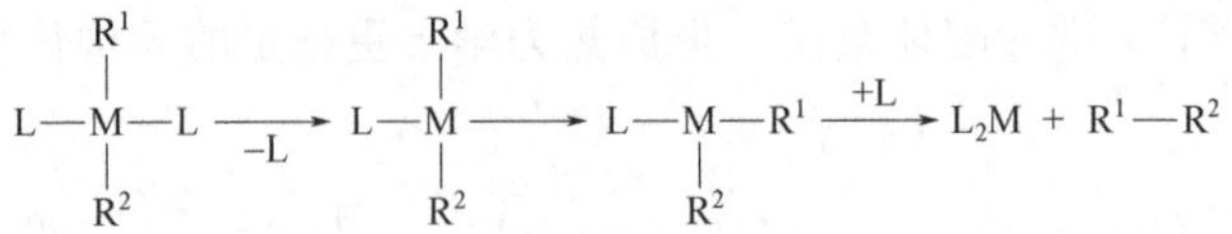

$$L-M-L \xrightarrow{-L} L-M \xrightarrow{} L-M-R^1 \xrightarrow{+L} L_2M + R^1-R^2$$

除了这种解离和异构化次序之外，供电子配体的加入可以加速还原消除反应。注意，在任一情况下都会产生具有奇数配位数的中间体：

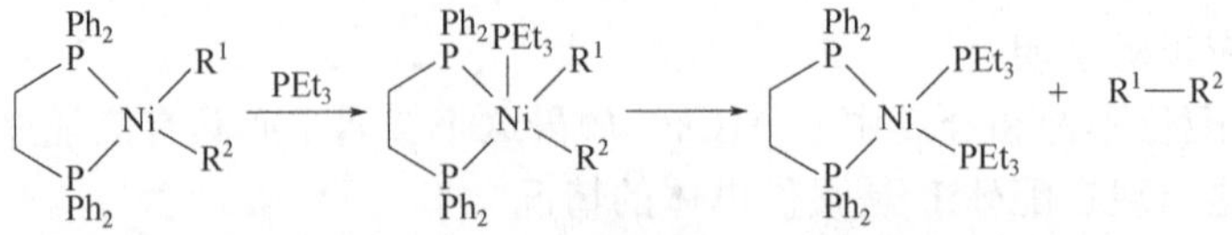

[Ni complex with chelating Ph₂P-P-Ph₂ ligand and R¹, R² groups] $\xrightarrow{PEt_3}$ [intermediate with added PEt₃] $\xrightarrow{}$ [Ni(PEt₃)₂ with chelating ligand] $+ R^1-R^2$

含有螯合配体的金属配合物的还原消除反应取决于螯合环的尺寸和稳定性。在镍催化的 C—C 偶联反应中，五元环太稳定，而七元环和更大的环柔性太强。

消除速率：

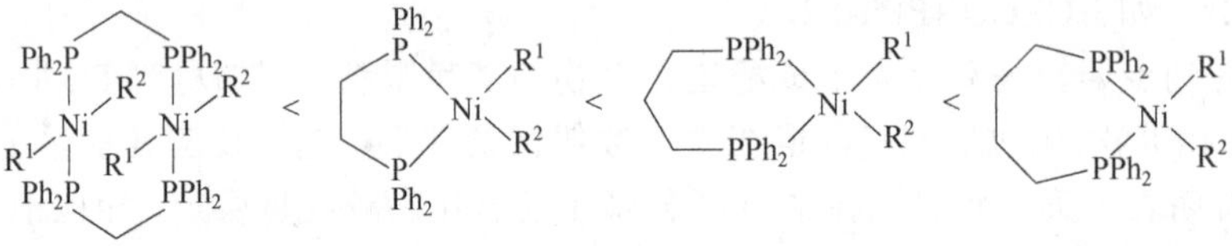

[dimeric Ni complex] < [5-membered chelate] < [6-membered chelate] < [7-membered chelate]

金属烷基氢化物还原消除得到 R—H 是特别容易的，并且是氢化和氢甲酰化反应中最终反应步骤。含 β-H 烷基体系的还原消除反应有时发生 β-H 消除，从而得到 1∶1 的饱和或者不饱和混合产物：

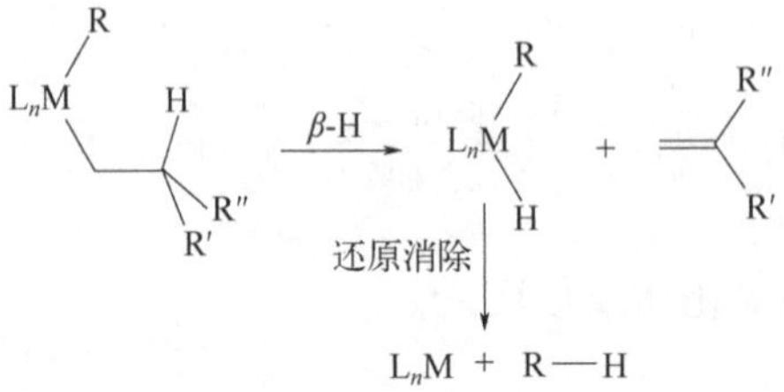

$$L_nM\text{-}CH_2CHRR'R'' \xrightarrow{\beta\text{-}H} L_nM(H)(R) + CH_2=CR'R''$$
$$\downarrow \text{还原消除}$$
$$L_nM + R-H$$

6.3.1.4 对配位底物的亲核进攻

中性不饱和底物（如 CO 或烯烃）、亲核阴离子配体 X 与不饱和金属配合物结合，形成催化活性金属配合物，接下来 X 转移到中性底物上，生成新的 C—X 键。反应的关键是对体进行分子内亲核进攻，这是氢化、烯烃聚合、HX 加成和羰基化反应的基础。亲核进攻成功与否取决于诱导极性对配位程度的影响：

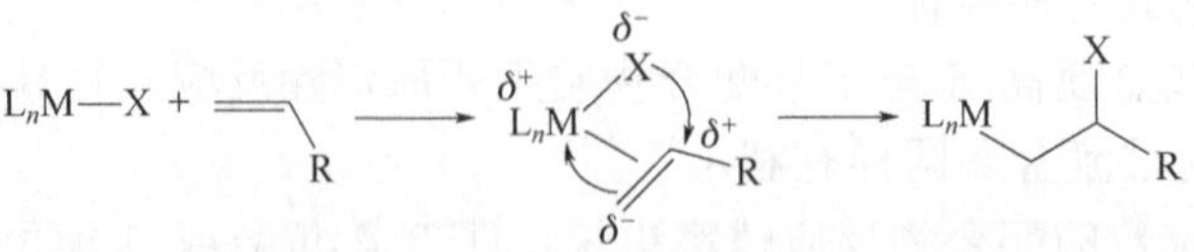

$$L_nM-X + CH_2=CHR \xrightarrow{} [L_nM^{\delta+}\cdots X^{\delta-} \cdots CH_2^{\delta+}=CHR^{\delta-}] \xrightarrow{} L_nM-CH_2-CHXR$$

炔烃和二烯烃的反应与之类似，分别生成金属乙烯基和金属烯丙基物种。亲核阴离子配体 X 可以是 H、烷基、芳基、酰胺、OH 或 OR 基。与氧化加成和还原消除反应一样，两个配体配位时必须遵循互为顺式的规则。

6.3.2 配位催化循环

6.3.2.1 配位催化加氢

不饱和有机底物的催化加氢是一类广泛使用的反应，其中最重要的是烯烃加氢。最早的配位加氢催化剂主要是第一排过渡金属配合物如 $HCo(CO)_4$ 或氰化镍，这些催化剂不稳定，需要在高压氢气作用下反应。现在广泛应用的均相加氢催化剂是基于贵金属的膦配位氢化金属配合物，它们对空气、水和官能团反应活性低。其中最有名的是 $RhCl(PPh_3)_3$，也称为 Wilkinson 催化剂。该催化剂对末端烯烃具有高度选择性，即对分子中空间位阻最小的 C=C 键具有选择性。$Ru(H)Cl(PPh_3)_3$ 能高活性还原末端 C=C 键。阳离子配合物 $[M(COD)L_2]^+$（M=Rh, Ir；L=膦配体）也具有高活性（表 6-1），其中 COD 配体先氢化，为反应底物提供两个配位点。

表 6-1　一些均相催化剂对 1-己烯加氢的相对活性

催化剂前驱体	温度/℃	相对速率
$RhCl(PPh_3)_3$	0	1
$RhCl(PPh_3)_3$	25	11
$Ru(H)Cl(PPh_3)_3$	25	150
$[Rh(COD)(PR_3)_2]^+$	0	70
$[Ir(COD)(Py)(PCy_3)]^+$	0	110

另一类催化剂是水溶性氰基金属配合物，尤其是 $[HCo(CN)_5]^{3-}$。该催化剂可选择性地催化共轭二烯加氢为单烯烃，该催化剂也催化氢化共轭烯酮。

下面以 C_2H_4 在 $[L_2RhCl]_2$ 催化剂作用下配位加氢生成乙烷为例，说明配位催化循环：

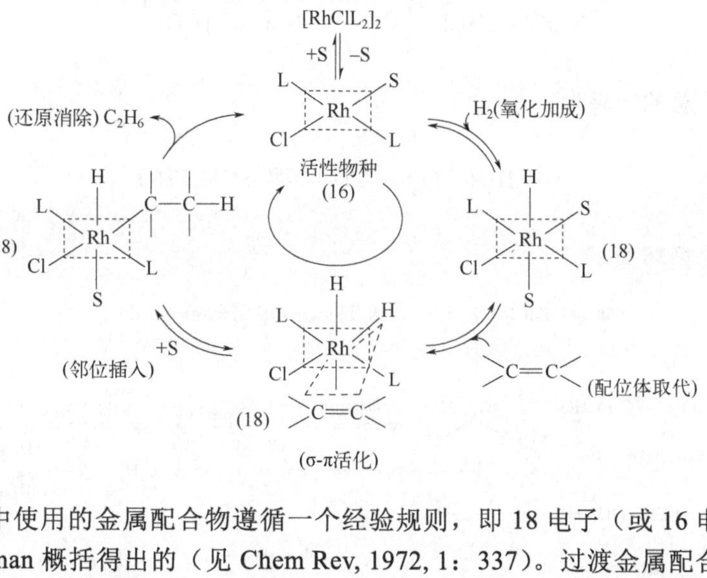

该催化反应中使用的金属配合物遵循一个经验规则，即 18 电子（或 16 电子）规则，它是 1972 年由 Tolman 概括得出的（见 Chem Rev, 1972, 1：337）。过渡金属配合物如果价层电子有 18 个，则该配合物特别稳定，尤其是有 π 键配位体时。该规则不难理解，因为过渡金属价电子层共有 9 个价轨道，其中 5 个为 $(n-1)d$、3 个为 np、1 个为 ns，可容纳 18 个价层电子。具有这样电子层结构的原子或离子最稳定。

此经验规则可能有例外，如 16 价电子平面四方形配合物。$[L_2RhCl]_2$ 先活化为配位不饱和的16价电子 [L₂RhCl] 配合物,再进行 H_2 氧化加成形成18价电子稳定构型,其后乙烯分子与配合物催化剂发生底物缔合取代,然后配体 H 与底物发生邻位插入形成烷基配体,最后烷基配体发生还原消除生成乙烷,同时金属配合物恢复16价电子结构,开始另一个催化循环。

同理,丁二烯选择性加氢制丁烯的 $[HCo(CN)_5]^{3-}$ 催化循环也类似:

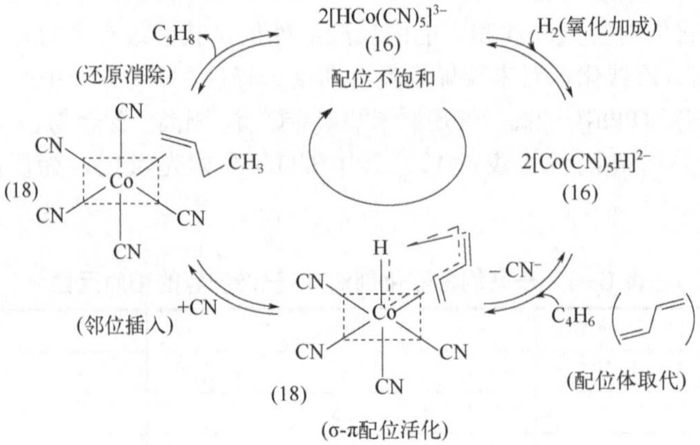

6.3.2.2 配位催化氧化

下面以乙烯配位催化氧化为乙醛为例说明配位催化氧化。该过程涉及 Pd^{2+}/Pd^0 与 Cu^{2+}/Cu^+ 两种物质,联合起催化作用,缺一不可,均称共催化剂,形成共催化循环。反应式如下:

$$C_2H_4 + H_2O + PdCl_2 \longrightarrow CH_3CHO + 2HCl + Pd$$

$$Pd + 2CuCl_2 \longrightarrow 2CuCl + PdCl_2$$

$$2CuCl + 2HCl + \frac{1}{2}O_2 \longrightarrow 2CuCl_2 + H_2O$$

三式相加,总的结果为:

$$C_2H_4 + \frac{1}{2}O_2 \xrightarrow{PdCl_2/CuCl_2(aq)} CH_3CHO$$

其配位催化循环如下:

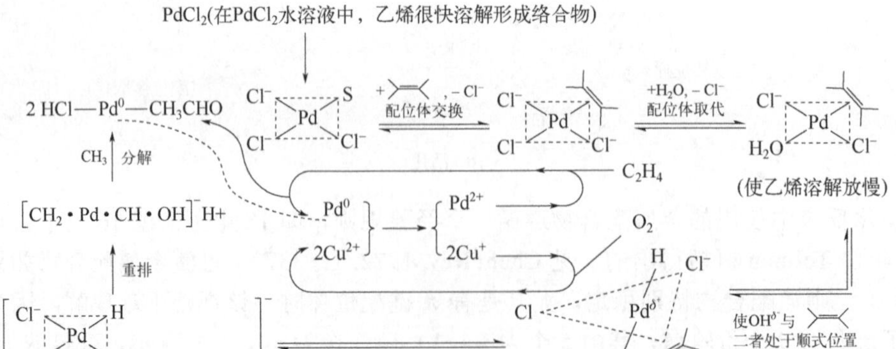

此共配位催化循环中,包括 Pd^{2+}/Pd^0 与 Cu^+/Cu^{2+} 两对金属之间的共循环和乙烯生成乙醛

的氧化循环，是一种比较复杂的催化氧化体系循环。

6.3.2.3 配位异构化

异构化有骨架异构和双键位移两类，此处仅以双键位移为例进行说明。例如，有一端点双键烯烃，在 RhH(CO)(PPh$_3$)$_3$ 催化剂的配位催化作用下，异构成同碳数的内烯烃。此过程机理涉及 M-烯丙基物种的 σ-π 调变和 1,3-H 位移，可以用 ^{1}H NMR 谱证明。反应步骤为：

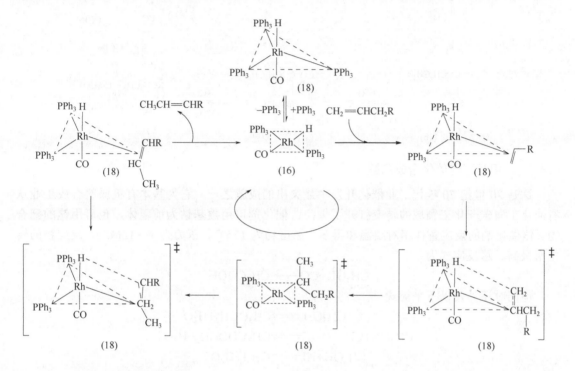

6.3.2.4 羰基合成与氢甲酰化

从合成气（CO/H$_2$）或 CO 出发，对烯烃进行氢甲酰化（也称氢醛化）或羰化有重要工业意义。此工艺反应温度为 100～180℃，压力为 10MPa，CO/H$_2$ 为 1.0～1.3，催化剂为 Co$_2$(CO)$_8$，介质溶剂为脂肪烃、环烃或芳烃，反应物高碳烯烃本身就是介质。

Co$_2$(CO)$_8$ 中的 Co 形式上为零价，因为 CO 为配位键合。在 H$_2$ 存在下，有下述平衡关系：

$$Co_2(CO)_8 + H_2 \rightleftharpoons 2HCo(CO)_4$$

HCo(CO)$_4$ 是催化反应真正的活性物种，在室温常压下为气态，慢冷至-26℃为亮黄色固体，易溶于烃，略溶于水。在 1MPa、120℃下维持其稳定性；若为 200℃，则需要 10MPa 维持其稳定性。红外光谱和 NMR 谱等证明其几何构型为四面体。

用 HCo(CO)$_8$ 配位催化烯烃的羰基化循环或氢醛化循环如下：

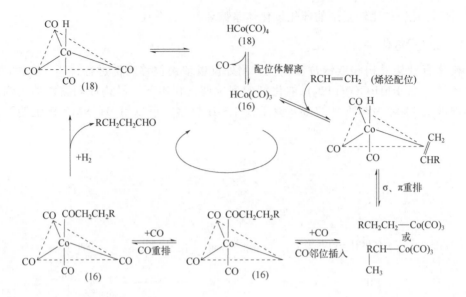

6.3.2.5 甲醇配位羰化合成乙酸

这是 20 世纪 70 年代工业催化开发中最突出的成就之一。它为基本有机原料合成工业从石油化工向碳一化工领域的转变打开了大门。催化剂可用羰基钴为前驱体，也可用铑的配合物。铑催化剂的反应条件相对要温和得多。温度约为 175℃，压力为 1~12MPa，反应物的转化率极高。总反应式为：

$$CH_3OH + CO \longrightarrow CH_3COOH$$

但同时还涉及以下平衡式：

$$CH_3OH \rightleftharpoons CH_3OCH_3 + H_2O$$

$$CH_3OH + CH_3COOH \rightleftharpoons CH_3COOCH_3 + H_2O$$

$$CH_3OH + HI \rightleftharpoons CH_3I + H_2O$$

催化循环如下所示，其中涉及的有关联的平衡式略去，仅表达羰化过程：

$$Rh^+(CO)L_2Cl + CH_3I \xrightarrow{\text{氧化加成}} CH_3Rh^{3+}I(CO)L_2Cl$$

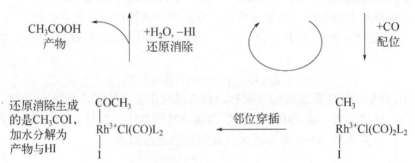

上述循环中，CH_3I 对 Rh 配合物的氧化加成是反应的速率控制步骤，其余步骤的速率都很快。

6.3.3 配位催化中配位场的影响

配位催化中，配位场的影响是多方面的，其中最显著的有以下两方面。

6.3.3.1 空位概念和模板效应

在前面分析的配位催化中已了解到,反应物分子配位键合进入反应时,需要过渡金属配位空间中有一个空位。在反应介质中,配合物的结构中是否有一个配位空位呢?实质上,这种配位空位是一种概念上的虚构。配合物的生成是瞬间的,引入空位概念可简化配位催化的图形表象和配位环境的讨论,并常用以描述活性中心。在配位催化反应的绝大多数情况下,必须提供有效的配位,因此配合物的对称性会发生微小变化。另外,保留有空位的高对称结构,开始可以为介质分子占用,随后在催化循环进程中极易为反应基质分子所取代。

与这种"自由"空位相关的影响是模板效应。这意味着在同种催化剂中心处,将几个基质分子连在一起,需要一个以上的空位。1948 年 Reppe 在用 C_2H_2 合成环辛四烯时提出了这个概念。该反应是在 Ni^{2+} 催化剂上均相进行的,反应条件为温度 80~95℃,压力 2~3MPa,要求四个 C_2H_2 同时配位于 Ni^{2+} 中心。即:

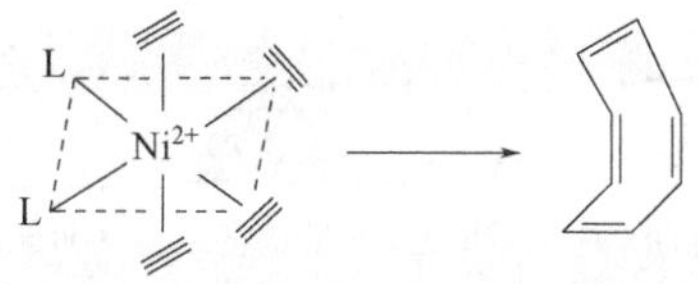

若一个配位为 PPh_3 配体占用,则只能合成苯,反应如下:

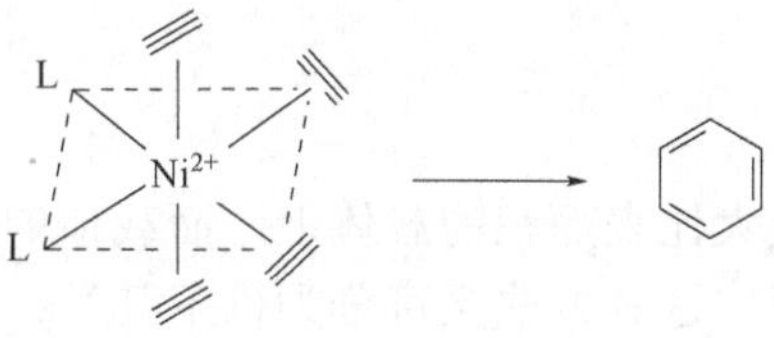

若用两个含氮的配体占据两个配位则无反应。当无反应物分子存在时,可以想象有四个"空位"。实质上或为介质分子占用,或几个金属中心彼此缔合成金属簇。

6.3.3.2 反式效应

这里有两种情况:一种是反式影响,属于热力学的概念;另一种是反式效应,属于动力学的概念。1966 年,Venanzi 及其同事们提出反式影响,在某一个配合物中,某一配位体会削弱与它处于反式位置的另一配位体与中心金属的键合,这是一种热力学的概念。反式效应是指某一配位体对位于反式位置的另一配位体的取代反应速率的影响。各种配位体的反式效应的大小是不同的。这种效应的理论解释有两种:一种是基于静电模型的配体极化和 σ 键理论,另一种是 π 键理论。它们各能说明一些现象。

6.4 均相配位催化剂的固载化技术

均相配位催化剂具有活性高、选择性高和反应条件温和等优点,但也存在以下主要缺点:一是催化剂和反应介质分离困难,给工业生产带来较大的困难;二是催化剂活性组分大多是 Rh、Pd、Pt 等贵金属配合物,成本高;三是均相催化剂在高温下易分解,催化体系不稳定。这些缺点往往使均相催化剂的应用受到很大限制。为解决这个问题,人们在 20 世纪 60 年代末就开始将过渡金属配合物以化学键合的形式锚定(或负载、固载)在载体上,制备成固载型催化剂(固相化)。这种固载型催化剂将均相催化剂与多相催化剂的优点结合在一起,具有活性中心分布均匀、易化学改性、选择性高、能像非均相催化剂那样易于与反应介质分离而回收再生、热稳定性较高、寿命较长等特点，因而备受关注。

均相催化剂固载化技术可分为多种类型，可按配合物的固载方式、载体的类型、配合物在载体表面锚定的本质以及催化活性中心核的多重性等来划分。

6.4.1 一般的固载方式

配合物的固载化一般有以下几种类型。

（1）将配合物包藏在载体内

将配合物固载在与反应介质不在同一物相的载体内［图6-3（a）］。如将金属配合物插入具有芳环结构的石墨层与层之间，并用作催化中心，如加氢、脱氢催化剂。

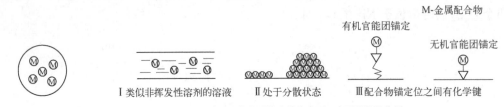

图6-3 配合物固载方式

（2）配合物固载在载体表面

通常是将配合物固载在较大比表面积的载体上，而载体的孔径能保证反应物能较快地扩散到固载的配合物上进行反应。这种方式又可分为以下几种：

a. 将配合物固载在非挥发性溶剂膜中。这里采用在反应条件下不挥发的溶剂或与反应介质不互溶的溶剂，类似于传统的负载型液相催化剂，载体表面存在一种处于溶解状态的活性组分［图6-3（Ⅰ）］。如典型的 SO_2 氧化合成 SO_3 的催化剂即可用 SiO_2 表面负载一层钒化合物的熔体来实现。

b. 在基体表面形成配合物的分散相［图6-3（Ⅱ）］。制备这类催化剂的一般方法是将配合物固载到没有专门引入锚定位的载体表面上（如用含配合物的溶液浸渍载体），然后再除去溶剂。或者将载体预先吸附化合物以适合的试剂（配位体、有机金属试剂等）进行处理，也可以在载体上直接合成金属配合物。如使吸附在氧化铝上的羰基镍与烯丙基卤化物反应即可合成负载的卤代烯丙基镍配合物。

c. 配合物以化学键与表面锚定位连接［图6-3（Ⅲ）］。这种金属配合物固定技术通常包括下述表面化合物的合成：

$$\text{载体} \diagup\!\!\!\diagdown L_l M_m X_x \text{表面化合物}$$

上述表面化合物通式中，L 为表面配位体（或称锚定位），与载体间通过化学键结合；M 为金属原子；X 为不与载体连接的配位体；l、m、x 为化学计量数。由于过渡金属的种类以及它们的配位体都是可变的，因而通过此法可以制备众多的负载型配合物催化剂。其中官能团可以是有机的，也可以是无机的。

6.4.2 载体的类型

载体可以是有机高聚物，也可以是无机物（图6-4）。很多有机高聚物都可以作为载体，最为常见的是苯乙烯与丁二烯、二乙烯基苯的共聚物。锚定络合物的官能团连接在高聚物的苯环上，也可以将含有所需官能团的单体聚合或接枝到高聚物基体中。无机载体由于具有表面刚性、热稳定性以及特定比表面积和孔结构的材料能大规模生产的特点，因而研究得最多。

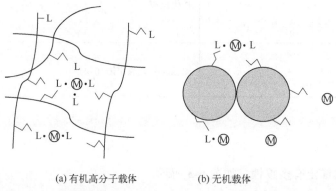

(a) 有机高分子载体　　(b) 无机载体

图 6-4　载体的类型

以氧化物载体为例，一般是通过表面上连接的各种官能团（如表面的氧离子）作锚定位，负载在氧化物表面上的有机官能团也可用作锚定位。原则上，能与过渡金属形成离子-共价键和配位键的表面基团都可以作为锚定位，如以氧化物表面上的羟基作为结合中心，通过形成杂原子金属-金属键来锚定配合物，或用有机官能团作锚定位等。典型的固载化均相催化剂的类型见表6-2。

表 6-2　典型的固载化均相催化剂的类型

类型	催化剂的结构示例	催化反应示例
有机聚合物锚定	─⟨苯环⟩─CH$_2$─P(Ph)$_2$─Ni(CO)$_2$(PPh$_3$)	加氢反应、氢甲酰化反应、低聚反应
	─⟨苯环⟩─CH$_2$─P(Ph)$_2$─RhH(CO)(PPh$_3$)$_2$	加氢反应、氢甲酰化反应
	─⟨苯环⟩─CH$_2$─Cp─M(Cl)$_2$─Cp　(M=Ti, Mo)	加氢反应（Ti）、羰基合成（Mo）
离子交换树脂负载	─SO$_2$ ─SO$_2$　PdLy（阴离子型）	氧化反应
	─CF$_2$COOMLy　(M=Ni, Mo)	氢化反应

类型	催化剂的结构示例	催化反应示例
无机氧化物负载	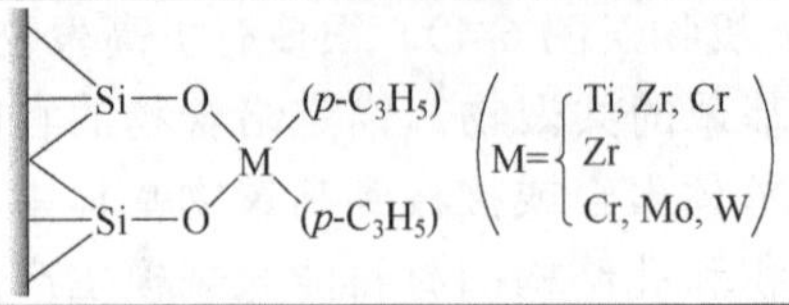 ≡Si—O\\M/(p-C₃H₅) over ≡Si—O/ (M = Ti, Zr, Cr; Zr; Cr, Mo, W)	聚合反应、异构化反应、氧化反应
	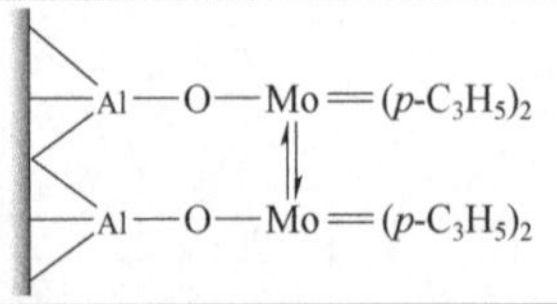 ≡Al—O—Mo=(p-C₃H₅)₂ ⇌ ≡Al—O—Mo=(p-C₃H₅)₂	歧化反应
	—Ti—O—[Rh(π-C₃H₅)]	加氢反应、氢甲酰化反应

注：Ly 表示表面配体。

6.4.3 锚定配合物核的多重性

不同数量核的配合物在基体上的锚定有多重性，如图 6-5 所示。

M-金属配合物

(a) 单核配合物

(b) 金属原子数已知的双核或多核配合物(锚定簇状化合物)

(c) 金属原子数不定的多核物种

图 6-5 锚定配合物核的多重性

具有一定过渡金属原子的锚定配合物在催化方面的应用最为普遍。某些组成的配合物由于它们不能溶解或合成方法上受限制而未能在溶液中获得，却可以被制成表面物种。当连接在载体表面上的单核配合物与反应物分子作用时，应可以得到与单核可溶配合物情况下基本相同的中间物（官能团）。因此可以认为锚定的单核配合物能催化的反应类型与溶液中类似的配合物相同。

双核配合物是指两个金属原子直接由金属-金属键连接或通过桥原子相连接的表面化合物。此类化合物催化性质的特点是能同时活化不同的反应物或一个反应物分子的不同部位。其制法一般有两种：

a. 将单独的双核配合物负载在载体表面上；

b. 使一种锚定的单核配合物与溶液中另一种适合的配合物作用而得到。

如将 PC\\Ni—Ni/CP 或 (OH₃C)₂—Sn—Ni(CP)(CO) 配合物负载到未改性的 SiO_2 上，即可制得固载的双核表面配合物，而将单独的簇状配合物锚定在载体表面则可制备表面多核化合物。催化剂表面上多核活性中心的出现能促进按复杂机理进行的反应的发生。另外，金属簇状配合物和分散的金属微粒之间还存在诸如金属-金属键的键能相近，簇状物中配位体-金属的键能与吸附分子和金属表面间的键能数值相近等性质，在吸附和催化过程中被认为可作为表面的简单

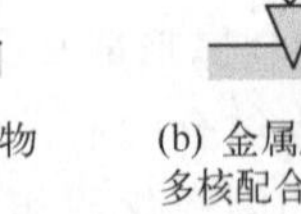

模型进行研究，因而也受到了研究者的重视。

由于固载配合物催化剂具有的优点，被认为是继多相催化剂和均相催化剂之后的"第三代"催化剂。其发展经历了从便于分离和回收的固载型催化剂，到分子水平上设计的具有优良物理性能和反应性能的负载型催化剂。如新型的均相配合物固载在负载金属组分的催化剂上（TCSM），是将均相配合物固载在负载金属组分的 SiO_2 等无机氧化物上。它不仅拥有均相和多相的优点，而且引入了多相活性中心，在烯烃类的加氢和氢甲酰化方面，表现出优异的催化性能。

6.5 聚合催化实例分析

自 20 世纪 50 年代中期，Ziegler-Natta 和菲利普公司的科学家分别发明了用于烯烃聚合的配位催化剂以来，各国科学家不断完善原来的催化体系。20 世纪 80 年代至 20 世纪末又发明了前后过渡金属单位点催化剂（SSC）体系，其间不断改善原有的催化剂，又适时推进了聚烯烃生产工业的革新。图 6-6 中箭头是指催化剂和聚合过程的革新改进，不连续区表明突破性的新发明。

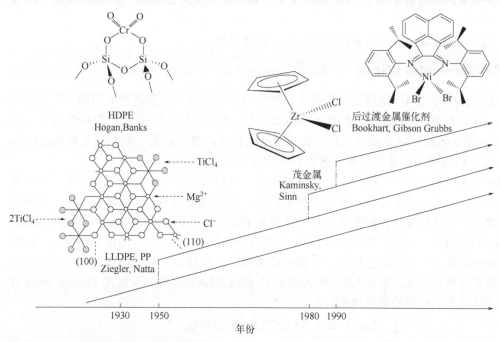

图 6-6 聚烯烃配位聚合催化剂的变迁

聚烯烃工业起源于英国科学家 1928 年开创的自由基引发的高压聚乙烯工艺，其反应条件苛刻，且隐患很大。1953 年左右，德国的 Ziegler 发明了低压聚乙烯工艺，最初采用的催化体系为 $TiCl_4/Al(C_2H_5)_3$。随后不断完善，意大利的 Natta 在 Ziegler 的基础上发明了丙烯立规聚合工艺。美国菲利普公司的科学家创建了乙烯聚合的 CrO_3/SiO_2 催化体系。到 20 世纪 80 年代，德国汉堡的科学家 Kaminsky 和 Sinn 又取得突破性的进展，使用前过渡金属的二茂配合物（Cp_2ZrCl_2）为催化剂，它对乙烯聚合和丙烯无规聚合具有极高的活性，此工艺可以说是继 Ziegler 之后聚合催化的二次革命。到了 90 年代，又创新了后过渡金属非茂型催化剂，其突出优点是可以剪裁聚合物的支化度，并且可与含极性官能团单体共聚。这是茂金属催化剂不具有的特点。几种聚烯烃用主要催化体系列于表 6-3 中。

表 6-3 烯烃聚合的配位催化剂主要特征

类型	物理状态	案例	聚合物类型
Ziegler-Natta	多相	$\delta\text{-}TiCl_3$、$TiCl_4/MgCl_2$	非均一型
	均相	VCl_4、$VOCl_3$	均一型
Phillips 型	多相	CrO_3/SiO_2	非均一型
茂金属型	均相	Cp_2ZrCl_2	均一型
	多相	Cp_2ZrCl_2/SiO_2	均一型
后过渡金属型	均相	Ni、Pd、Co、Fe 配位 以二亚胺等为配体	均一型

Ziegler-Natta 型和 Phillips 型催化剂，都属烯烃配位聚合型第一代催化剂，引发了聚合物工业突破性变革。这类聚合物具有非均一型微结构，分子量分布宽。因为这两类多相催化剂都有一个以上的活性中心，故聚合产物的数均分子量和重均分子量分布都较宽。后两类聚合催化剂都属单一活性中心型，在反应介质中是可溶态的，如茂金属型也可以负载于载体上变成多相，这两类催化剂得到的聚合产物，分子量分布较窄，且具有较均一的微结构。

下面分述这四类聚合催化体系的组成结构和聚合机理。

6.5.1 Ziegler-Natta 催化剂

助催化剂又称活化剂，是过渡金属变成活性中心前先还原和烷基化所必需的。这种催化剂的助催化剂为烷基铝，如三甲基铝（TMA）、三乙基铝（TEA）或者二乙基铝的氯化物（DEAC）。该催化体系可以是均相、反应介质可溶的体系，也可以是负载型多相体系。Natta 在 Ziegler 工作的基础上创建了丙烯立规聚合反应体系。

Ziegler-Natta 催化体系的组成、助催化剂成分、负载与否等诸多方面可调可变，但其最佳化是很严密的，包括最佳活性、聚合物的微结构、产物的处理等。结合聚合反应工程的革新和产物微结构中立构选择性的需要，该催化体系最后又有了两项新发现：一是发现 $MgCl_2$ 是 $TiCl_4$ 最理想的载体，因为 $TiCl_4$ 与 $MgCl_2$ 可形成一种混晶，使 $TiCl_4$ 的活性位更易于接近单体；二是催化体系中引入电子给体，如醚和酯类物，选择性地毒化或修饰特定活性位使之不利于无规聚丙烯的生成。图 6-7 是一种原生态的 $TiCl_4/MgCl_2$ 结构，可用作 Ziegler-Natta 型催化剂的主体组成。最好的催化体系为：

$$MgCl_2/酯，TiCl_4/TEA/PhSi(OEt)_3$$

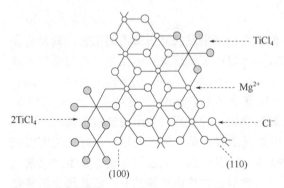

图 6-7 $TiCl_4/MgCl_2$ 的结构

这种催化剂聚合生产 PP 的收率大于 100kg/g，产物微结构中全同指数大于 98%，产物无需纯化，也无需压片成型。

6.5.2　Phillips 型催化剂

Phillips 型催化剂通常是用 CrO_3 浸渍负载于 SiO_2 上经高温（300～400℃）干燥空气中焙烧而成。其与 Ziegler-Natta 型催化剂的不同之处有以下几点：

a．不需要烷基铝助催化剂活化，只需在高温下焙烧，热活化步骤供 Cr 与 SiO_2 键合（配合），实质上是 Cr 与表面上的 O-Si 基团反应而消除了邻近的 SiO_2 基团。

b．采用活化的热处理步骤既影响聚合活性，也影响聚合产物的分子量分布、链化和支链化等。

c．H_2 不是有效的链转移调节剂，实际上分子量分布是通过载体的孔隙率和孔体积调节的。

d．聚合反应开始前有较长的诱导期。

Phillips 型催化剂对 α-烯烃聚合活性相对来说较低，不能用于生产线型低密度聚乙烯，主要用于生产高密度聚乙烯。聚合产物的分子量分布较宽，表明该催化体系表面有多个活性中心。Phillips 型催化剂配位铬的结构如下：

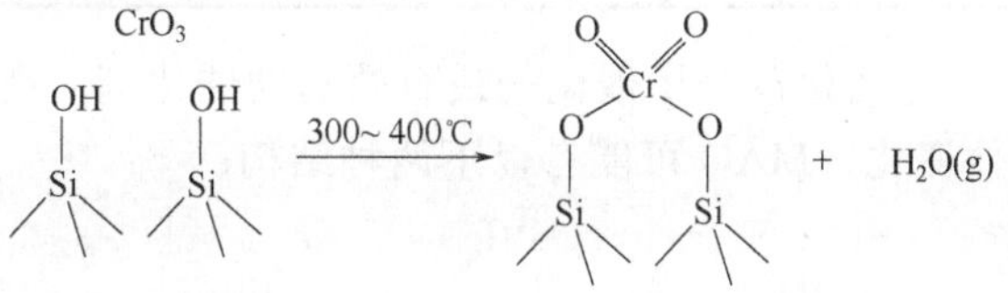

6.5.3　茂金属聚合催化剂

这种类型的聚合催化剂是 20 世纪 80 年代初由 Kaminsky 和 Sinn 发明的。他们的关键发现是将甲基铝氧烷 MAO [即 $(MeAlO)_n$] 与 Cp_2TiMe_2 或 Cp_2ZrCl_2 结合，组成对乙烯聚合、丙烯无规聚合具有极高活性的催化体系，在聚合工业掀起了继 Ziegler-Natta 催化聚合之后第二次革命，使利用茂金属催化体系生产可设计分子结构的聚合物的研究成为热点。

茂金属催化剂一般由过渡金属的茂基、茚基、芴基等配合物与甲基铝氧烷组成。最常用的过渡金属有 Ti、Zr、Hf、V 等，配位基为环状不饱和结构，二者形成夹心胞式构型，如图 6-8 所示。

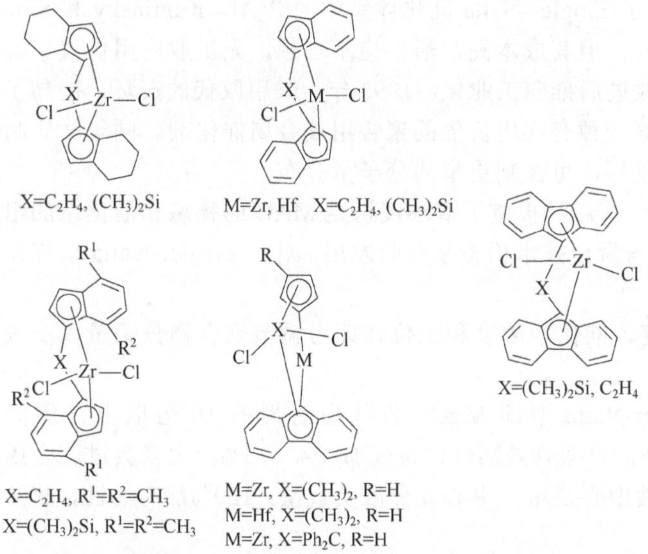

图 6-8　茂金属催化剂的夹心胞式结构

结构中两个环状配体可用不同类型的基团桥连，以调变配体-金属-配体间的夹角，防止配体环旋转。通过调变活性中心的电子和几何环境，影响活性中心的聚合活性，制造出不同微结构的聚烯烃产物。表 6-4 列出了茂金属催化剂的不同类型。

表 6-4 茂金属催化剂的类型

非桥连茂金属催化剂	限制几何构型茂金属催化剂
$CP_2MCl_2(M=Ti,Zr,Hf)$	$(RCP)_2ZrCl_2(R=H,Me,Et,Bu)$
$CP_2ZrR_2(R=Me,Ph,CH_2Ph,CH_2SiMe)$	阳离子茂金属催化剂
$(Me_3SiCP)_2ZrCl_2$	$(CP_2MRL)^+(BPh)^-(M=Zr,Hf)$
桥连立体刚性茂金属催化剂	$[Et(Ind)_2ZrMe]^+[(BPh)_4]^-$
	负载型茂金属催化剂
$Et(Ind)_2ZrR_2(R=Cl,Me)$	$SiO_2/Et(Ind)_2ZrCl_2$
$Et(IndH_4)_2ZrCl_2$	$MgCl_2/CP_2ZrCl_2$
$Me_2Si(Ind)_2ZrCl_2$	$Al_2O_3/Et(IndH_4)_2ZrCl_2$
$Me_2[(Clu)CP]ZrCl_2$	$SiO_2/Cl_2Zr(Ind)_2Si$

甲基铝氧烷（MAO）是活化茂金属催化剂最有效的助催化剂，是一种低聚物，聚合度一般为 5~30。随合成条件变化，MAO 可能有以下两种结构：

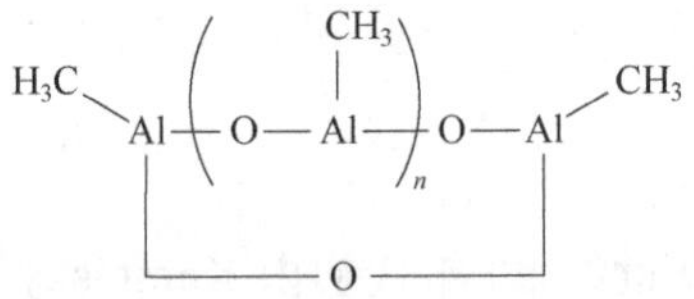

$$H_3C-Al\left(-O-Al(CH_3)-\right)_n O-Al-CH_3 \quad (环状, 含O桥)$$

环状

$$H_3C-Al\left(-O-Al(CH_3)-\right)_n O-Al(CH_3)_2$$

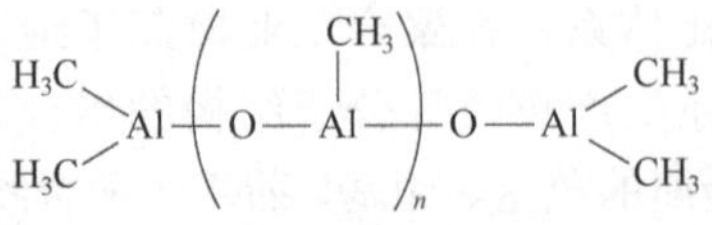

线型

MAO 是烷基铝的水解产物，代替了 Ziegler-Natta 催化体系中的 R_3Al。Kaminsky 和 Sinn 引用 MAO 的最初设想虽具有科学意义，但其成本高，活性也不理想，无工业应用价值。其后经 EXXON 公司的几位科学家加以改进后推向工业化。1993 年，采用取代的茂环，提高了活性，聚合产物的分子量增加，成为第一种有实用价值的聚合用茂金属催化剂。同年又研制出手性立规金属配合物，采用了桥键茂环，可控制更窄的分子量分布。

1986 年研制出负载茂金属催化剂，其后又报道了双环茂桥连 MAO 的稳态和活化态的组成结构。到了 90 年代茂金属催化组成与聚合技术仍不断有新发展。对比 Ziegler-Natta 型催化剂，茂金属催化体系具有以下特点：

① 活性中心单一，通过调变温度、催化剂浓度和配位体即可调节聚合物分子量以及设计聚合物微观结构。

② 活性高，是最高活性 Ziegler-Natta 型即 $MgCl_2$ 负载型活性的 10 倍以上，因为 Ziegler-Natta 型催化剂为非均相负载型，表面有效活性部位仅有 1%～3%，大多数过渡金属原子未发挥作用，而茂金属催化剂活性中心是单一中心高分散负载型，100%都有活性，故活性高。

③ 茂金属催化剂在空气中稳定，活性寿命长。

上述特点为各种聚合工艺提供了多样性条件。

6.5.4 后过渡金属非茂催化剂

用于烯烃聚合的后过渡金属催化剂是由 Brookhart 发现并与 DuPont 公司合作开发的。它是一种新型 Ni、Pd 的二亚氨基配合物，结构如下：

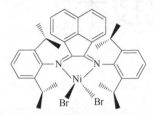

该催化剂可催化乙烯和 α-烯烃聚合，生成具有独特微观结构的高聚物。后来又发现了 Fe、Co 的多胺类配合物。这类催化剂同样具有单位活性中心，但与传统的 Ziegler-Natta 型催化剂相比较有其独特优点：可以剪裁聚合物的支化度，与含有极性官能团单体进行共聚。茂金属催化剂不具有这种特性，所以称为"非茂型"。后过渡金属非茂催化剂允许 L 碱存在，而其他几类催化体系是不允许的。利用非茂后过渡金属催化体系，开发了一大批新的聚合单体群，为配位聚合催化的应用开辟了新方向。

习题

1. 均相催化剂在工业上的应用有哪些？
2. 试描述均相催化的主要优点和缺点，基于本章中给出的工业实例，讨论大规模均相催化剂工业化的主要问题是什么。
3. 试说明甲醇羰基合成制醋酸催化剂的类型、组成及制备方法。
4. 试说明甲醇羰基合成制醋酸反应中促进剂 CH_3I 的反应历程。
5. 试说明茂金属催化剂形成高度等规聚丙烯产物的原因。

第七章
环境友好催化技术

7.1 光催化

7.1.1 光催化的基本概念和原理

（1）光催化基本概念

① 光化学　光化学是研究光和物质相互作用所引起的物理和化学变化，涉及由紫外光、可见光及近红外光所引发的所有化学反应。光化学过程是地球上最普遍、最重要的过程之一，如绿色植物的光合作用、动物的视觉、涂料和高分子材料的光致变性，以及照相、光刻（蚀）、污染物的光降解等，这些都与光化学过程有关。近些年来，太阳能有效利用是该领域的重要方向。太阳光既是人类生存必不可少的条件，也能充当化学反应所需要的能量。

② 光催化反应　在光的辐照下，利用光催化剂可以促进化学反应的发生，且光催化剂本身不发生变化，该过程称为光催化反应。光催化反应是将光能转化为化学反应所需要的能量，类似于自然界中的"光合作用"。光催化反应是光和物质之间相互作用的多种方式之一，是光反应和催化反应的融合，是在光和光催化剂同时作用下所进行的化学反应。

目前研究和应用最广泛的光催化剂是半导体材料，代表是 TiO_2。半导体的能量带隙是任何有效电子态的能量空带，与可见光的能量范围相似，因此半导体是应用于捕光天线的一种诱人材料。半导体在光激发下，电子从价带跃迁到导带，在价带形成光生空穴，在导带生成光生电子。光生电子和光生空穴分别具有还原和氧化能力，可以分解水制备 H_2 和 O_2，还原 CO_2 得到有机物小分子，还可以使氧气或水分子激发为超氧自由基及羟基自由基等具有强氧化能力的自由基，降解环境中的有机污染物。

③ 半导体能带结构　在原子结构中，原子的中心有带正电荷的原子核，周围由带负电的电子（e^-）围绕着原子核的中心运动。电子的通道通常被称为轨道，各轨道中的电子数是固定的，最外侧轨道上的电子称为价电子。原子之间的连接就是价电子的结果。半导体结晶就是非常多的原子结合在一起形成的，轨道上的电子能量存在于某个宽度，即能带或带隙。因此，从原子核来看，最外侧的能带称为导带，而内侧的能带称为价带。在价带的最高点和导带的最低点之间的能量差就是带隙。电子进入导带就处于自由移动的状态，也称为载流子。带隙是电子为了获得自由不得不越过的壁垒，而越过带隙的能量即为带隙能量。

如果在半导体上照射相当于带隙能量的光，价带上的电子由于受到外部施加的能量将跃迁到导带，这一状态即为激发态。大多数情况下，半导体在激发态下是不稳定的，容易发生分解等反应，因此优质的光催化剂应该在激发态下非常稳定，如 TiO_2。

在光催化反应中，催化剂的能带结构决定了半导体光生载流子（光生电子和空穴）的特性。光生载流子在光照条件下如何被激发,产生后在何种条件下如何与吸附分子相互作用等,都与半导体材料的能带结构有关。光生电子和空穴是光催化反应的活性物种,其迁移过程的概率与速率取决于半导体导带和价带位置以及吸附物质的氧化还原电位。

④ 助催化剂　随着光催化研究的不断深入,除了对半导体光催化剂材料的探索以外,助催化剂的研究也日渐引起人们的重视。由于半导体和助催化剂间形成的肖特基势垒,助催化剂可以提高光生载流子的分离和迁移。金属的费米能级一般位于半导体材料的导带以下,使电子从半导体转移到金属在热力学上是可行的。助催化剂不同的价态和颗粒大小会影响光催化活性。例如,尺寸为 0.5~2nm 的超细 Pt 纳米颗粒会提高一维单晶结构的 TiO_2 膜光催化活性,而更小或更大的 Pt 颗粒则会降低光催化活性。由于量子局限效应,太小的 Pt 纳米颗粒限制了电子从 TiO_2 导带转移到 Pt,然而太大的 Pt 纳米颗粒就会接近块状 Pt,作为复合中心同时捕获电子和空穴。由于助催化剂具有更好的导电性和更低的超电势,可以有效降低反应活化能。

(2) 光催化原理

根据以能带为基础的电子理论,价带(VB)的能量状态位于带隙之下且被基态的电子占据,而位于带隙以上的状态形成导带(CB)且当 $T=0K$ 时没有被占据。在较高温度时,一些电子受热激发到导带,得到的电子密度分布可以由半导体的费米能级表示。光催化就是当半导体表面受到等于或大于其带隙宽度的光照射时,产生电子(e^-)-空穴(h^+)对。光生电子和空穴分别参与氧化和还原过程产生最终产物。然而,如果电子不能在半导体表面找到任何俘获组分(如 CO_2)或者带隙宽度太小,这些电子就会迅速复合并释放热量。因此,光催化中半导体的主要作用是吸收入射光子,产生电子-空穴对,促进它们分离和传输,而反应的催化作用与具体材料有关。

光催化反应发生在吸附相中,活化类型只与反应产物的脱附有关,光生电子迁移的速率和概率取决于各个导带与价带的位置和吸附物种的氧化还原电位。光催化氧化还原反应的热力学条件是：受体电势比半导体导带电势低,供体电势比半导体价带电势高,半导体被激发产生的光生电子或光生空穴传递给基态吸附分子,分别发生还原或氧化反应。半导体材料活性的主要影响因素有：反应中介组分,反应物在半导体表面的吸附,半导体的类型和它的晶体形貌特征,以及半导体的吸光性能等。

(3) 光催化影响因素

实际上从半导体的光催化特性被发现起,人们就开始探索半导体光催化剂反应过程的影响因素,通过对基元反应过程的研究,采用各种方法来提高电子-空穴分离,抑制载流子复合以提高量子效率,扩大光吸收波长范围,改变产物的选择性或产率等光催化基元过程的各个环节,以提高光催化过程的总体效率。

从固体光吸收的过程来看,提高半导体对光吸收的方法,就要提高光散射,增大受光面积,或者采用多次吸收等途径,目前的研究对这些途径均有所涉及。采用纳米结构和多孔结构,在减小光生载流子扩散距离的同时,也增大了受光面积。例如,对于传统的薄膜型催化剂,由于其相对于粉末催化剂比表面积大大降低,传质效率也不高,其催化效率比粉体要低一个量级。因此制备多孔薄膜是改善其催化性能的有效途径之一。

现在主要应用的半导体光催化剂是 TiO_2,但从利用太阳光的效率来看,还存在对紫外区光吸收波长范围狭窄、利用太阳光的比例低的缺点。因此,需要调控半导体的能带间隙使之能吸收更广范围的光。目前调控半导体能带间隙的主要方法有：开发新型光催化剂，采用阴、阳离子掺杂，进行表面复合修饰等。

提高载流子迁移效率是提高光催化效率的一个关键问题。如果没有合适的电子或空穴捕获剂，分离的电子和空穴可在半导体粒子内部或表面进行复合并放出热能。选用合适的捕获剂捕获空穴或电子可使复合过程受到抑制。从动力学角度看，在 TiO_2 表面上光生电子和空穴的复合是在小于 $10^{-9}s$ 的时间内完成的，所以如果使吸附的光子有效地转换为化学能，界面载流子的捕获必须迅速。因此提高载流子的迁移效率，需着重考虑以下两点：提高光生电子与空穴的分离效率及提高光生活性物种的消耗速率。

迁移效率的提升还可以通过添加外场的方式进行，如在光催化反应中加入电场，就可以很好地抑制光生载流子的复合。光电催化反应系统具有两大优点：一是从空间位置上分开了导带电子的还原过程与价带空穴的氧化过程；二是导带电子被转移到对电极还原水中的 H^+，因此不需要再向系统内注入氧气作为电子捕获剂。光电催化技术的研究工作在各个领域都得到了迅速发展。

7.1.2 光催化典型案例

（1）光催化分解水

光催化反应一般可分为两大类，即上坡反应和下坡反应，如图 7-1 所示。上坡反应（uphill）必须有光子提供能量才能进行，如光催化分解水和植物的光合作用。下坡反应（downhill）是能量释放的过程，如光催化降解有机物。

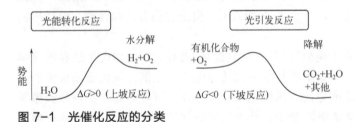

图 7-1　光催化反应的分类

光分解水制氢是指用光催化分解水制取氢气。催化分解水制氢过程可分成光化学电池分解水制氢、半导体微颗粒催化剂的光催化分解水制氢、配位催化法光解水制氢。因为光直接分解水需要高能量的光量子（波长小于 190nm），从太阳辐射到地球表面的光不能直接使水分解，所以只能依赖光催化反应过程。光催化是含有催化剂的反应体系，在光照下激发催化剂从而加速反应的进行。当催化剂或光不存在时，该反应进行缓慢或不进行。

光催化剂是光催化制氢反应的基体，一般为半导体材料，其光催化反应原理可用半导体的能带理论来解释。与金属相比，半导体的能带是不连续的，在价带和导带之间存在一个禁带。当它受到光子能量等于或高于该禁带宽度的光辐照时，其价带上的电子（e^-）就会受激发跃迁至导带，同时在价带上产生相应的空穴（h^+），形成了电子-空穴对。产生的电子、空穴在内部电场作用下分离并迁移到粒子表面。光生空穴有很强的得电子能力，具有强氧化性，可使反应物发生氧化反应，电子受体则通过接受表面的电子而被还原，完成光催化反应。

整个光催化分解水的基本原理，如图 7-2 所示。

a. 半导体光催化剂吸收能量足够高的光子，产生电子-空穴对；

b. 电子-空穴对分离，向半导体光催化剂表面移动；

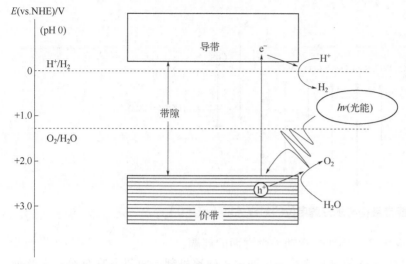

图 7-2 光催化分解水的基本原理

c. 电子还原水产生氢气；
d. 空穴氧化水产生氧气；
e. 部分电子与空穴复合，产生热或光。

即水在电子-空穴对的作用下发生电离，生成氢气和氧气。将 H^+ 还原成氢原子是导带的电子，而将 O^{2-} 氧化成氧原子是价带的空穴。

导带的电子和价带的空穴可以在很短时间内在光催化剂内部或表面复合，以热或光的形式将能量释放。因此加速电子-空穴对的分离，减少电子与空穴的复合，对提高光催化反应的效率有很大的作用。

$$H_2O(l) \xrightarrow{\triangle} H_2(g)+1/2O_2(g) \qquad \Delta G=237 kJ \cdot mol^{-1}$$

从化学热力学上讲，水作为一种化合物是十分稳定的。在标准状态下若要把 1mol H_2O 分解为氢气和氧气，需要 237kJ 的能量。这说明光催化分解水的过程是一个 Gibbs 自由能增加的过程。这种反应没有外加能量的消耗是不能自发进行的，是一个耗能的上坡反应，逆反应容易进行。

从理论上分析，分解水的能量转化系统必须满足以下热力学要求：

a. 水作为一种电解质是不稳定的，$H_2O/\frac{1}{2}O_2$ 的标准氧化还原电位为+0.81eV，H_2O/H_2 的标准氧化还原电位为-0.42eV。在电解池中将一分子水电解为氢气和氧气仅需要 1.23eV。因此，光子的能量必须大于或等于从水分子中转移一个电子所需的能量，即 1.23eV。

b. 不是所有的半导体都可以进行光催化分解水，其禁带宽度要大于水的电解电压（理论值 1.23eV），但由于过电势的存在，禁带宽度要大于 1.8eV。对于能够吸收大于 400nm 可见光的半导体，根据其光吸收阈值（λ_g）与其 E_g 的关系式：$\lambda_g = 1240/E_g$，其禁带宽度还要小于 3.1eV。

c. 光激发产生的电子和空穴还必须具备足够的氧化还原能力，即半导体的导带位置应比 H_2/H_2O 电位更负，价带位置应比 O_2/H_2O 的电位更正。因此，催化剂必须能同时满足水的氧化半反应电位 $E_{ox} > 1.23$ eV（pH=0，vs.NHE）和水的还原半反应电位 $E_{red} \leq 0$ eV（pH = 0, vs.NHE），如图 7-3 所示。

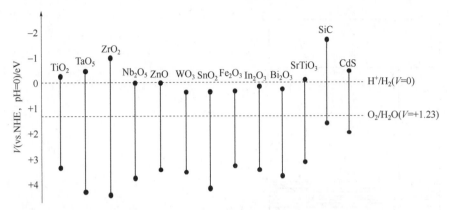

图 7-3 半导体光催化剂的能带结构与水分解电位的对应关系（pH=0）

在满足了热力学的要求之后，还要注意动力学方面的问题。

a. 自然界的光合作用对 H_2O 的氧化途径采用四电子转移机制，即两个 H_2O 分子在酶催化剂上释放四个电子一步生成 O_2，波长不大于 680nm 的光子就能诱发释放 O_2 反应，且无能量浪费的中间步骤，这是对太阳能最合理和经济的利用方式。但目前研究的人工产 O_2 多相催化体系，不管是利用紫外光的 TiO_2、$SrTiO_3$ 还是利用可见光的 WO_3、CdS 等，都是采用单电子或双电子转移机制，因此有很大的能量损失。

b. 用光还原 H_2O 生成 H_2 不可能经过 H·中间体自由基，因为这一步骤的还原电位太负，$E(H^+/H·)=-2.1V(pH=7, vs.NHE)$。因此，它只能经过双电子转移机制一步生成 H_2：$E(H^+/H_2)=-0.41V(pH=7, vs.NHE)$。

c. 以上反应具有较高的超电势，一般要用助催化剂来降低氢的超电势。Pd、Pt、Rh 等为低超电势金属（0.1~0.3V），催化活性最高。第二类为中超电势金属，如 Fe、Ni、Co，活性次之。

d. 光激发的电子-空穴对会发生复合，这在人工太阳能转化中难以避免。在多相光催化中，当催化剂的颗粒小到一定程度时，体相的电子-空穴复合可以忽略，而只考虑在颗粒表面再结合的损失。电子和空穴的表面复合比较复杂，它与固体表面的组成和结构、溶液性质、光照条件等因素都有关系。当前研究的光催化效率一般都较低，只有当表面复合得到了有效的抑制，氧化还原效率才能显著提高。

e. 材料稳定性的问题。窄禁带半导体如 CdSe、CdS、Si 等，虽然与太阳光有较好的匹配，但在水溶液中极易受到光腐蚀。还有一些光敏有机配位材料如 $Ru(bpy)_3^{2+}$ 的稳定性问题更为严重。

（2）光催化还原 CO_2

光催化还原 CO_2 的机理示意图如图 7-4 所示。在光催化过程中，当半导体受到光激发，电子从价带跃迁到导带，同时价带产生等量的空穴。光生电子-空穴对会分开并迁移到半导体表面的催化活性位点。在半导体的表面，电子可以还原 CO_2 生成碳水化合物，如 CO、CH_3OH 和 CH_4 等，同时空穴被牺牲剂消耗，发生氧化反应。光生电子和空穴之间也可以在半导体的表面和体相中发生复合，这会降低光催化反应的效率。通过化学转化，大量的太阳能可以有效地转化为化学能。

理解 CO_2 的吸附和活化机理有助于我们设计高效光催化剂来提高光还原 CO_2 的效率。如图 7-5，可以构造五种 CO_2 的吸附模型，不同的吸附模型决定了系统的不同吸附能。第一种是 CO_2 分子通过 O_a 原子以直线状吸附在半导体催化剂表面。第二种是 CO_2 分子通过 C 原子吸附产生一种单齿碳酸盐类。在第三种模型中，通过 CO_2 分子的 O_a 和 C 原子与表面相互作用生成双齿碳酸盐类。在第四种模型中，CO_2 中的 C 原子向下指，两个 O 原子结合两个金属原子与表面的 O 原子形成 C—O 键，从而产生桥接碳酸盐几何形状。在第五种模型中，CO_2 中的 C 原子向上指，两个 O 原子与两个金属原子结合，形成桥结构。催化剂表面上 M—O—M 键的存在有助于第四或第五种模型的形成。

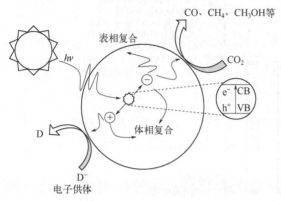

图 7-4 半导体催化剂表面发生 CO_2 光催化氧化还原过程的机理和路径

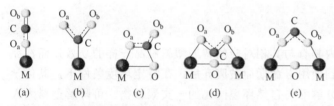

图 7-5 光催化剂表面吸附 CO_2 的可能模型

CO_2 分子具有闭合壳层电子构型、直线结构和 D_{1h} 对称性，非常稳定，具有化学惰性，引入一个单独电子会导致分子结构的弯曲，这是由于亲电的碳原子上新获得的电子和氧原子上的自由电子对之间的排斥作用。对称的损失和具有 C_{2v} 对称性的弯曲结构中这些自由电子对间排斥力的增加，促使 CO_2 的最低未占轨道能量比较高，且分子的电子亲和势极低。因此，单电子还原 CO_2 生成一个阴离子自由基 CO_2^- 具有非常负的电化学势（-1.9V, vs.NHE）:

$$CO_2+e^- \longrightarrow CO_2^- \qquad E_{redox}^\ominus = -1.9V \tag{7-1}$$

这已经被扫描隧道显微镜实验证实。实际上，几乎没有半导体能够提供足够的势能向 CO_2 分子转移一个光生电子，因此这个过程是不可能实现的。于是多个电子和相应数量的质子必须参与到化学反应中，这与自然光合系统中观察到的多步过程是一致的。生成的产物可以是不同的，这是由参与化学反应的电子和质子数量决定的。生成甲酸、一氧化碳、甲醛、甲醇和甲烷的化学方程式和氧化还原电势（vs.NHE, pH=7）如下:

$$CO_2+2H^++2e^- \longrightarrow HCOOH \qquad E_{redox}^\ominus = -0.61V \tag{7-2}$$

$$CO_2+2H^++2e^- \longrightarrow CO+H_2O \qquad E_{redox}^\ominus = -0.52V \tag{7-3}$$

$$CO_2+4H^++4e^- \longrightarrow HCHO+H_2O \qquad E_{redox}^\ominus = -0.48V \tag{7-4}$$

$$CO_2+6H^++6e^- \longrightarrow CH_3OH+H_2O \qquad E_{redox}^\ominus = -0.38V \tag{7-5}$$

$$CO_2+8H^++8e^- \longrightarrow CH_4+2H_2O \qquad E_{redox}^\ominus = -0.24V \tag{7-6}$$

反应物的选择性是光催化还原CO_2过程中需要考虑的问题之一,选择性主要受光催化剂、反应条件和热力学还原电势的影响。图7-6给出了一些半导体的能带位置和CO_2还原体系氧化还原电势。

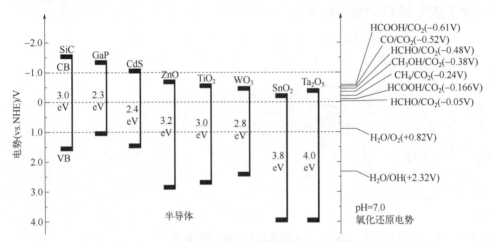

图7-6　半导体光催化剂的能带位置和CO_2还原体系氧化还原电势（pH=7）

（3）光催化降解塑料

可降解塑料是指在一定的使用期内具有与其相对应的普通塑料制品一样的功效,而在完成一定功能的服役期后,或在远未达到使用寿命期而被废弃后,在特定环境条件下,其化学结构能发生重大变化,且能迅速自动分解而与自然环境同化的一类聚合物。可降解塑料为人们解决塑料的白色污染问题开辟了新途径。目前,有效的可降解塑料技术主要有光降解塑料、生物降解塑料、光/生物双降解塑料三种方法,其中,光降解塑料是指在太阳光作用下,作为塑料主体的聚合物可有序地进行分子链断裂而导致其破碎和分解的一类材料。

光降解塑料一般可以分为共聚型和添加型两类。前者是用一氧化碳或含羰基单体与乙烯或其他烯烃单体合成的共聚物组成的塑料。这些共聚物分子由于在聚合物链上含有羰基等发色基团和弱键,因此易于进行光降解。后者是指添加了具有光敏作用的添加剂的聚合物材料,通过添加剂的光分解与光化学反应,引起聚合物的光降解。

共聚型光降解塑料的主要产品有乙烯-一氧化碳共聚物（ECO共聚物）、乙烯-乙烯基酮共聚物、其他烯烃与一氧化碳或乙烯基酮共聚物。乙烯-一氧化碳（ECO）共聚物在紫外光辐射下,羰基会与相邻碳发生均裂,生成自由基,实现链断裂。乙烯-乙烯基酮共聚物在紫外光照射下,分子重排引起主链断裂,生成酮和末端双键。添加型光降解塑料中使用的光敏剂主要有过渡金属化合物、芳香酮类、二茂铁及其衍生有机卤光敏剂、某些染料、芳香胺和多环芳香烃。过渡金属化合物光敏剂如硬脂酸铁$(C_{17}H_{35}COO)_3Fe$,反应中生成$C_{17}H_{35}\cdot$自由基,从而引发链断裂。

过渡金属化合物光敏剂光敏机理如下:

$$Fe(OOCC_{17}H_{35})_3 \xrightarrow{h\nu} Fe(OOCC_{17}H_{35})_2 + C_{17}H_{35}COO\cdot \qquad (7\text{-}7)$$

$$C_{17}H_{35}COO\cdot \longrightarrow CO_2 + C_{17}H_{35}\cdot \qquad (7\text{-}8)$$

芳香酮类光敏剂光敏机理如下:

$$(C_6H_5)_2CO \xrightarrow{h\nu} [(C_6H_5)_2CO]\cdot \qquad (7\text{-}9)$$

$$[(C_6H_5)_2CO] \cdot \xrightarrow{IC} [(C_6H_5)_2CO] \cdot \quad (7\text{-}10)$$

$$[(C_6H_5)_2CO] \cdot + PH \longrightarrow (C_6H_5)_2COH \cdot + P \cdot \quad (7\text{-}11)$$

式中，P·为聚合物被夺 H 后成为的自由基；IC 为系间跃迁。

添加型光降解塑料的特点是可以采用现有的通用塑料，加入各种类型的光敏添加剂，制造技术比较简单。然而，在实际使用时，如何选择具有较高光敏活性、加工性能优良、不易迁移、挥发和成本低廉的光敏添加剂，是制造添加型光降解塑料的技术关键。

（4）光催化降解 VOCs

近年来国内外研究资料表明，城市居民每天约 80%～90%的时间是在室内度过的，即便在农村人们在室内停留的时间也不少于 50%，而老人和儿童等抵抗力弱的人群在室内度过的时间更长，因而室内空气质量的好坏严重影响人体健康。20 世纪中期，人们已认识到室内空气污染有时比室外更严重，因为和室外空气相比室内空气污染物的种类较多，而且污染源广泛，影响因素也更复杂，对人体健康造成的危害也是多方面的。室内空气中的主要污染物有：甲醛、苯、甲苯、二甲苯、氨气、二氧化硫、二氧化氮、一氧化碳、二氧化碳、可吸入颗粒物等。在所有室内空气污染物中，由挥发性有机化合物 VOCs（volatile organic compounds）带来的对人体的危害已经受到了越来越多的关注，如从室内装潢家具所释放出来的甲醛和苯对人体有致癌作用。为减少室内空气污染物对人体健康造成的危害，必须对室内空气中的污染物特别是 VOCs 进行处理。

挥发性有机化合物（VOCs）是一大类重要的室内空气污染物，它们是指在室温下饱和蒸气压超过 1mmHg(1mmHg=133.3Pa)或沸点小于 260℃的有机物。从物质分析的角度讲，它是氢火焰离子检测器所能测出的非甲烷烃类的总称。这类有机污染物可分为四类：

a．高挥发性有机化合物（VVOCs，沸点＜0℃至 50～100℃）；

b．挥发性有机化合物（VOCs，沸点 50～100℃至 240～260℃）；

c．半挥发性有机化合物（SVOCs，沸点 240～260℃至 380～400℃）；

d．颗粒性有机化合物（POM，沸点＞380℃）。

室内约有 70 种常见的有机污染物，主要为芳香烃、卤代烃、脂肪烃、含氧烃、含氮烃、含硫烃等 C_3～C_8 的有机化合物。室内空气中 VOCs 的主要来源是建筑材料、清洁剂、油漆、含水涂料、黏合剂、化妆品和洗涤剂等。此外吸烟和烹饪过程中也会产生 VOCs。1984 年世界卫生组织在《就对室内空气污染物的关注所达成的共识》报告中列出室内常见 VOCs，见表 7-1。

表 7-1 常见 VOCs 来源

污染物	来源
甲醛	杀虫剂、压板制成品、硬木地板、黏合剂、油漆、塑料、地毯、酸固化木涂层、木制壁板、乙烯基（塑料）地砖、镶木地板
苯	烟草烟雾、溶剂、油漆、染色剂、清漆、图文传真机、接合化合物、乳胶嵌缝剂、木制壁板、地毯、污点/纺织品清洗剂、合成纤维
四氯化碳	溶剂、制冷剂、喷雾剂、灭火剂、油脂溶剂
三氯乙烯	溶剂、经干洗布料、软塑家具套、油墨、油漆、亮漆、清漆、黏合剂、图文传真机、电脑终端机及打印机、打字机、改错液、油漆清除剂、污点清除剂
四氯乙烯	经干洗布料、软塑家具套、污点/纺织品清洗剂、图文传真机、电脑终端及打印机
氯仿	溶剂、染料、图文传真机、电脑终端机及打印机、软塑家具垫
1,2-二氯苯	干洗附加剂、去油试剂、杀虫剂、地毯

续表

污染物	来源
1,3-二氯苯	杀虫剂
1,4-二氯苯	除虫剂、防腐剂、空气清新剂/除臭剂、抽水马桶及废物箱除臭剂、除虫丸及除虫片
乙苯	与苯乙烯相关的制成品、合成聚合物、溶剂、图文传真机、电脑终端机及打印机、聚氨酯、家具抛光剂、接合化合物、乳胶及非乳胶嵌缝化合物、地砖黏合剂、地毯黏合剂、充漆硬木镶木、地板
甲苯	溶剂、香水、染料、封边剂、模塑胶带、墙纸、接合化合物、嵌缝化合物、油漆、地毯、压木装饰、地毯黏合剂、油脂溶剂
二甲苯	溶剂、染料、杀虫剂、聚酯纤维、黏合剂、接合化合物、墙纸、嵌缝化合物、石膏板、油漆、地毯黏合剂

VOCs 对人体健康的危害主要包括五个方面：嗅味不舒适，感觉性刺激，局部组织炎症反应（尚待进一步确定），过敏反应（尚待进一步确定），神经毒性作用（尚待进一步确定）。室内空气中的 VOCs 对人体健康的危害与 VOCs 浓度有关。表 7-2 给出了丹麦学者 Lars Molhave 等根据控制暴露人体实验的结果和各国的流行病学研究资料所得到的总 VOCs（TVOCs）浓度对人体健康影响的关系。

表 7-2　TVOCs 浓度对人体健康的影响

TVOCs 浓度/（mg/m^3）	对人体健康影响	暴露范围分类
0.2	无刺激和不适	舒适范围
0.2~3.0	其他暴露因素联合作用时可能会出现刺激和不适	多因素协同作用范围
3.0~25	出现刺激和不适，其他因素联合作用时，可能头痛	不适范围
>25	除头痛外，可能出现神经毒性作用	中毒范围

由表 7-2 可见，TVOCs 浓度小于 0.2mg/m^3 时不会引起刺激反应和不适，而大于 3mg/m^3 时就会出现某些症状，3~25mg/m^3 可导致头痛和其他弱神经毒性作用，大于 25mg/m^3 时呈现神经毒性作用。

部分 VOCs 对人体健康的影响见表 7-3。表中所列的大部分 VOCs 都对中枢神经系统有麻醉作用，同时也刺激眼睛、皮肤和呼吸系统，引起全身无力、嗜睡、皮肤瘙痒，有的还会引起内分泌失调。当浓度较高时，可损害肝脏和肾脏功能。在大量使用含有 VOCs 的产品（表 7-3）且室内通风条件差的情况下，轻者会感到头晕、头疼、咳嗽、恶心、呕吐，或有酩酊状；严重者会出现肝中毒、昏迷，甚至生命危险。近年研究表明，在已确认的 900 多种室内污染物中，20 多种 VOCs 为致癌物或致突变物（所谓致突变物指的是促使细胞发生突变的物质，突变包括核糖核酸和染色体发生异常修复、增殖等特异性改变）。

表 7-3　某些 VOCs 对人体健康的影响

VOCs	对人体健康的影响
苯	致癌，刺激呼吸系统
二甲苯	麻醉，刺激，影响心脏、肝脏、肾和神经系统
甲苯	麻醉，贫血
苯乙烯	麻醉，影响中枢神经系统，致癌
甲苯二异氰酸酯	过敏，致癌
三氯乙烯	致癌，影响中枢神经系统

续表

VOCs	对人体健康的影响
乙苯	对眼睛、呼吸系统产生严重刺激，影响中枢神经系统
二氯甲烷	麻醉，影响中枢神经系统，致癌
1,4-二氯苯	麻醉，对眼睛和神经系统有严重刺激，影响中枢神经系统
氯苯	刺激或抑制中枢神经系统，影响肝脏和肾脏功能，刺激眼睛和呼吸系统
丁酮	刺激或抑制中枢神经系统
汽油	刺激中枢神经系统，影响肝脏和肾功能

VOCs 除对人体健康直接造成危害以外，还间接危害人类赖以生存的地球环境。如：在光线照射下，许多 VOCs 容易与一些氧化剂发生光化学反应，生成光化学烟雾；某些卤代烃可能导致臭氧层的破坏，如氯氟碳化物和氯氟烃。鉴于 VOCs 污染的日益严重和人们对其危害的逐渐认识，各国相继制定了一系列法规，要求削减 VOCs 的排放量。因此，开发不释放 VOCs 的替代产品和有效控制 VOCs 的技术已成为当务之急。

光催化氧化法主要是利用催化剂（如 TiO_2）的光催化性能，氧化吸附在催化剂表面上的 VOCs，最终生成 CO_2 和 H_2O，从而将 VOCs 去除。光催化氧化反应较为彻底，副产物少。其反应机理如下：当用光照射半导体光催化剂时，根据半导体的电子结构特点，当催化剂吸收一个能量大于或等于其带隙能的光子时，电子会从充满的价带跃迁到空的导带，而在价带留下带正电的空穴（h^+）。光致空穴具有很强的氧化性，可夺取半导体颗粒表面吸附的有机物或溶剂中的电子，使原本不吸收光而无法被光子直接氧化的物质，通过光催化剂被活化氧化。光致电子具有很强的还原性，使得半导体表面的电子受体被还原。VOCs 光催化分解的速率主要受 VOCs 的吸附效率和光催化反应速率的影响，具有较高吸附效率的 VOCs 不一定有较快的光催化分解速率。常见的光催化剂主要是金属氧化物和金属硫化物，如 TiO_2、ZnO_2、Fe_2O_3、WO_3、ZnS、CdS 和 PbS 等。由于 TiO_2 有较高的化学稳定性和催化活性，且价廉无毒，所以它是目前最常用的光催化剂之一。

（5）光催化抗菌抗病毒技术

现在，抗生素的滥用导致对抗菌剂（抗生素）不起作用的耐药性细菌蔓延，已成为国际社会的一大威胁。世界卫生组织（WHO）已公布了十二种耐药性细菌清单，并特别要求优先研究开发针对它们的抗菌新药（表 7-4）。

表 7-4 WHO 公布最需要优先开发研究新抗生素的细菌及其耐受的抗生素清单

优先级：关键	优先级：高	优先级：中等
鲍曼不动杆菌（碳青霉烯类）	屎肠球菌（万古霉素）、金黄色葡萄球菌（甲氧西林，万古霉素）	肺炎链球菌（青霉素不敏感）
绿脓假单胞菌（碳青霉烯类）	幽门螺杆菌（克拉霉素）、弯曲杆菌属（氟喹诺酮）	流感嗜血杆菌（氨苄青霉素）
肠杆菌科细菌（碳青霉烯类）	沙门氏菌（氟喹诺酮）、淋病奈瑟球菌（头孢菌素，氟喹诺酮）	志贺氏菌（氟喹诺酮）

另外，由于新型流感病毒、诺如病毒等引起的传染病流行，埃博拉出血热、艾滋病等新型传染病的流入，生物恐怖威胁和传染病的危险性已成为我们切身的问题，也成为国际社会亟待解决的问题。对于这些传染性的疾病，比治疗更重要的是预防。现在，国际机场等重要

的边境口岸，都采取了防止埃博拉出血热等传染病输入的预防措施。在这样的情势下，研究人员开发出了在室内可见光下也能有效抗菌、抗病毒的新型光催化材料。

① 既可抗细菌、病毒又能分解去除有机挥发物　引发传染病的细菌和病毒的最大区别就是直径不同。相比于直径 1～10μm 的细菌来说，病毒的直径只有不到它的五十分之一，大约只有 0.02～0.2μm。细菌属于单细胞微生物，可以自己繁殖；而病毒由核酸和一层包裹着它的膜构成，结构简单，如果不寄生在其他的生物（宿主）上就无法繁殖（图 7-7）。譬如流行性感冒病毒，当病毒寄生在宿主细胞上时，病毒表面的血凝素（HA）蛋白质首先吸附到宿主细胞上。

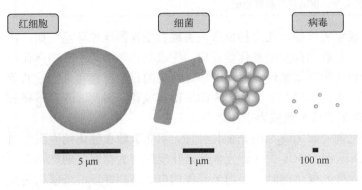

图 7-7　细菌和病毒的特点

从光催化反应的氧化分解效果看，一旦使 HA 蛋白质产生变性，流行性感冒病毒就无法吸附在宿主细胞上，也就无法达到病毒侵入宿主细胞繁殖自身核酸的目的（站在人的角度就是传染）。因此，从病毒灭活（无法传染的状态）的观点来看，这个阶段就是光催化反应使病毒灭活的过程。光催化反应的特点，是在这个阶段进一步分解病毒膜结构，进而破坏其中具有遗传信息的核酸（RNA），最终彻底分解产生病毒来源的有机物（图 7-8）。

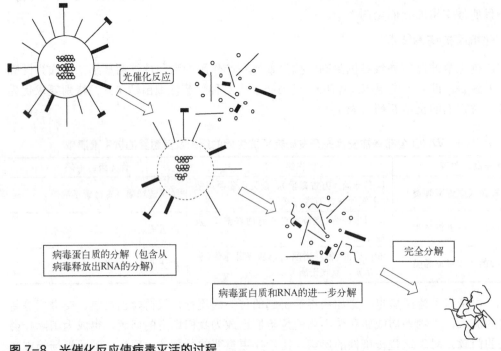

图 7-8　光催化反应使病毒灭活的过程

即使面对比病毒大 10 倍以上的细菌，光催化所拥有的强大的氧化分解能力，也能使细菌灭活，并且与一般有机物一样，最终被完全分解。图 7-9 为氧化钛薄膜上大肠杆菌的灭菌过程示意图。

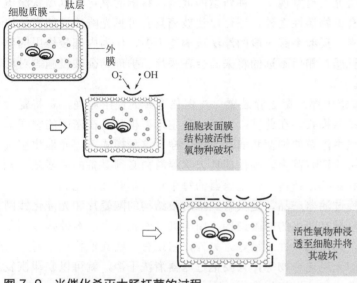

图 7-9　光催化杀灭大肠杆菌的过程

由于光催化的反应机制与其他抗菌、抗病毒剂不同，非特定的对象（非选择性）也可以取得效果，最终的结果就是不易产生耐药性细菌。因此，对于因各种耐药性细菌导致的医院、护理机构等场所发生的院内感染问题，根据光催化反应的灭活效果来看，基本上 2h 后都会减少到检测的极限值。

这是采用可见光响应型光催化技术取得的成果，这一结果表明，即使在太阳光照射不到的室内环境光催化也仍然有用武之地。但是，对于实际的产品而言，还需详细调查使用的环境以及使用状况，关于抗菌、抗病毒效果，是只需要灭活就行，还是灭活菌也不能残留直到彻底分解，使表面保持干净清洁的状态等等，只有事先明确目的，才能得到最佳的效果，这点尤为重要。

② 防污、灭菌、防臭效果超群的光催化瓷砖　瓷砖是光催化应用研究推出的产品中最早问世的产品之一。最初是希望光催化在光照射不到的地方也可以发挥作用，于是将抗菌金属附着在涂装了光催化剂的瓷砖上，即利用光催化的还原反应，将抗菌金属固定在瓷砖表面。在此基础上，研究人员继续探索在暗处也能发挥抗菌性能的产品，并且开发了光照后能进一步提高抗菌效果的耦合型产品。

于是，研究人员尝试将这种瓷砖运用到浴室的地板上，发现这种瓷砖对去除会产生细菌的污渍有良好的去污效果。另外，用在医院的手术室里，它也取得了惊人的效果。它不仅能去除瓷砖表面的细菌，甚至对空气中浮游的菌种也有作用，使得菌群急剧减少。因此，这是光催化应用率先开发的产品，至于"可见光响应型"光催化瓷砖，实验结果表明，不管是细菌数还是氨气量，都能维持 90%以上的抑制效果，在取得抗菌效果的同时，除臭效果也很明显。这是因为，细菌不繁殖也就不会被分解，产生的氨气量就很少，臭味就被抑制住了。

③ 强抗病毒的光催化玻璃　外装用的光催化玻璃，主要以带自清洁功能的产品为中心，而室内用的抗菌玻璃制品还没有什么进展。在实验室阶段，光催化玻璃虽然显示出了良好的

抗菌性以及有机物分解活性，但在实际的使用环境下，在室内安装使用还是不能充分发挥其应有的效果。因此，开发一种能利用室内照明器具的光源、具有优良光催化性能的材料便成为一个紧迫的课题。

在相关材料的探索过程中，研究人员发现了一种新型的玻璃。将铜的氧化物以岛状涂覆在光催化玻璃上，除了具有分解有机物活性之外，还可以使玻璃具有可见光响应型的高抗病毒性能。这种产品的可见光透过率、反射率跟一般的浮法玻璃差不多，作为内部装修用的建筑材料，具有足够的透明性和设计感。相信不远的将来，会在医疗、护理、公共设施等对环境卫生要求较高的领域推广普及。

④ 三维网状结构的陶瓷片和空中浮游菌去除装置　光催化瓷砖的使用原理，是将瓷砖表面的细菌和病毒彻底清除的被动型模式。在此基础上，一种主动型模式是在密闭的空间里增加空气循环，更有效率地将空气中浮游的细菌和病毒清除干净。这种模式下，光催化空气净化器的功能，是将焦点集中在去除浮游菌上。高性能地去除浮游菌必须具备的要素是：光催化过滤器必须有效地接触细菌和病毒；结构上，过滤器的每个角落都必须有光照。

已知开发出来的类似的代表性过滤器产品，是具有三维网眼结构的陶瓷片和光催化钛网过滤器。这种过滤器在三维空间里拥有随机的网眼结构。由于其表面积很大，有效接触细菌和病毒的效率高，而且开孔很多，因而通风性也很好。另外，它还有一些其他特点。万一表面上黏附了一些光催化无法分解的无机化合物等，只要把过滤器清洗干净，就可以立即恢复其净化功能；即使在高温下，光催化也可以产生作用，而且性能发挥稳定。

经验证，这种新型的空中浮游菌去除装置的性能，几乎可以与通常洁净室里使用的高效空气过滤器的除菌性能相匹敌。这种过滤器上几乎不残留任何细菌和病毒。传统的高性能过滤器一般也只能过滤空气，细菌和病毒仍然残留在过滤器表面。一旦条件成熟，这些细菌和病毒便会迅速繁殖，重新扩散到空气中，留下传染的隐患。

使用光催化过滤器，残留在过滤器表面的细菌和病毒在光照作用下已经被灭活，所以无需担心会再次扩散到空气中，也就不必担心会发生二次感染。这就是光催化式空气净化器最大的优点。现在，很多医院、食品加工厂、研究机构等都开始使用这种光催化空气净化器。今后，还可以和瓷砖等被动型光催化产品相结合，一定可以开发出更高性能的、类似生物洁净室的、密闭空间整体使用的光催化空气净化器。甚至现在已经开始探讨它的延伸产品，将光催化空气净化器用在国际宇宙空间站以及向空间站运送货物的宇宙飞船内部。

（6）光催化在建筑方面的应用

由于人们认识到环境污染已变成一个亟待解决的严重问题，光催化技术在工业生产中引起了人们越来越多的关注。在各种半导体材料中，TiO_2由于巨大的应用潜力而受到格外的关注。TiO_2已经被广泛地用作光催化净化材料，利用其超强的催化氧化能力去除环境中的有机物质，最终获得清洁的CO_2和H_2O。另外，研究发现，当紫外光辐照TiO_2表面还能产生强亲水性的表面，并且这种现象即使在弱辐照条件下依然能够观察到。TiO_2的这种亲水表面具有防雾和自清洁能力。总之，TiO_2的这些光催化能力和光致亲水性为生产新型高效的自清洁表面材料提供了可能。

① 自清洁玻璃　在普通玻璃表面涂覆一层纳米TiO_2薄膜，玻璃表面就具有了自清洁功能。玻璃的自清洁功能，指在紫外线的诱发或在常态下，玻璃具有超亲水性和对有机物的氧化分解性。

建筑物窗玻璃尤其是高层建筑物幕墙玻璃，采用自清洁玻璃可以大大降低清洁费用，以及清洁剂对环境的污染。当自清洁玻璃中镀有 TiO_2 薄膜的表面与油污接触时，因为其表面有超亲水性，污物不易在表面附着，即使附着也是同表面的外层水膜结合，附着的污物在水淋冲力等作用下，能自动从 TiO_2 表面剥离下来。阳光中的紫外线足以维持 TiO_2 表面的超亲水特性，从而使得表面长期具有防污自清洁效果，同时 TiO_2 的光催化氧化作用也能降解一部分有机物，自清洁玻璃利用 TiO_2 的这两种特性使得油污、灰尘不能和玻璃表面牢固结合，不易在表面聚集而使玻璃较易清洁。运输工具的窗玻璃、后视镜等物品采用自清洁玻璃后，即使空气中的水分子或者水蒸气凝结，玻璃上的冷凝水也不会形成单个水滴，而是形成水膜均匀地铺在表面，所以表面不会形成光散射的水雾。即使淋上雨水，在表面附着的雨水也会迅速扩散成为均匀的水膜，从而不会形成分散视线的水滴，使得薄膜表面维持高度的透明性。

对自清洁玻璃的研究国际上始于 20 世纪七八十年代，围绕光催化纳米技术在玻璃方面的应用理论及针对多种试验结果分析探讨的专业论文、论著相继发表，对光催化的反应机理、TiO_2 薄膜的实验室制备技术、自清洁玻璃杀菌除菌和防雾效果的研究取得明显进展。近几年，自清洁玻璃的产业化技术开发日臻成熟，市场上已有较大规模的自清洁玻璃供应。

由于 TiO_2 的带隙能较高，需寻找和制备更好的纳米级催化剂来充分利用太阳能进行更有效的有机污染物降解；进一步探讨光催化反应的各种影响因素，确定反应的机理与动力学。尽管对此已进行了大量的研究，取得了重要进展，但总体而言，该技术仍处在实验阶段，存在着一些关键性科学技术难题，使之在工业上的广泛应用受到制约，如：

a．TiO_2 薄膜的大面积制备。TiO_2 涂覆在玻璃表面制成的自清洁玻璃可广泛应用于建筑物的窗玻璃和汽车挡风玻璃。利用 sol-gel 等湿法通过浸涂等方式涂覆 TiO_2 时，很难得到均匀的薄膜，玻璃外观不佳；而利用气相沉积等方法沉积的 TiO_2 薄膜，虽有较好的外观，但性能却比较差，而且生产成本很高。

b．光谱响应范围拓宽到可见光。TiO_2 只在紫外线或太阳光下起作用，光催化对太阳能的利用率不高，光催化量子产率不高，不能在室内弱光环境中应用。如果能制出在可见光下可用的光催化剂膜，制造用于室内抗菌、去异味等的卫生产品，市场前景巨大。

c．光催化性能的稳定性。环境（包括载体）中的外来离子吸附或扩散到 TiO_2 表面、催化分解产物在其表面累积都会导致光催化活性下降，甚至失活。如何改进制备方法防止其他离子的干扰，如何对催化剂特别是光催化产品进行失活和再生研究，是扩展 TiO_2 应用方面值得研究的问题。

② 自清洁涂料　自清洁涂料，也称自洁净涂料、光催化剂涂料等，在功能上与自清洁陶瓷或自清洁玻璃一样，利用了光催化材料的超级氧化、分解污物的能力和超亲水性。与自清洁瓷砖或玻璃不同的是，涂料可以在室温下成膜，适用范围更广，制作和运输更方便，价格更低廉。

建筑外墙涂料可以美化环境和居室，但是由于传统涂料耐洗刷性差，时间不长涂层就会发生色变、脱落，而玻璃幕墙或瓷砖贴面又存在光污染、增加建筑物自重、有安全隐患等问题，并且随着城市环境污染尤其是粉尘和气体污染的加剧，建筑外墙特别是高层建筑，受到越来越严重的侵蚀。21 世纪，理想的外墙保护和装饰材料应具有优良的防水性、对水蒸气的通透性、防紫外光和自清洁功能，能够长期保持洁净、靓丽的外表。为了让建筑外墙效果历久弥新，自清洁涂料将为人们创造出更为洁净、健康和靓丽的生活环境。自清洁涂料领域已经拥有成熟的技术实力；仅以上海世博会来说，日本馆外墙与中国航空馆外墙分别采用 ETFE 自洁膜技术和 PVC 自洁膜技术，都很好地展示了自清洁技术的优势。

自清洁涂料的技术开发基础具有仿生学的原理，其中根据"荷叶自清洁原理"设计的清洁涂料取得了成功。荷叶的自清洁原理，即荷叶表面上有细微且凹凸不平的纳米结构，运用先进技术使涂料在干燥成膜过程中在涂层表面形成类似荷叶的凹凸形貌，有望实现类似荷叶自清洁的效果。近年来，自清洁外墙建筑涂料已经由复旦大学教育部先进涂料工程研究中心研发成功。这种纳水涂层可以使灰尘颗粒附着在涂层表面呈悬空状态，使水与涂层表面的接触角大大增加，有利于水珠在涂层表面的滚落；同时又根据涂层的自分层原理，将疏水性物质引入丙烯酸乳液中，使涂料在干燥成膜过程中自动分层，从而在涂层表面富集一层疏水层，进一步保证堆积或吸附的污染性微粒在雨水的冲刷下脱离涂层表面，达到自清洁目的。

自清洁型涂料耐候性好，耐沾污性优异，在许多高层建筑、幕墙、桥梁、巨幅广告牌等户外大型工程应用领域一直有优异的表现。仅就建筑领域来说，它能够使建筑物长期保持整洁、干净的外观，降低清洁维护费用，未来必将被市场所接受，获得更加广阔的应用前景。

（7）光催化水净化技术

据推测，地球上大约存在 $1.4\times10^{12}m^3$ 的水，但几乎（97.5%）都是海水（盐水），淡水仅仅只占2.5%（图7-10）。同时，淡水中的70%还是以冰河、冰山的形式存在，剩下的30%也大体上是地下水。人类可使用的河川、湖泊中的地表水仅仅只占淡水的0.4%（在地球上所有水中仅占0.01%）。如果把地球上的水比作一浴缸的水，那么河川、湖泊、浅表地层的地下水等可供人类利用的水量还不到两手合起来的一捧水，所以说水是非常珍贵的。因此，无论是工业生产还是农业生产，我们都要重视宝贵的淡水，避免往环境中排放污水。

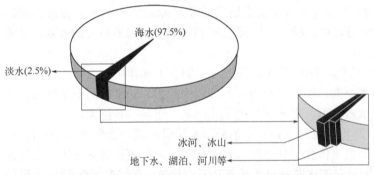

图7-10　地球的70%被水覆盖，但其中的97.5%是海水

亚洲、非洲的一些国家，还有几亿人没有安全的饮用水和卫生设施。每年因为水和卫生问题而死亡的孩子达到180万人。因此，为了让亚洲、非洲的一些人也能用到干净的水，如何低成本地净化水是人类面临的最重要的问题之一。

虽然实用化的道路上还有诸多尚待解决的问题，但近年光催化在温浴设施的军团杆菌对策、土壤地下水净化系统、农业废液处理技术等领域有了长足的发展。

作为干洗剂溶剂使用的四氯乙烯（别名全氯乙烯、PCE）等挥发性有机氯化合物，是导致土壤污染的物质之一。直到20世纪80年代前期，对这种物质的有害性认识还很有限，没有采取有效的方法进行处理就直接排放到土壤中。但是，进入20世纪80年代后期，世界卫生组织提醒，长期摄取三氧乙烯（TCE）会导致癌症，自此，这些物质导致的土壤地下水污染问题才引起世界的关注。对于挥发性有机氧化物，传统的处理方法主要是利用活性炭吸附，但吸附过污染物的活性炭无法再生，污染的活性炭如何处理又成了新的问题。

采用光催化法，可以有效地分解PCE进行无害化处理。这一方法有望进一步开发推广。从地下水中回收到的挥发性有机氯化合物，气化后通过光催化装置进行处理，分解成二氧化碳、水、氯化氢。光催化装置中,光源和陶瓷片上配置了固定氧化钛的多个有效反应器。光催化反应的分解生成物进入中和装置被碱中和后进行无害化处理即可直接排放。该地下水的净化过程,就是将污染物先进行蒸发气化后,利用光催化过滤器处理气化后的气体(图 7-11)。简单地说,就是利用光催化处理空气中的气体物质,与空气净化器的作用机理相同。

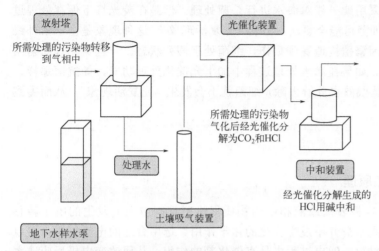

图 7-11 带光催化功能的地下水净化系统

如果考虑将水中的污染物在水中处理,其实是一件非常困难的事情。因为首先要将水中微量的污染物诱导到光催化过滤器上,然后过滤器还需要进行充分的光照。更重要的是,水的阻力非常大,导致水中的微量污染物采用光催化处理非常困难。当然,将氧化钛微粒子变成悬浮液(液体中的微粒子高度分散)状态后再进行光照的方法也是有的。

要想以光催化方式的净水装置有效地实现光催化反应,一般情况下是将光催化过滤器和光源组合在一起使用。但是,在农业领域如果采用光催化技术,基本上将太阳光作为能量来源。农业上,以太阳能为能量来源的系统开发方面,也取得了不错的成果。这也可以说是思维转换的结果。下面介绍两个例子。

一个是水稻栽培中产生的农业废液的处理;另一个是在番茄的栽培营养液中引进光催化处理排液的循环式栽培系统。

在水稻栽培最初的育种阶段,为了预防病虫害,要把种子在农药中浸泡后再播种,所以无论如何都会产生农药废液。通常情况下,采用活性炭吸附或加入凝固剂等方法,处理后的剩余物最终作为产业废弃物进行处理。如果能有更简单的低成本处理方式,而且还不会产生产业废弃物,相信农民使用起来会更容易。于是,一种仅以太阳光作为能量来源的光催化农药废液处理系统诞生了。在一个浅浅的水槽中放好光催化陶瓷过滤器,倒入农药废液静置数日,就会发现废液被净化干净了。今后,不仅水稻的种子消毒液,其他农药废液、农药喷雾器和容器的洗涤液等等,都有望采取类似的处理方法。

现在,在农业领域,不仅仅限于自然土壤的栽培,在设施中利用营养液栽培也很广泛。这是农业摆脱天气限制跨出的一大步,也是在一定程度上控制植物生长环境的对策。采用营养液栽培最常见的是番茄,草莓、玫瑰等也常常使用营养液栽培。番茄栽培中营养液的排液处理可采用光催化技术。从传统主流的"培养液一次性使用方式"转换为"循环利用方式"。光催化并不会分解排液中所含的硝酸以及磷酸等植物所需的肥料养分等无机物,仅仅只分解去除不必要的杂菌等。另外,也不必导入光催化专用的光源,就像农药废液的处理一样,光催化是一个利用太阳光作为能量来源的系统。以太阳光为能量来源的农业和光催化的兼容性非常好，相信一定会在 21 世纪环保农业转型中大显身手。

渔港附近的鱼市场以及食品加工厂里，在洗鱼或保存鱼的时候，一般使用从海里抽上来的海水，但海水中也有可能含有引起食物中毒的细菌。特别是在水温上升的夏季，可能会引起腹泻和腹痛等。因此，一般采用紫外线对海水进行杀菌处理。但是在荧光灯下保存处理过的海水中，那些暂时被杀死的细菌可能会复活，出现"光复活现象"。这种现象是由于紫外线的杀菌处理，只是使细菌的基因繁殖构造受到损伤，细菌处于假死状态。一旦荧光灯照射结束，细菌马上修复基因而复活。如果在海水处理过程中加上光催化处理功能，如抗菌那样，破坏细菌的细胞膜，直到把细菌残骸也分解去除，细菌就不会发生"光复活现象"，从而得到更安全和清洁的海水。

7.2 电催化

7.2.1 电催化的基本概念和原理

电催化是指在电场作用下电极表面或液相中的物质促进或抑制电极上发生的电子转移反应，而电极表面或溶液中物质本身并不发生变化的化学作用。选用合适的电极材料，可以加速电极反应。所选用的电极材料在通电过程中具有催化剂的作用，从而改变电极反应速率或反应方向，而其本身并不发生质的变化。与常规的催化化学相比，电催化具有以下特点：①在常规的化学催化中，反应物和催化剂的电子转移是在限定区域进行的，因此在反应过程中既不能从外电路导入电子也不能从反应体系导出电子，但电催化可以；②在电极催化反应中有纯电子的转移，电极作为反应的催化剂，既是反应的场所，又是电子的供受场所；③常规的化学催化电子的转移无法从外部加以控制，而电催化可以利用外部回路控制电流，从而控制反应。

电催化作用覆盖电极反应和催化作用两个方面，因此电催化剂必须同时具有这两种功能：①能导电和比较自由地传递电子；②能对底物进行有效的催化活化作用。能导电的材料并不都具有对底物的活化作用，反之亦然。

电极是指与电解质溶液或电解质接触的电子导体或半导体，它既是电子贮存器，能够实现电能的输入或输出，又是电化学反应发生的场所。电催化电极，首先是一个电子导体，其次要具有催化功能，即对电化学反应进行某种促进和选择。

7.2.2 电极的催化作用

电化学是关于两相界面（一般为电极/溶液界面）电子转移的科学，电化学的一个重要分支是电催化。与异相催化作用类似，在电催化反应中反应分子通过与电催化剂表面相互作用实现反应途径的改变，其中活化能的改变是加速或者延缓反应的关键。与异相催化作用相比，电催化的显著优势是能够在常温、常压下方便地通过改变界面电场有效地改变反应体系的能量，从而控制化学反应的方向和速度。

（1）电催化反应的基本规律

电极反应是伴有电极/溶液界面电荷传递步骤的多相化学过程，其反应速率不仅与温度、压力、溶液介质、固体表面状态、传质条件等有关，而且受施加于电极/溶液界面电场的影响。在许多电化学反应中电极电势每改变 1V 可使电极反应速率改变 10^{10} 倍，而对一般的化学反应，如果反应活化能为40kJ/mol，反应温度从25℃升高到1000℃时反应速率才提高10^5倍。显然，电极反应的速率可以通过改变电极电势加以控制，因为通过外部施加到电极上的电位可以方便地改变反应的活化能。同时，电极反应的速率还依赖于电极/溶液界面的双电层结构，因为电极附近的离子分布和电位分布均与双电层结构有关。因此，电极反应的速率可以通过修饰电极的表面加以调控。许多化学反应尽管在热力学上是有利的，但它们自身并不能以显著的速率发生，必须利用催化剂来降低反应的活化能，提高反应进行的速率。电催化反应是在电化学反应的基础上，用催化材料作为电极或在电极表面修饰催化剂材料，从而降低反应的活化能，提升电化学反应的效率。电催化反应速率不仅仅由催化剂的活性决定，而且还与界面电场及电解质的本性有关。由于界面电场强度很高，对参加电化学反应的分子或离子具有明显的活化作用，使反应所需的活化能显著降低，所以大部分电化学反应可以在远比通常化学反应低得多的温度下进行。电催化的作用是通过增加电极反应的标准速率常数，而使产生的法拉第电流增加。在实际电催化反应体系中，法拉第电流的增加常常被另一些非电化学速率控制步骤所掩盖，因此通常在给定的电流密度下，通过电极反应具有低的过电位来简明而直观地判明电催化效果。

（2）电极材料的电子结构效应和表面结构效应

大量事实证明，电催化剂对反应速率和反应选择性有明显的影响。反应选择性实际上取决于反应中间物的本质及其稳定性，以及在溶液体相中或电极界面上进行的各个连续步骤的相对速率。电极材料对反应速率的影响可分为电子结构效应和表面结构效应。电子结构效应主要是指电极材料的能带、表面态密度等对反应活化能的影响；而表面结构效应是指电极材料的表面结构（化学结构、原子排列结构等）通过与反应分子相互作用、改变双电层结构进而影响反应速率。二者对改变反应速率的贡献不同：活化能变化可使反应速率改变几个~几十个数量级，而双电层结构引起的反应速率变化只有1~2个数量级。在实际体系中，电子结构效应和表面结构效应是互相影响、无法完全区分的。即便如此，无论是电催化反应还是简单的氧化还原反应，首先应考虑电子效应，即选择合适的电催化材料，使得反应的活化能适当，并能够在低能耗下发生电催化反应。在选定电催化材料后就要考虑电催化剂的表面结构效应对电催化反应速率和机理的影响。由于电子结构效应和表面结构效应的影响不能完全分开，不同材料单晶面具有不同的表面结构，同时意味着不同的电子能带结构，这两个因素共同决定着电催化活性对催化剂材料的依赖关系。

（3）电子结构效应对电催化反应速率的影响

许多化学反应尽管在热力学上是可以进行的，但它们的动力学速度很慢，甚至反应不能发生。为了使这类反应能够进行，必须寻找适合的催化剂以降低总反应的活化能，提高反应进行的速率。催化剂之所以能改变电极反应的速率，是由于催化剂和反应物之间存在的某种相互作用改变了反应进行的途径，降低了反应的超电势和活化能。在电催化过程中，催化反应发生在催化电极/电解液的界面，即反应物分子必须与催化电极发生相互作用，而相互作用的强弱主要取决于催化剂的结构组成。催化剂活性中心的电子构型是影响电催化活性的一个主要因素。电极材料电催化作用的电子效应是通过化学因素实现的，目前已知的电催化剂主要是金属和合金及其化合物、半导体和大环配合物等材料，但大多数与过渡金属有关。过渡金属在电催化剂中占优势，它们都含有空余的d轨道和未成对的d电子，通过含过渡金属的催化剂与反应物分子接触，在这些电催化剂空余d轨道上形成各种特征的化学吸附键以达到分子活化的目的，从而降低了复杂反应的活化能，达到了电催化的目的。具有sp轨道的金属

(包括第一和第二副族,以及第三、第四主族,如汞、镉、铅和锡等)催化活性较低,但是它们对氢的过电位高,因此在有机物质电还原时也常常用到。

(4) 表面结构效应对电催化反应速率的影响

探明催化活性中心的表面原子排列结构十分重要。具有不同结构的同一催化剂对相同分子的催化活性存在显著差异,就是源于它们具有不同的表面几何结构。电催化中的表面结构效应源于两个重要方面。首先,电催化剂的性能取决于其表面的化学结构(组成和价态)、几何结构(形貌和形态)、原子排列结构和电子结构;其次,几乎所有重要的电催化反应如氢电极过程、氧电极过程、氯电极过程和有机分子氧化及还原过程等,都是表面结构敏感的反应。因此,对电催化中表面结构效应的研究不仅涉及在微观层次深入认识电催化剂的表面结构与性能之间的内在联系和规律,而且涉及分子水平上的电催化反应机理和反应动力学,同时还涉及反应分子与不同表面结构电催化剂相互作用(反应分子吸附、成键、表面配位、解离、转化、扩散、迁移、表面结构重建等)的规律。

(5) 实际电催化体系

电催化最早由 Nikolai Kobozev 于 1936 年提出,这期间电催化的研究工作比较少。20 世纪 60 年代以来,在发展不同种类燃料电池的推动下电催化的研究才广泛开展。在实际的电催化体系中,催化剂都由纳米粒子及其所负载的导电载体(碳)组成。催化反应主要在表面进行,其关键在于催化剂表面原子与反应分子之间的相互作用。因此纳米粒子催化剂的晶面组成、粒子尺度及其分布以及表面结构等相关因素直接决定了催化剂的性能。醇类燃料电池以其能量密度高、运行温和及携带方便等引起了人们的广泛关注并取得了一定的进展。然而催化剂的活性、稳定性、使用寿命和价格仍是制约醇类燃料电池商品化的瓶颈问题。现阶段,铂基催化剂仍然是不可替代的催化剂材料,催化剂研制的目标是在保证催化剂的催化活性、稳定性和使用寿命的同时减小催化剂的载量,提高贵金属特别是铂的利用效率。因此,提高催化剂的性能是关键,要从催化剂的组成、尺寸、电子结构和载体等因素综合考虑。

7.2.3 电催化典型案例

7.2.3.1 燃料电池电催化

化石能源的广泛应用不但加剧了能源危机,而且还导致世界范围的环境污染和全球变暖。氢能源作为一种可再生的绿色能源,对建立稳定及高效率能源、缓解能源危机、解决气候变暖问题具有重要的现实意义。用于氢电转换的燃料电池是一种将燃料和氧化剂的化学能通过电极反应直接转换成电能的装置,具有燃料多样化、排气干净、噪声低、对环境污染小等优点,是一种绿色环保能源。由于反应过程不涉及燃烧,因此,其能量转换效率不受卡诺循环的限制,高达 60%~80%,实际使用效率则是普通内燃机的 2~3 倍。自 1839 年英国格罗夫第一次发现燃料电池原理以来,直到 120 年后,美国航空航天局在阿波罗登月飞船上利用碱性燃料电池作为主电源提供动力才展现了其潜在的应用价值。20 世纪 70 年代,以净化重整气为燃料的磷酸型燃料电池和以净化煤气、天然气为燃料的熔融碳酸盐燃料电池作为各种应急电源和不间断电源被广泛使用。此外,固体氧化物燃料电池直接采用天然气、煤气和碳氢化合物作燃料,固体氧化物膜作电解质,在 600~1000℃工作,余热与燃气、蒸汽轮机构成联合循环发电。美国通用电气公司采用杜邦公司生产的全氟磺酸型质子交换膜组装的燃料电池,运行寿命超过了 57000h。这种可以在室温下快速启动的燃料电池具有广泛的军用前景，1983年，加拿大国防部斥资支持巴拉德动力公司研究这类电池。1984年，美国能源部也开始资助质子交换膜燃料电池的研发，1998年3月，美国芝加哥首次在公共交通体系采用燃料电池为动力的公交车。目前，燃料电池混合电动汽车已经在各个国家进行测试。

电催化反应是燃料电池中的重要过程之一，燃料电池通过燃料和氧化剂在催化剂作用下发生的氧化和还原反应来产生电力，其成本、性能和可靠性很大程度上受制于电催化剂。因此，了解和研究燃料电池的电催化机理，特别是研究催化剂结构、组成与电池性能、寿命之间的关系，对推进燃料电池商业化进程具有重大的科学和现实意义。

燃料电池可根据其电解质类型、工作温度和燃料来源进行分类。按电解质类型，可以分成五大类：碱性燃料电池；磷酸型燃料电池；熔融碳酸盐燃料电池；固体氧化物燃料电池；质子交换膜燃料电池。按工作温度，可分为三大类：低温燃料电池（工作温度：<100℃），如碱性及质子交换膜燃料电池；中温燃料电池（工作温度：100～300℃），如磷酸型燃料电池；高温燃料电池（工作温度：600～1000℃），如熔融碳酸盐和固体氧化物燃料电池。按燃料来源，也可分为三大类：直接式燃料电池，即直接用纯H_2为燃料；间接式燃料电池，通过重整方式将CH_4、CH_3OH或其他烃类化合物转变成H_2（或含H_2混合气）后再供应给燃料电池发电；再生式燃料电池，把燃料电池反应生成的水，经某种方法分解成H_2和O_2，再将H_2和O_2重新输入燃料电池中发电。

图7-12分别给出了两种代表性燃料电池，即低温的质子交换膜（包括直接甲醇）燃料电

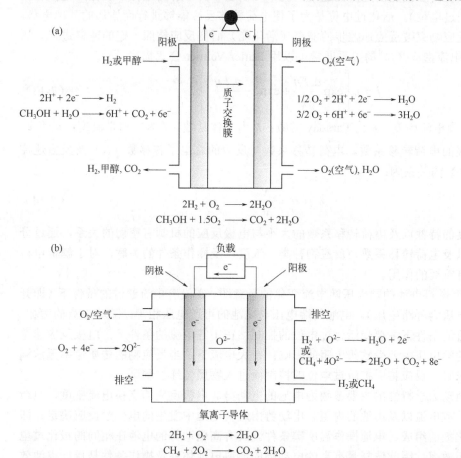

图7-12 氢-氧质子交换膜（包括直接甲醇）燃料电池（a）及固体氧化物燃料电池（b）工作原理示意图

池和高温的固体氧化物燃料电池的工作原理及主要组成示意图。在质子交换膜燃料电池中[图7-12(a)]，阳极发生氢气或甲醇的氧化反应，产生的氢离子（H^+）通过质子交换膜从阳极传输到阴极，与阴极的氧气发生还原反应生成产物水；而在固体氧化物燃料电池中[图7-12（b）]，阴极发生氧气的还原反应，生成的氧离子（O^{2-}）穿过固体电解质，与阳极的氢气或甲烷发生氧化反应，生成产物水。虽然两种燃料电池的基本总反应均为 $2H_2+O_2 \longrightarrow 2H_2O$，但是质子交换膜燃料电池的工作温度一般为 80～120℃（低温质子交换膜燃料电池可以在室温或室温以下运行），产物水从阴极排出，而固体氧化物燃料电池的工作温度一般为 600～1000℃，产物水从阳极排出。

燃料电池在实际运行条件下（有电流通过）存在过电位，因此，电池的工作电压（E_{cell}）总是低于其电动势（可逆电压 E_r），并随着放电电流的增加而逐渐减小。电池工作电压与电流的关系是体现燃料电池性能尤其是电极电催化性能的一个重要特性，是燃料电池电极反应动力学研究的重要内容之一。

通过燃料电池的电流与电池端电压的关系可以用下式描述：

$$E_{cell} = E_r - \eta_a - \eta_c - iR_\Omega \tag{7-12}$$

式中，i、R_Ω、η_a、η_c 分别为通过电池的电流、电池内阻、阳极过电位和阴极过电位。电池的内阻包括电解质、电极材料、电池连接材料等的欧姆电阻以及电池材料之间的接触电阻，在经过电池材料和结构的优化后，主要由电解质欧姆电阻决定。阴、阳极的极化过电位由电极的电催化活性以及传质性能决定，在通常情况下可以进一步分解为电化学活化过电位以及扩散过电位（浓差过电位）。活化过电位是为了使电荷转移反应能够进行而施加的外部电势，该电势的施加使反应物突破反应速控步的能垒（活化能）而使反应按照一定的速率进行。活化过电位（η）与电流密度（j）的关系通常可以用 Butler-Volmer 公式描述：

$$j = j_0 \left[\exp\frac{\alpha_a F\eta}{RT} - \exp\left(-\frac{\alpha_c F\eta}{RT}\right) \right] \tag{7-13}$$

式中，j_0 为交换电流密度；F 为 Faraday 常数；R 为气体常数；T 为热力学温度；α_a 和 α_c 分别为阳极、阴极的电荷转移系数。电荷转移系数与反应的总电子转移数（N）及反应速控步进行的次数（ν）的关系为：

$$\alpha_a + \alpha_c = \frac{N}{\nu} \tag{7-14}$$

交换电流密度的特性以及电荷转移系数的大小与电极反应的机制有密切的关系，通过分析交换电流密度以及电荷转移系数与反应物种类、浓度以及操作条件的关联，对于解析电极催化反应机理具有重要的作用。

图 7-13 为典型燃料电池的端电压随电流变化的示意图。在没有电流通过的条件下（即开路状态，对应的电压为开路电压），电池的端电压与电池的可逆电压相等。随着电流的增加，电极反应在小电流的条件下主要受活化过电位的控制；在中等电流的条件下，电极反应速率迅速提高，电池的端电压主要受欧姆电阻的影响；在大电流下，当反应物的传质速率无法满足电极反应的需求时，反应将受扩散过电位的控制而进入物质传递控制区。

影响燃料电池动力学特性的主要参数为电池的电动势、电极反应的交换电流密度、电荷转移系数、极限扩散电流以及电池的内阻。电动势由燃料电池中发生的电化学反应决定，即取决于燃料与氧化剂的组成、电池操作温度等条件。具有高电动势的电池在相同的极化过电位下具有高的电压效率，因此选择具有高的电动势的燃料电池体系及操作条件是保证电池效率的一个前提。在电极反应的电荷转移系数相同的条件下，交换电流密度是决定电极活化过电位的重要因素，是表征电极电催化活性的一个重要参数。对于同一反应，具有高交换电流密度的电极具有高的电催化活性，在相同的电流下产生的活化极化过电位较小，因此提高电极反应的交换电流密度是提高电池效率的重要手段。交换电流密度的提高可以通过增加反应活性位的数量或提高活性位的催化活性来实现。电荷转移系数与电极反应的机理相关，对电极极化过电位同样有重要的影响，在利用交换电流密度作为标准比较不同电极的活性时，必须保证电极反应具有相同的电荷转移系数。

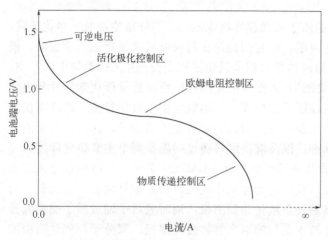

图 7-13　典型燃料电池的极化曲线

燃料电池在实际操作条件下必须保证高的燃料利用率，电池出口处的反应物燃料的浓度较低，电池可能会受到扩散过电位的严重影响。具有大的极限扩散电流是保证电池在低反应物浓度下具有高效率的关键，多孔性电极材料可以显著增加电极的极限扩散电流。在经过电池材料以及结构的优化后，燃料电池的内阻主要由电解质的欧姆电阻决定，因此，电解质的欧姆电阻是影响电池动力学特性的重要参数。欧姆降为通过电池的电流与内阻的乘积，随着电流的增加，欧姆降会超过活化极化，在大电流的操作条件下成为决定电池效率的主要因素，减小电解质的电阻可以提高电池效率以及输出性能。减小电解质欧姆电阻可以通过减小电解质的厚度和提高电解质的离子电导率来实现。

7.2.3.2　质子交换膜燃料电池电催化

质子交换膜燃料电池（proton electrolyte membrane fuel cell，PEMFC）是以固体聚合物膜为电解质的燃料电池，这种聚合物膜是电子绝缘体，却是一种很好的质子导体，目前应用较广泛的是含氟的磺酸型聚合物膜，如杜邦公司生产的 Nafion 膜。PEMFC 除了具有燃料电池的一般特点，如能量转化效率高和环境友好等之外，同时还有可在室温下快速启动、无电解液流失、水易排出、寿命长、比功率与比能量高等突出特点。PEMFC 在交通、通信、军事、航天等方面拥有巨大应用前景。

目前 PEMFC 的燃料可以按气体与液体区分，气体燃料主要是氢气，液体燃料则涉及很多，如甲醇、乙醇、甲酸、甲醛、二甲酯和硼氢化物等。最为传统的是氢气为燃料的 PEMFC，它已经过几十年的发展，其技术日趋成熟，目前已处于商业化的前期。2001 年我国第一辆 PEMFC 概念车试制成功，并上路运行。但是，PEMFC 若要实现大规模的使用，必须实现其关键技术和关键材料方面的突破，以确保其稳定性和可靠性，同时大幅度降低其成本。PEMFC

最理想的燃料是纯氢,其电池功率密度已经达到实际应用的要求,国际上对纯氢为燃料的PEMFC进行了大量研究和投资。例如在汽车方面,有以高压氢、储氢材料储氢和液氢为燃料的 PEMFC 组,作为动力。但以纯氢气为燃料时,氢的储存和运输不但具有一定的危险性,而且建立氢供给的基础设施投资巨大。研究表明,重整氢是目前 PEMFC 的理想氢源,它能有效解决氢气的存储、运输以及安全方面的问题。重整氢中含有的少量 CO 能毒化催化剂从而使电池性能大幅度降低,因此解决 CO 毒化问题是一个研究热点,并对 PEMFC 的实际应用具有重大意义。

与氢燃料 PEMFC 相比,液体燃料的质子交换膜燃料电池,无需外重整及氢气净化装置,便于携带与储存,较好地解决了氢源的问题。但它们也存在阳极电氧化过程动力学缓慢、催化剂中毒和燃料透过等问题。例如大多数液体燃料在电氧化过程中会产生 CO 类的中间产物,它们会强吸附在催化剂表面(例如 Pt 表面),占据电催化活性位点,造成催化剂活性和电池性能下降。另外,液体燃料如甲醇能透过质子交换膜,在阴极发生电氧化反应,这样不仅降低了燃料的利用效率,而且在阴极会产生混合电位而大大降低电池的性能。因此,对于液体燃料来说,开发高活性和抗中毒的催化剂,以及解决燃料透过问题是两个主要研究课题。

PEMFC 的工作原理基本相似,以直接甲醇燃料电池(DMFC)为例,甲醇的水溶液或者汽化甲醇和水蒸气的混合物被送至阳极,发生电催化氧化反应。甲醇被氧化成二氧化碳,同时释放出电子和氢质子,电子经外电路通过负载传递到阴极,同时氢质子通过质子交换膜传导至阴极,实现质子导电。氧气或空气与水蒸气的混合物被传至阴极,氧分子与到达阴极的质子和电子发生电催化还原反应生成水。质子的迁移导致阳极出现带负电的电子累积,从而变成一个带负电的端子(负极),与此同时,阴极的氧分子在催化剂作用下与电子反应变成氧离子,使得阴极变成带正电的端子(正极),其结果就是在阳极的负电终端和阴极的正电终端之间产生了一个电压,如果此时通过外部电路将两端相连,电子就会通过回路从阳极流向阴极,从而产生电流。

电极由扩散层和催化层组成,其中催化层与质子交换膜的界面是电化学反应发生的场所。催化剂是 PEMFC 最关键材料之一,其功能就是加速电极与电解质界面上的电化学反应动力学过程,从而影响电池系统的性能和寿命。众所周知,目前 PEMFC 面临的成本、寿命和稳定性问题都与电催化剂有直接的联系,所以开发新型的 PEMFC 催化剂是 PEMFC 研究领域最为关键的研究内容。在电池的实际工作中,工作电压等于理论阴、阳极电位差减去阴、阳极电化学活化极化、传质极化和欧姆极化电压损失。以 DMFC 为例,实际单体 DMFC 的工作电压要远低于理论值 1.18V,其中阴、阳极的活化极化损失占主要部分。一个高效的催化剂能有效降低电极活化极化,从而提高工作电压和电池工作性能。一般而言,PEMFC 催化剂希望具有以下特点。

① 催化活性高 这要求催化剂具有高的比表面积、选择性和抗毒化能力。高的比表面积使得贵金属利用率和催化活性最大化,高的选择性和高的抗毒化能力也都直接影响催化活性。

② 稳定性好 因为催化剂工作于一个高酸性和正电势的电化学环境中,因此催化剂要具有好的抗腐蚀和抗氧化能力,才能满足长时间工作的需要。

③ 适当的载体 因为催化剂的载体一般起到分散和支撑催化剂的作用,还能通过金属-载体相互作用影响催化性能。载体一般希望具有良好的导电性、传质性、抗腐蚀性,以及有利的金属-载体相互作用。

④ 廉价 目前 PEMFC 普遍采用的是 Pt 系催化剂,从长远角度看,降低贵金属载量和开发非贵金属催化剂非常重要。

需要注意的是，上述几方面实际上是相互联系的，例如高的催化活性就能使用低载量的催化剂，从而降低催化剂成本；降低贵金属纳米催化剂的粒径能提高比表面积，但同时由于表面能的增大会带来稳定性不足的问题。所以在开发具有实际应用价值的催化剂的时候上面的几个方面需要统筹与平衡地考虑。

从电化学和催化的角度考虑，电催化作用主要表现在以下三方面：a.电极与活化配合物的作用，通过不同的电极引起反应活化能的变化，从而改变反应的速率，起到催化作用；b.电极与吸附物的作用，通过电极-吸附物键合强弱的变化，改变吸附物的浓度和其在电极表面的覆盖度，从而改变反应速率；c.电极对电解质溶液双电层的影响，由于反应的溶质和溶剂在不同电极上的吸附能力不同，界面双电层结构也不同，所以可以通过选择不同的电极，从而改变反应速率。

对于质子交换膜燃料电池催化剂的设计，应该围绕以上三个方面进行，其选择可以考虑如下原则。

① 基于活化模式的考虑　与普通多相催化一样，反应物分子首先在催化剂表面进行有效的化学吸附，这种吸附分为缔合吸附和解离吸附。在缔合吸附中，被吸附物在催化剂表面形成两个单键，而在解离吸附中，被吸附物分子解离。研究表明，在阳极催化剂表面，特别是在高比表面的 Pt 催化剂上，许多有机物分子（如甲醇、乙醇和甲酸等）都可以产生解离吸附，生成一个或数个吸附氢原子。因此，在质子交换膜燃料电池阳极催化剂表面，解离吸附活化是分子活化的主要途径，这是催化剂选择应考虑的重要因素。

② 基于催化反应的经验规律考虑　在分子活化过程中，吸附键强度是一个十分重要的参数。实践表明大量的催化反应都遵从"火山形效应"的规律：反应物分子在催化剂表面形成的吸附键强度必须适中，过高或过低都会损害催化剂最终的活性。

③ 基于键合理论的考虑　根据键合理论，金属催化剂的催化活性与其 d 电子轨道状态紧密相连。这种状态特征可以用能带理论中的 d 轨道填充分数来表示，也可以用 Pauling 的 $d/\%$ 特征表示，即金属-金属键中的 $d/\%$ 特征可看作金属原子中用于化学吸附的空闲 d 轨道的百分含量。$d/\%$ 的大小与催化剂活性的高低存在联系，也就是电催化中通常说的"电子因素"的影响。

④ 基于几何因素的考虑　催化剂的"几何因素"包括催化剂的表面晶体结构与缺陷、晶面的暴露程度、晶体颗粒大小和晶面应力等。表面形貌越粗糙，表面缺陷越多，催化剂颗粒的棱、角、边及缺陷也相应越多，处在这些位置的原子往往比一般的表面原子具有更强的解离吸附能力和更高的催化活性。催化剂暴露的不同晶面对催化氧化有机小分子具有不同的催化氧化机理，导致不同的晶面展现不同的催化活性，因此高活性晶面择优暴露的催化剂具有更高的催化性能。

在 PEMFC 系统里，阳极催化剂的研究致力于针对不同燃料，设计和制备具有高活性、稳定性以及抗中毒能力的催化剂；阴极催化剂则致力于设计和制备高活性与稳定性的氧还原催化剂，若涉及燃料透过时，则要求阴极催化剂具有好的选择性。

7.2.3.3　水的电催化

（1）析氢电催化

世界经济的蓬勃发展和生活水平的大幅度提高导致能耗急剧上升，其中，化石能源是目前使用的主要能源。然而，一方面化石能源的储量有限；另一方面，化石能源造成的生态环境污染日益严重。为了开发清洁的新能源，世界各国都在因地制宜地发展核能、太阳能、地热能、风能、生物能、海洋能和氢能等新型替代能源,其中氢能备受关注。

氢能的开发和利用首先需要解决的是廉价、大规模的氢气生产问题。氢气的制备方法包括:水电解制氢、化石能源制氢、生物质制氢及太阳能制氢等。电解制氢工艺是很古老的制氢方法,国内外水电解制氢技术已比较成熟,设备已经成套化和系列化。目前,水电解法制备氢气约占世界氢气生产总量的 4%。该法的优点是工艺简单,完全自动化,操作方便,制备的氢气纯度也较高,一般可达 99.0%～99.9%,且所含杂质主要是 H_2O 和 O_2。

理论上,电压超过 1.229V 即可进行水的电解,但是实际电解时,由于氢和氧生成反应中过电位、电解液电阻及电子回路内阻的存在,水分解需要更高的电压。事实上,析氢反应的研究早在 19 世纪后期就随着电解水技术的出现而受到研究人员的高度重视,并一直作为电化学反应动力学研究的模型反应,时至今日,析氢反应仍是研究最多的电化学反应之一。电化学中第一个定量的动力学方程,即 Tafel 方程,是 Tafel 于 1905 年对大量氢析出反应动力学数据进行分析归纳后得到的。Tafel 发现,在大多数金属电极表面,氢析出反应的过电位(η)与反应的电流密度(j)之间存在半对数关系:

$$\eta = a + b\lg j \qquad (7\text{-}15)$$

式中,a、b 为常数,前者与电极材料与溶液的组成有关,后者一般仅与电极材料有关。该经验公式迄今仍是电化学动力学研究中使用最广泛的理论工具,同时为定量描述界面电化学反应动力学的 Butler-Volmer 理论的产生起到了铺垫作用。

由于涉及的电子数目和中间态较少,析氢反应机理的研究比析氧反应和析氯反应机理研究成熟得多。早期的氢电极反应研究为现代分子水平的电催化科学提供了思想基础。Tafel 一开始就提出了氢析出是通过电极表面的氢原子两两结合生成氢分子的观点($H+H \longrightarrow H_2$)。1935 年,Horiuti 等提出金属电极上氢析出反应的活化能取决于电极与氢原子键合作用强弱的思想。

经过一个多世纪的研究,人们积累了关于电极材料上氢电极反应的大量数据和研究结果,对这些数据和结果的分析使得人们对反应机理和动力学有了较为系统的认识。对于析氢反应:

$$2H^+ + 2e^- \Longrightarrow H_2 \qquad (7\text{-}16)$$

该电极反应历程中可能涉及以下三种反应步骤(H_{ads} 代表吸附在电极表面的氢原子;e^- 代表电子;M 代表电极表面):

电化学放电步骤 $\qquad M + H^+ + e^- \longrightarrow M\text{-}H_{ads} \qquad (7\text{-}17a)$

复合脱附步骤 $\qquad 2M\text{-}H_{ads} \longrightarrow 2M + H_2 \qquad (7\text{-}17b)$

电化学脱附步骤 $\qquad M\text{-}H_{ads} + H^+ + e^- \longrightarrow M + H_2 \qquad (7\text{-}17c)$

从上面的历程看出,析氢反应包括一个电化学放电步骤[式(7-17a)]和至少一个脱附步骤[式(7-17b)或式(7-17c)]。因此,析氢反应存在两种最基本的反应历程:电化学放电+复合脱附和电化学放电+电化学脱附。上述三个步骤都有可能成为整个电极反应的速率控制步骤,因此析氢过程可有以下四种基本反应机理:

电化学放电(快)+复合脱附(慢) （Ⅰ）

电化学放电(慢)+复合脱附(快) （Ⅱ）

电化学放电(快)+电化学脱附(慢) （Ⅲ）

电化学放电(慢)+电化学脱附(快) （Ⅳ）

这四种机理中,Ⅱ和Ⅳ称为"迟缓放电机理",也称为 Volmer 机理;Ⅰ称为"复合脱附机理",也称为 Tafel 机理;而Ⅲ称为"电化学脱附机理",也称为 Heyrovsky 机理。至于以何种机理进行以及控制步骤是哪个反应,则主要依赖于电极材料,特别是其对氢原子的吸附强度。

(2)析氧电催化

由于诸多电化学过程,如:水分解制氢、电解、氯碱工业等,均涉及析氧反应,因此,析氧反应在电化学中扮演非常重要的角色,长久以来备受关注。然而,析氧反应大规模工业应用的一个最大问题是电催化剂的催化效率过低。因此,在过去的几十年里,研究人员投入了大量精力研究和开发具有高活性和稳定性的析氧电催化剂。

从科学角度来看应该从以下几个方面选择合适的催化剂电极材料:催化活性和抗中毒性;反应选择性;表面状态及其随时间的变化。从生产工艺及实用角度选择应考虑以下几个方面:耐腐蚀性和耐磨损性;电极材料的稳定性和耐久性;良好的导电性;力学强度及密度;加工性能;再生性及原料回收可能性;价格及经济性。

传统使用的析氧阳极材料大致可分为三类:贵金属(铂、金等)、石墨、铅及铅基合金。石墨电极被广泛应用在电解工业领域长达数十年之久,但在长时间的使用中发现石墨阳极存在很多不足之处:电能消耗大;随着电化学反应的进行,石墨电极损耗量大,电极极距发生变化,造成电解生产不稳定;石墨材料力学强度差,不易进行机械加工。为了适应发展的需要,石墨电极逐渐被金属电极所取代。首先是铂族金属,因其良好的耐氯腐蚀性、导电性而引起了研究人员的注意。但是贵金属价格昂贵,且该类电极的析氧活性并不理想。铅合金阳极不稳定,容易发生变形,导电性不够好,电能消耗比较大,且铅合金阳极中有毒的铅离子会溶解在溶液中,造成二次污染。这促使人们去探索和发展更高效、稳定的阳极材料。

金属电极上的阳极过程动力学规律远比阴极过程复杂,导致对析氧反应的研究远不如对析氢反应过程的研究那样深入。总的来说,阳极析氧反应具有以下典型特征。

① 过程复杂 在酸性溶液中,析氧反应总反应式为:
$$2H_2O \longrightarrow O_2 + 4H^+ + 4e^- \tag{7-18}$$

在碱性溶液中,析氧反应总反应式为:
$$4OH^- \longrightarrow O_2 + 2H_2O + 4e^- \tag{7-19}$$

由此可见,无论在酸性溶液还是碱性溶液中,析氧反应都是四电子复杂反应,过程中可能涉及多个电化学单元步骤,而且还要考虑氧原子的复合或电化学脱附步骤。因此析氧反应过程要比析氢反应过程步骤多,而且每一步都可能是速控步骤,使得关于析氧反应机理的研究相当困难。

一般认为在酸性和中性溶液中析氧历程为:
$$S + H_2O \longrightarrow S\text{-}OH_{ads} + H^+ + e^- \tag{7-20}$$
$$S\text{-}OH_{ads} \longrightarrow S\text{-}O_{ads} + H^+ + e^- \tag{7-21}$$
$$S\text{-}O_{ads} \longrightarrow S + 1/2 O_2 \tag{7-22}$$

碱性溶液中析氧的某些历程:
$$S + OH^- \longrightarrow S\text{-}OH_{ads} + e^- \tag{7-23}$$
$$S\text{-}OH_{ads} + OH^- \longrightarrow S\text{-}O_{ads} + H_2O + e^- \tag{7-24}$$
$$S\text{-}O_{ads} \longrightarrow S + 1/2 O_2 \tag{7-25}$$

上述电极表面的析氧历程是一种近乎抽象化、理想化的过程,从整个历程来看,电极的反应只有氧气析出,电极本身在反应前后没有任何变化。虽然这是人们所希望的,但是在实际反应中并不是这样。电极自身可能发生溶解和钝化，同时可能发生其他中间价态粒子 H_2O_2、H_2O^-、含氧吸附粒子及金属氧化物的生成等一些复杂的阳极过程。因此，析氧反应的历程相当复杂。

② 可逆性差　析氧反应的可逆性很小，要想在实验条件下建立一个可逆的氧电极相当困难。即使是在 Pt、Pd、Ag 及 Ni 等常用作氧电极的金属电极上，氧电极反应的交换电流密度也很小，一般不超过 $10^{-10} \sim 10^{-9} A/cm^2$。即析氧反应总是伴随着很高的过电位，因而几乎无法在热力学平衡电位附近研究析氧反应的动力学规律，甚至很难直接用实验手段测定准确的析氧反应平衡电极电位。通常所用的氧电极的平衡电位大多是由理论计算得到的。

由于析氧过程过电位较大，研究中涉及的电位较正，而在电位较正区域，电极表面通常会发生氧或含氧粒子的吸附，甚至会生成氧化物新相。这使得电极电位发生变化，电极表面状态不断发生变化，给反应机理研究带来很大困难。

③ 存在双 Tafel 区　极化曲线是研究电极反应机理的重要工具，不同电极表面的析氧极化曲线有不同的形态，但大多有一个共同点，即极化曲线通常都存在两个 Tafel 区，在低电流（或低过电位）区的 Tafel 斜率较小，在高电流（或高过电位）区的 Tafel 斜率较大。对此现象的认识主要存在四种观点：电极反应发生了变化；出现了另一个控制步骤；电极表面状态发生了突变；释放的氧气气泡对电极/溶液界面产生了冲击。其中，第二个观点较为人们所接受。

（3）析氯电催化

电解氯化钠水溶液生产氯气和氢氧化钠（烧碱）的氯碱工业是当今世界上规模最大的电解工业，也是最重要的电化学工业之一，其主要产物氯气和氢氧化钠是除了硫酸和氨以外最重要的无机工业原料。氯气是 PVC 等有机物的生产、化学品水处理、氯化中间体和无机氯化物生产及造纸等行业的重要原料；氢氧化钠主要用于有机合成、造纸、纺织、铝冶炼及多种无机化合物的生产；主要副产物氢气是一种可持续的清洁能源，且在无机物生产中被广泛使用。

虽然氯碱工业具有十分重要的意义，但是存在用电量大，能耗高等问题，如何降低能耗始终是氯碱工业的核心问题。基于离子膜法的现代氯碱工业的电极反应式为：

阴极反应：　　　　$2H_2O + 2e^- \longrightarrow H_2 + 2OH^-$　　$E_e = 0.828V (vs.NHE)$　　　　（7-26）

阳极反应：　　　　$2Cl^- \longrightarrow Cl_2 + 2e^-$　　$E_e = 1.359V (vs.NHE)$　　　　（7-27）

阳极副反应：　　　$4OH^- \longrightarrow O_2 + 2H_2O + 4e^-$　　$E_e = 0.401V (vs.NHE)$　　　（7-28）

从热力学来看，阳极上更易生成 O_2 而不是产生 Cl_2。此外，必须寻求合适的阳极材料和阴极材料，对阳极来说，希望析氯反应过电位应尽可能低，而对不希望发生的析氧反应则希望其过电位尽可能高；对阴极而言，则是要求在碱性溶液中的析氢过电位尽可能低。这是氯碱工业所需解决的电催化问题。

从开始采用电解法生产 Cl_2 到 1913 年，工业上一直采用铂和磁性氧化铁作为阳极材料。然而，铂价格太高，磁性氧化铁太脆，且只能在平均阳极电流密度为 $400A/m^2$ 的条件下工作。自 1913 年石墨电极发明之后至 1970 年将近 60 年时间里，氯碱工业广泛采用石墨作为阳极材料。

石墨阳极的主要缺点是析氯过电位高，有时氧化损耗会导致石墨阳极形状不稳定，极间距增大，能耗提高。石墨阳极上析氯过电位高达 500mV，产 1t Cl_2 引起的阳极碳剥离量大于 2kg。同时电解过程中阳极在析出氯气的同时会产生少量氧气，氧与石墨作用生成 CO 和 CO_2，使石墨阳极遭到电化学腐蚀而剥落。因此,石墨阳极的使用寿命仅有6~24个月,当其厚度减薄至2~3cm(初始厚度一般在7~12cm)时就需要更换新阳极,这使得电解槽结构和生产操作复杂化。

石墨阳极在实际应用过程中遇到的上述问题促使人们在开发新型高效析氯阳极方面投入大量研究精力。析氯催化剂材料必须具备以下四个基本条件:高催化活性、高稳定性、高选择性和高电子导电性。图7-14给出了铂族金属及其氧化物稳定性与电极电位的关系。其中,阴影区域代表金属导电,实线和虚线分别代表析氧和析氯电极电位。从图中可看出,IrO_2和RuO_2在析氧和析氯条件下都具有良好的导电性和稳定性,因此都是良好的电催化剂。然而,实际使用中发现IrO_2的稳定性比RuO_2稍好,但RuO_2的活性较高,尤其是在氯盐体系中。

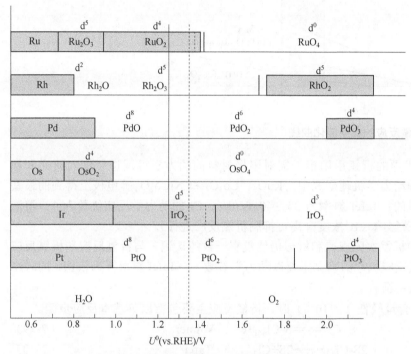

图7-14 铂族金属及其氧化物稳定性与电极电位的关系

为了获得具有实际使用价值的析氯催化剂,人们系统研究了包括石墨、金属(Pt、Ir、Ru及其合金)和金属氧化物(Co_3O_4、WO_3、Fe_3O_4、PbO_2、MnO_2、PtO_x、IrO_2及RuO_2)在内的各种潜在阳极材料的析氯动力学行为特征。图7-15给出了不同阳极表面析氯反应的典型极化曲线,从这些曲线中我们很直观地发现,Ti/RuO_2+TiO_2阳极,即通常所说的"钌钛阳极"的电催化析氯活性最高。

20世纪60年代钛基涂层氧化物电极-尺寸稳定阳极(DSA)的发明引起氯碱工业巨大变革,石墨阳极逐渐被DSA钌钛阳极所取代。DSA是由Beer发明的,O.de Nora率先报道了其在工业中的应用,V.de Nora和A.Nidola在1970年洛杉矶电化学会议上的报道打开了其在科学研究中的大门。在氯碱工业典型电流密度(0.2~1.0A/cm²)下,钌钛阳极的过电位明显低于其他电极(DSA上析氯反应过电位由石墨阳极上的500mV以上降至50mV以下),而且非常稳定,工作寿命可达10年以上。RuO_2和TiO_2具有类似的晶格参数,使得它们能以共熔体形态存在,避免了导电性差的TiO_2直接与基体接触。同时TiO_2在腐蚀性介质中具有良好的耐腐蚀性能，RuO_2 具有优异的电催化析氯活性、良好的析氯选择性和稳定性。此外，工业钌钛阳极通常为栅状或网络状结构，既可降低成本又有利于气体析出，减轻气泡效应所引起的电极间电阻增大，进而引起槽压下降。这些因素促使钌钛阳极成为氯碱工业、氯酸盐和次氯酸盐电解中使用最广泛的阳极。

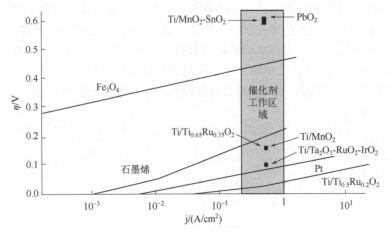

图 7-15　不同阳极表面析氯反应的典型极化曲线

为了制备性能更加优异的析氯用阳极，需对阳极材料的动力学机理进行深入研究和探讨。在析氯反应电极过程动力学机理研究中，RuO_2、Co_3O_4 和 $NiCo_2O_4$ 等电极上得到的最基本的实验规律是比较一致的：Tafel 斜率为 35～40mV/dec；Cl^- 的动力学反应级数为 1；溶液 pH 值对反应动力学有显著影响（H^+ 浓度升高可抑制析氯反应进行）。

然而，钌钛涂层上的析氯实验规律和机理仍然没有一致的认识。与析氢反应和析氧反应机理研究过程类似，析氯反应机理的确立主要以动力学参数——Tafel 斜率 b 为依据，同时结合 Cl^- 甚至 H^+ 的反应级数特征。

当氧化物涂层中 Ru 含量较低（<10%）时，析氯反应主要包括以下基本反应步骤。

电化学步骤：$\quad\quad\quad S+Cl^- \rightleftharpoons S\text{-}Cl_{ads}+e^- \quad$ Volmer $\quad\quad\quad$ （7-29）

复合脱附步骤：$\quad\quad 2S\text{-}Cl_{ads} \longrightarrow 2S+Cl_2 \quad$ Tafel $\quad\quad\quad\quad\quad$ （7-30）

电化学脱附步骤：$\quad S\text{-}Cl_{ads}+Cl^- \longrightarrow S+Cl_2+e^- \quad$ Heyrovsky $\quad\quad$ （7-31）

式中，S 表示 RuO_2 的活性位点，此过程与析氢反应基本步骤是一致的，其中电化学步骤（Volmer，斜率为 120mV/dec）、复合脱附步骤（Tafel，斜率为 30mV/dec）和电化学脱附步骤（Heyrovsky，斜率为 40mV/dec）均可能成为速控步骤。因此，反应基本历程有 Volmer-Tafel 和 Volmer-Heyrovsky 两种。

然而，无论是 Volmer-Tafel 机理还是 Vomer-Heyrovsky 机理均无法解释 Ru 含量大于 25% 的 RuO_2-TiO_2 电极上析氯反应 Tafel 斜率为 40mV/dec，且 Cl^- 的反应级数为 1 的现象。为此，Erenburg 和 Krishtalik 提出了新的析氯机理，其涉及的吸附中间态 $S\text{-}Cl_{ads}$ 粒子可较好地解释该氧化物电极上析氯反应 Cl^- 的反应级数为 1 的现象：

$$S+Cl^- \rightleftharpoons S\text{-}Cl_{ads}+e^- \quad\quad\quad （7\text{-}32）$$

$$S\text{-}Cl_{ads} \rightleftharpoons S\text{-}Cl_{ads}^+ +e^- \quad\quad\quad （7\text{-}33）$$

$$S\text{-}Cl_{ads}^+ +Cl^- \longrightarrow S+Cl_2 \quad\quad\quad （7\text{-}34）$$

此机理也被称为 Volmer-Krishtalik-Tafel 机理。

一般认为,钌钛氧化物 DSA 阳极优异的电催化性能主要是由于高氧化态钌的 d 电子轨道可与氧的 p 电子轨道重叠。以固溶体 TiO_2+RuO_2 氧化物涂层为阳极时,在正电场作用下,除了施主杂质钌给出电子向阳极移动,使钌成为正电中心外,固溶体中还存在氧缺陷。阴离子缺位使点阵格子形成空位,结果等效于该处有过剩正电荷,导致钌的正电中心增强。由于上述阳离子掺杂和阴离子缺位的双重作用,产生了存在于固溶体中的缺陷吸附位,即 Ru^{4+},该吸附位可吸附溶液中的 Cl^- 形成 $S\text{-}Cl_{ads}$ [式(7-32)]。又由于 Ru 的外层电子构型为 $4d^75s^1$,因此 RuO_2 中 Ru 具有未充满电子的 d 轨道,即"能带理论"中的"d 带空穴"。未充满的 d 轨道具有容纳外来电子的费米能级与氧化物表面吸附物 $S\text{-}Cl_{ads}$ 的氯原子($3s^73p^5$)中的未满 p 电子配对,在 Ru 正电中心作用下,该配对的 p 电子偏向 Ru^{4+} 形成 $S\text{-}Cl_{ads}^+$ [式(7-33)]。显然,带正电荷的 Cl^+ 在阳极将受到排斥,很容易与溶液中的 Cl^- 结合形成 Cl_2 而从电极表面脱附 [式(7-34)]。

氧化物表面吸附物 $S\text{-}Cl_{ads}$ 的形成 [式(7-32)] 和氯的脱附 [式(7-34)] 在正电场作用下容易发生,故带正电 Cl^+ 的形成过程 [式(7-33)] 为速控步骤。该机理认为钌钛涂层电极对氯化钠溶液中 Cl^- 吸附和脱附的催化活性实质上来源于施主 Ru 和氧缺陷。

其后,又有研究发现当溶液 pH 值下降时,析氯反应的电流密度也随之下降,即 H^+ 参与了析氯反应,且析氯反应过程中 H^+ 反应级数为 $-2\sim-1$,此时的析氯机理为:

$$S+H_2O \longrightarrow S\text{-}OH_{ads}+H^++e^- \tag{7-35}$$

$$S\text{-}OH_{ads}+Cl^- \longrightarrow Cl\text{-}S\text{-}OH+e^- \tag{7-36}$$

$$Cl\text{-}S\text{-}OH+HCl \longrightarrow S+H_2O+Cl_2 \tag{7-37}$$

或

$$S+H_2O \longrightarrow S\text{-}OH_{ads}+H^++e^- \tag{7-38}$$

$$S\text{-}OH_{ads} \longrightarrow S\text{-}O_{ads}+H^++e^- \tag{7-39}$$

$$S\text{-}O_{ads}+Cl^- \longrightarrow Cl\text{-}S\text{-}O+e^- \tag{7-40}$$

$$Cl\text{-}S\text{-}O+HCl \longrightarrow S\text{-}OH_{ads}+Cl_2 \tag{7-41}$$

此反应机理虽然较好地解释了 H^+ 反应级数为 -1 的现象,但是仍存在一些争议,且该机理要求析氯反应时电流密度随 pH 值降低而降低,这与实际工业生产观察到的现象不吻合。因此,析氯反应机理至今仍无完全一致的看法。

此外,电极/电解质界面气体析出反应过程的表征,包括该过程中电极表面状态变化、析氯选择性原因等也是气体电极研究领域的难点。对此,有研究者采用电化学噪声和扫描电化学显微镜等技术监测该过程的行为特点,发现电化学噪声是一种行之有效的监测气体析出电极表面催化剂效率的手段。通过高灵敏的测试系统监测气泡在离开电极表面过程中造成的电流波动,进一步通过傅里叶转换分析该电流响应,可获得气体析出电极的特征频率。该特征频率可用于评价催化剂的性能,并可估计在气体析出反应过程中被激活的催化剂的比例。借助扫描电化学显微镜原位分析电极表面析氯行为特征,可研究电极表面活性点分布情况及催化性能。

7.2.3.4 CO_2 还原电催化

随着日益增长的化石能源消耗,CO_2 的排放量显著增加,打破了自然界的碳循环平衡,导致大气温室气体的浓度持续增加。这不仅给环境带来了负面影响,而且也不利于人类社会的可持续发展。如果能将 CO_2 回收并转化为可利用资源,就可以有效解决上述问题并实现碳的循环利用。在众多 CO_2 转化途径中,电催化还原方法由于具有常温常压下即可进行的显著优点而引起了研究者的关注。另外，如果将太阳能发电用于电化学还原 CO_2，就可以实现可持续的 CO_2 转化而不会给环境增加新的能源消耗。电化学还原二氧化碳的过程较温和，而且通过电极材料的选择可以有效实现二氧化碳向目标产物的转化。电化学还原方法以电子及质子为绿色反应试剂，整个过程不仅环境友好，而且常温常压下就可实现。电化学还原不仅可以将 CO_2 转化为液态燃料（例如有机酸、醇）用于工业原料或燃料电池能源，还可以将电能以化学能形式储存。

在 CO_2 电化学转化过程中，催化电极材料的选择至关重要，这直接影响到 CO_2 还原产物的选择性及法拉第效率。目前人们已尝试了大量块体材料作为催化电极，但这些电极的催化性能普遍较差，并不能满足实际应用的要求。为了提高 CO_2 的电化学转化效率，有研究表明采用纳米尺度的电极材料可以显著提高材料的催化性能，这为解决上述问题提供了思路。

尽管 CO_2 电化学还原在近年来受到了较多的关注，但是针对这一领域仍有很多学者提出了质疑，认为 CO_2 电化学还原的研究意义不大。对此，有学者认为：如果 CO_2 电化学还原中的电能来自化石燃料的燃烧发电，那么即使电能全部被用于 CO_2 的还原，整个过程还是造成了能量浪费和过多 CO_2 排放。因此，只有电能来自非化石能源（例如太阳能发电或风能）时，电化学还原 CO_2 才能实现有效的 CO_2 捕获及碳资源再生，特别是与太阳能发电系统耦合后还可实现人工模拟光合作用及能源的绿色循环，CO_2 还原的低级产物（CO 或甲酸等）可以作为 C_1 化工的反应原料，高级产物（醇类）可直接作为燃料使用。从这个角度来说，针对 CO_2 电催化还原开展研究具有非常重要的意义。

(1) 水溶液体系中 CO_2 电催化还原

表 7-5 给出了水溶液中 CO_2 还原至代表性产物的标准电极电位。可以看出 CO_2 可以发生不同程度的电化学还原，可以被 2 电子还原成甲酸、一氧化碳或草酸，也可以被 4 电子还原成甲醛，还可获得更多的电子得到甲醇、甲烷、乙烯和乙醇等产物。需要注意的是，表 7-5 仅仅列出了水溶液体系中的理论还原电位，若 CO_2 在有机溶液体系中电还原，热力学计算的结果会有差别。尽管 CO_2 分子化学反应活性很低，热力学计算结果显示 CO_2 发生电还原的理论电位并不是很负，与析氢电位相比差别仅有几百毫伏，但实际上 CO_2 的电化学还原并不容易发生，施加的电位要比理论还原电位负很多。这主要是因为 CO_2 还原过程中首先要经历第一步单电子还原（$CO_2 + e^- \rightleftharpoons CO_2^-$），该步骤需要在 $-1.90V$（vs.SHE）的电位下进行，需要克服较大的电势壁垒。

表 7-5 CO_2 还原至部分典型产物的标准电极电位
（101.325kPa，25℃，水溶液体系）

电化学半反应方程式	标准电极电位（vs.SHE）/V
$CO_2(g) + 2H^+ + 2e^- \rightleftharpoons HCOOH(l)$	-0.25
$CO_2(g) + 2H^+ + 2e^- \rightleftharpoons CO(g) + H_2O(l)$	-0.106
$2CO_2(g) + 2H^+ + 2e^- \rightleftharpoons H_2C_2O_4(aq)$	-0.5
$CO_2(g) + 4H^+ + 4e^- \rightleftharpoons CH_2O(l) + H_2O(l)$	-0.07
$CO_2(g) + 6H^+ + 6e^- \rightleftharpoons CH_3OH(g) + H_2O(l)$	0.016
$CO_2(g) + 8H^+ + 8e^- \rightleftharpoons CH_4(g) + 2H_2O(l)$	0.169
$2CO_2(g) + 12H^+ + 12e^- \rightleftharpoons CH_2CH_2(g) + 4H_2O(l)$	0.064
$2CO_2(g) + 12H^+ + 12e^- \rightleftharpoons CH_3CH_2OH(l) + 3H_2O(l)$	0.084

正因为如此，$CO_2^{-\cdot}$ 的生成反应也被认为是电催化还原 CO_2 过程的决速步骤。为了解析 CO_2 的还原机理，有必要明确 $CO_2^{-\cdot}$ 的形成过程。研究者通过理论计算推测出 $CO_2^{-\cdot}$ 呈现弯曲的分子构型，O—C—O 之间的夹角为 135.3°，最高占据轨道的未成对电子密度主要集中在碳原子端，说明 $CO_2^{-\cdot}$ 倾向于通过碳原子端发生亲核反应。由于 $CO_2^{-\cdot}$ 自由基非常活泼，在水溶液中极易与质子发生反应生成后续产物，因此仅利用常规电化学方法证实 $CO_2^{-\cdot}$ 自由基的存在几乎不可能。Aylmer-Kelly 等研究者利用调制镜面反射光谱技术证实了 $CO_2^{-\cdot}$ 的存在，他们以铅金属为工作电极电催化还原 CO_2，通过原位监测紫外光谱的变化捕获到了 $CO_2^{-\cdot}$ 自由基的信号。他们认为由于电极表面处于较负的极化电位，对 $CO_2^{-\cdot}$ 自由基有很强的排斥作用，因此表面吸附的 $CO_2^{-\cdot}$ 自由基量非常少，主要存在于溶液相中。到目前为止，水相体系中 $CO_2^{-\cdot}$ 自由基的检测依然是一个具有挑战性的工作。相比于 $CO_2^{-\cdot}$ 的生成过程而言，$CO_2^{-\cdot}$ 的后续转化更为复杂多样，特别是高级产物的生成伴随着多步质子和电子的转移，接下来我们将以产物分类来具体介绍这方面的研究工作。

a．甲酸或甲酸根。从反应方程式来看，$CO_2^{-\cdot}$ 再获得两个质子和一个电子就可以生成甲酸。考虑到实际电解液（例如广泛使用的碳酸氢盐溶液）接近中性，而甲酸的酸解离常数的负对数为 3.7，所以在广泛使用的碳酸氢盐电解液中实际得到的产物是甲酸根，而不是甲酸。由于汞电极对 CO_2 还原为甲酸根产物具有极高的选择性，有学者研究了碳酸氢盐溶液中汞电极上 CO_2 的还原及中间活性物种。通过稳态极化曲线等测试结果，推测出甲酸根的形成主要经历了以下两个步骤：

$$CO_2^{-\cdot} + H_2O \longrightarrow HCOO^{\cdot} + OH^- \tag{7-42}$$

$$HCOO^{\cdot} + e^- \longrightarrow HCOO^- \tag{7-43}$$

首先，$CO_2^{-\cdot}$ 从水分子获得一个质子与碳原子结合生成 $HCOO^{\cdot}$ 中间物种 [式（7-42）]，随后，$HCOO^{\cdot}$ 中间物种被继续还原为 $HCOO^-$ [式（7-43）]。除了上述机理外，$CO_2^{-\cdot}$ 也可以与电极表面还原产生的吸附态氢（H_{ads}）反应，直接生成 $HCOO^-$ [式（7-44）]。

$$CO_2^{-\cdot} + H_{ads} = HCOO^- \tag{7-44}$$

b．一氧化碳。与甲酸生成过程不同的是，质子首先进攻 $CO_2^{-\cdot}$ 自由基的氧原子端生成 $^{\cdot}COOH$ 中间物种 [式（7-45）]，随后得电子而生成 CO [式（7-46）]。$CO_2^{-\cdot}$ 自由基也可以直接与吸附态氢反应而转化为 CO [式（7-47）]。

$$CO_2^{-\cdot} + H_2O \longrightarrow {}^{\cdot}COOH + OH^- \tag{7-45}$$

$${}^{\cdot}COOH + e^- \longrightarrow CO + OH^- \tag{7-46}$$

$$CO_2^{-\cdot} + H_{ads} \longrightarrow CO + OH^- \tag{7-47}$$

CO 与甲酸都是 CO_2 的 2 电子还原产物，也是 CO_2 还原中最为常见的产物，绝大多数 CO_2 电催化还原的研究工作都与这两种产物有关。CO_2 向甲酸或 CO 转化过程的根本区别在于质子进攻 $CO_2^{-\cdot}$ 自由基的位置不同，之所以不同是由于金属电极上 CO 和甲酸产物的选择性不同，与 $CO_2^{-\cdot}$ 自由基在电极上的吸附模式有直接关系。Hori 等研究人员比较了不同金属电极上 CO_2 还原产物的选择性，电极与 $CO_2^{-\cdot}$ 自由基之间的作用力决定了后续 CO 或甲酸的选择性。例如，$CO_2^{-\cdot}$ 自由基在铅、汞、铟、锡和镉这类电极上的吸附能力较弱，因此质子容易进攻游离 $CO_2^{-\cdot}$ 自由基的碳端，有利于 CO_2 向甲酸的转化；而在铜、金、银、锌、镍和钯等金属表面上，$CO_2^{-\cdot}$ 自由基的吸附作用较强，由于 $CO_2^{-\cdot}$ 自由基通过碳端吸附在金属电极上，而悬空的氧端易于与质子结合，随后脱去一个氧而生成 CO。

c．甲醛。与其他 CO_2 还原产物相比，甲醛不容易得到且法拉第效率很低，关于甲醛生成机理的研究工作更是少见。研究人员以半导体材料 TiO_2 为工作电极,探讨了 CO_2 光电还原为甲醛的过程。他们认为甲醛的生成来自甲酸产物的进一步还原。不过由于甲醛易被继续还原为甲醇,所以产物中甲醛的比例很少。采用新颖的掺硼金刚石电极催化 CO_2 电还原,甲醛的法拉第效率高达 62%,实验结果证实了甲醛的生成源于甲酸的还原。

$$HCOOH+2H^++2e^- \longrightarrow HCHO+H_2O \tag{7-48}$$

d. 甲醇及甲烷等高级产物。热力学计算结果显示,CO_2 多电子还原成高级产物的电位较正,似乎醇或烷烃等高级产物要比甲酸或一氧化碳更容易得到。但由于反应过程中涉及多步电子及质子转移,CO_2 分子经过原子和化学键的重新组合转变为更复杂的高能量分子,从动力学的角度来说难度很大。正因为如此,CO_2 还原的研究中绝大多数产物是甲酸或一氧化碳。在目前已知的催化金属电极中,仅有铜可以催化 CO_2 到醇或烷烃等高级产物,而且转化机理仍存在一定的争议。以甲烷或甲醇的生成为例,通过密度泛函理论计算推测出的甲烷生成路径如下:CO_2 首先还原为吸附态的 CO_{ads}(通过碳端吸附在电极表面),CO_{ads} 接受多步的质子-电子对而陆续生成吸附态 CHO_{ads}(质子加在碳端)、吸附态甲醛 H_2CO_{ads} 以及吸附态 CH_3O_{ads},接下来质子如果加在碳端就会得到甲烷,如果加在氧端就会得到甲醇。不过对于这个机理也有不同的观点,研究人员通过理论计算认为,CO_2 还原到甲烷还存在另外一个途径:$CO \rightarrow COH \rightarrow C \rightarrow CH \rightarrow CH_2 \rightarrow CH_3 \rightarrow CH_4$,原因是 CO 还原成 COH 的活化能要比 CHO 低。对于乙烯及乙醇来说,CO 仍然是其前驱体,不过生成机理更为复杂,某些关键步骤至今仍不明确。

(2) 非水溶液体系中 CO_2 电催化还原

相比于水溶液体系的 CO_2 还原,非水溶液(有机溶剂)可有效抑制析氢副反应,从而获得较高的法拉第效率。同时 CO_2 在有机溶剂中的溶解度要比水中大很多,比如常温下 CO_2 在乙腈中的溶解度是水中的 8 倍,CO_2 溶解度的增加可有效提高反应效率。在质子活性溶剂(例如甲醇)中 CO_2 的还原途径及产物与水溶液类似,只不过甲醇充当了质子供体。在其他质子惰性溶剂中,由于没有质子参与反应,还原的主要产物是草酸和一氧化碳。

尽管非水体系中 CO_2 还原的法拉第效率较高,但是也存在一些潜在问题。例如,阳极反应是整个电解过程的重要部分,阳极反应如果不能顺利进行将会制约总体电解的反应速率。在非水体系中阳极反应如何发生,究竟哪个物质充当被氧化的反应物,这都是需要考虑的问题;而在水相体系中,析氧反应较容易发生,不需要额外提供反应物确保氧化过程的进行。

(3) CO_2 电催化还原的主要影响因素

影响 CO_2 电催化还原效率及产物分布的因素较多,主要包括以下两个方面:电极材料和电解液,电极材料直接影响着 CO_2 还原产物的分布。以金属电极催化水相中 CO_2 的还原为例,主要产物如表 7-6 所示。

表 7-6 碳酸氢盐溶液中金属电极催化 CO_2 还原的产物分布

金属电极材料	产物分布
铅、汞、铟、锡、镉、铋	甲酸盐
金、银、锌、镓、钯	CO
铁、钴、镍、铂、铑	高压下可得到甲酸盐或 CO
铜	甲酸盐、CO、烃类、少量醇

大部分金属电极催化 CO_2 还原的产物为 2 电子还原产物：甲酸盐或 CO。铅、汞、铟、锡、镉和铋这一类金属电极具有较高的析氢过电位及微弱的 CO 吸附强度，主要产物为甲酸盐；而金、银、锌、镓和钯这类金属具有适当的析氢过电位及 CO 吸附强度，可以催化 CO_2 中 C-O 键的断裂而生成吸附态的 CO，同时 CO 产物的脱附也比较顺利，所以产物以 CO 为主；铁、钴、镍、铂和铑这类金属由于析氢过电位较低以及 CO 的吸附强度较大，常压下电极表面发生的都是析氢反应，而 CO_2 难以被催化还原，但在高压下，这些电极材料却表现出一定的催化活性，产物为甲酸盐或 CO；在众多的金属电极中，铜的催化性质非常特殊，除甲酸盐和 CO 之外，CO_2 还可以被还原成烃类（例如甲烷和乙烯）以及少量醇类产物。正因为如此，基于铜材料的 CO_2 催化还原过程一直是此研究领域的热点和难点。

电解质的阴离子或阳离子也会影响 CO_2 在金属电极上的还原。例如：在 $KHCO_3$、KCl、$KClO_4$、K_2SO_4 及 K_2HPO_4 溶液中，铜电极催化 CO_2 还原至甲烷的法拉第效率有着明显的差别。在这些溶液中，$KHCO_3$ 溶液中的法拉第效率最高，研究者认为其原因与阴离子对溶液的缓冲能力有关。阳离子同样也会影响产物的分布，在含有 Na^+、K^+、Rb^+ 和 Cs^+ 等碱金属阳离子的电解质溶液中，离子半径较大的 Rb^+ 和 Cs^+ 有利于 CO_2 在银电极上还原为 CO，其原因是 Rb^+ 和 Cs^+ 更易于在电极表面吸附而抑制析氢反应，同时吸附的阳离子还有利于稳定 CO_2^- 自由基，促进 CO 产物的生成。另外需要注意的是，电解质中极其微量的杂质离子也会影响电极的催化效果，已有研究表明铜电极在电解过程中会出现法拉第效率衰减的现象，失活原因主要是电解质原料的杂质（铁和锌离子）在铜电极上还原沉积。所以在 CO_2 还原前需要预处理电解液，通常可以采用小电流电解去除溶液中的杂质金属离子。

7.3 其他环境友好催化技术

7.3.1 分子筛催化

分子筛是一种理想的适合于形成环境友好工艺的催化剂。因为它能择形催化，提供超高的反应选择性，具有很高的活性中心密度，能产生较高的反应速率；它可以再生，即使废弃也能与环境兼容，因为其自身就是天然原料，合成的与天然的完全相同。例如，利用择形催化技术创建了 Mobil-Badges HZSM-5 基催化合成乙苯新工艺，取代了 UOP 环境污染的老工艺；丝光沸石择形催化合成异丙苯新工艺，取代了 H_3PO_4/SiO_2 和 ACI 等作催化剂的污染严重的老工艺。再如液晶单体、二异丙基萘（DIPN）的择形催化合成，传统的技术采用 $AlCl_3$，催化剂不能回收，副产物多，环境污染严重；采用 HM 择形催化剂，易分离回收再生，副产物、废弃物少，符合环境友好原则。在石油和化学工业中，择形催化已在催化裂化和加氢裂解以及芳烃的烷基化方面，得到了广泛的应用。

自 20 世纪 70 年代 ZSM-5 沸石分子筛问世以来，含有 Cr、Ti、Zr、Be、P、V 等杂原子的分子筛在 80 年代用水热法成功合成。钛硅分子筛新催化材料的发明为研究高选择性的烃类氧化反应和开发环境友好工艺奠定了基础。钛硅分子筛成功地用作催化剂被认为是 80 年代沸石催化的里程碑。钛硅分子筛是 Silicalite-1 沸石的衍生物。钛硅分子筛所具有的优异的催化氧化活性，正是基于骨架结构中的 Ti^{4+} 中心，其显著功能是对 H_2O_2 参加的有机物的选择性氧化有良好作用，且不会深度氧化。TS-1 可催化烷烃的部分氧化、烯烃的环氧化、醇类的氧化、苯酚及苯的羟基化以及环己酮的氨氧化等，其中苯酚羟基化制苯二酚及环己酮氨氧化制环己酮肟已有工业化生产。

TS-1 分子筛催化环己酮氨肟化反应以环己酮、氨水、过氧化氢为原料，直接在分子筛催化剂表面一步催化反应生成环己酮肟和反应副产物水,此液固催化反应具有流程短、绿色友好、反应条件温和、设备投资较少等优点,实现了原子利用率接近100%。自从意大利Enichem公司开发并试验此工艺后,其他企业如中国的中国石化公司巴陵分公司和日本的住友化学公司在此基础上优化后实现了工业化,建立了年产几万吨的工业装置。催化剂是绿色环保的氨肟化反应的关键,催化剂的种类和形式影响反应的转化率及选择性,即选择性氧化的效果。对环己酮氨肟化具有高催化活性的催化剂一般都是含有杂原子Ti的硅分子筛如TS-1、TS-2、TS-MOR和TS-MWW等;这些催化剂中以ZSM-5型分子筛TS-1最有代表性,催化环己酮氨肟化反应工业应用的转化率几乎接近100%,选择性也在95%以上,催化活性很高。

7.3.2 水相催化

用H_2O代替有机物作反应介质,有利于环境友好,H_2O分子不是惰性的,对反应物能起活化作用,产生溶剂效应;H_2O分子对众多配位中心金属离子是良好的配体,有竞争作用。1993年Ruhrchemie/Rhone-Poulenc公司用水代替有机溶剂,建成了两套300000t/a丁醇-辛醇装置。关键技术采用了TPPTS(三苯基膦三间磺酸盐)配体,它在水中溶解度很大,故[$HRh(CO)(TPPTS)_3$]极易溶于水,水相均匀进行氢甲酰化,产物丁醛为有机相,极易与水相分离,催化剂可循环使用,也不要求原料烯具有挥发性,实现了环境友好。此外,很多传统的羰化反应、烷基化反应、Diels-Alder反应等,都可利用水相进行,达到环境友好。

20世纪90年代初美国的M.E.Davis开发了负载型水相(supported aqueous phase, SAP)催化反应,将传统的污染环境的许多有机催化反应转变成对环境友好的反应。SAP催化剂由水溶性的有机金属配合物和水组成,在高比表面积的亲水载体上形成一层薄膜,载体的孔径可调,有机反应在水膜有机界面处进行,如氢甲醛化反应、加氢反应等。这种催化体系的突出特点是选择性高,催化剂与反应体系极易分离,对贵金属活性组分回收率高(这点特别重要),无残留物(对药物合成、香料合成、专用化学品合成十分重要),无污染,受到广泛的关注和认可。另外,还有不对称手性催化、膜催化等也都促进了环境友好反应的发展。

7.3.3 环境友好的溶剂催化技术

(1) 超临界流体

物质有气、液、固等相态,此外,在临界点以上还存在一种无论温度和压力如何变化都不凝缩的流体相,此种状态的物质称为超临界流体。临界点是指气、液两相共存线的终结点,此时气液两相的相对密度一致,差别消失。在临界温度以上压力不高时与气体性质相近,压力较高时则与液体性质更为接近。超临界流体性质介于气液之间,并易于随压力调节,有近似于气体的流动行为,黏度小、传质系数大,但其相对密度大,溶解度也比气相大得多,又表现出一定的液体行为。此外,超临界流体的介电常数、极化率、分子行为与气液相均有明显的差别。

绿色化学的核心科学问题之一是探索新反应条件和环境无害的介质。超临界流体(supercritical fluids, SCFs)如超临界CO_2无毒、无污染,可替代对环境有严重污染的有机溶剂。在超临界状态下,可大幅度提高反应速率和目的产物的选择性,这样能减少或避免副产物的生成、减少反应物循环、减少或去除后续分离单元,在资源和能量有效利用、减少排放等方面都有重要意义。

超临界流体作为反应介质具有以下特性:①高溶解能力;②高扩散系数;③有效控制反

应活性和选择性;④无毒性和不燃性。

在超临界条件下化学反应具有如下特点:①加快受扩散速率控制的均相反应速率,这是因为超临界相态下的扩散系数大于液相;②克服界面阻力,增加反应物的溶解度;③实现反应和分离的耦合,在超临界流体中溶质的溶解度随分子量、温度和压力的改变而有明显的变化,可利用这一性质及时地将反应产物从反应体系中除去,以获得较大的转化率;④延长固体催化剂的寿命,保持催化剂的活性;⑤在超临界介质中压力对反应速率常数的影响增强;⑥酶催化反应的影响增强,酶能在非水的环境下保持活性和稳定性,因此,采用非水临界流体作为一种溶剂,对酶催化反应具有促进作用。因为组分在超临界流体中的扩散系数大,黏度小,在临界点附近温度和压力对溶剂性质的改变十分敏感。对于固定化酶,超临界流体溶剂还有利于反应物和产物在固体孔道内的扩散。超临界流体在化学物质的萃取分离等过程中已有广泛应用。

加氢反应由于超临界二氧化碳能与氢气相容,消除了由氢气溶解性产生的传质阻力,可加快反应速率,如下述反应:

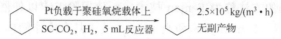

因此超临界 CO_2 中加氢反应的研究备受关注。最近的研究表明,通过改变反应的条件,如调节压力、采用适当的配体等,不对称加氢反应可以在超临界 CO_2 中进行,甚至能取得比在其他溶剂中更高的对映选择性。利用流动反应器,在超临界 CO_2 条件下以固载于 $\gamma\text{-}Al_2O_3$ 的铑催化剂(C1)催化衣康酸二甲酯不对称氢化反应。用 Josiphos 001 作配体,可以使反应的对映选择性超过 80%。这一结果甚至比在间歇式反应釜中衣康酸二甲酯不对称均相加氢的结果还要好。

在气相反应中,甲苯脱氢的主要产物为芪,副产物为二苄基苯和苯。反应温度为 813~873K,反应压力为常压,所用催化剂为 PbO/Al_2O_3,其中催化剂中 PbO 占 20%。在反应物甲苯的超临界条件下($T_c = -592K$, $p_c = -4.23kPa$),反应速率大幅度提高,主要产物为二苄基苯,反应温度降为 613K,副产物非常少,只有很少量的芪。此外,催化剂中 PbO 的含量也大大减少(只有 1%)。

(2)离子液体

离子液体作为反应介质是许多研究的热点,目前主要涉及两个问题:一是经济成本高;二是毒性,但可以通过调节阴离子和结构加以克服。一般季铵盐类价格不高,而且无毒。已有很多报道用 RTIL 作反应介质。目前有两个新的重要进展:一是离子液体可溶解赛璐珞进行化学反应;二是离子液体与 $SC\text{-}CO_2$(超临界 CO_2)结合,可进行酶的酯化,且酶在其中比在水中热稳定性更高,反应与产物在 $SC\text{-}CO_2$ 层,酶在离子液体层,易于分离。离子液体的溶解性、热稳定性、熔点、黏度等性质可以通过改变其结构进行调整,进而可以通过改变离子液体的结构来满足特定反应的需要。但是,由于对离子液体的研究还不是很成熟,所以将其应用于催化反应时往往会产生一些出乎意料的影响。

合成的离子液体中一般都会含有水、卤化物、金属等杂质,这将导致离子液体物理和化学特性的改变,进而影响催化反应,尤其可以使金属催化剂中毒。例如:在 Ru 金属催化芳烃加氢的反应中,[Bmim]BF_4 离子液体中含有氯化物的阴离子,这种阴离子将导致 Ru 催化剂的失活。研究表明,杂质使催化剂失活的顺序为:水<氯化物<1-甲基咪唑。这也进一步强调了离子液体提纯的重要性。在一些反应中加入水后可以提高催化活性,主要是因为氯化

物在水中的溶解性远远大于在离子液体中的溶解性，从而使催化剂上的氯化物脱除。研究表明，Ru(Ⅱ)催化剂在无水的离子液体中没有活性，但是加入水后([Bmim]OTf：H_2O=50：50)，Cl^-从 Ru(Ⅱ)催化剂上脱除，H^+则与其结合形成具有活性的 Ru(Ⅱ)催化剂，从而催化芳烃加氢反应。通过溶胶-凝胶法将[Bmim]BF_4、[Dmim]BF_4等离子液体固载后，于水相中催化丙酮与环己酮肟的反应。研究表明：当以水为反应介质，将[Dmim]BF_4离子液体采用溶胶-凝胶法固载后进行反应，环己酮肟转化率达 92.1%；而不使用水作为反应介质时，直接将固载的[Dmim]BF_4离子液体催化剂用于反应，环己酮肟转化率大大降低，仅为 2%。可见水的存在可以提高催化剂的催化活性。

7.3.4 芬顿催化技术

H_2O_2是一种环境友好的氧化剂，但由于其氧化电位较低（$E^\ominus$=1.77V），无法氧化难降解有机污染物。1894 年，法国科学家 Fenton 发现将 Fe^{2+}与 H_2O_2在酸性条件下混合能够氧化多种有机物，为纪念这位科学家将"Fe^{2+}+H_2O_2"命名为 Fenton（芬顿）试剂。利用 Fenton 试剂氧化降解有机污染物的方法称为 Fenton 技术，而使用除 Fe^{2+}以外催化剂活化 H_2O_2的方法可以称为类 Fenton 技术。Fenton 技术和类 Fenton 技术具有操作简单、启动快、反应条件温和、环境友好、无需外加能量等优点，在实际废水处理中具有广阔的应用前景。

（1）均相芬顿技术

均相 Fenton 技术以 Fe^{2+}为催化剂，H_2O_2为氧化剂，通过 Fe^{2+}与 H_2O_2之间的电子转移将 H_2O_2活化分解为·OH。由于·OH 的氧化还原电位（$E^\ominus$=2.80V）高，仅次于氧化性最高的氟（$E^\ominus$=3.03V），能够降解及矿化大部分难降解有机污染物。目前均相 Fenton 技术已用于酚类、染料、内分泌干扰物质、农药等有机污染物的降解，以及焦化、印染等实际废水处理中。均相 Fenton 技术具有操作简单、反应快、价格低廉及环境友好等优点。均相 Fenton 技术除了受催化剂投加量及 H_2O_2浓度影响外，反应溶液初始 pH 及溶液中存在的无机离子等同样影响反应体系催化效率。

虽然均相芬顿技术相比于其他高级氧化技术具有效率高及绿色环保等优点，但它仍然存在以下缺点：①适用 pH 范围窄且偏酸性（pH≈3），反应进行前需要对反应溶液进行酸化，增加运行成本；②催化剂无法回收再利用，造成催化剂浪费；③反应后需要再对溶液进行碱化处理促使均相催化剂沉淀，形成大量铁泥，并且需要对产生的铁泥进行处理。

（2）非均相类芬顿技术

非均相类 Fenton 技术使用固相催化剂，可以实现催化剂的回收和循环利用，而且可以在宽 pH 范围内进行催化反应，受到研究者的广泛关注。在非均相类 Fenton 反应中有机污染物的降解包括以下五个步骤：①污染物向催化剂扩散；②污染物吸附在催化剂表面；③污染物在催化剂表面被氧化分解；④产物从催化剂表面脱附；⑤产物扩散到溶液中。在反应过程中，污染物除了能够被吸附在催化剂表面的·OH 降解，也可以被扩散到溶液中的·OH 降解。

在非均相类 Fenton 反应中，·OH 是通过 H_2O_2与催化剂中可变价过渡金属之间的电子转移产生的。以常见的铁氧化物催化剂为例，·OH 的产生原理如下：

$$\equiv Fe(Ⅲ) + H_2O_2 \longrightarrow \equiv Fe(Ⅲ)\text{-}H_2O_2 \tag{7-49}$$

$$\equiv Fe(Ⅲ)\text{-}H_2O_2 \longrightarrow \equiv Fe(Ⅱ) + \cdot O_2H + H^+ \tag{7-50}$$

$$\equiv Fe(Ⅱ) + H_2O_2 \longrightarrow \equiv Fe(Ⅲ) + \cdot OH + OH^- \tag{7-51}$$

$$\equiv Fe(III) + \cdot O_2H/O_2^{\cdot -} \longrightarrow \equiv Fe(II) + O_2/H^+ \quad (7\text{-}52)$$

$$\equiv Fe(II) + \cdot OH \longrightarrow \equiv Fe(III) + OH^- \quad (7\text{-}53)$$

$$H_2O_2 + \cdot OH \longrightarrow \equiv \cdot O_2H + H_2O \quad (7\text{-}54)$$

$$\equiv Fe(II) + \cdot O_2H/O_2^{\cdot -} + H^+/2H^+ \longrightarrow \equiv Fe(III) + H_2O_2 \quad (7\text{-}55)$$

首先，H_2O_2 与固态催化剂表面的三价铁$\equiv Fe(III)$形成表面配合物$\equiv Fe(III)\text{-}H_2O_2$，在该配合物中 H_2O_2 与 $Fe(III)$ 之间发生电子转移，生成 $\cdot O_2H$ 及还原态的$\equiv Fe(II)$之后，$\equiv Fe(II)$ 与 H_2O_2 反应生成 $\cdot OH$。在这些循环反应过程中产生的 $\cdot OH$ 和 $\cdot O_2H$ 不仅能与催化剂表面的 $Fe(III)$ 和 $Fe(II)$ 反应，还能与吸附态的 H_2O_2 反应。与均相芬顿反应相似，在非均相类芬顿过程中 H_2O_2 还原 $Fe(III)$ 生成 $Fe(II)$ 是整个反应的限速步骤。

除了通过可变价过渡金属催化 H_2O_2 分解生成 $\cdot OH$ 之外，最近研究发现催化剂中的氧空穴也可以与 H_2O_2 反应得到 $\cdot OH$。氧空穴具有大量离域电子，当氧空穴与 H_2O_2 接触时可以将电子通过反馈 π 键转移给 H_2O_2，使 H_2O_2 中 O—O 键断裂，最后生成 $\cdot OH$。

（3）电芬顿技术

为了增加降解效率以及克服传统芬顿法的条件限制，发展出了使 O_2 在阴极电极发生二电子氧还原反应（oxygen reduction reaction，ORR）原位产生 H_2O_2，处理效率高、稳定性强的电芬顿法。电芬顿法可以利用新型改性电极材料在中性甚至碱性的条件下发生芬顿反应，不但减少了反应体系中铁泥的生成还可有效实现铁的分离再利用问题，而且由于多采用负载型催化剂，可增强催化剂在电芬顿反应过程中的稳定性，从而达到持续、高效、稳定地降解污染物。随着电芬顿技术的发展现在主要分为四种，其分类依据是 Fe^{2+} 和 H_2O_2 生成方式的不同：阴极电芬顿法、牺牲阳极法、阴极铁还原法、双电极电芬顿法。

阴极电芬顿法又称为 EF-H_2O_2 法，其原理是在电芬顿体系中通入 O_2，通过二电子氧化还原法使 O_2 原位生成 H_2O_2，Fe^{2+} 通过外部投加而实现芬顿反应，此方法的优点是 H_2O_2 的产量高，但 Fe^{2+} 通过外部投加会使电芬顿反应操作烦琐，需要时刻保持 Fe^{2+} 浓度在适度范围。牺牲阳极法又称为 EF-FeO_x 法，其方法和阴极电芬顿法相反，采用牺牲阳极铁片来产生芬顿反应所需要的 Fe^{2+}，H_2O_2 通过外部投加来控制反应速率，其优缺点与阴极电芬顿法相似，而且由于 H_2O_2 的制造成本、运输及储存问题始终是亟待解决的问题，因此该方法在工业实际应用中有阻碍。阴极铁还原法又称为 EF-FERe 法，其原理是 Fe^{2+} 和 H_2O_2 全部通过外部投加来实现芬顿反应，该方法电流利用效率高，反应速率快，适合水力停留时间短的污染物处理，但是由于 H_2O_2 造价高昂及铁离子需持续投加，降低了其在实际应用中的可能性。双电极电芬顿法又称为 EF-FeO_x-H_2O_2，其 Fe^{2+} 和 H_2O_2 全部通过电芬顿体系原位生成。双电极电芬顿法以其绿色环保、自动化程度高而被认为是电芬顿技术未来发展的主要方向，缺点是电流利用效率低，因此寻找良好性能的电催化材料成了电芬顿技术研究的重点。

（4）光芬顿技术

为进一步提高 Fe^{2+}/H_2O_2 体系降解污染物质的效率，将紫外光、可见光、超声等能量源引入 Fenton 体系中，以提高 Fenton 试剂的氧化效率，减少铁离子造成的污染。研究表明，光芬顿反应并没有受传统芬顿反应条件的限制，UV-A/可见光可作用于一些铁水合物，尤其是 $[Fe(OH)]^{2+}$，因此可加速 Fe（II）再生，并且同时伴随着额外的 $\cdot OH$ 自由基的产生。$[Fe(OH)]^{2+}$ 配合物主要在弱酸性（2.5<pH<3～4）溶液中起作用，并吸收 UV 和可见光。这种光芬顿反应目前已经在很多有机污染物的降解领域广泛研究和应用。另外，Fe^{3+} 也会在紫外光的作用

下生成羟基自由基和亚铁离子，进而实现了催化剂的循环使用。该反应的发生提高了 Fe^{2+}/H_2O_2 的利用率，加速了 H_2O_2 的分解。

有研究者将光照引入非均相芬顿体系中构成非均相光芬顿体系，发现光照的引入也能大大提高芬顿反应速率，保证了有机污染物快速、有效地矿化。据报道，由光照和铁系催化剂构成的非均相光芬顿体系在较广的范围内，对于染料废水、苯酚及苯甲酸都能达到较好的处理效果，矿化度高，具有广阔的应用前景。目前对于非均相光芬顿体系的研究主要包括两个方面：一是高活性长寿命催化剂的制备及反应条件的探索研究；二是对非均相光芬顿反应机理的研究。

习题

1. 简述光催化技术的基本原理和特点。
2. 在光催化研究和应用中，主要存在哪些科学问题和技术难题？
3. 光催化和热催化有何区别？
4. 电化学的研究方法有哪些？
5. 简述电催化还原二氧化碳生成甲醇的反应步骤。
6. 试述环境友好型催化技术的发展趋势。

参考文献

[1] 黄仲涛,彭峰. 工业催化及设计与开发[M]. 北京：化学工业出版社,2009.

[2] 甄开吉,王国甲,李荣生. 催化作用基础[M]. 3版. 北京：科学出版社,2005.

[3] 吴越. 应用催化基础[M]. 北京：化学工业出版社,2009.

[4] 黄仲涛,彭峰. 工业催化[M]. 3版. 北京：化学工业出版社,2014.

[5] 韩维屏. 催化化学导论[M]. 北京：科学出版社,2006.

[6] 唐晓东. 工业催化原理[M]. 北京：化学工业出版社,2003.

[7] 高正中. 实用催化[M]. 北京：化学工业出版社,1996.

[8] 邓景发. 催化作用基础[M]. 长春：吉林人民出版社,1984.

[9] 黄开辉,万惠霖. 催化原理[M]. 北京：科学出版社,1983.

[10] 李玉敏. 工业催化原理[M]. 天津：天津大学出版社,1992.

[11] 藤岛昭. 光催化大全——从基础到应用图解[M]. 北京：化学工业出版社,2019.

[12] 朱永法,姚文清,宗瑞隆. 光催化：环境净化与绿色能源应用探索[M]. 北京：化学工业出版社,2015.

[13] 孙世刚,陈胜利. 电催化[M]. 北京：化学工业出版社,2021.

[14] 王延吉,赵新强. 绿色催化——过程与工艺[M]. 北京：化学工业出版社,2015.

[15] 李光兴,吴广文. 工业催化原理[M]. 北京：化学工业出版社,2017.

[16] 马晶,薛娟琴. 工业催化原理及应用[M]. 北京：冶金工业出版社,2013.

[17] 吴越,杨向光. 现代催化原理[M]. 北京：科学出版社,2005.

[18] 何杰. 高等催化原理[M]. 北京：化学工业出版社,2022.

[19] 黄仲涛,耿建铭. 工业催化[M]. 北京：化学工业出版社,2014.

[20] 唐晓东,王宏,汪芳. 工业催化[M]. 北京：化学工业出版社,2020.

[21] 唐晓东,王豪,汪芳. 工业催化[M]. 北京：化学工业出版社,2010.

[22] Schulz H, Wagner H. Synthese und umwandlungsprodukte des acroleins[J]. Angewandte Chemie, 1950, 62(5): 105-118.

[23] Callahan J L, Gertisser B. Mixed antimony oxide-uranium oxide oxidation catalyst: US3198750[P]. 1965-08-01.

[24] Shashkin D P, Udalova O V, Shibanova M D, et al. The mechanism of action of a multicomponent Co-Mo-Bi-Fe-Sb-KO catalyst for the partial oxidation of propylene to acrolein: Ⅱ. Changes in the phase composition of the catalyst under reaction conditions[J]. Kinetics and Catalysis, 2005, 46: 545-549.

[25] Jo B Y, Kim E J, Moon S H. Performance of Mo-Bi-Co-Fe-KO catalysts prepared from a sol-gel solution containing a drying control chemical additive in the partial oxidation of propylene[J]. Applied Catalysis A: General, 2007, 332(2): 257-262.

[26] Arnold H, Harth K, Neumann H P, et al. Multimetal oxide material for gas-phase catalytic oxidation of organic compounds: US6383976B1[P]. 2002-05-07.

[27] Ishii T, Mitsui K, Sano K, et al. Nippon Shokubai Kagaku Kogyo Company Ltd. Method for treatment of wastewater: EP90313238.9[P]. 1991-06-12.

[28] Borowiec A. New acrolein production route starting from alcohols mixturesover FeMo-based catalysts[D]. University of Poitiers, 2016.

[29] Grasselli R K, Suresh D D. Aspects of structure and activity in U/Sb oxide acrylonitrile catalysts[J]. Journal of Catalysis, 1972, 25(2): 273-291.

[30] Shirayama K, Kita S I, Watabe H. Effects of branching on some properties of ethylene/α-olefin copolymers[J]. Die Makromolekulare Chemie: Macromolecular Chemistry and Physics, 1972, 151(1): 97-120.

[31] Tanabe K, Sumiyoshi T, Shibata K, et al. A new hypothesis regarding the surface acidity of binary metal oxides[J]. Bulletin of the Chemical Society of Japan, 1974, 47(5): 1064-1066.

[32] Forni L. Comparison of the methods for the determination of surface acidity of solid catalysts [J]. Catalysis Reviews, 1974, 8(1):

65-115.

[33] Sasaki Y, Saito S. Changes of the catalysts for acrylonitrile synthesis[J]. Journal of Synthetic Organic Chemistry, 1975, 33(12): 978-986.

[34] Bart J C J, Marzi A, Pignataro F, et al. Structural and textural effects of TeO_2 added to MoO_3[J]. Journal of Materials Science, 1975, 10: 1029-1036.

[35] Morawetz H. Difficulties in the emergence of the polymer concept—an essay[J]. Angewandte Chemie International Edition in English, 1987, 26(2): 93-97.

[36] Kudo A, Kato H, Tsuji I. Strategies for the development of visible-light-driven photocatalysts for water splitting[J]. Chemistry letters, 2004, 33(12): 1534-1539.

[37] 李秋叶, 吕功煊. 光催化分解水制氢研究新进展[J]. 分子催化, 2007, 21(6): 590-598.

[38] 刘守新, 刘鸿. 光催化及光电催化基础与应用[M]. 北京：化学工业出版社，2006.

[39] 金振声, 李庆霖. 关于利用太阳能光解水制氢的研究[J]. 化学进展, 1992(1):9.

[40] Yugo M, Hideki K, Akihiko K, et al. Water Splitting into H_2 and O_2 over $Cs_2Nb_4O_{11}$ Photocatalyst[J]. Chemistry Letters, 2005, 34(1):54-55.

[41] He Y, Zhu Y, Wu N. Synthesis of nanosized $NaTaO_3$ in low temperature and its photocatalytic performance[J]. Journal of Solid State Chemistry, 2004, 177(11):3868-3872.

[42] Zhang Q, Gao L. Ta_3N_5 nanoparticles with enhanced photocatalytic efficiency under visible light irradiation[J]. Langmuir, 2004, 20(22):9821-9827.

[43] Zou Z, Ye J, Sayama K, et al. Photocatalytic hydrogen and oxygen formation under visible light irradiation with M-doped $InTaO_4$ (M=Mn, Fe, Co, Ni and Cu) photocatalysts[J]. Journal of Photochemistry and Photobiology A: Chemistry, 2002, 148(1-3):65-69.

[44] Liotta L F, Carlo G D, Pantaleo G, et al. Co_3O_4/CeO_2 and Co_3O_4/CeO_2-ZrO_2 composite catalysts for methane combustion: Correlation between morphology reduction properties and catalytic activity[J]. Catalysis Communications, 2005, 6(5):329-336.

[45] Fujishima A, Honda K. Electrochemical photolysis of water at a semiconductor electrode[J]. Nature, 1972, 238(5358):37-38.

[46] 刘守新, 刘鸿. 光催化及光电催化基础与应用. 北京：化学工业出版社，2006.

[47] 杨辉, 卢文庆. 应用电化学. 北京：科学出版社，2001.

[48] Horarth M P, Hards G A. Direct methanol fuel cells technological advances and futher requirements. Platinum Metals Rev, 1996, 40(4):150-159.

[49] 林维明. 燃料电池系统. 北京：化学工业出版社，1996.

[50] 丁福臣, 易玉峰. 制氢储氢技术. 北京：化学工业出版社，2006.

[51] Godula-Jopek A, Stolten D. Hydrogen production: by electrolysis. Wiley, 2015.

[52] Sherif S A, Goswami D Y, Stefanakos E K, et al. Handbook of hydrogen energy. Taylor& Francis,2014.

[53] Trasatti S. Electrocatalysis of hydrogen evolution: Progress in cathode activation//Alkire C, kolb DM. Advances in electrochemical science and engineering. Wiley-VCH Verlag GmbH, 2008.

[54] Ursua A, Gandia L M, Sanchis P. Hydrogen production from water electrolysis: current status and future trends. Proceedings of the IEEE, 2012(100): 410-426.

[55] Tafel J. Über die polarisation bei kathodischer Wasserstoffentwicklung. Z Phys Chem, 1905(50A): 641-712.

[56] 查全性. 电极过程动力学导论. 3版. 北京：科学出版社，2002.

[57] 李获. 电化学原理(修订版). 北京：北京航空航天大学出版社，2003.

[58] 孙世刚, 陈胜利. 电催化. 北京：化学工业出版社，2013.

[59] Erdey-Grúz T, Volmer M. Theorie der wasserstoff überspannung. Z Phys Chem, 1930, 150A: 203.

[60] Butler J A V. The mechanism of overvoltage and its relation to the combination of hydrogen atoms at metal electrodes. Transactions of the Faraday Society, 1932, (28): 379-382.

[61] 张招贤. 钛电极工学. 北京：冶金工业出版社，2000.

[62] Trasatti S. Physical electrochemistry of ceramic oxides[J]. Electrochimica Acta, 1991, 36(2): 225-241.

[63] Faria L A D, Boodts J F C, Trasatti S. Electrocatalytic properties of ternary oxide mixtures of composition $Ru_{0.3}Ti_{0.7-x}Ce_xO_2$: oxygen evolution from acidic solution[J]. Journal of Applied Electrochemistry, 1996, 26(11): 1195-1199.

[64] Silva L A D, Alves V A, Trasatti S, et al. Surface and electrocatalytic properties ofternary oxides $Ir_{0.3}Ti_{0.7-x}Pt_xO_2$: oxygenevolution

from acidic solution [Jl. Journal of Electroanalytical Chemistry, 1997, 427(s1-2): 97-104.

[65] Damjanovic A, Dey A, Bockris J O. Electrodekinetics of oxygen evolution and dissolution on Rh, Ir, and Pt-Rh alloy electrodes [J]. Journal of the Electrochemical Society, 1966, 113(7): 739-746.

[66] O'M Bockris J. Kinetics of activationcontrolled consecutive electrochemical reactions: anodic evolution of oxygen [J] Journal of Chemical Physics, 1956, 24(4): 817-827.

[67] Hass K, Schmittinger P. Developments in theelectrolysis of alkali chloride solutions since 1970 [J]. Electrochimica Acta, 1976, 21(12): 1115-1126.

[68] Stucki S, Menth A. Physical chemistry problems in the production and storage of chemical secondary energy carriers, berichteder bunsengesellschaft [J] Physical Chemistry Chemical Physics, 1980, 84: 1008-1013.

[69] Trasatti S. Electrocatalysis: understanding thesuccess of DSA [J]. Electrochimica Acta, 2000, 45(15): 2377-2385.

[70] Wieckowski A. Interfacial electrochemistry: theory, experiment, and applications [M]. CRC Press, 1999.

[71] Nikolić B Z, Panić V. Electrocatalysis of chlorine evolution. // KreysaG, OtaK-i, Savinell R. Encyclopedia of Applied Electrochemistry. New York: Springer, 2014: 411-417.

[72] Trasatti S. ChemInForm Abstract: Progress in the understanding of the mechanism of chlorine evolution at oxide electrodes [J] Electrochimica Acta, 1987, 32(3): 369-382.

[73] Janssen L J J, Starmans L M C, Visser J G, et al. Mechanism of the chlorine evolution on aruthenium oxide/titanium oxide electrode and on a ruthenium electrode [J]. Electrochimica Acta, 1977, 22(10): 1093-1100.

[74] Mills A. Heterogeneous redox catalysts foroxygen and chlorine evolution [J]. Chemical Society Reviews, 1989, 18(3): 285-316.

[75] Cornell A, Bo H, Lindbergh G. Ruthenium based DSAR in chlorate electrolysis-critical anode potential and reaction kinetics [J]. Electrochimica Acta, 2003, 48(5): 473-481.

[76] Kelly E y, Heatherly D E, Vallet C E, et al. Application of ion implantation to the study of electrocatalysis Ⅰ. Chlorine evolution at Ru-implanted titanium electrodes [J]. Journal of the Electrochemical Society, 1987, 134(7): 1667-1675.

[77] Behret H, Gerischer C W. Advances in electrochemistry and electrochemical engineering. Vol 12[M]. John Wiley & Sons, 1981: 361.

[78] 陈康宁. 金属阳极. 上海: 华东师范大学出版社, 1989.

[79] 张招贤. 钛电极学导论[M]. 北京: 冶金工业出版社, 2008.

[80] Conway B E, Tilak B V. Behavior and characterization of kinetically involvedchemisorbed intermediates in electrocatalysis of gas evolution reactions [J]. Advances in Catalysis, 1992, 38: 1-147.

[81] O'Brien T F, Bommaraju T V, Hine F. Handbook of chlor-alkali technology. Volume Ⅰ: Fundamentals. Volume Ⅱ: Brine treatment and cell operation. Volume Ⅲ: Facility design and product handling. Volume Ⅳ: Operations. Volume Ⅴ: Corrosion, environmental issues, and future developments. Springer, 2007.

[82] Zeradjanin A R, Ventosa E, Bondarenko A S, et al. Evaluation of the catalytic performance of gas-evolving electrodes using localelectrochemical noise measurements. [J] ChemSusChem, 2012, 5(10): 1905-1911.

[83] Zeradjanin A R, Menzel N, Schuhmann W, et al. On the faradaic selectivity and the role of surface inhomogeneity during the chlorineevolution reaction on ternary Ti-Ru-Ir mixed metal oxide elcctrocatalysts[J]. Physical Chemistry Chemical Physics, 2014, 16(27): 13741-13747.

[84] Bandarenka A S, Ventosa E, Maljusch A, et al. Techniques and methodologies in modern electrocatalysis: evaluation of activity. Selectivity and Stability of Catalytic Materials[J]. Analyst, 2014. 139(6): 1274-1291.

[85] Chen R, Trieu V, Zeradjanin A R, et al. Microstructural impact of anodic coatings on the electrochemical chlorine evolution reaction[J]. Physical Chemistry Chemical Physics, 2012, 14(20): 7392-7399.

[86] Zeradjanin A R, Schilling T, Seisel S, et al. Visualization of chlorine evolution atdimensionally stable anodes by means of scanning electrochemical microscopy[J]. Analytical Chemistry, 2011, 83(20): 7645-7650.

[87] Tryk D A, Fujishima A. Electrochemists enlisted in war on global warming: the carbon dioxide reduction battle. The Electrochemical Society Interface, 2001, 10 (1): 32-36.

[88] Qiao J, Liu Y, Hong F, et al. A review of catalysts for the electroreduction of carbon dioxide to produce low-carbon fuels. Chemical Society Reviews, 2014, 43 (2): 631-675.

[89] Pacansky J, Wahlgren U, Bagus P S. SCF abinitio ground state energy surfaces for CO_2, and CO_2^-. The Journal of Chemical Physics, 1975, 62(7): 2740-2744.

[90] Aylmer-Kelly A W B, Bewick A, Cantrill P R, et al. Studies of electrochemically generated reaction intermediates using modulated specular reflectance spectroscopy. Faruday Discussions of the Chemical Society, 1973, 56: 96-107.

[91] Paik W, Andersen T N, Eyring H. Kinetic studio of the electrolytic reduction of carbon dioxide on the mereury electrode. Electrochimica Acta, 1969, 14(12): 1217-1232.

[92] Hori Y, Wakebe H, Tsukamoto T, et al. Electrocatalytic process of CO selectivity in electrochemical reduction of CO_2 at metal electrodes in aqueous media. Electrochimica Acta, 1994, 39(11-12): 1833-1839.

[93] Inoue T, Fujishima A, Konishi S, et al. Photoelectrocatalytic reduction of carbon dioxide in aqueous suspensions of semiconductor powders. Nature, 1979, 277 (5698): 637-638.

[94] Russell P, Kovac N, Srinivasan S, et al. The electrochemical reduction of carbon dioxide. formic acid, and formaldehyde. Journal of the Electrochemical Society, 1977, 124 (9): 1329-1338.

[95] Nakata K, Ozaki T, Terashima C, et al. High-yield electrochemical production of formaldehyde from CO_2 and seawater. Angewandte Chemie International Edition, 2014, 53 (3): 871-874.

[96] Peterson A A, Abild-Pedersen F, Studt F, et al. How copper catalyzes the electroreduction of carbon dioxide into hydrocarbon fuels. Energy & Environmental Science, 2010, 3(9): 1311-1315.

[97] Nie X, Esopi M R, Janik M J, et al. Selectivity of CO_2 reduction on copper electrodes: the role of the kinetics of elementary steps. Angewandte Chemie International Edition, 2013, 52(9): 2459-2462.

[98] Ortiz R, Marquez O P, Marquez J, et al. FTIR spectroscopy study of the electrochemical reduction of CO_2 on various metal electrodes in methanol. Journal of Electroanalytical Chemistry, 1995, 390 (1-2): 99-107.

[99] Hara K, Kudo A, Sakata T. Electrochemical reduction of carbon dioxide under high pressure on various electrodes in an aqueous electrolyte. Journal of Electroanalytical Chemistry, 1995, 391(1-2): 141-147.

[100] Hori Y, Murata A, Takahashi R. Formation of hydrocarbons in the electrochemical reduction of carbon dioxide at a copper electrode in aqueous solution. Journal of the Chemical Society, Faraday Transactions 1: Physical Chemistry in Condensed Phases, 1989, 85 (8): 2309-2326.

[101] Thorson M R, Siil K I, Kenis P J A. Effect of cations on the electrochemical conversion of CO_2 to CO. Journal of the Electrochemical Society, 2013, 160 (1): 69-74.

[102] Hori Y, Konishi H, Futamura T, et al. "Deactivation of copper electrode" in electrochemical reduction of CO_2. Electrochimical Acta, 2005, 50(27): 5354-5369.

[103] Baladin A A. Modern state of the multiplet theor of heterogeneous catalysis. Adv Catal, 1969, 19: 103-210.

[104] Bai J Q, Tamura M, Nakayama A, et al. Comprehensive study on Ni-or Ir-based alloy catalysts in the hydrogenation of olefins and mechanistic insight. ACS Catal, 2021, 11: 3293-3309.

[105] Bai J Q, Tamura M, Nakayama A, et al. A nickel-iridium alloy as an efficient heterogeneous catalyst for hydrogenation of olefins. Chem Commun, 2019, 55: 10519-10522.

[106] Baker R T K, Prestrdge B E, Garten R L. Electron microscopy of supported metal particles: I. Behavior of Pt on titanium oxide, aluminum oxide, silicon oxide, and carbon. J Catal, 1979, 56: 390-406.

[107] Qiao B, Wang A, Yang X, et al. Single-atom catalysis of CO oxidation using Pt_1/FeO_x. Nat Chem, 2011, 3: 634-641.

[108] Zhang L, Zhou M, Wang A, et al. Selective APA hydrogenation over supported metal catalysts: from nanoparticles to single atoms. Chem Rev, 2019, 120: 683733.

[109] Somorjai G A. Chemistry in two dimensional surfaces. Cornell University Press, 1981.

[110] Bond G C. Catalysis by metals. New York: Academic Press, 1962, 1: 564-565.